Bordnetze und E/E-Architektur

Joachim Fröschl / Ottmar Sirch

Bordnetze und E/E-Architektur

Eine Einführung in die Zusammenhänge zwischen Elektrik/
Elektronik-Architektur und Energiebordnetz im Automobil

Umschlagabbildung: © Dr. Joachim Fröschl und Ottmar Sirch

Bibliografische Information der Deutschen Nationalbibliothek
Die Deutsche Nationalbibliothek verzeichnet diese Publikation in der Deutschen Nationalbibliografie; detaillierte bibliografische Daten sind im Internet über http://dnb.dnb.de abrufbar.

DOI: https://doi.org/10.24053/9783816985327

– ein Unternehmen der Narr Francke Attempto Verlag GmbH + Co. KG
Dischingerweg 5 · D-72070 Tübingen

Internet: www.expertverlag.de
eMail: info@verlag.expert

CPI books GmbH, Leck

ISBN 978-3-8169-3532-2 (Print)
ISBN 978-3-8169-8532-7 (ePDF)
ISBN 978-3-8169-0101-3 (ePub)

Vorwort

Das elektrische Energiebordnetz ist ein wesentlicher Bestandteil der E/E-Architektur eines Kraftfahrzeugs und bildet gemeinsam mit dem physischen Bordnetz die technische E/E-Architektur ab, in Ergänzung zur logischen E/E-Architektur. Die Bedeutung des Energiebordnetzes hat im Laufe der letzten drei Dekaden stetig zugenommen, so dass es heute eine der Schlüsseltechnologien in der E/E-Systemgestaltung darstellt. Es leistet einen ganz entscheidenden Beitrag zur energetischen Effizienz der Fahrzeuge im Hinblick auf CO_2-Emissionen und/oder elektrische Reichweite und muss für zukünftige Systeme wie z. B. autonomes Fahren eine sichere und fehlertolerante Stromversorgung gewährleisten.

Das Fachbuch wendet sich an Studentinnen und Studenten verschiedener Ingenieur- und Wirtschaftsingenieurwissenschaften, in der Praxis stehende Ingenieure und Experten und eignet sich außerdem für die Weiterbildung im Themenfeld Elektrik/Elektronik in Kraftfahrzeugen. Es vermittelt die notwendigen Grundlagen der Elektrotechnik, erläutert elektronische Schaltungen und Bauelemente mit einem ausführlichen Teil über Hableiterbauelemente, beleuchtet die verschiedenen Antriebskonzepte moderner Kraftfahrzeuge und die E/E-Architektur, um anschließend detailliert die Bestandteile des Bordnetzes zu erläutern und in die Komponenten, Funktionen und Konzepte des Energiebordnetzes einzutauchen. Ein Blick auf das physische Bordnetz vervollständigt die Thematik. Weitere wichtige Aspekte wie elektrisches Energiemanagement, Normen und Standards sowie Zuverlässigkeit, Funktionale Sicherheit und Diagnose von Energiebordnetzen werden dargestellt. Im Kapitel Systementwurf werden Tragweite und Bedeutung des Energiebordnetzes für zukünftige Systeme deutlich sichtbar.

Das Buch gliedert sich in einen allgemeinen Teil mit Grundlagen der Elektrotechnik und Elektronik und eine Einführung in die E/E-Architektur und das Bordnetz im Automobil sowie detaillierte Kapitel zum Datenbordnetz, Energiebordnetz und zum physischen Bordnetz. Daran anschließend werden die verschiedenen Verbraucher als Teilnehmer im Energiebordnetz beschrieben und die Grundlagen und Prinzipien des elektrischen Energiemanagements erläutert. Weitere Kapitel widmen sich den Normen und Standards im Themengebiet des Energiebordnetzes und den Fragestellungen zu Qualität und Zuverlässigkeit im Bordnetz. Im abschließenden Kapitel werden die Detailaspekte aus den einzelnen Kapiteln zusammengefasst und ein gesamthaftes Vorgehen für einen zukunftsfähigen Systementwurf für das Energiebordnetz aufgezeigt.

Ein allgemeines Literaturverzeichnis ist am Ende des Buches angefügt und verweist auf Fachbücher und Veröffentlichungen, die teilweise mehrere Kapitel betreffen. Darüber hinaus enthalten einige Kapitel zusätzliche spezifische Literaturhinweise.

Januar 2023

Joachim Fröschl
Ottmar Sirch

Autoren

Dr.-Ing. Joachim Fröschl hat Elektrotechnik an der Technischen Universität München studiert und als Dipl.-Ing. Univ. 1989 abgeschlossen. Seit 1989 hat er unterschiedliche Aufgaben in den Bereichen Motorsteuerung, Datenvernetzung, Hybridantrieb und Vorentwicklung Energiebordnetz bei BMW verantwortet. In 2020 absolvierte er seine Promotion mit dem Thema „Kybernetisches Energiemanagement elektrischer Energiewandlung in Kraftfahrzeugen" an der technischen Universität München.

Dipl.-Ing. Univ. Ottmar Sirch hat Elektrotechnik mit dem Schwerpunkt Halbleitertechnik an der Technischen Universität München studiert und 1985 abgeschlossen. Von 1985 bis 2001 war er bei der Siemens AG im Bereich Halbleiter – ab 1999 Infineon Technologies AG – in verschiedenen Aufgabengebieten tätig und wechselte 2001 zur BMW Group in die Entwicklung Elektrik/Elektronik. Dort hat er in der Serienentwicklung elektronischer Systeme für Heizung/Klima begonnen, anschließend die Vorentwicklung von Energiebordnetzen verantwortet, weitere Erfahrungen in der Kostenanalyse von Leistungselektronik gesammelt und ist augenblicklich für die Vorentwicklung von Fahrdynamiksystemen aus Energiebordnetzsicht zuständig. An der Einführung von 48 V als Spannungsebene in der Automobilindustrie und der Erarbeitung des Quasi-Standards VDA-320 hatte er maßgeblichen Anteil.

Danksagung

Die Autoren bedanken sich für die inspirierenden Gespräche und Hinweise bei Herrn Prof. Dr.-Ing. Hans-Georg Herzog, TU München, Prof. Dr. rer. nat. Dirk Uwe Sauer, RWTH Aachen, Prof. Dr. rer. nat. Ludwig Brabetz, Universität Kassel, und Prof. Dr.-Ing. Stephan Frei, TU Dortmund.

Inhalt

1 Einleitung

Ein Automobil setzt sich aus verschieden, größtenteils von Zulieferern gefertigten Teilen zusammen, die wiederum aus unterschiedlichen Materialien und Technologien bestehen und von einer Vielzahl unterschiedlicher Subzulieferer bereitgestellt werden. Diese Teile werden den klassischen Fahrzeugdomänen Antrieb, Fahrwerk, Karosserie, Exterieur und Interieur zugeordnet, die in der einen oder anderen Ausprägung auch die Organisationsstruktur des jeweiligen Automobilherstellers widerspiegeln. Als domänenübergreifende Querschnittsthemen sind vor allem Design, geometrische und funktionale Integration, Fahrzeugsicherheit, Akustik und Schwingungen, Energieeffizienz und Homologation sowie auch die Elektrik/Elektronik zu nennen. Die zuletzt genannte Elektrik/Elektronik ist in den letzten Jahrzehnten zu einer der wesentlichsten Säulen für Innovationen im Automobil geworden und hat durch die neuen Themen Elektromobilität, Digitalisierung und Automatisierung noch weiter an Bedeutung gewonnen.

Trotz dieser hohen Bedeutung und den damit verbundenen Entwicklungs- und Absicherungsaufwendungen für die Software und die notwendige Hardware stehen nach wie vor der Antrieb mit seinen verschiedenen Ausprägungen, das Design und die Fahrdynamik im Fokus der Kunden und des öffentlichen Interesses.

In diesem Fachbuch sollen nach einer kurzen Abhandlung der Antriebsarten und einem Blick auf die Historie der Elektrik/Elektronik im Automobil die notwendigen Grundlagen für Elektronik im Kraftfahrzeug vermittelt werden, um darauf aufbauend die E/E-Architektur im Allgemeinen zu erläutern, das Bordnetz im Kraftfahrzeug mit seinen verschiedenen Teildisziplinen zu behandeln und nach Betrachtung weiterer wichtiger Themen wie Energiemanagement, Normen und Standards sowie Qualität und Zuverlässigkeit auf den Systementwurf des Energiebordnetzes einzugehen.

1.1 Antriebsarten

Die Wahl der Antriebsart begleitet das Automobil seit den ersten Versuchen vor rund 200 Jahren, als erste Fahrzeugversuche ohne Nutzung von Zugtieren und unabhängig von Schienenwegen auftauchten. Es entwickelte sich sehr schnell ein Wettstreit zwischen Dampfmaschine, Elektromotor und Verbrennungskraftmaschine, in dem sich der Elektromotor aufgrund seiner technischen Vorzüge in einer aussichtsreichen Position befand.

Der französische Artillerieoffizier Nicolas Joseph Cugnot aus Lothringen konstruierte bereits 1769 einen Dampfwagen. Nicht Personen zu transportieren war sein Auftrag, sondern Kanonen sollten ohne menschliche Mühen an die Front gelangen. So war der Dampfwagen von Cugnot zwar kein Personenkraftwagen, aber dennoch ein Kraftfahrzeug. Zu Beginn des 19. Jahrhunderts machte der englische Erfinder Richard Trevithick von sich reden. Trevithick baute 1803 ein Dampfautomobil, den „puffenden Teufel", wie ihn seine Passagiere nannten. Um 1830 wurde in London sogar eine Dampfbus-Linie eingerichtet. Womit der Beweis erbracht war, dass Dampfautos wirklich fahren.

Im Paris des Jahres 1881 fand sich auf der Elektrizitätsmesse „Exposition Internationale d'Électricité" auch Gustave Trouvé ein. Der findige Ingenieur, der auch einen Vorläufer des Metalldetektors entwickelte oder Batterien für elektrischen Strom, zeigte dort etwas, das die Welt damals noch nicht gesehen hatte: Ein Dreirad mit Elektromotor und Batterie (siehe Bild 1.1), das sogar immerhin bis zu gut zehn km/h schnell war – eine Geschwindigkeit, die damals noch als gefährlich galt.

Bild 1.1: Elektrofahrzeug von Gustave Trouvé

Dampfkraft und elektrischer Strom waren die Energieformen, die Automobile damals ins Rollen brachten. Um die Jahrhundertwende stellten Verbrennungsmotoren zum Beispiel in den USA nur einen Anteil von einem Fünftel an allen auf den Straßen befindlichen Fahrzeugen dar.

Als Entstehungstag des Motorkraftwagens gilt allgemein der 29. Januar 1886. Da erhielt Carl Benz für sein erstes Fahrzeug mit Verbrennungsmotor (siehe Bild 1.2) das Patent, weil er das Prinzip des zehn Jahre zuvor patentierten Ottomotors auf ein Straßenfahrzeug angewendet hatte.

Zu Zeiten von Carl Benz und Gottlieb Daimler waren noch alle drei Antriebsarten auf den Straßen zu sehen. Alle drei Antriebsarten waren sehr teuer, wenig verbreitet und noch mit großen Mängeln behaftet, die die Gebrauchstüchtigkeit erheblich einschränkten.

Oberbaurat a. D. Klose, Präsident des Mitteleuropäischen Motorwagen-Vereins, postulierte am 30. September 1897: „Als Motorfahrzeuge, welche ihre Energie zur Fortbewegung mit sich führen, machen sich zurzeit drei Gattungen bemerkenswert, nämlich: durch Dampf bewegte Fahrzeuge, durch Ölmotoren bewegte Fahrzeuge und durch Elektrizität bewegte Fahrzeuge. Die erste Gattung dürfte voraussichtlich in Zukunft hauptsächlich für Wagen auf Schienen und schwere Straßen-Fahrzeuge in Betracht kommen, während das große Gebiet des weiten Landes von Ölmotorfahrzeugen durcheilt werden und die glatte Asphaltfläche der großen Städte wie auch die Straßenschiene von mit Sammlerelektrizität getriebenen Wagen belebt sein wird."

Bild 1.2: Motorwagen von Carl Benz [Quelle: Daimler-Benz-Museum]

Bei der Dampfmaschine waren die Nachteile vor allem das große Gewicht und die langwierige Startprozedur [1]. Das batteriebetriebene Elektrofahrzeug hatte die schwere Batterie als wesentlichen Nachteil und beim Verbrennungsmotor gab der viel Kraft erfordernde und nicht ganz ungefährliche Startvorgang mit der Starterkurbel den Ausschlag. Außerdem mangelte es an geeigneten Anfahrkupplungen und Schaltgetrieben. Der Verbrennungsmotor war in seiner Drehmoment- und Leistungscharakteristik dem Elektromotor weit unterlegen. Ferdinand Porsche baute um 1900 leistungsstarke, elektrisch angetriebene Rennfahrzeuge mit Radnabenmotoren. Diese Fahrzeuge waren im Rennen erfolgreich, benötigten aber 1800 kg schwere Batterien. Eine Kombination von Verbrennungsmotor und Elektromotor sollte die schwerwiegenden Nachteile beider Antriebe, schwere Batterie und problematische Anfahrkupplung, vermeiden. 1902 baute Porsche mit dem Wiener Fahrzeugbauer Lohner einen Hybridantrieb, den er „Mixte" (siehe Bild 1.3) nannte. Der „Mixte" steht damit im Zeichen des damaligen Wettbewerbs zwischen den batterieelektrischen und verbrennungsmotorischen Antrieben.

Bild 1.3: Lohner-Porsche von 1900

Dank der Entwicklung leistungsstarker Verbrennungsmotoren, gebrauchstüchtiger Anfahrkupplungen und leistungsfähiger Getriebe nahm die Akzeptanz des Verbrennungsmotors deutlich zu [1]. Als dann noch der elektrische Anlasser, basierend auf dem US-Patent von Clyde J. Coleman aus dem Jahr 1901, eingeführt wurde, wurde der Verbrennungsmotor im Automobil zum Standard. Der Antrieb von Fahrzeugen mit Dampfmaschinen konzentrierte sich auf die Schiene, und weitere Entwicklungen zu Elektro- oder Hybridantrieben fanden vorerst nicht statt.

Nach dem Aufstieg der Verbrennungsmotoren, befeuert vor allem auch durch das am Fließband massenhaft produzierte Model T von Henry Ford, fristete die Elektromobilität im Bereich der Personenkraftwagen über eine sehr lange Zeitspanne ein Nischendasein.

1.1.1 Konventioneller Antrieb

Der Verbrennungsmotor als Antrieb gilt bis heute als Basis des Automobils und steht nun in seiner mehr als hundertjährigen Geschichte vor einer der größten Herausforderungen. Neue Emissionsgesetzgebungen, wie z. B. in Europa mit Euro 6d, und Immissionslimitierungen in Großstädten bis hin zu möglichen Einfahrbeschränkungen in Innenstädten sowie zu erwartende erhebliche Preissteigerungen bei Kraftstoffen werden das Kaufverhalten der Fahrzeugkunden beeinflussen und damit die Zukunft des Verbrennungsmotors in Frage stellen [2]. Für die Erfüllung zukünftiger CO_2-Flottenzielwerte und Schadstoffgrenzwerte müssen alle technischen Möglichkeiten zur CO_2-Reduktion des Verbrennungsmotors ausgeschöpft werden, um trotz der voranschreitenden Marktdurchdringung mit Elektro- und Plug-In-Hybrid-Fahrzeugen diese Ziele tatsächlich zu erreichen, da zwischen den geforderten Reduzierungen der CO_2-Flottenmittelwerte und deren tatsächlichen Entwicklung eine nicht zu vernachlässigende Diskrepanz zu erkennen ist. In Verbindung mit den verschärften Vorgaben für die Emissionen im realen Fahrbetrieb (RDE = Real Driving Emissions) erfordert dies eine nachhaltige Verbesserung oder sogar eine Neuentwicklung von verbrennungsmotorbasierten Antriebssystemen.

Benzin- und Dieselmotoren mit verschiedenen Zylinderzahlen und unterschiedlicher regelungstechnischer Ausstattung über einer großen Leistungsbandbreite decken heute alle Fahrzeugsegmente und Kundenwünsche ab. Mit den steigenden Anforderungen nach Verbrauchs- und Emissionsreduzierung und den Kundenwünschen nach immer höherer Dynamik bei gleichzeitig steigenden Fahrzeuggewichten wurden die Regelung des Verbrennungsprozesses, die Aufladung und weitere Parameter aber auch die Reinigung der Abgase mit z. B. Katalysatoren, Abgasrückführung und Nachverbrennung stetig verbessert.

Bei Fahrzeugen, die Euro-6d-Temp erfüllen, treten signifikante Schadstoffemissionen nur noch im nicht betriebswarmen beziehungsweise hochdynamischen Motorbetrieb auf [2]. Die NO_x-Emissionen solcher Fahrzeuge mit aufgeladenen DI-Ottomotoren im betriebswarmen Motorbetrieb ergeben in einer Immissionsmodellrechnung eine so geringe Immissionsbelastung, dass diese sowohl hinsichtlich des automobilen Immissionsgrenzwerts (40 $\mu g/m^3$) als auch des nicht-automobilen Immissionsniveaus (ca. 18$\mu g/m^3$) praktisch vernachlässigbar wäre. Damit liegt die Herausforderung für eine weitere Emissionsreduzierung von Otto- und Dieselmotoren in der Verringerung der Schadstoffemissionen beim Start und im nicht betriebswarmen Betriebsbereich sowie im Temperaturmanagement der Abgasnachbehandlung und darüber hinaus im oberen Lastbereich, d. h. im hochdynamischen Motorbetrieb.

Derzeit gängige technologische Maßnahmen beim Ottomotor sind turboaufgeladene Benzin-Direkteinspritzung (DI), Einsatz des Miller/Atkinson-Zyklus, Dreiwegekatalysator und Ottomotor-Partikelfilter. Zusätzlich werden variable Verdichtung, funkengezündete homogene Kompressionszündung, verbesserte Zündsysteme und Hochdruckeinspritzung als weitere technologische Maßnahmen in Erwägung gezogen [2]. In Bild 1.4 ist eine Technologie-Roadmap für Ottomotoren dargestellt.

Trotz einer Vielzahl von Maßnahmen und Bemühungen reicht eine Weiterentwicklung konventioneller Antriebstechnologie alleine nicht aus, vor allem durch die gesetzlichen Vorgaben für die CO_2-Flottenemissionen [3]. Ab 2020 gilt in Europa ein CO_2-Grenzwert von durchschnittlich 95 g CO_2/km, der bis 2025 um weitere 15 % und bis 2030 um 37,5 % gesenkt werden muss. Einen Lösungsweg bieten hier z. B. lt. Volkswagen batterieelektrische Antriebe, bei denen das Unternehmen mit einem Absatzanteil von 25 % in 2025 rechnet. Daraus folgert Volkswagen jedoch im Kehrschluss, dass der überwiegende Anteil der Neufahrzeuge weiterhin mit Verbrennungsmotoren bestückt sein wird, woraus sich die Notwendigkeit eines Technologiemix ableitet. Die Teilelektrifizierung in Form von Hybridantrieben in verschiedenen Ausprägungen spielt dabei eine wesentliche Rolle und bündelt je nach Systemausprägung die Vorteile hinsichtlich Reichweite, Versorgungsinfrastruktur, Kosten, Verbrauch, Funktion und CO_2-Ausstoß. Niedervoltkonzepte wie 12 V-Micro-Hybrid und 48 V-Mild-Hybrid verfügen zwar über einen eingeschränkten Funktionsumfang, weisen aber ein besseres Kosten-Nutzen-Verhältnis aus.

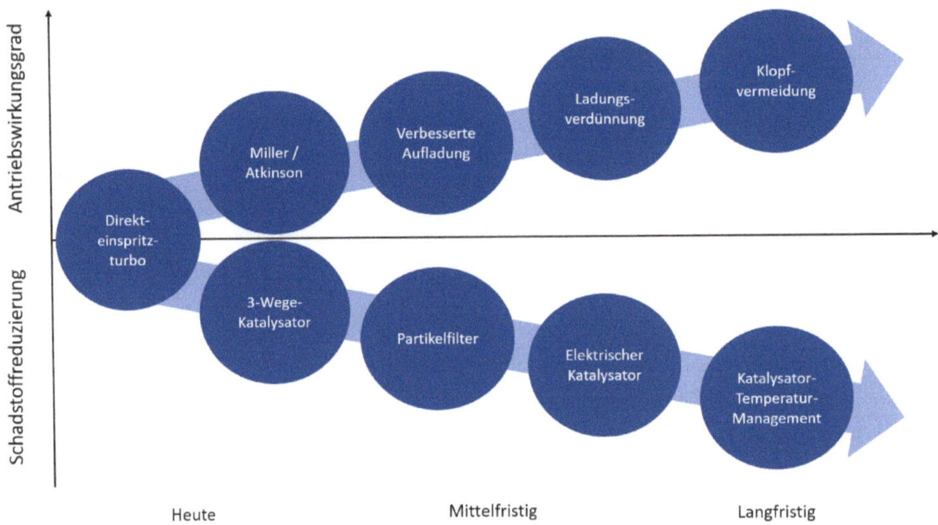

Bild 1.4: Technologie-Roadmap Ottomotor (schematisch) [2]

1.1.2 Hybridantrieb

Ein Hybridantrieb ist grundsätzlich eine Kombination aus zwei unterschiedlichen Antriebsarten. In der Automobilindustrie wird vor allem die Kombination eines verbrennungsmotorischen und eines elektromotorischen Antriebs als Hybridantrieb bezeichnet, wobei die Kopplung der beiden Antriebe sehr unterschiedlich gestaltet und in verschiedenen Leistungsklassen ausgeführt sein kann. Durch die Kombination der beiden Antriebsarten sollen die jeweiligen Nachteile des einen Antriebs durch die Vorzüge des anderen kompensiert werden und zu einem besseren Gesamtantrieb hinsichtlich Emissionen, Verbrauch und Reichweite führen.

Für die Kopplung des verbrennungsmotorischen und des elektromotorischen Antriebs werden unterschiedliche Konzepte gemäß Tabelle 1.1 genutzt.

Art	**Beschreibung**
Serieller Hybrid	Elektrische Kopplung: Verbrennungsmotor treibt Generator an und speist eine Batterie, aus der der Elektromotor für den Antrieb versorgt wird.
Parallelhybrid	Interne mechanische Kopplung im Antriebsstrang: Verbrennungsmotor und Elektromotor(en) wirken parallel auf den Antriebsstrang.
Straßengekoppelter Hybrid	Externe mechanische Kopplung über die Fahrbahn: Verbrennungsmotor und Elektromotor(en) wirken auf unterschiedliche Achsen/Räder.

Tabelle 1.1: Konzepte des Hybridantriebs

Zusätzlich werden nach den Integrationsorten der Elektromotoren Klassifikationen der Hybridantriebe unterschieden, wie in Bild 1.5 dargestellt.

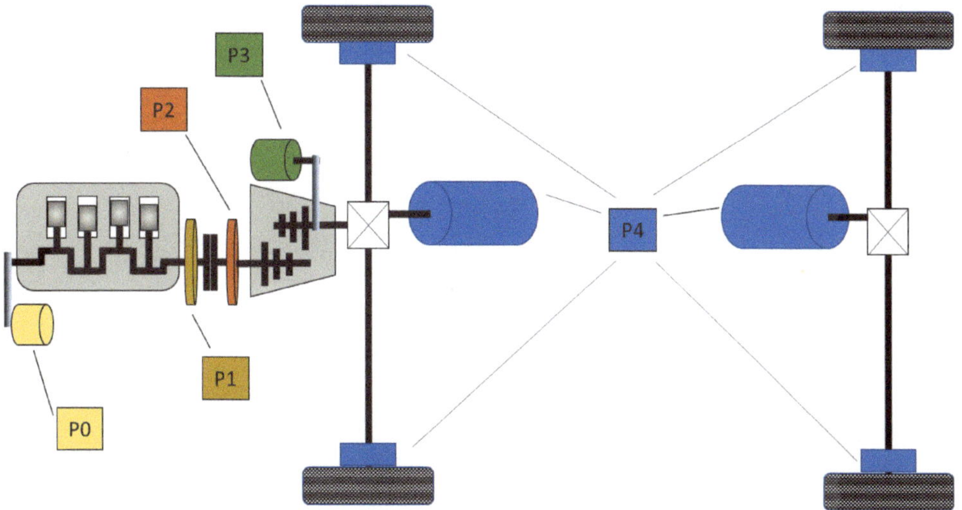

Bild 1.5: Schematische Darstellung der Integrationsorte einer Elektromaschine für Hybridantriebe [4]

In Tabelle 1.2 ist die Klassifikation der Hybridantriebe in Ergänzung zu Bild 1.5 textuell beschrieben.

Klassifikation	**Integrationsort**
P0	Riemenebene
P1	am Kurbelwellenausgang des Verbrennungsmotors
P2	am Eingang zum Getriebe mit zusätzlicher Kupplung
P3	achsparallel zum Getriebe
P4	an der Antriebswelle, an der Achse oder an den Rädern

Tabelle 1.2: Klassifikation der Hybridantriebe

Folgende Ausprägungen von Hybridantrieben werden typischerweise in der Fahrzeugtechnik gemäß Tabelle 1.3 unterschieden, wobei sich nicht jede Art der Kopplung in den einzelnen Ausprägungen umsetzen lässt.

Ausprägung	**Klassifikation**	**Spannungslage**
Micro-Hybrid	P0	12 V
Mild-Hybrid	P0, P1, P2	48 V
Full-Hybrid	P2, P3, P4	Hochvolt
Plug-In Hybrid	P2, P3, P4	Hochvolt

Tabelle 1.3: Typische Ausprägungen des Hybridantriebs

In Bild 1.6 ist ein schematischer Vergleich der CO_2-Einsparpotenziale der verschiedenen Elektrifizierungskonzepte in Abhängigkeit der jeweils typischen Systemspannungslage dargestellt. Es werden darin die unterschiedlichen Hybridisierungskonzepte und Elektrofahrzeuge zueinander geordnet. Nachfolgend werden die Hybridisierungskonzepte näher erläutert.

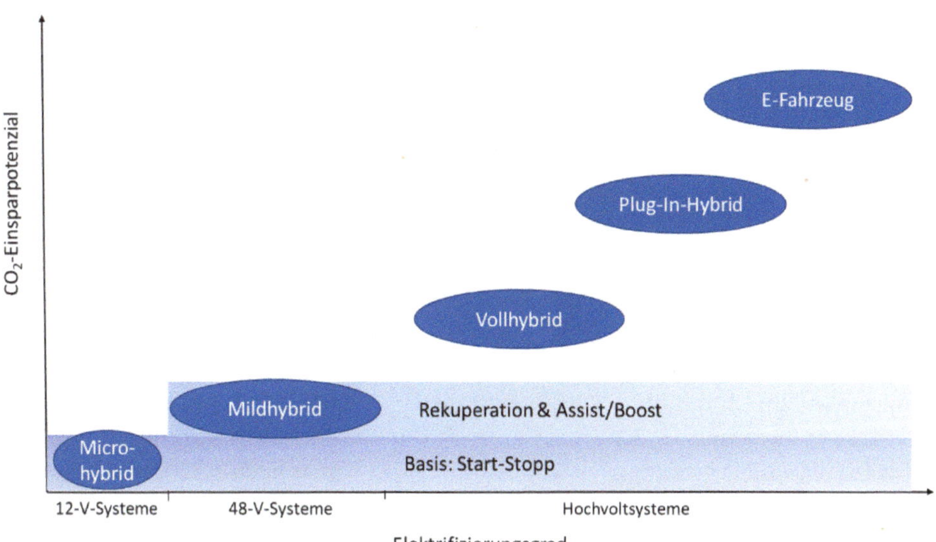

Bild 1.6: Vergleich der CO_2-Einsparpotenziale verschiedener Antriebskonzepte (schematisch) nach [3]

1.1.2.1 Micro-Hybrid

Mikro-Hybride nutzen im bestehenden 12 V-Bordnetz entweder verbesserte Kurbelwellenstarter und den vorhandenen Generator oder an Stelle des Generators eingesetzte Starter-Generatoren, um den Verbrennungsmotor während den Standphasen des Fahrzeugs abzulegen und bei Wiederaufnahme der Fahrt erneut zu starten. Diese Funktion wird häufig als Motor-Stopp-Start bezeichnet. Diese Form eines Hybridantriebs kann zusätzlich den Verbrennungsmotor im Schubbetrieb oder Leerlauf ablegen und bei Bedarf sofort wieder starten. Wenn der Fahrer den Fuß vom Gas nimmt, kann das Fahrzeug zusätzlich zum Motorschleppmoment durch die Generatorfunktion verzögert werden, indem ein Teil der Bewegungsenergie in elektrische Energie umgewandelt wird, um damit die Bordnetzbatterie aufzuladen. Branchenschätzungen zufolge kann dieser Ansatz die CO_2-Emissionen um bis zu 4 % reduzieren. Fahrzeuge mit Motor-Stopp-Start sind heute am Markt etabliert und weit verbreitet.

1.1.2.2 Mild-Hybrid

Der Ansatz des Mild-Hybrid geht einen Schritt weiter und verwendet eigens entwickelte Elektromotoren auf einem höheren Spannungsniveau als 12 V, um höhere elektrische Leistungen sowohl motorisch als auch generatorisch darstellen zu können. Mit dieser höheren elektrischen Leistung kann der Verbrennungsmotor signifikant unterstützt werden und in effizientere Betriebspunkte im Motorkennfeld verschoben werden, um Verbrauch und CO_2-Emissionen zu senken. Zusätzlich kann der Elektromotor in Beschleunigungsphasen des Fahrzeugs zusätzliches Drehmoment erzeugen, so dass trotz Downsizing des Verbrennungsmotors das Fahrzeug auf vergleichbare oder sogar bessere Fahrleistungen kommt. Vor allem aber macht sich die höhere elektrische Leistung bei der Rekuperation von elektrischer Energie bemerkbar. In einer zeitlich begrenzten Verzögerungsphase, deren Dauer als unverändert anzunehmen ist, kann erheblich mehr elektrische Energie in einem geeigneten elektrischen Speicher aufgenommen werden als in einem 12 V-Bordnetz. Diese Energie kann dann wieder während einer anschließenden Fahrt mit konstanter Geschwindigkeit oder in einer Beschleunigungsphase des Fahrzeugs zur Versorgung des Bordnetzes und seiner Verbraucher genutzt werden. Dies geschieht dann ohne Belastung des Verbrennungsmotors und somit ohne Verbrauchsanteil von Kraftstoff für die Versorgung der elektrischen Systeme.

Erste konkrete Anwendungen von Mild-Hybrid-Fahrzeugen wurden mit Systemspannungen im Bereich von 100 V bis 120 V realisiert. Ein Elektromotor mit bis zu 25 kW Leistung, ein leistungsfähiger elektrischer Energiespeicher basierend auf Lithium-Ionen-Zellen und ein galvanisch isolierter DC/DC-Wandler bildeten das zusätzliche System dafür. Da für Gleichspannungen größer 60 V bereits alle geforderten Sicherheits- und Schutzfunktionen für Hochvoltsysteme in Kraftfahrzeugen anzuwenden sind, erwies sich dieser Ansatz als technisch tragfähig, aber aus Kostensicht als nicht zielführend. Sowohl Mercedes-Benz in der S-Klasse als auch der BMW 7er (siehe Bild 1.7) waren eine der wenigen in Serie gebrachten Fahrzeugmodelle mit Mild-Hybrid-Antrieb, wobei die erreichten Stückzahlen nicht sehr hoch waren.

Das Prinzip des Mild-Hybrid-Antriebs fand neuen Schwung mit der Initiative für 48 V und der gleichzeitig in Europa durchgeführten Veränderung der Rahmenbedingungen für die Bewertung des CO_2-Ausstoßes von Kraftfahrzeugen. Der Normverbrauchszyklus wurde für Fahrzeuge ab dem Modelljahr 2018 vom Neuen Europäischen Fahrzyklus (NEDC) auf den Worldwide Harmonized Light Vehicle Test Procedure (WLTP) umgestellt. Der Vergleich der unterschiedlichen Geschwindigkeitsprofile von NEDC und WLTP sind in Tabelle 1.4 bzw. Bild 1.8 dargestellt.

Während der NEDC über einen hohen Anteil an Stopp-Phasen verfügt, ist der von der Europäischen Union ab 2018 geforderte WLTP durch erheblich weniger Stopp-Phasen gekennzeichnet. Die Wegstrecke des WLTP ist mehr als doppelt so lang wie beim NEDC, die Dauer nimmt um ca. 50 % zu. Der Anteil der Verzögerungsphasen erhöht sich deutlich, wobei die maximale Verzögerung nur geringfügig höher ist. Beim WLTP im Gegensatz zum NEDC werden Sonderausstattungen, jedoch keine Einschaltprofile von Komfortfunktionen berücksichtigt. Eine deutliche Erhöhung der Verzögerungsanteile von 31 % auf 43 % begünstigt die Gewinnung von elektrischer Energie durch Rekuperation.

	NEDC	WLTP
Wegstrecke [km]	11,013	23,141
Dauer [s]	1180	1800
Mittl. Geschwindigkeit [km/h]	33,6	46,3
Max. Geschwindigkeit [km/h]	120	131
Max. Beschleunigung [m/s²]	1,04	1,88
Max. Verzögerung [m/s²]	-1,39	-1,52
Standzeiten [s]	280	227
Anteil Standzeiten [%]	23,7	12,6
Anteil Verzögerung [%]	31,0	43,1

Tabelle 1.4: Tabellarischer Vergleich zwischen NEDC und WLTP

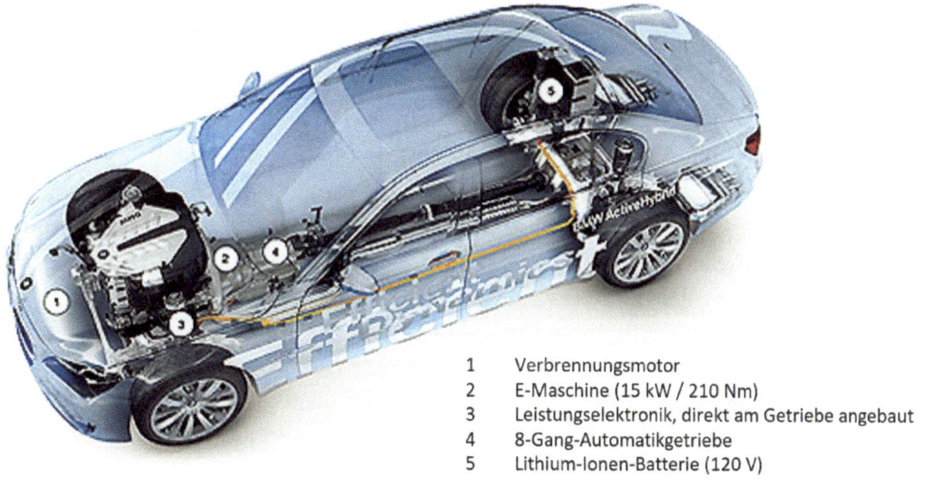

Bild 1.7: BMW 7er active Hybrid – „Röntgenbild“ [Quelle: BMW Group]

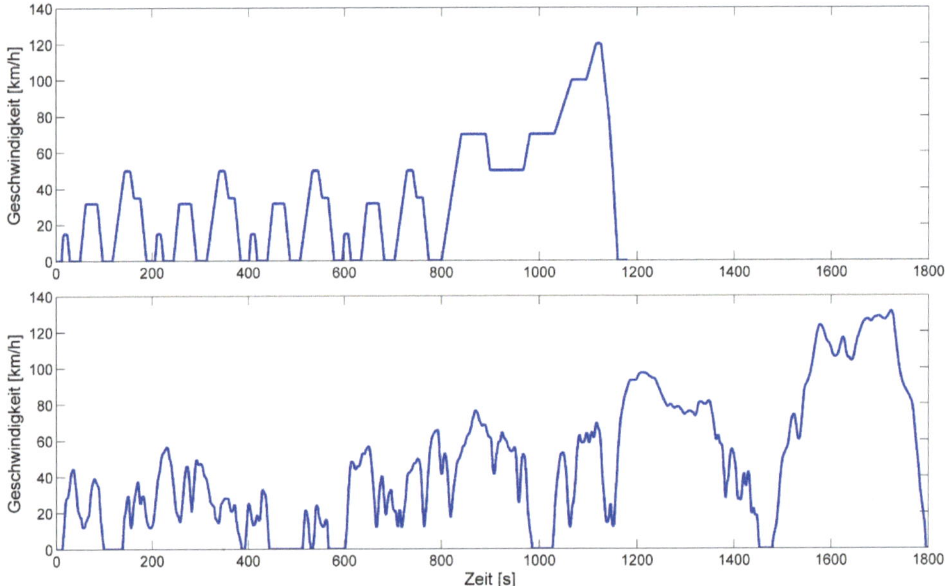

Bild 1.8: Geschwindigkeitsprofile NEDC (oben) im Vergleich zu WLTP (unten)

Dank der vorbereitenden Arbeiten zur VDA-320 als Empfehlung für die Spezifikation des Spannungsbereichs von 48 V im Automobil und den dort ebenfalls spezifizierten elektrischen Tests für 48 V-Komponenten konnte das Basissystem für Mild-Hybride ab 2014 schnell in die Entwicklung gebracht werden, so dass 2017 die ersten Serienfahrzeuge mit einem solchen System auf den Markt kamen. In den Folgejahren wurden weltweit von nahezu allen Automobilherstellern Mild-Hybrid-Fahrzeuge basierend auf 48 V auf den Markt gebracht, die schnell signifikante Stückzahlen erreichten und sich von Modellen der Kompaktklasse bis zur Oberklasse erstreckten.

Das Basissystem besteht aus einem 48 V-Starter-Generator im Riementrieb (P0) oder einem 48 V-Elektromotor am Kurbelwellenausgang (P1), einer 48 V-Lithium-Ionen-Batterie und einem einfacheren DC/DC-Wandler, deren Kosten im Vergleich zu Systemen mit 100 V bis 120 V deutlich geringer liegen, da bei Gleichspannungen kleiner 60 V die Sicherheits- und Schutzfunktionen für Hochvoltsysteme in Kraftfahrzeugen entfallen.

Als Beispiel einer Realisierung ist in Bild 1.9 das 48 V Mild-Hybrid-System des Golf 8 von Volkswagen dargestellt [3]. Der 48 V-Starter-Generator im Riementrieb (englisch: 48 V belt-driven starter alternator) kann im generatorischen Betrieb bis zu 12 kW elektrische Leistung erzeugen und im motorischen Betrieb mit bis zu 9 kW ein Drehmoment von 200 Nm auf die Kurbelwelle bringen. Hierfür wurde ein neuartiges mechanisches Spannsystem für den Riementrieb entwickelt. Die 48 V-Lithium-Ionen-Batterie hat einen Energieinhalt von ca. 250 Wh und ist unter dem Beifahrersitz verortet. Der DC/DC-Wandler koppelt die

Spannungsebenen von 48 V und 12 V im Bordnetz und kann stationär 2,7 kW und für kurze Zeitabschnitte 3,7 kW von der 48 V-Ebene in das 12 V-Bordnetz wandeln.

Für einen solchen 48 V-Mild-Hybrid-Ansatz mit z. B. einem 10 kW-Elektromotor im Riementrieb (P0) und einem elektrisch beheizten Katalysator (E-Kat) mit 4 kW Heizleistung ergibt sich ein Verbrauchspotential in der Größenordnung von 6 % und einer zusätzlichen Reduktion der NOx-Emissionen [2]. Mit den Integrationsstufen P1 (motorausgangsseitige Integration des Elektromotors direkt auf der Kurbelwelle) und P2 (getriebeeingangsseitige Integration des Elektromotors mit einer zusätzlichen Kupplung) können in der höchsten Ausbaustufe sogar bis zu 15 % Verbrauchspotential erreicht werden.

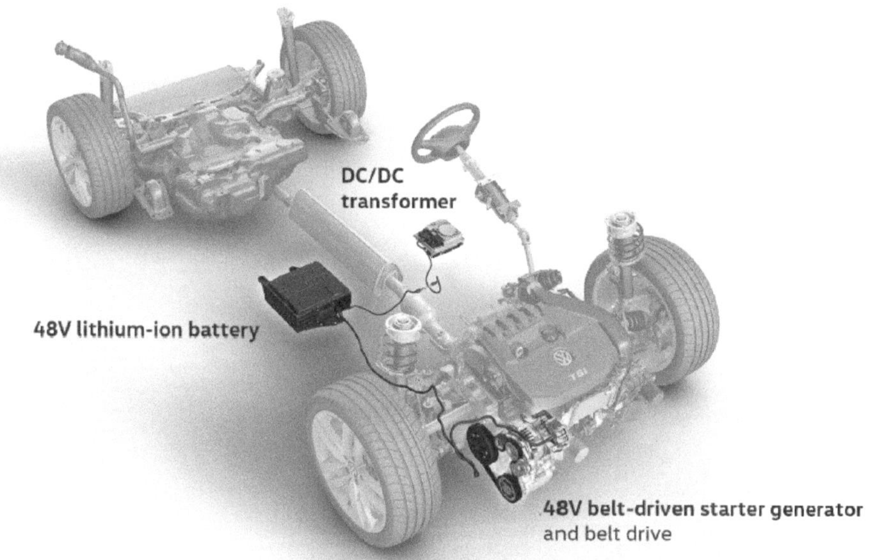

Bild 1.9: 48 V Mild-Hybrid-Antriebssystem des Volkswagen Golf 8. Generation [3]

1.1.2.3 Full-Hybrid

In einem Full-Hybrid wirken Elektro- und Verbrennungsmotor gemeinsam auf den Antriebsstrang. Das Getriebe übernimmt dabei häufig die mechanische Kopplung der Motoren. Im Gegensatz zu Micro- und Mild-Hybrid-Fahrzeugen ist auch ein kurzes rein elektrisches Fahren möglich, da in diesen Systemen Elektromotoren in der Leistungsklasse von 20 kW bis 40 kW oder mehr eingesetzt werden. Die elektrische Reichweite ist primär vom Energieinhalt und damit von der Größe der Hochvolt-Batterie abhängig. Damit können Verbrauch und Emissionen um bis zu 30 % reduziert werden.

Zum Hybrid-System gehören neben dem Elektromotor eine Hochvoltbatterie zur Versorgung der Elektromotoren und zum Speichern der erzeugten elektrischen Energie, eine Leistungselektronik (Wechselrichter) als Bindeglied zwischen Batterie und Elektromotor, ein Gleichspannungs- oder DC/DC-Wandler zur Versorgung des Niedervolt-Bordnetzes aus dem Hochvolt-Bordnetz, ein regeneratives Bremssystem und eine Antriebssteuerung für das Zusammenwirken von Elektro- und Verbrennungsmotor. In einigen Anwendungen werden auch zwei Elektromotoren eingesetzt.

Full-Hybrid-Fahrzeuge gab es sehr früh im Markt. Als erstes Full-Hybrid-Fahrzeug gilt der Toyota Prius mit seiner Markteinführung 1997. Er verfügte in der ersten Generation über einen 1,5-Liter-Benzinmotor mit 58 PS sowie über einen Elektromotor, der 40 PS leistete. Spätere Modellgenerationen waren mit 2 Elektromotoren ausgestattet, und an Stelle der Nickel-Metallhydrid-Batterie aus der ersten Generation kam eine Lithium-Ionen-Batterie ebenfalls auf 288 V zum Einsatz. Details des neueren Hybridsystems sind in Bild 1.10 dargestellt. In der aktuellen Version wird der Toyota Prius inzwischen als Plug-In-Hybrid mit 2,0-Liter-Benzinmotor und nur 1 Elektromotor angeboten [5].

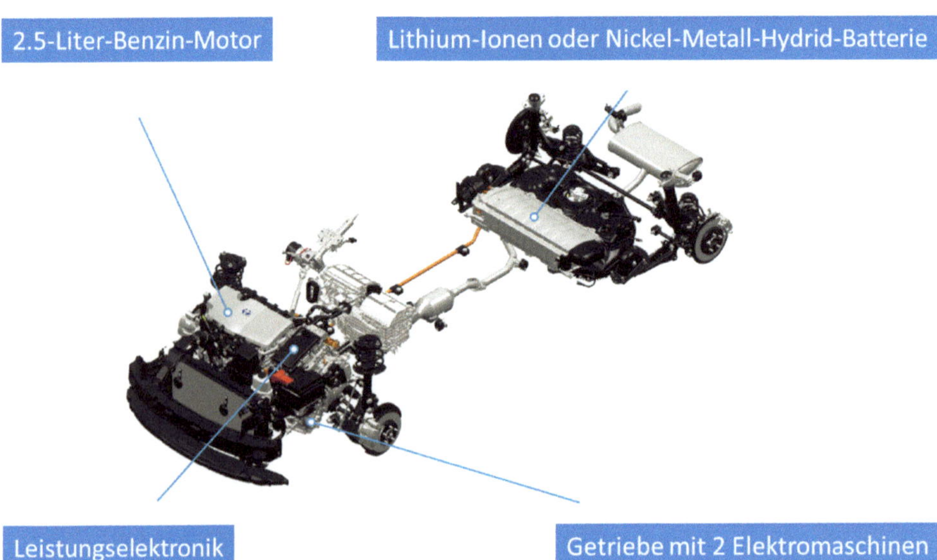

Bild 1.10: Hybridsystem Toyota Prius, nach [5]

1.1.2.4 Plug-In-Hybrid

Beim Plug-In-Hybrid kann im Vergleich zum Vollhybrid die Hochvolt-Batterie wie beim Elektrofahrzeug von extern geladen werden. Entsprechend leistungsstarke Komponenten ermöglichen höhere Geschwindigkeiten und größere Reichweiten im elektrischen Fahrbetrieb. Die Hochenergiezellen der Batterie ermöglichen die Speicherung und Entnahme auch größerer Energiemengen für längere Fahrstrecken. Der Elektromotor übernimmt im motorischen Betrieb den elektrischen Antrieb des Fahrzeugs. In seiner Generatorfunktion arbeitet er mit dem regenerativen Bremssystem zusammen, um einen Teil der Bremsenergie in Elektrizität umzuwandeln, siehe Bild 1.11.

Ein Plug-In-Hybrid, der zum Laden seiner Akkus die externe Ladestation nutzt, kann die Emissionen um bis zu 75 % senken und ist in der Lage, eine gewisse Strecke rein elektrisch zu fahren, so dass mit diesem Fahrzeug ein nur für elektrisches Fahren zugelassenes Areal befahren werden kann. Die Anfahrt bis zu diesem Areal kann verbrennungsmotorisch erfolgen und somit auch eine größere Distanz sein.

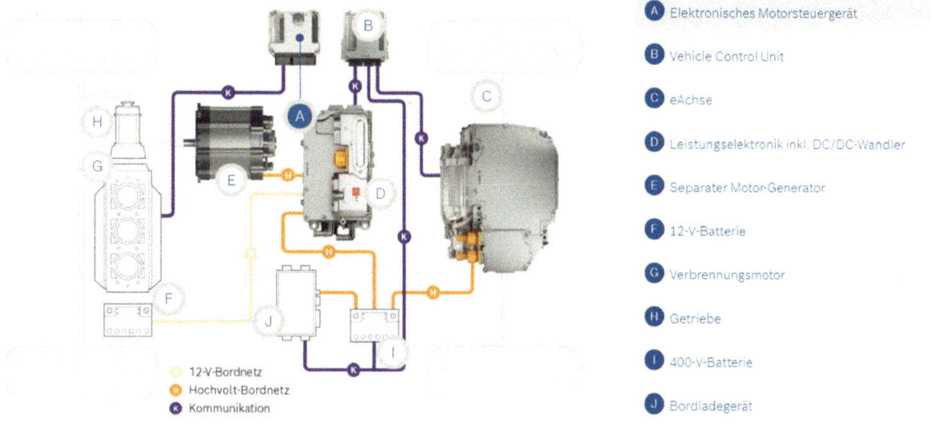

Bild 1.11: Systemübersicht Plug-In-Hybrid, nach [6]

1.1.3 Elektrischer Antrieb

Der rein elektrische Antrieb stellt die höchste Stufe der Elektrifizierung dar. In batterieelektrischen Fahrzeugen (BEV) gibt es nur ein elektrisches Antriebsystem, bestehend aus Leistungselektronik, Elektromotor, Getriebe und Batterie sowie einer Ladeeinheit, siehe Bild 1.12. Es ist in diesen Fahrzeugen kein Verbrennungsmotor vorhanden, der bei entladener Batterie das Fahrzeug antreiben könnte. Nur der Elektromotor kann das Fahrzeug antreiben.

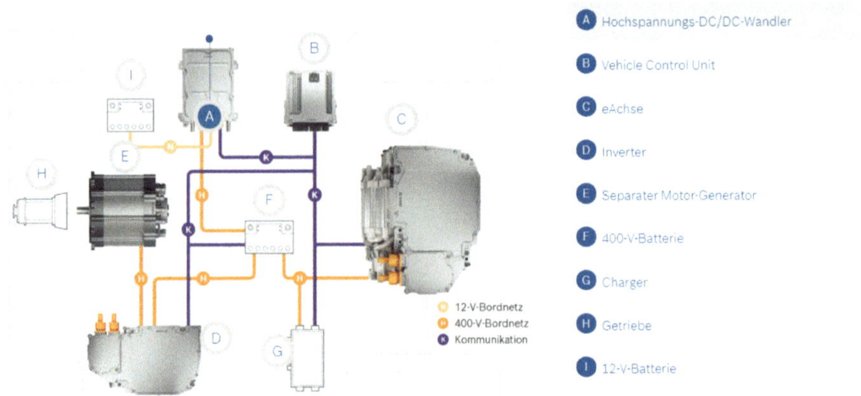

Bild 1.12: Systemübersicht Elektroantrieb [6]

Die Versorgung des Elektromotors mit Strom erfolgt aus der Batterie, die von extern über die Ladeeinheit während der Abstellphase des Fahrzeugs geladen wird. Die Hochenergiezellen der Batterie gewährleisten, dass große Mengen an elektrischer Energie für längere Strecken gespeichert werden können. Elektrofahrzeuge erreichen bereits Reichweiten von über 500 km. Steigende Wirkungsgrade des Antriebssystems und verbesserte Batterietechnologien lassen die Reichweite für Elektrofahrzeuge auch in Zukunft weiter ansteigen.

Das elektrische Antriebssystem erzeugt lokal keine CO_2-Emissionen. Der Strommix des jeweiligen Landes bzw. des Stromanbieters ist für die CO_2-Emissionen entscheidend. Ebenso ist in brennstoffzellenelektrischen Fahrzeugen, denen langfristig eine wichtige Rolle für emissionsfreies Fahren zufällt, nur ein elektrisches Antriebsystem vorhanden. Aufgrund der in Form von Wasserstoff mitgeführten Energie kann die Batterie kleiner dimensioniert werden, da mittels der Brennstoffzelle elektrische Energie während der Fahrt erzeugt und damit die Batterie nachgeladen werden kann.

Für die Architektur der elektrischen Antriebsysteme bieten sich verschiedene Konzepte an. Am Häufigsten wird ein einzelner Elektromotor so angeordnet, dass er auf eine Antriebsachse wirkt. Werden 2 Elektromotoren integriert, dann wird je Antriebsachse ein Elektromotor verwendet, so dass ein Allradantrieb realisiert werden kann. Das Bild 1.13 zeigt dagegen die Integration von 2 Elektromotoren auf einer Achse, womit die beiden Räder an dieser Achse individuell gedreht werden können, d. h. mit voneinander unabhängigen Drehzahlen und Drehmomenten. Alternativ kann auch ein Elektromotor pro Rad, siehe Bild 1.14, eingesetzt werden, entweder auf einer Achse – mit 2 Elektromotoren – oder auf beiden Achsen – mit 4 Elektromotoren. Ein solcher radselektiver Antrieb erlaubt den Einsatz von Torque Vectoring. Zusätzlich bietet der Antrieb mit den 4 Elektromotoren eine Allradfunktion höchster Ausprägung, d.h. dem Einprägen eines Drehmoments um die Fahrzeughochachse über unterschiedliche Radmomente.

Fahrzeugarchitekturen von klassischer Prägung mit Fokus auf Verbrennungsmotoren, vor allem charakterisiert durch einen dominanten Vorderwagen mit dem Motorraum, stehen vor einer grundlegenden Veränderung hin zu Elektrofahrzeugarchitekturen. Vorreiter ist Tesla, der als Neueinsteiger keine Vergangenheit mit Verbrennungsfahrzeugen hat. Nun folgen mit ihren elektrofahrzeug-spezifischen Plattformen die etablierten Automobilhersteller, wie z. B. ID von Volkswagen und EQS von Daimler. Erste Aufbauten mit einem Sandwichboden waren bereits in der A-Klasse zu sehen. Dieser Ansatz wurde nun konsequent in der EQS-Plattform umgesetzt. Siehe Bild 1.15.

Bild 1.13: Konfiguration mit 2 Elektromaschinen auf einer Achse nach [7]

Bild 1.14: Beispiel Einzelradantrieb nach [7]

1.2 Elektrik/Elektronik im Automobil

Als Querschnittsthema hat die Elektrik/Elektronik inzwischen nahezu alle Domänen der Fahrzeugtechnik durchdrungen. Innovationen ohne Elektrik/Elektronik sind heute nahezu undenkbar. Bereits in den 1990er Jahren postulierte Dr. Schleuter, damals Leiter E/E bei der Audi AG, dass 80 % der Innovationen im Automobil durch Elektrik/Elektronik ermöglicht werden.

Neben den klassischen Fahrzeugfunktionen wie Motor- und Getriebesteuerungen, elektrische Lenkkraftunterstützung und Bremsregelsysteme sowie eine Vielzahl an Komfort- und Sicherheitssystemen mit einer starken Ausrichtung auf die Fahrzeugfunktion etablieren sich immer mehr, über die einzelnen Steuergeräte hinweg vernetzte Funktionen und Innovationen zur Elektromobilität und zum automatisierten Fahren mit einem starken Fokus auf den Kunden.

Die Elektrik/Elektronik leistet einen maßgeblichen Anteil für das Automobil bei der Transformation vom Verkehrsmittel mit ergänzenden Informations- und Kommunikationssystemen zum Digitalen Produkt, das zugleich nachhaltige und klimafreundliche Mobilität anbietet, wie ein Beispiel in Bild 1.15 zeigt.

Bild 1.15: links: Fahrzeugaufbau mit flacher Batterie im Boden, rechts: Modularer Aufbau der Batterie (Quelle: Daimler Pressefoto und Mercedes-Benz Cars, 2021)

1.2.1 Historie der Elektrik/Elektronik im Automobil

Bereits bei der Erfindung des Kraftfahrzeugs durch Carl Benz mit seinem Patent Motorwagen Nummer 1 spielte die Elektrik eine wichtige Rolle. Die Zündung, die ursprünglich mit einer Zündflamme ähnlich wie in einem Gasdurchlauferhitzer ausgestattet war, versagte bei den ersten Versuchen außerhalb der Werkstatt Ihren Dienst, weil die Zündflamme durch Wind ausgeblasen wurde. Daraufhin ersetzte Carl Benz sie durch eine elektrische Zündung.

Einfache elektrische Komponenten prägten über viele Jahrzehnte das Bild im Fahrzeug. Generator, Anlasser, Batterie, Zündung, Beleuchtung, Blinker, Scheibenwischer und Hupe bildeten ein überschaubares elektrisches Netzwerk, das keine funktionalen

Vernetzungen aufwies und mittels Schmelzsicherungen abgesichert war. Das Licht wurde über elektromechanische Schalter bedient, die Blinkfunktion über das sogenannte Blinker-Relais realisiert. Der Antrieb des Scheibenwischers erfolgte über ein aufwendiges Gestänge, das einen mechanischen Umschaltmechanismus beinhaltete. Die Zündung wurde mit elektromechanischen Mitteln realisiert, mit einer Zündspule, einem Unterbrecher und einem Zündverteiler, der die Zündkerzen im Takt des Motors bediente.

In gut ausgestatteten Fahrzeugen kam schließlich ein Autoradio als erste elektronische Komponente hinzu. Ab 1970 kamen dann die ersten elektronischen Zündanlagen zum Einsatz. Der Einsatz von Regelungselektronik blieb zu dieser Zeit hauptsächlich militärischen Systemen und Anwendungen für Luft- und Raumfahrt vorenthalten und basierte zu einem sehr großen Anteil auf diskreten Schaltungen und einigen wenigen integrierten Schaltkreisen.

Erst die Entwicklung integrierter Schaltkreise für Massenanwendungen in der Unterhaltungs- und Kommunikationselektronik hat Mitte der 1970er Jahre schließlich auch die Automobiltechnik erfasst und führte zu einer deutlichen Zunahme an elektronischen Systemen im Fahrzeug. Diese Systeme waren nicht vernetzt und wurden mit Analogsignalen, wie z. B. Klemmen, in den gewünschten Funktionszustand versetzt.

Ab 1980 kamen Motor- und Zündsteuergeräte immer mehr zum Einsatz und erste Vernetzungen mit dem Datenbus Controller Area Network CAN wurden eingeführt. In den 1990er Jahren wurden elektronische Steuergeräte für Motormanagement und ABS zum Standard in allen Fahrzeugklassen. Elektronische Stabilitätskontrolle und Airbag fanden mehr und mehr Verbreitung. Erste Navigations- und Fahrerinformationssysteme und neue Komfortsysteme erhöhten die Durchdringung mit elektronischen Steuergeräten. Die komplexere Vernetzung wurde mit einem Mix aus analogen und digitalen Signalen realisiert.

Im Jahr 2000 erreichten die Modelle Mercedes-Benz S-Klasse und BMW 7er mit ca. 80 Steuergeräten einen neuen Spitzenwert. Es wurden ca. 4 km Kabel notwendig, um die Steuergeräte untereinander zu verbinden und an der Versorgung anzuschließen. Elektronische Systeme zur Stabilisierung während Verzögerungs- und Beschleunigungsphasen und Airbag Systeme entwickelten sich ebenfalls schnell zum Standard in allen Fahrzeugklassen.

Nach 2000 nimmt die Durchdringung aller Bereiche der Fahrzeugtechnik mit elektronischen Systemen stetig zu, so dass eine Aufzählung der Innovationen den Rahmen des Buches sprengen würde. Immer mehr Displays und Fahrerassistenzsysteme halten Einzug und migrieren von der Oberklasse über die Mittelklasse in die Kompaktklasse und weiter in die kleinen Fahrzeuge. Dieser Trend hält bis heute an und wird durch Hybridisierung, Elektromobilität und autonomes Fahren noch weiter verstärkt.

Die Stromversorgung aller Steuergeräte einschließlich der angeschlossenen Sensoren und Aktuatoren wurde zu einer neuen Herausforderung. Die Generator- und Batteriegrößen mussten den höheren Anforderungen hinsichtlich mittlerer Leistungen und Spitzenströmen im Betrieb sowie der Summe der Ruheströme im abgestellten Zustand angepasst werden, wie Bild 1.16 zu entnehmen ist.

Mit fast jeder neuen Fahrzeuggeneration wurde die Generatorgröße erhöht. Mit 250 A Ausgangsstrom wurde ein technisch noch sinnvolles Maximum erreicht. Die Batterien der ersten Generationen basierten auf Blei-Säure-Technologie und ihre Größen wurden mit jeder Generation erhöht. Mit dem Umstieg auf die AGM-Technologie 2001 konnte die Batteriegröße reduziert und über zwei Generationen stabil gehalten werden, bevor 2015 mit dem Einsatz von zwei Batterien ein neuer Summen-Maximalwert von 150 Ah erreicht wurde.

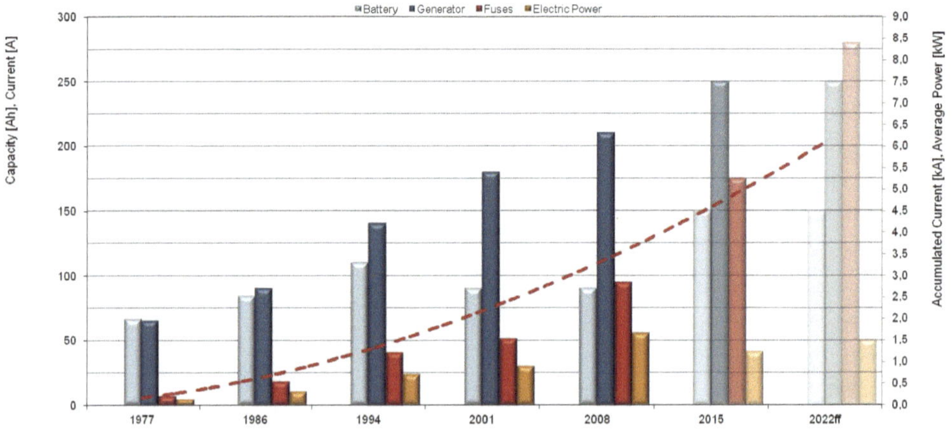

Bild 1.16: Zunahme der Generator- und Batteriegrößen sowie akkumulierte Sicherungsströme und mittlerer Leistungsbedarf am Beispiel BMW 7er mit Prognose für 2022 ff [8]

1.2.2 Das Bordnetz im Automobil

Meist wird das Bordnetz im Fahrzeug mit dem physischen Bordnetz gleichgesetzt und häufig auch als Kabelbaum bezeichnet, siehe auch Bild 1.17. Es stellt sämtliche elektrischen Verbindungen zwischen allen elektrischen und elektronischen Komponenten im Fahrzeug dar, sowohl in logischer als auch in versorgungstechnischer Hinsicht. Diese eingeschränkte Sicht auf das Bordnetz entspricht nicht den tatsächlichen Gegebenheiten. In den Kapiteln 4 bis 7 wird das Gesamtsystem, bestehend aus logischem und technischem Bordnetz, in allen seinen Teilaspekten detailliert erläutert.

Betrachtet man zunächst wieder singulär die Verkabelung in den Fahrzeugen, so wuchs diese von einer sehr überschaubaren Anzahl von 40 Kabeln in den 1950er Jahren synchron mit der Zunahme der elektronischen Systeme auf eine Anzahl von mehreren hundert Kabeln bzw. Kabelabschnitten an und erreichte in hoch ausgestatteten Fahrzeugen mehrere Kilometer kumulierte Leitungslänge, wobei dies nur durch die Verlagerung von kabelgeführten Einzelsignalen auf Datenbusse gelang. Der Kabelbaum hat sich mit einem Gesamtgewicht von z. T. deutlich über 25 kg nach dem Verbrennungsmotor zum zweitschwersten Teilsystem im Fahrzeug entwickelt. Er spielt aufgrund seines Volumens in der geometrischen Gestaltung eine maßgebliche Rolle und stellt inzwischen auch einen wesentlichen Kostenblock dar. Zum einen begründet durch die Menge an Kupfer und anderen hochwertigen Materialien und zum anderen durch den sehr hohen manuellen Fertigungsanteil. Die Vielzahl der Sonderausstattungen und die länder- oder marktspezifischen Konfigurationen in den Fahrzeugen sorgen zusätzlich für eine sehr hohe Variantenvielfalt. Dies führt zu weiteren, nicht vernachlässigbaren Kosten.

Bild 1.17: Bordnetz eines BMW 3er (Quelle: BMW Group)

Zukünftige Bordnetze werden einerseits weiter an Umfang zunehmen. Andererseits ist es zwingend erforderlich, die Effizienz deutlich zu steigern. Die Zunahme des Umfangs beruht auf der Tatsache, dass neue Funktionen und vor allem auch autonomes Fahren ihren Tribut fordern. Die Aufgabe für zukünftige Entwicklungen besteht darin, diese Zunahme so zu gestalten, dass sich daraus keine zusätzliche Komplexität und keine weiteren Kosten- und Gewichtssteigerungen ergeben. Mit neuen Ansätzen für eine maschinelle Fertigung von Teilkabelbäumen sowie deren Standardisierung und der Übergang zu neuen Architekturen werden eine Verbesserung der Situation erwartet.

Die Steigerung der Effizienz ergibt sich aus der allgemeinen Forderung, sorgsam mit den Ressourcen zu haushalten und letztlich mit der Verpflichtung zu einer nachhaltigen Wirtschaft für eine bessere Zukunft.

2 Grundlagen für Elektronik im Kraftfahrzeug

Das Kraftfahrzeug konnte durch die Einführung von Fahrzeugelektronik wesentlich verbessert und mit neuartigen Innovationen versehen werden. Neue Anforderungen und Zielsetzungen der klassischen Fahrzeugfunktionen wie Antrieb, Fahrwerk und Sicherheit konnten erst durch den Einsatz von Elektronik und Elektrifizierung erfüllt werden. Ein breites Spektrum an Komfortfunktionen und Informationssystemen eröffnete ein neues Innovationsfeld für die Fahrzeugtechnik. Heute sind neue Funktionen und zukünftig weitere Innovationen ohne den Einsatz von Elektronik nicht mehr denkbar.

Die Kenntnisse über die grundlegenden Eigenschaften und Möglichkeiten, die die Elektrik und Elektronik bieten, sind für den heutigen Stand der Technik und die weitere Entwicklung von Fahrzeugsystemen eine zwingende Voraussetzung. Die Grundkenntnisse von Elektrotechnik und ein prinzipielles Verständnis von Elektronik sind daher für jeden Fahrzeugtechniker oder -ingenieur nahezu zwingend erforderlich. In den folgenden Unterkapiteln sollen diese dem interessierten Leser vermittelt werden.

2.1 Grundlagen der Elektrotechnik allgemein

Die Elektrotechnik beschreibt das Verhalten von Strom und Spannung und den daraus resultierenden Eigenschaften und dem Verhalten elektrotechnischer Systeme.

Klassisch wurde die Elektrotechnik in die Starkstromtechnik, die heute ihre Schwerpunkte in der Energietechnik und der Antriebstechnik hat, und die Schwachstromtechnik, die sich primär zur Nachrichten- und Hochfrequenztechnik entwickelt hat, unterteilt. Als weitere Gebiete kamen die elektrische Mess- und Regelungstechnik und die Automatisierungstechnik sowie die Elektronik und die Informatik hinzu. Die Grenzen zwischen den einzelnen Fachgebieten sind fließend. Mit zunehmender Verbreitung der Anwendungen ergaben sich zahllose weitere Spezialisierungsgebiete, wie z. B. die Mechatronik als Kombination zwischen Mechanik und Elektronik. In der heutigen Welt sind sehr viele Systeme und Prozesse elektronisch geregelt und elektrisch betrieben oder laufen unter wesentlicher Beteiligung elektrischer Geräte und Steuerungen.

2.1.1 Elementare Elektrizitätslehre

Der zentrale Betrachtungsumfang der elementaren Elektrizitätslehre sind der Transport von elektrischen Ladungen aufgrund von Kräften, die auf die Ladungen wirken, und die damit verbundenen Mechanismen und Phänomene. Die treibende Kraft für den Stromfluss ist die Spannung, die sich aus der Potentialdifferenz zwischen zwei Punkten ergibt. Die Spannung ist positiv, wenn sie vom höheren Potential zum niedrigeren

Potential zeigt. Die technische Stromrichtung geht vom positiven zum negativen Aufsatzpunkt der Spannung. Durch den Stromfluss wird die Spannung abgebaut, sofern sie nicht durch eine Quelle erhalten bleibt. In leitenden Materialien findet der Stromfluss durch Elektronen statt, die dort in ausreichender Anzahl als freie Ladungsträger vorhanden sind, wobei die Elektronen sich entgegen der technischen Stromrichtung bewegen. Die leitenden Materialien sind vorwiegend Metalle, Metalllegierungen und Kohlenstoff und werden als elektrische Leiter bezeichnet.

Die Stromstärke ist das Resultat einer Ladungsänderung ΔQ während einer Zeitspanne Δt durch den Querschnitt eines Leiters:

$$I = \lim_{\Delta t \to 0} \Delta Q / \Delta t = \frac{dQ}{dt}$$

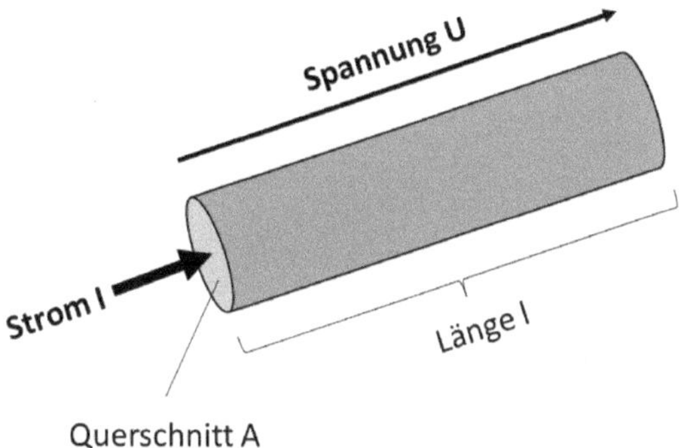

Bild 2.1: Schematische Darstellung von Strom und Spannung in einem stromdurchflossenen Leiter mit der Länge l und dem Querschnitt A

Die elektrische Leistung P im Falle von Gleichstrom ist das Produkt aus Spannung U und Strom I:

$$P = U \cdot I$$

Die sich daraus ergebende Energie oder elektrische Arbeit W wird durch die Multiplikation der Leistung P mit der Zeit t, in welcher der Strom fließt, ermittelt:

$$W = P \cdot t = U \cdot I \cdot t$$

In Wechselstromkreisen ist die Situation etwas komplexer. Liegt eine ideale sinusförmige Wechselspannung U(t) mit einer Kreisfrequenz ω vor, so lässt sich diese wie folgt beschreiben:

$$U(t) = U_0 \cdot \sin\omega t$$

U_0 Scheitelwert

Der Strom weist in Abhängigkeit der Art der Impedanz eine Phasenverschiebung ϕ zur Spannung auf:

$$I(t) = I_0 \cdot \sin(\omega t + \varphi)$$

I_0 Scheitelwert

Im Falle einer reinen ohmschen Impedanz (Widerstand) ist die Phasenverschiebung Null. Bei kapazitiven Impedanzen eilt der Strom voraus und bei induktiven Impedanzen nach.

Der Effektivwert des Wechselstroms ist so definiert, dass dieser in einem Leiter die gleiche Wärmeleistung erzeugt wie der Gleichstrom I_{eff}.

$$I_{eff} = \frac{I_0}{\sqrt{2}}$$

Ebenso ist der Effektivwert der Wechselspannung definiert:

$$U_{eff} = \frac{U_0}{\sqrt{2}}$$

Der Momentanwert der Leistung ist das Produkt aus Strom und Spannung zum jeweiligen Zeitpunkt:

$$P(t) = U(t) \cdot I(t)$$

Es ergibt sich für die mittlere Leistung:

$$P = U_{eff} \cdot I_{eff} \cdot \cos\varphi$$

Die Energie oder Arbeit ergibt sich aus dem Integral der Leistung über die Zeit:

$$W(t) = \int_0^t P(t)dt = \int_0^t U(t) \cdot I(t)\ dt$$

2.1.2 Das ohmsche Gesetz

Der Leitungswiderstand *R* ist der Quotient aus der Spannung *U* am Leiter und der Stromstärke *I* durch den Leiter:

$$R = \frac{U}{I}$$

Bei einem rein ohmschen Widerstand gilt der Zusammenhang sowohl für Gleich- als auch für Wechselstrom.
Der Gesamtwiderstand einer Reihenschaltung von Widerständen:

$$R = \sum_{x=1}^{n} R_x$$

Der Gesamtwiderstand einer Parallelschaltung von Widerständen:

$$\frac{1}{R} = \sum_{x=1}^{n} \frac{1}{R_x}$$

Der materialabhängige Widerstand eines elektrischen Leiters lässt sich aus dem spezifischen Widerstand des Materials ρ sowie seiner Länge l und seinem Querschnitt A berechnen. (Hinweis: in der Hochfrequenztechnik gelten diese einfachen Zusammenhänge nicht mehr.)

$$R = \rho \cdot \frac{l}{A}$$

2.1.3 Das elektrische Feld

Ein elektrisches Feld wird durch elektrostatische Ladungen erzeugt und übt auf eine elektrische Ladung eine Kraft aus.

In einem homogenen elektrischen Feld mit der Feldstärke E wird auf eine positive elektrische Ladung q eine Kraft F ausgeübt.

$$F = E \cdot q$$

In einem idealen Plattenkondensator, an dem eine Spannung U angelegt wird, ergibt sich die elektrische Feldstärke zwischen den Platten aus dem Quotienten von Spannung U und dem Abstand d der Platten:

$$E = \frac{U}{d}$$

Die Kapazität C eines Kondensators ist der Quotient zwischen der Ladung Q des Kondensators und der Spannung U zwischen seinen Platten:

$$C = \frac{Q}{U}$$

Die Kapazität C eines Plattenkondensators, wie in Bild 2.2 dargestellt, wird durch die Fläche A einer Platte, den Abstand d zwischen den Platten und die Dielektrizitätskonstante ε bestimmt:

$$C = \varepsilon \bullet \frac{A}{d}$$

mit $\varepsilon = \varepsilon_0 \cdot \varepsilon_r$
ε_0: dielektrische Feldkonstante
[8,8542 10^{-12} C/V m]
ε_r: relative Dielektrizitätskonstante

Der Energieinhalt W in einem geladenen Kondensator beträgt

$$W = \frac{1}{2} \bullet C \bullet U^2$$

Die Impedanz Z einer Kapazität berechnet sich aus dem Produkt von Kreisfrequenz ω und der Kapazität C und wird dem Imaginärteil der Impedanz (siehe auch Kap. 2.1.5) zugeordnet. Der ohmsche Anteil R_C repräsentiert die Widerstandsanteile der Kapazität.

$$Z(\omega) = R_C + \omega \bullet C$$

Die Gesamtkapazität einer Reihenschaltung von Kondensatoren:

$$\frac{1}{C} = \sum_{x=1}^{n} \frac{1}{C_x}$$

Die Gesamtkapazität einer Parallelschaltung von Kondensatoren:

$$C = \sum_{x=1}^{n} C_x$$

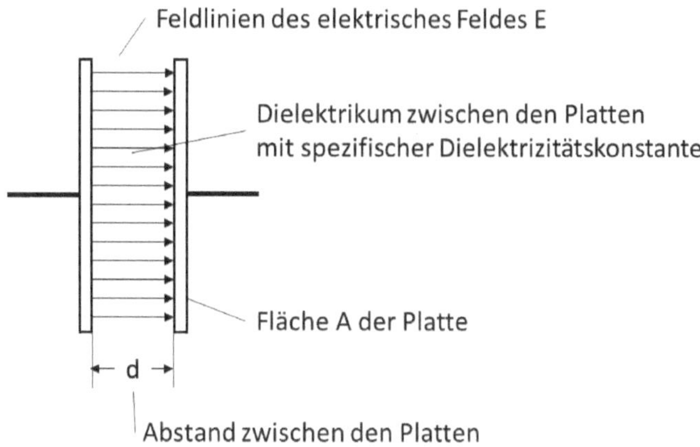

Bild 2.2: Schematische Darstellung Plattenkondensator

2.1.4 Das magnetische Feld

Magnetische Felder werden durch magnetische Stoffe, magnetisierte Objekte oder durch bewegte elektrische Ladungen erzeugt und üben auf bewegte Ladungen eine Kraft aus, die als Lorentz-Kraft bezeichnet wird. Gleichnamige magnetische Pole werden abgestoßen und ungleichnamige angezogen.

Ein Stromfluss durch einen elektrischen Leiter erzeugt ein Magnetfeld. Ist der Leiter idealerweise als Spule ausgelegt, so lässt sich die Feldstärke H bei einer Stromstärke I durch die Spule mit der Windungszahl N und einer Länge l wie folgt bestimmen:

$$H = I \bullet \frac{N}{l}$$

Die Induktivität L einer langgestreckten Spule mit der Windungszahl N, dem Spulenquerschnitt A und der Länge l sowie der Permeabilitätskonstante μ errechnet sich:

$$L = \mu \bullet \frac{A}{l} \bullet N^2$$

mit $\mu = \mu_0 \cdot \mu_r$
μ_0: Permeabilitätskonstante [1,257 10^{-6} H/m]
μ_r: relative Permeabilitätskonstante

Der Energieinhalt W in einer stromdurchflossenen Spule beträgt

$$W = \frac{1}{2} \cdot l \cdot I^2$$

Die Impedanz Z einer Induktivität berechnet sich aus dem Produkt von Kreisfrequenz ω und der Induktivität L und wird dem Imaginärteil der Impedanz (siehe Kap. 2.1.5) zugeordnet. Der ohmsche Anteil R_L repräsentiert den Widerstand des Wicklungsdrahtes.

$$Z(\omega) = R_L + \frac{1}{\omega L}$$

Die Gesamtinduktivität einer Reihenschaltung von Induktivitäten:

$$L = \sum_{x=1}^{n} L_x$$

Die Gesamtinduktivität einer Parallelschaltung von Induktivitäten:

$$\frac{1}{L} = \sum_{x=1}^{n} \frac{1}{L_x}$$

2.1.5 Impedanz

Für genaue schaltungstechnische Betrachtungen oder Analysen in dynamischen Wechselspannungssystemen wird anstelle des Widerstands die Impedanz verwendet. Die Impedanz besteht aus einem Realteil, der den ohmschen Anteil repräsentiert, und einem Imaginärteil, der die kapazitiven und induktiven Anteile darstellt.

$$Z(t) = R(t) + j \cdot X(t)$$

Der Imaginärteil ist frequenzabhängig. Daher wird die Impedanz im Frequenzbereich berechnet und für weitere elektrotechnische Berechnungen in den Zeitbereich transformiert. An dieser Stelle wird hauptsächlich auf die Fourier-Transformation zurückgegriffen.

2.1.6 Energie und Leistung

Im Falle von Gleichstrom ist die elektrische Leistung P bei einer Spannung U und einer Stromstärke I

$$P = U \bullet I$$

Die elektrische Energie für diesen Fall ergibt sich aus der Multiplikation mit der Zeit t, in der der Strom fließt:

$$W = U \bullet I \bullet t$$

Im Falle von Wechselstrom und Wechselspannung sind Leistung und Energie im Zeitbereich zu betrachten:

$$P(t) = u(t) \bullet i(t)$$

und

$$W(t) = \int_0^t P(t)dt$$

2.1.7 Elektromagnetische Felder

Elektromagnetische Felder sind eine wesentliche Grundlage und ein zentraler Gegenstand der Elektrotechnik. Ruhende elektrische Ladungen erzeugen elektrische Felder und bewegte Ladungen zusätzlich magnetische Felder. Der Zusammenhang zwischen elektrischen und magnetischen Feldern von ruhenden und bewegten Ladungen ist sehr komplex und wird durch die Maxwell'schen Gleichungen (James Clerk Maxwell, 1831–1879) beschrieben. Auf eine detaillierte Darstellung wird an dieser Stelle verzichtet und auf die entsprechende Fachliteratur, z. B. [9] und [10], verwiesen.

2.1.8 Elektrische Maschinen

Elektrische Maschinen sind wichtige Komponenten zwischen Systemen der Informationsverarbeitung und der physikalischen Welt. Sie entsprechen unseren Muskeln, die ihre Befehle vom Gehirn erhalten bzw. die Empfindungen ihrer Sensorik zurückmelden. Sie sind elektromechanische Wandler und können im Motor- und Generatorbetrieb verwendet werden. Im Motorbetrieb dienen sie der Wandlung von elektrischer Leistung in mechanische Leistung in Form eines Drehmoments und einer Drehzahl, die mittels nachgeschalteter Getriebe mit entsprechenden Übersetzungen sowohl in rotatorische als auch translatorische Bewegung umgesetzt werden kann. Im Generatorbetrieb werden sie mechanisch angetrieben und setzen die einwirkende mechanische Leistung in elektrische Leistung um.

In einem homogenen Magnetfeld, wie in Bild 2.3 dargestellt, mit einer magnetischen Flussdichte B wird auf einen stromdurchflossenen Leiter der Länge l, durch den der Strom I fließt, eine Kraft F ausgeübt, die zu einer Bewegung des Leiters führt. Stehen Magnetfeld und Leiter senkrecht zueinander, wirkt die Kraft F ebenfalls senkrecht dazu und lässt sich im Betrag als Produkt aus Flussdichte, Strom und Länge des Leiters berechnen. Im Falle eines Winkels α zwischen Magnetfeld und Leiter ungleich 90° muss das Produkt zusätzlich mit dem Sinus von α multipliziert werden. In diesem Fall wirkt die elektrische Maschine als Elektromotor.

$$F = B \cdot I \cdot l \cdot \sin\alpha$$

α: Winkel zwischen Magnetfeld und Leiter

Wird der Leiter bewegt oder das Magnetfeld geändert, so wird eine Spannung induziert, die an den Klemmen der Leiterschleife abgegriffen werden kann. Dies wird ausgenutzt, wenn die elektrische Maschine als Generator eingesetzt wird.

Bewegt sich der Leiter senkrecht zum Magnetfeld B mit der Geschwindigkeit v, so ergibt sich eine induzierte Spannung U_i.

$$U_i = B \cdot v \cdot l$$

Wird dagegen das Magnetfeld geändert, so ist die induzierte Spannung in einer Wicklung mit N Windungen das Differential des magnetischen Flusses φ multipliziert mit der Windungsanzahl N.

$$u_i = N \cdot \frac{d\phi}{dt}$$

Der magnetische Fluss wird durch Multiplikation der Flussdichte B mit der Fläche A der Induktionsschleife oder einer Windung berechnet.

$$\phi = B \cdot A$$

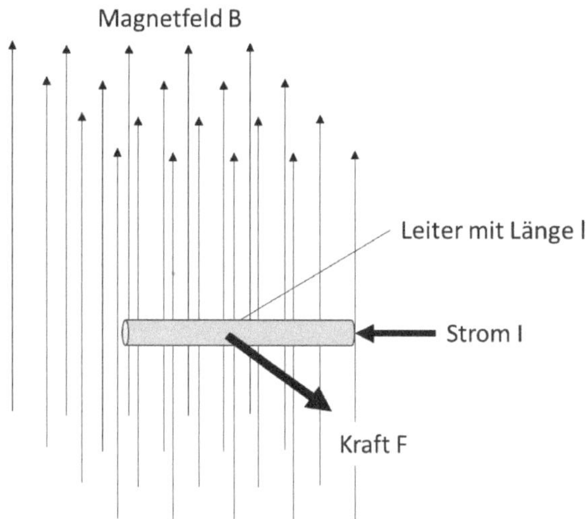

Bild 2.3: Kraft auf einen stromdurchflossenen Leiter im homogenen Magnetfeld

Die magnetische Flussdichte B ergibt sich aus dem Produkt der magnetischen Feldstärke H und der materialabhängigen Permeabilität μ ($\mu = \mu_0 \cdot \mu_r$).

$$B = \mu_0 \bullet \mu_r \bullet H$$

Wie in einer Spule ist die magnetische Feldstärke H in einer elektrischen Maschine direkt proportional zum Strom I, der durch die Wicklungen der elektrischen Maschine fließt.

$$H \sim I$$

In Bild 2.4 ist die Magnetisierungskurve eines Elektromotors dargestellt. Die Steigung im linearen Bereich ergibt sich aus der Permeabilitätszahl μ_r. Mit steigender Feldstärke geht die magnetische Flussdichte in Sättigung.

Die Anordnung einer Anzahl N von Windungen, wie z. B. in einer Spule, führt zu einer Verkettung des magnetischen Flusses φ und wird als verketteter Fluss ψ bezeichnet.

$$\psi = N \bullet \phi$$

Das Drehmoment einer elektrischen Maschine ist proportional zum verketteten magnetischen Fluss und zum Strom:

$$M_D \sim \psi \bullet I$$

Das Drehmoment einer elektrischen Maschine ist von geringer Drehzahl bis zur Eckdrehzahl n_{Eck} konstant und fällt ab dieser mit 1/n ab, siehe Bild 2.5. M_N ist das Drehmoment, das die elektrische Maschine im Dauerbetrieb abgeben kann. M_{max} stellt die Stabilitätsgrenze dar, das sogenannte Kippmoment der Maschine.

Der Bereich bis zur Eckdrehzahl wird als Ankerstellbereich bezeichnet, siehe auch Bild 2.6. In diesem Bereich ist der verkettete Fluss konstant. Die Spannung U und die mechanische Leistung P_m nehmen dort stetig zu. Im Feldschwächbereich oberhalb der Eckdrehzahl tritt die Feldschwächung ein, was zu einer Abnahme des magnetischen Flusses führt. Die Spannung erreicht U_{max} und auch die mechanische Leistung erhöht sich nicht weiter. Der Gesamtstrom I_{ges} bleibt über den ganzen Drehzahlbereich konstant.

Sowohl die Wandlung von elektrischer in mechanische Leistung im Motorbetrieb als auch die Wandlung von mechanischer in elektrische Leistung im Generatorbetrieb ist verlustbehaftet. Die Verluste setzen sich aus verschiedenen Anteilen zusammen. Dazu zählen elektrische und magnetische Verluste sowie Reibung und mechanische Trägheit.

Die Verlustleistung an der Übertragungsstelle bei der Leistungswandlung lässt sich anhand eines elektrischen Modells ermitteln, wie Bild 2.7 zu entnehmen ist. Angetrieben wird jeweils eine Anordnung mit der Schwungmasse Θ, an der das Widerstandsmoment M_W angreift.

Für das im Luftspalt übertragene Moment gilt: $M = M_{Mi} \sim I \bullet \Psi$
Und mit Berücksichtigung der Schwungmasse: $M = M_W + \Theta \bullet \frac{d\Omega}{dt}$
Zugeführte Leistung: $P_0 = M \cdot \Omega_0$
Die übertragene Leistung: $P = M \cdot \Omega$
Die Verluste errechnen sich: $P_V = P_0 - P = M \cdot (\Omega_0 - \Omega) =$
$= (M_W + \Theta \bullet \frac{d\Omega}{dt}) \cdot (\Omega_0 - \Omega)$

Es gibt eine große Typenvielfalt von elektrischen Maschinen, die sich hauptsächlich durch ihren Aufbau und die elektrische Ansteuerung unterscheiden. Im Nachfolgenden werden einige der bekanntesten Typen grob erläutert.

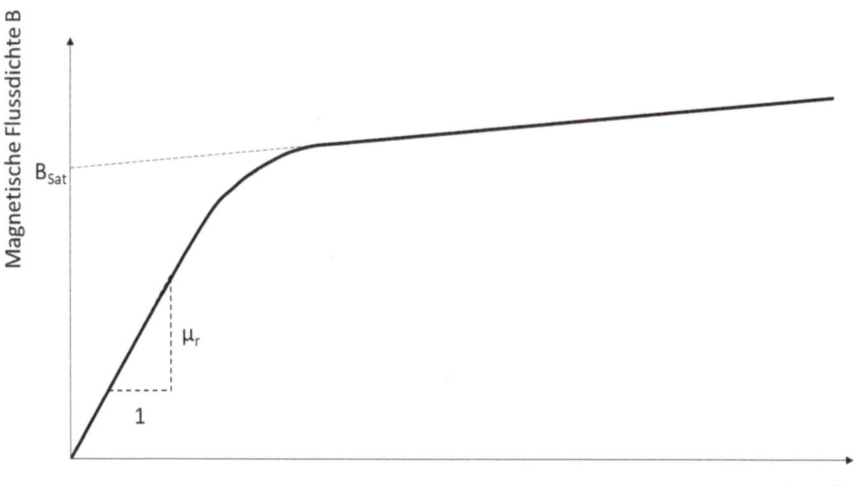

Bild 2.4: Magnetisierungskurve eines Elektromotors (Quelle: EWT, TU München)

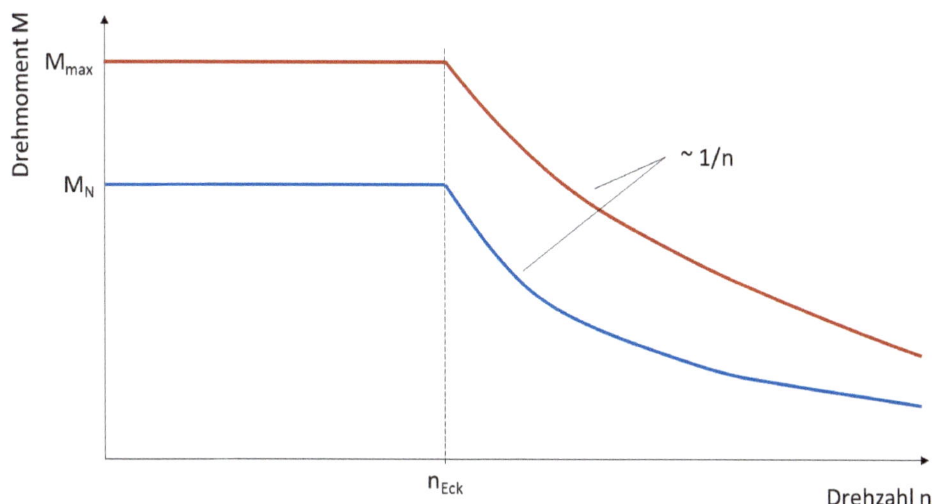

Bild 2.5: Drehmomentverlauf einer elektrischen Maschine (Quelle: EWT, TU München)

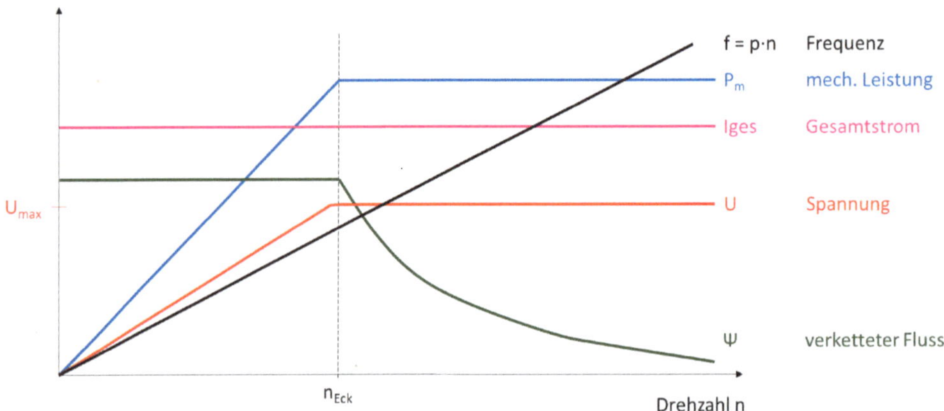

Bild 2.6: Leistung, Gesamtstrom, magnetischer Fluss und Spannung (Quelle: EWT, TU München)

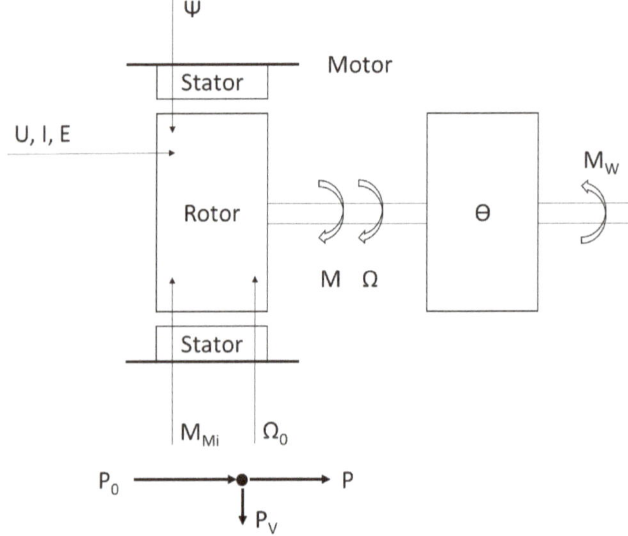

Bild 2.7: Elektrisches Modell für ein Antriebssystem am Beispiel einer Gleichstrommaschine [10]

2.1.8.1 Gleichstrommaschinen

Die Gleichstrommaschine besteht in ihrem prinzipiellen Aufbau aus einem Rotor mit einer Anzahl Wicklungen, durch die der sogenannte Ankerstrom geführt wird, und einem Stator, der ein statisches Magnetfeld trägt, das entweder durch Erregerwicklungen elektrisch oder durch eingebaute Permanentmagneten erzeugt wird [10]. Der Stator ist mit einer Anzahl magnetischer Pole, die als Polpaarzahl p bezeichnet wird, ausgestattet und umschließt den Rotor eng, so dass der daraus resultierende Luftspalt sehr klein ist, sich der Rotor aber ungehindert drehen kann. Stator und Rotor bestehen aus ferromagnetischem Material mit sehr hoher Permeabilität, üblicherweise aus Eisen.

In Bild 2.8 ist das Prinzip einer Gleichstrommaschine stark vereinfacht anhand einer einzelnen Wicklungsschleife dargestellt [11]. Von maßgeblicher Bedeutung ist der Schleifring, der einerseits die elektrische Kontaktierung der Wicklungsschleife ermöglicht und andererseits bei Rotation der Wicklung eine Umpolung des Stroms erwirkt. Aus diesem Grund wird die Gleichstrommaschine auch als Bürstenmaschine eingeordnet.

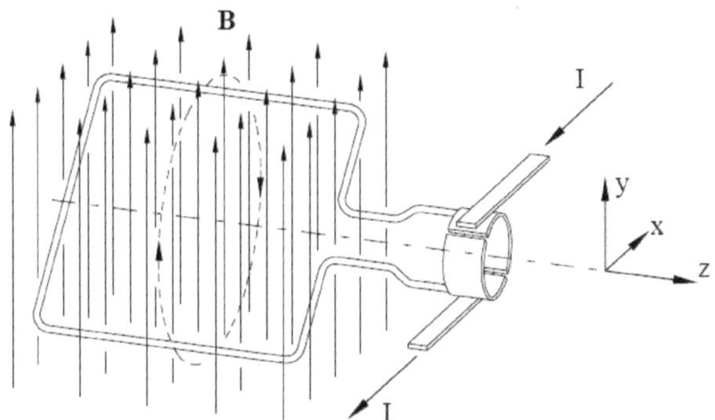

Bild 2.8: Prinzipielle Leiteranordnung in einer Gleichstrommaschine [11]

Wie in Bild 2.8 gezeigt, wirkt auf einen stromdurchflossenen Leiter in einem Magnetfeld eine Kraft, sofern entweder der Leiter bewegt oder das Magnetfeld oder der Strom geändert wird. Durch die Schleife, die sich um die Achse z drehen kann, schalten die Kontakte am Schleifring, durch die der Strom I in die Schleife eingeleitet wird, die Stromrichtung um, was zu einer Änderung des Stroms und damit zur Erzeugung der Kraft auf die Wicklungsschleife führt. Die elektromechanisch aufwendige Konstruktion des Schleifrings, die meist eine Vielzahl von Kontakten aufweist, wird als Kommutator bezeichnet. Zum einfacheren Verständnis ist in Bild 2.9 der Kommutierungsvorgang anhand einer einzelnen Wicklung dargestellt. In erster Näherung ist anzunehmen, dass sich der Spulenstrom bei Kommutierung linear ändert. Zwischen zwei Kommutierungsvorgängen ist der Spulenstrom nahezu konstant.

In Bild 2.9 oben fließt der Wicklungsstrom über die Bürste auf die erste Lamelle des Kommutators und von dort bei a in die Wicklung, kommt bei b wieder aus der Wicklung heraus, um von dort über die zweite Lamelle und Bürste abzufließen. Das durch den Stromfluss erzeugte Drehmoment dreht den Rotor in Richtung n. In Bild 2.9 Mitte hat sich der Rotor soweit gedreht, dass die Bürsten, die eine gewisse geometrische Ausdehnung haben, die Lamellen des Kommutators kurzschließen. Der Strom ist somit kurzzeitig Null und es entsteht auch kein Drehmoment mehr. Der Rotor dreht sich aufgrund seiner Trägheit weiter, so dass der Kurzschluss endet und die Wicklung nun in die andere Richtung bestromt wird, wie das in Bild 2.9 unten dargestellt ist. Der Strom und das resultierende Drehmoment zeigen in die gleiche Richtung wie oben, d. h. der Rotor dreht sich in Richtung n weiter, bis die Bürsten wieder einen Kurzschluss zwischen den Lamellen erzeugen und kurz darauf die Situation oben erneut eintritt [9].

Eine besonders große Bedeutung kommt der Art und Weise der Wicklungen zu, die die Eigenschaften der Gleichstrommaschine wesentlich beeinflussen. Jeder Hersteller hat seine spezifische Wicklungstechnik entwickelt, die über lange Erfahrung und viel Expertenwissen entstanden ist. Durchmesser und Länge des Rotors bestimmen im Wesentlichen auch die Maße der Wicklungsschleife, allerdings können die Maße aber durch entsprechende Wicklungstechnik optimiert werden.

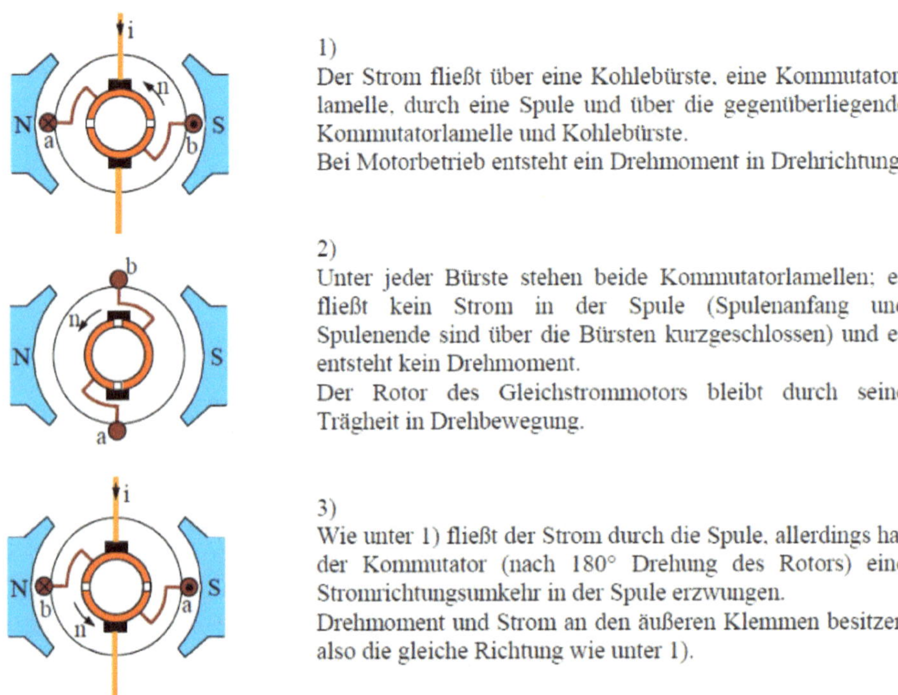

Bild 2.9: Prinzip des Kommutierungsvorgangs [9]

Wird das Magnetfeld im Stator nicht durch Permanentmagneten, sondern elektrisch erzeugt, so spielt die Formgebung der Pole eine ebenfalls wichtige Rolle. Die Magnetfeldlinien treten an der Oberfläche zum Luftspalt senkrecht aus den Polschuhen aus, da die Permeabilität von Eisen um ein Vielfaches größer ist als die von Luft. Bei geeigneter Konstruktion der Polschuhe entsteht im Luftspalt, sofern er klein genug ist, ein homogenes radiales Magnetfeld.

Neben der 2-poligen Ausführung werden auch mehrpolige Gleichstrommaschinen eingesetzt. Die Polpaarzahl p gibt an, wie viele Polpaare eine Maschine hat. Eine höhere Polpaarzahl bietet Vorteile wie Materialeinsparungen in Stator und Rotor oder geringere Verluste in den Wickelköpfen, hat aber auch Nachteile wie größere magnetischen Streuungen und steigende Verluste durch die höhere Rotorfrequenz [9]. Die elektrische Frequenz errechnet sich aus der Drehzahl und der Polpaarzahl [9].

$$f = p \bullet n$$

Die Wicklungen werden in Gruppen in Nuten im Rotor eingelegt, statt sie gleichmäßig auf der Oberfläche des Rotors zu verteilen. In der Regel werden die Wicklungsschleifen schräg verlegt, um einen brauchbaren Rotor zu erzielen. Und je mehr Wicklungen auf einem Rotor bei gleichen Abmessungen untergebracht werden können, desto größer ist die resultierende Kraft. Das Maß der Wicklungsdichte wird auch als (Kupfer-)Füllfaktor bezeichnet. Als besonders effektvoll erweist sich hier eine rautenförmige Wicklung.

Die gebräuchlichsten Arten von Gleichstrommaschinen:

- Fremderregte Gleichstrommaschine:
  Die Erregerwicklung wird von einer separaten Spannungsquelle gespeist. Somit sind Spannung an den Wicklungen und Erregerspannung unabhängig voneinander. Durch einen variablen Vorwiderstand kann der Strom durch die Wicklungen begrenzt werden. Allerdings ist dies verlustbehaftet. Dagegen ist die Drehzahlstellung über die Veränderung der Spannung an den Wicklungen verlustlos [9].
- Permanenterregte Gleichstrommaschine:
  Sie ist sehr ähnlich wie die fremderregte Gleichstrommaschine. Die Drehzahl kann auch über Spannung an den Wicklungen und Vorwiderstände gestellt werden. Eine Feldschwächung ist wegen der Permanentmagneten nicht möglich. Vorteile gegenüber fremderregten Gleichstrommaschinen sind: kleinerer Außendurchmesser, geringeres Volumen und Gewicht, höherer Wirkungsgrad, einfacherer Aufbau und kostengünstigere Fertigung sowie bessere Dynamik [9]. Einziger Nachteil sind die seltenen Erden für die Dauermagnete und die damit verbundenen Kosten und Abhängigkeiten.
- Mischform aus fremderregter und permanenterregter Gleichstrommaschine:
  In einigen Generatoren in Fahrzeugen werden sogenannte Klauenpolmaschinen mit kleinen Permanentmagneten und Erregerwicklung eingesetzt. Durch elektrische Ansteuerung der Erregerwicklung kann die Ausgangsleistung des Generators geregelt werden.
- Gleichstromnebenschlussmaschine:
  Erregerwicklung und Rotorwicklungen liegen parallel geschaltet an der gleichen Spannung. Durch jeweils einen Vorwiderstand sind die Ströme in beiden Wicklungen unabhängig voneinander und die Drehzahl kann darüber gestellt werden. Eine Änderung der Spannung ist dagegen wirkungslos. Im Generatorbetrieb findet eine Selbsterregung statt gemäß dem dynamoelektrischen Prinzip von Werner von Siemens [9].
- Gleichstromreihenschlussmaschine:

Erregerwicklung und Rotorwicklungen in Reihe geschaltet, wobei der Vorwiderstand der Rotorwicklungen weiterhin vorhanden ist, aber der Widerstand für die Erregerwicklung parallel zur Erregerwicklung geschaltet wird. So kann die Drehzahl über diese Widerstände gestellt werden, wobei das Drehzahlverhalten grundsätzlich anders ist [9].

Die grundlegende elektrische Verschaltung einer fremderregten Gleichstrommaschine ist in Bild 2.10 gezeigt. Die Erregerwicklung mit der Erregerspannung U_F und dem Erregerstrom I_F wird unabhängig von der Wicklung der Gleichstrommaschine aus einer separaten Spannungsquelle gespeist [12]. Durch den Vorwiderstand R_V kann der Gesamtwiderstand im Ankerkreis $R = R_V + R_A$ variiert werden. R_A stellt hierbei den ohmschen Widerstand der gesamten Wicklung dar. Die Drehzahl der Gleichstrommaschine kann in diesem Fall sowohl über die Änderung der Klemmenspannung U als auch die Änderung der Erregung als auch die Vergrößerung des Vorwiderstands beeinflusst werden.

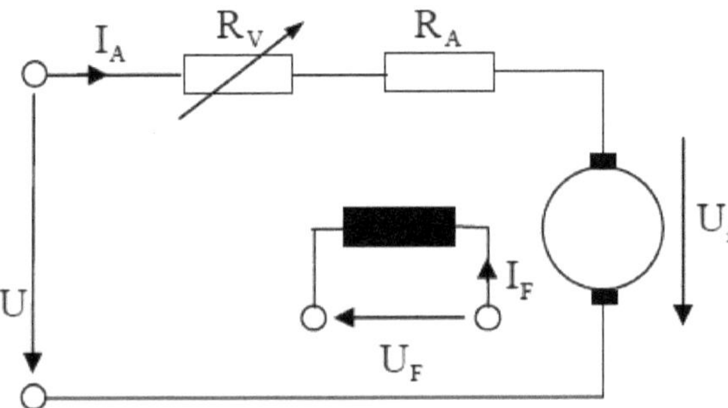

Bild 2.10: Grundlegende elektrische Verschaltung einer fremderregten Gleichstrommaschine [12]

2.1.8.2 Elektronisch kommutierte Gleichstrommaschinen

Elektronisch kommutierte Gleichstrommaschinen oder auch bürstenlose Gleichstrommotoren (BLDC- oder EC-Motor) sind ähnlich aufgebaut wie Synchronmaschinen. Die gleiche Kraftwirkung, die von einem stationären Magnetfeld auf einen beweglichen stromdurchflossenen Leiter ausgeübt wird, ist auch bei umgekehrter Anordnung zu beobachten. So sind bei diesen Motoren die Wicklungen auf dem Stator angebracht und auf dem Rotor, der von dem elektronisch kommutierten Magnetfeld in Rotation versetzt wird, sitzen Permanentmagneten. Die als Stern verschalteten Wicklungen werden dabei von einem meist 3-phasigen Wechselrichter gespeist, der das Drehstromsystem zur Verfügung stellt, das meistens in Form von blockweisen oder sinusartigen Strömen aufgebaut ist. Der Wechselrichter wird so betrieben, dass sich elektrisch zwischen Statordurchflutung und Rotorfeld ein Winkel von $\pi/2$ einstellt. In dieser Betriebsweise kann die Maschine nicht kippen und hat eine gute Dynamik. Ein weiterer Vorteil sind der geringe Verschleiß und die Wartungsfreiheit.

In Bild 2.11 links ist ein schematischer Schnitt durch einen bürstenlosen Gleichstrommotor abgebildet. Rechts ist eine vereinfachte Ansteuerschaltung mit drei Halbbrücken, bestehend aus sechs Schaltern, dargestellt, die aus einer Zwischenkreisspannung U_{DC} mit einem Zwischenkreiskondensator die Wicklungen des bürstenlosen Gleichstrommotors gemäß dem vorgegebenen Ein-/Aus-Schema bestromt.

Bild 2.12 zeigt den Blick in einen realen elektronisch kommutierten Gleichstrommotor mit Innenläufer samt Hochleistungsmagnet und integrierter Elektronik im Leistungsbereich von 30 bis 750 Watt.

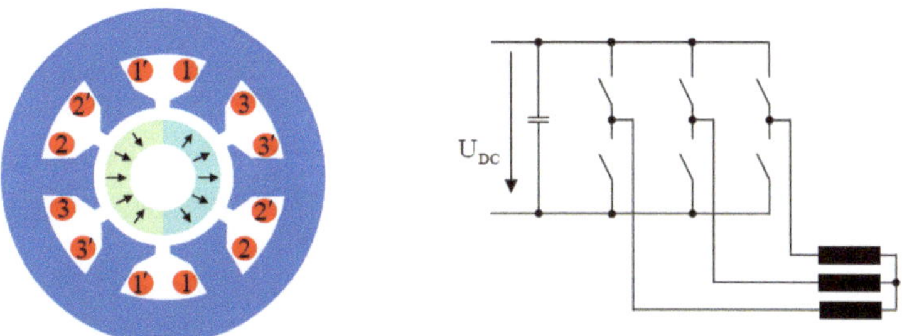

Bild 2.11: Schematischer Schnitt durch einen bürstenlosen Gleichstrommotor und Ansteuerung [9]

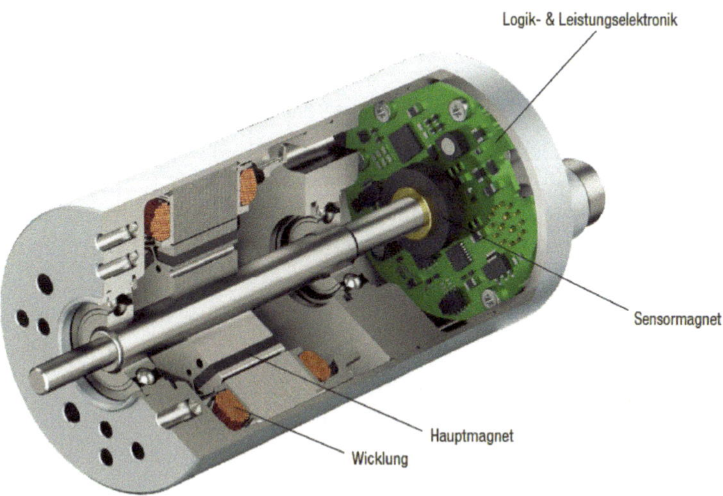

Bild 2.12: ECI-Motor mit integrierter Elektronik [13]

Die Regelung spielt für die Anwendung von bürstenlosen Gleichstrommaschinen eine äußerst wichtige Rolle. Das wichtigste Qualitätsmerkmal eines elektrischen Antriebs ist sein glattes, konstantes Drehmoment während seines Betriebs. Drehmoment-Harmonische können zu mechanischen Schwingungen im kompletten Antriebssystem führen und die daraus resultierenden Drehmoment-Schwankungen sind oft für die angeschlossenen Lasten schädlich. Getriebe zwischen den Motoren und den Lastmaschinen sind aufgrund dieser Schwankungen besonders gefährdet. Zusätzlich können die Drehmoment-Harmonischen zu einer erhöhten Geräuschentwicklung beitragen. Eine wichtige Voraussetzung zur korrekten Bestromung der Wicklungen ist die Winkellage des Rotors. Zu diesem Zweck werden zwei oder drei Hallsensoren eingesetzt, die einen mit dem Rotor umlaufenden Magnetring abtasten und so die Winkellage des Rotors erfassen.

Heute ist die feldorientierte Regelung Stand der Technik und ist darüber hinaus auch vorteilhaft für die Leistungselektronik, siehe Bild 2.13. Sie verbessert zudem das dynamische Verhalten und liefert ein optimales Drehmoment im Antrieb [14]. Aus Sicht der Regelungstechnik ist die feldorientierte Regelung vergleichbar mit der Regelung eines bürstenbehafteten Gleichstrommotors. Durch die Entkopplung von magnetischem Fluss und dem Drehmoment wird das typische Verhalten eines bürstenbehafteten Gleichstrommotors erreicht. Das Grundkonzept der feldorientierten Regelung ist die Betrachtung von zeitlichen Momentan-Werten. Die elektrischen Wechselgrößen eines dreiphasigen Motors werden nicht als raumfest behandelt, sondern drehen sich mit dem Rotor. Das bedeutet, dass die am Stator gemessenen drei Phasenströme in Rotorkoordinaten umgewandelt werden. Da das Bezugssystem statisch ist, kann der Regler mit Gleichstromgrößen anstelle von Wechselgrößen arbeiten.

Grundsätzlich gibt es zwei allgemeine Methoden der feldorientierten Regelung, eine direkte und eine indirekte Methode. Beide Verfahren unterscheiden sich in der Art, wie der Rotorwinkel bzw. die Lageerfassung bestimmt wird. Bei der direkten Methode wird der Winkel durch Klemmenspannung und die Klemmenströme berechnet, während bei der indirekten Methode die Rotorposition gemessen wird. Somit wird bei der indirekten feldorientierten Regelung eine zusätzliche Positionserfassung benötigt. Voraussetzung für beide Verfahren und für eine hohe Regelgüte ist, dass die Motorparameter des Reglers mit den tatsächlichen Parametern des Motors übereinstimmen. Die Gleichgrößen werden in eine feldbildende (d) und in eine drehmomentbildende (q) Komponente unterteilt. Da der magnetische Fluss im Luftspalt ausschließlich durch die Permanenterregung aufgebaut wird, weisen die Ständerströme nahezu keine flussbildende Komponente auf. Aufgrund der Oberflächenmagnete des Rotors wird der Sollwert für den feldbildenden Strom (I_d) auf null gesetzt. Der Ausgang des Stromreglers repräsentiert die Referenzspannungen in den Rotor-Koordinaten. Zur Steuerung des dreiphasigen Statorstroms erzeugt der Algorithmus der feldorientierten Regelung einen dreiphasigen Spannungsvektor. Grundlage hierfür ist die Überführung der rotorfesten d/q-Größen in statorfeste α/ß-Größen [14].

Die Umwandlung des physikalischen Stroms in einen Drehvektor mittels Clarke- und Park-Transformationen macht das Drehmoment und den magnetischen Fluss zu zeitunabhängigen Größen. Als Regelalgorithmus wird ein erweiterter Proportional-Intergral-Regler (PI-Regler) mit den Parametern Proportionalverstärkung und Nachstellzeit verwendet. Diese Parameter sind abhängig von der Motorinduktivität, dem Wicklungswiderstand sowie der kompletten Signalverarbeitungskette. Gleichstrom-Motoren sind so ausgelegt, dass der Magnetfluss in Stator und Rotor jeweils um 90° zueinander versetzt sind, wodurch der Motor maximales Drehmoment erzeugt. Mit der feldorientierten Regelung werden die Motorströme in Zweiachsen-Vektoren transformiert, die vergleichbar mit denen in einem Gleichstrommotor sind. Der Prozess beginnt mit einer Messung der drei Phasenströme des Motors (i1, i2 und i3). Weil die Summe der drei Stromwerte zu jedem Zeitpunkt gleich null ist, werden in der Praxis nur zwei der drei Ströme gemessen und der Wert des dritten Stroms kann aus den erzielten Messwerten errechnet werden. Daraus ergibt sich eine unmittelbare Senkung der Hardware-Kosten, da nur zwei Stromsensoren notwendig sind [14].

Mit der Information der Statorströme und des Rotorwinkels werden die Werte in ein Koordinatensystem transformiert, um die Polarkoordinaten, bestehend aus Betrag und Winkel, zu berechnen. Dies bedeutet, dass gemessene Motorströme mathematisch von einem dreiphasigen statischen Referenzsystem der Statorwicklung in ein rotierendes Referenzsystem transformiert werden. Das rotierende System bestehend aus der d- und der q-Komponente lässt sich sehr einfach durch einen PI-Regler verarbeiten. In ähnlicher Weise werden die an den Motor anzulegenden Spannungen mathematisch aus dem d/q-System des Rotors in ein dreiphasiges Bezugssystem überführt.

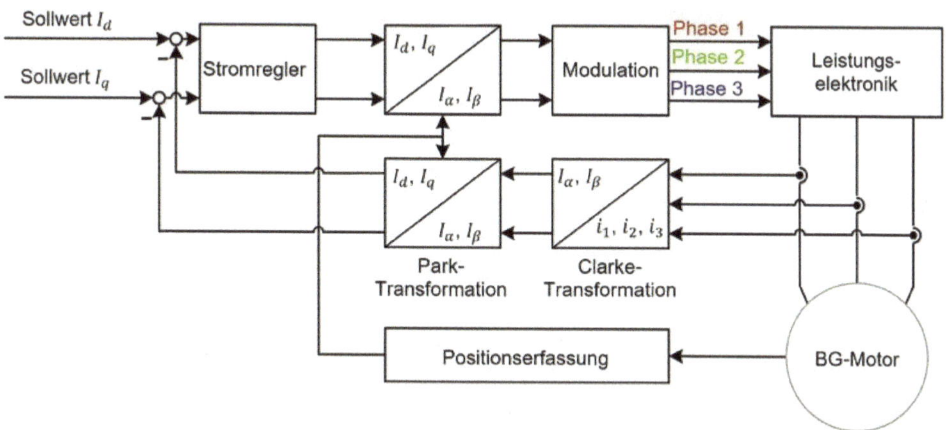

Bild 2.13: Blockschaltbild der Regelung eines elektronisch kommutierten Gleichstrommotors [14]

Wird ein sinusförmiger Eingangsstrom an den Stator angelegt, so entsteht dabei ein rotierender magnetischer Fluss. Die Drehzahl des Rotors steht dabei in einer direkten Beziehung zum dem sich drehenden Magnetfluss. Mithilfe moderner Mikroprozessoren, präziser Stromerfassung und einer schnellen Leistungselektronik lassen sich das Drehmoment und die Drehzahl des Motors sehr gut regeln. Über eine Pulsweitenmodulation (PWM) werden die Betrag- und Winkel-Werte in dreiphasige Ströme konvertiert, indem die High- und Low-Side-Schalter des Wechselrichters entsprechend angesteuert werden. Somit wird die Gleichspannung durch Schalten der Leistungstransistoren auf die jeweiligen Motorphasen geschaltet und ein bestimmter Strom per PWM eingeprägt. Ziel der Modulation ist die Nachstellung einer sinusförmigen Spannung.

Als Leistungshalbleiter der drei Halbbrücken werden MOSFETs eingesetzt. Des Weiteren besteht die Leistungselektronik aus einer Zwischenkreiskapazität und zusätzlicher Filtertechnik. Die Steuerelektronik übernimmt hierbei nicht nur die Regelung und Ansteuerung des Elektromotors, sondern auch Kommunikationsaufgaben und Überwachungsfunktionen [14].

Die Messung des Stromes muss zyklisch erfolgen, damit bei jedem PWM-Takt ein neuer Istwert vorliegt und von der Regelung verarbeitet werden kann. Besonders wichtig sind eine schnelle Erfassung und Verarbeitung des gemessenen Stromes, sodass dieser sich nicht merklich während der Laufzeit des Programmes ändert. Bei der FOC-Methode wird die dreisträngige Wicklung des Motors durch PWM-Signale der Modulation sinusförmig gespeist. Aufgrund der prinzipiell endlichen Ein- und Ausschaltzeiten der Leistungshalbleiter werden deren Ansteuersignale künstlich verzögert, um beim Umschalten zwischen positiver und negativer Zwischenkreisspannung keinen Brückenkurzschluss zu verursachen [14].

Die feldorientierte Regelung benötigt grundsätzlich eine relativ hohe Rechenzeit, da die rotierenden Größen, um sie im Regelkreis benutzen zu können, zunächst umzuwandeln sind und anschließend in die Stellgrößen zurückgewandelt werden müssen. Nachteilig ist hierbei der hohe Rechenaufwand für den Mikrocontroller, dessen Leistungsfähigkeit das dynamische Verhalten der Regelung begrenzt. Mit der feldorientierten Regelung ist es jedoch möglich, das Drehmoment und den Fluss separat zu steuern. Auf diese Weise haben die bürstenlosen Gleichstrommotoren die gleichen Vorteile wie die bürstenbehafteten Gleichstrommotoren. Gegenüber einer direkten Stromregelung ermöglicht die feldorientierte Regelung eine höhere Spannungsausnutzung und reduziert bei gleicher Leistung die stromproportionalen Verluste. Dieses feldorientierte Verfahren ermöglicht somit einen besseren Wirkungsgrad als die direkte Stromregelung. Im Vergleich zur block- oder trapezförmigen Kommutierung erzeugt die feldorientierte Regelung ein maximales Drehmoment, welches besser auf das Rotorfeld ausgerichtet ist. Der Wirkungsgrad kann durch die sinusförmigen Spannungen und Ströme der feldorientierten Regelung erhöht werden. Die Übergänge zwischen den Statorzuständen erfolgen homogen, was die Drehmomenteinbrüche bei der Blockkommutierung beseitigt und die Dynamik des Gesamtsystems verbessert [14].

2.1.8.3 Asynchronmaschinen

Die Asynchronmaschine ist eine Drehfeldmaschine, deren mehrsträngige stromdurchflossene Statorwicklungen ein Drehfeld erzeugen. Das Drehfeld verursacht durch Induktion in den Rotorwicklungen Spannungen, die je nach Abschluss der Rotorwicklungen entsprechende Ströme und somit endgültig ein Drehmoment bewirken.

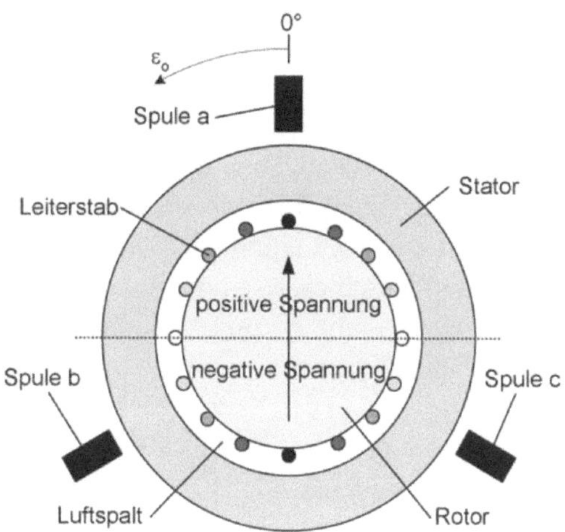

Bild 2.14: Asynchronmaschine mit Käfigläufer [10]

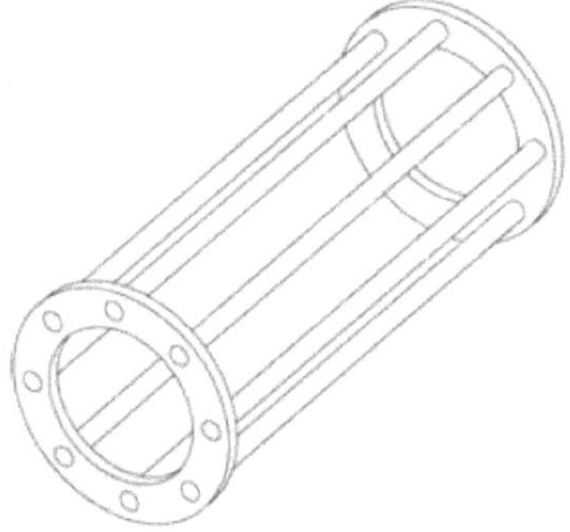

Bild 2.15: Kurzschluss-Käfig einer Asynchronmaschine [10]

Eine Asynchronmaschine ist aufgebaut aus einem Stator, der durch eine geeignete Anordnung dreier räumlich versetzter Spulen und einer geeigneten Bestromung derselben ein rotierendes Magnetfeld erzeugt. Daraus leitet sich die Oberbezeichnung „Drehfeldmaschine" für diesen Motorentypus ab. Im Gegensatz zu der Gleichstrommaschine mit ihrem zeitlich und örtlich konstanten Erregerfeld liegt hier somit ein rotierendes Magnetfeld vor. In diesem Drehfeld befindet sich ein Rotor, der bei den meisten Maschinen einen Kurzschlusskäfig beinhaltet, der isoliert im Eisenkern des Rotors eingebettet ist [10]. Bild 2.14 zeigt eine prinzipielle Darstellung einer Asynchronmaschine im Querschnitt, bestehend aus einem Stator mit 3 gleichmäßig verteilten Wicklungen und einem Rotor mit Eisenkern und Kurzschlusskäfig, siehe Bild 2.15.

Dabei existiert kein elektrischer Zugang zum Rotor, d. h., es gibt weder eine elektrische Verbindung zwischen Rotor und Stator, noch sind externe Klemmenanschlüsse für den Rotor vorhanden. Um trotz fehlendem Kommutator bzw. fehlender Schleifringe einen Stromfluss im Rotorkäfig der Maschine zu erzeugen, wird bei der Asynchronmaschine das Prinzip der Induktion genutzt, woraus sich der englische Name "induction machine" (Induktionsmaschine) ableitet. Dadurch, dass bei der motorisch betriebenen Asynchronmaschine der Kurzschlusskäfig mit einer langsameren Geschwindigkeit, d. h. asynchron, rotiert als das Drehfeld, wird wegen der Differenzgeschwindigkeit in den Leiterstäben des Rotors eine Spannung induziert. Da diese Stäbe durch die beiden Ringe des Kurzschlusskäfigs kurzgeschlossen sind, baut die induzierte Spannung einen Stromfluss im Käfig auf. Damit entsteht, wie auch bei der Gleichstrommaschine, eine Lorentzkraft nach der Drei-Finger-Regel im stromdurchflossenen Leiterstab, welcher sich im Feld befindet. Die Kraft wirkt an den Leiterstäben des Käfigs und erzeugt damit schließlich das Drehmoment an der Welle der Maschine [10].

Der große Vorteil der Asynchronmaschine ist, dass keine elektrische Verbindung zwischen Rotor und Stator notwendig ist. Damit entfallen jegliche Schleifringe oder Kommutatoren, die ihrerseits Kommutator- oder Bürstenfeuer verursachen und die mechanischen Verluste und den Verschleiß erhöhen. Damit eignet sie sich besonders in Umgebungen, in denen Funkenbildung zu vermeiden ist, und für Anwendungen mit hohen Anforderungen bzgl. Wartungsfreiheit.

2.1.8.4 Synchronmaschinen

Synchronmaschinen sind in Aufbau und Funktionsweise sehr ähnlich wie Asynchronmaschinen und gehören ebenfalls zu den Drehfeldmaschinen.

Die Drehfelderzeugung ist direkt auf die Synchronmaschine übertragbar, da der Stator einer Synchronmaschine mit demjenigen einer Asynchronmaschine identisch aufgebaut ist. In beiden Maschinentypen sind im Stator mit der Polpaarzahl 1 drei räumlich um jeweils 120° versetzte Wicklungen angeordnet, die von einem Drehspannungssystem gespeist werden. Somit entsteht bei der Synchronmaschine auf dieselbe Weise wie bei der Asynchronmaschine ein umlaufendes Drehfeld [10]. Der Unterschied zwischen Synchron- und Asynchronmaschine beschränkt sich ausschließlich auf den Aufbau und Funktionsweise des Rotors. Im Gegensatz zur Asynchronmaschine mit ihrem Käfigläufer ist der Rotor einer Synchronmaschine ein zweipoliger Anker (siehe Bild 2.16) aus Material mit hoher magnetischer Permeabilität. Dieser Rotor, das sogenannte Polrad, besitzt eine von Gleichstrom gespeiste Rotorwicklung, die ein magnetisches Rotor-Gleichfeld erzeugt, dies wird durch den Pfeil (d–Achse) in Bild 2.16 gekennzeichnet. Dies bedeutet, der Rotor wirkt wie ein Permanentmagnet oder es sind – bei modernen Synchronmaschinen – direkt am Rotor sogar Permanentmagnete angeordnet.

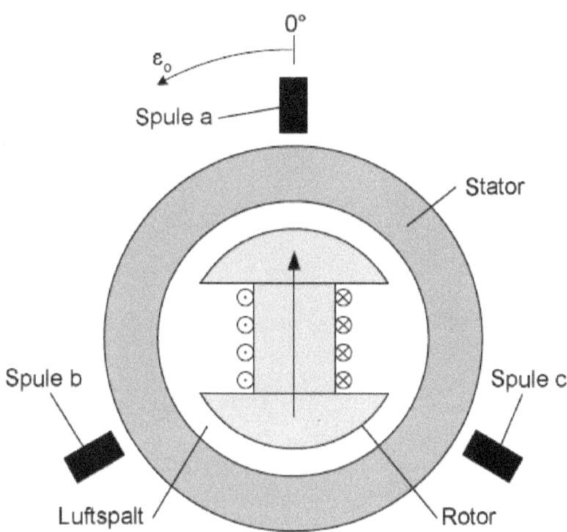

Bild 2.16: Schnittzeichnung einer Synchronmaschine mit zweipoligem Anker und Erregerwicklung [10]

Es ist einsichtig, dass der Rotor im idealen Leerlauf als magnetisch wirksame Komponente nun dem vom Stator erzeugten Magnetfeld in der Drehzahl und in der Positionierung synchron und phasengenau folgt, um im Leerlauf die beste Flussverkettung zu erreichen, d. h. der Rotor folgt der Drehzahl des vom Stator erzeugten Drehfeldes. Falls die Frequenz des Drehspannungssystems, welches den Stator speist, variabel ist, ist somit auch die Drehzahl des Rotors variabel [10]. Dies kann durch den Einsatz eines Umrichters erreicht werden.

Der Rotor dreht sich im stationären Betrieb ausschließlich mit der Synchrondrehzahl n_0 und erzeugt nur dort ein Drehmoment [9].

In Bild 2.17 sind typische Ausführungsformen von Synchronmaschinen in Anwendungen als Generatoren dargestellt. Vollpolgeneratoren (im Bild 2.17 links) kommen hauptsächlich in Wärmekraftwerken mit Dampf- oder Gasturbinen zum Einsatz, wegen der hohen Drehzahlen und damit verbundenen hohen mechanischen Belastungen. Deshalb ist der Durchmesser der Vollpolmaschine begrenzt, und die Leistung der Maschine wird über die Länge dimensioniert.

Schenkelpolgeneratoren (im Bild 2.17 rechts) eignen sich für geringe Drehzahlen wie z. B. in Wasserkraftwerken und können mit großen Durchmessern und geringer Länge realisiert werden.

Durch den Einsatz moderner Elektronik in Wechselrichtern finden Synchronmaschinen zunehmend Anwendung als Motoren, u. a. auch in Antrieben für Fahrzeuge.

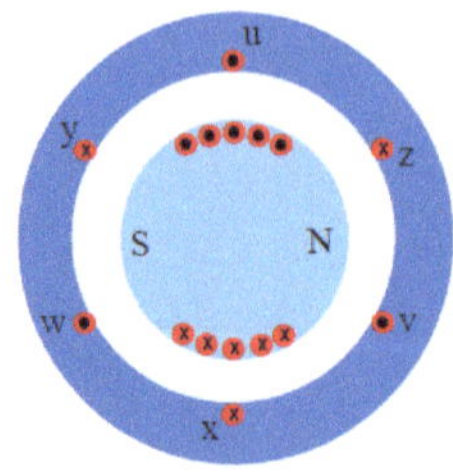

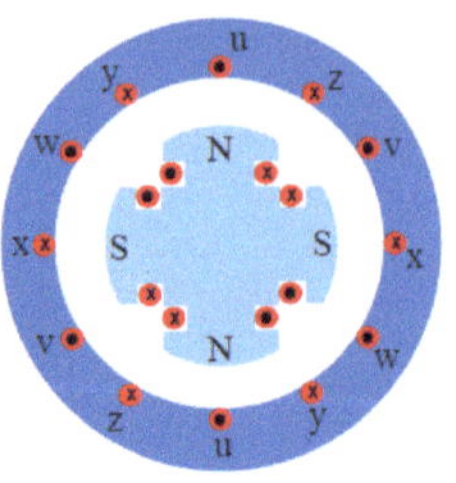

Bild 2.17: Ausführungsformen: links Vollpolmaschine, rechts Schenkelpolmaschine [9]

2.1.9 Weitere elektrische Maschinen

Folgende weitere elektrische Maschinen sind in der Fachliteratur genannt und beschrieben:

- Transversalflussmaschinen
- Reluktanzmaschinen
- Linearmotoren
- Permanentmagnetmotoren
- Schrittmotoren

Zur Vertiefung wird im Speziellen folgende weiterführende Literatur empfohlen:

- D. Schröder, Elektrische Antriebe – Grundlagen, 5. Auflage, Springer-Vieweg, ISBN 978-3-642-30470-5 [10]
- D. Gerling, Antriebsregelung und Aktorik, Vorlesungsmanuskript, Lehrstuhl für Elektrische Antriebstechnik und Aktorik, Universität der Bundeswehr München [9]
- R. Fischer, Elektrische Maschinen, 14. Auflage, Carl Hanser-Verlag, ISBN 978-3-446-41754-0 [15]
- C. Fräger, Formelsammlung elektrische Antriebe, Hochschule Hannover, Version 2017-01-05c [11]

2.2 Entwurf elektrischer Schaltkreise

Dem Entwurf elektrischer Schaltkreise kommt in der Elektrotechnik eine wesentliche Aufgabe zu. Es ist von entscheidender Bedeutung, die Werte der elektrischen Parameter und Zustände der Schaltung und seiner einzelnen Elemente zu analysieren und das Gesamtverhalten der Schaltung zu verstehen, um die gewünschte Funktionalität zu realisieren.

2.2.1 Schaltungstechnik elektrischer Netzwerke

Die Schaltungstechnik hat zur Aufgabe, das elektrische Verhalten einer Schaltung zu modellieren und zu berechnen. Unter dem elektrischen Verhalten einer Schaltung versteht man den Verlauf der Spannungen und Ströme innerhalb dieser Schaltung über der Zeit bei Vorgabe einiger dieser Größen oder Parameter. Zu den Strömen und Spannungen kommen noch weitere elektrische und allgemein physikalische Größen hinzu, wie Temperatur, Leistung und Energie, die aus den primären elektrischen Größen Strom und Spannung abgeleitet werden können [16].

Den Zeitverlauf einer elektrischen Größe, meist einer Spannung oder eines Stromes, der man eine bestimmte Bedeutung beimisst, nennt man elektrisches Signal. Eine zeitabhängige Quelle, die ein Signal erzeugt, heißt dementsprechend eine Signalquelle [16].

Von der realen Schaltung zum Netzwerk gelangt man durch Modellierung der elektrischen Bauelemente und deren Verbindungen durch Netzwerkelemente, siehe auch Bild 2.18. Diese Modellierung ist stets mit einer Abstraktion verbunden: Netzwerkelemente sind idealisierte Modelle mit einer präzisen mathematischen Beschreibung des Zusammenhangs der zugeordneten elektrischen Größen. Dabei werden vom Netzwerkelement nicht mehr alle Eigenschaften des Bauelementes wiedergegeben (wie beispielsweise die in seinem Datenblatt angegebenen räumlichen Abmessungen, Temperaturbeständigkeit, das Gewicht, die Gehäuseform, der Preis) [16].

Diese Art der Modellierung kann nur angewendet werden, solange die Wellenlänge λ der Signale, die analysiert werden sollen, deutlich größer ist als die Ausdehnung der Schaltung. Die Wellenlänge λ errechnet sich aus dem Quotienten der Lichtgeschwindigkeit c (= $3 \cdot 10^8$ m/s) und der Signalfrequenz f.

$$\lambda = \frac{c}{f}$$

Außerdem ist die Qualität der Modellierung zu überprüfen, wie in Bild 2.18 angedeutet durch den Vergleich der Analyseergebnisse mit an der realen Schaltung gewonnenen Messergebnissen. Die Modellierung kann mit unterschiedlichem Abstraktionsgrad erfolgen, abhängig von der Zielsetzung der Modellierung und der Komplexität der Schaltung und den zu untersuchenden Eigenschaften [16].

Die Kirchhoff'schen Gesetze sind die Grundlage der elektrischen Schaltungstechnik und Netzwerktheorie. Netzwerke bestehen aus Netzwerkelementen, die über eine unterschiedliche Zahl von Klemmen oder Polen zugänglich sein können, siehe auch Bild 2.19. Netzwerkelemente sind mindestens Zweipole, d. h., sie haben zwei Klemmen, Pole oder Mehrpole.

Spannungen und Ströme sind in Form von Zählpfeilen dargestellt und müssen eindeutig eine Polarität aufweisen. Ist das Vorzeichen der gemessenen Größe positiv, so stimmen tatsächliche Richtung und Bezugsrichtung (Pfeilrichtung) überein.

Das Kirchhoff'sche Stromgesetz (Knotenregel) besagt, dass für jeden Knotenpunkt in einem elektrischen Netzwerk gilt, dass die Summe aller zu- und abfließenden Ströme gleich Null ist. Als Knoten wird eine geschlossene Hüllfläche betrachtet, die kein Netzwerkelement durchtrennt.

Das Kirchhoff'sche Spannungsgesetz (Maschenregel) bedeutet, dass für jede Masche in einem elektrischen Netzwerk gilt, dass die Summe aller Teilspannungen in der Masche gleich Null ist. Eine Masche stellt einen geschlossenen Umlauf innerhalb eines elektrischen Netzwerks dar.

Zur Vertiefung wird im Speziellen folgende weiterführende Literatur empfohlen:

- Josef A. Nossek, Vorlesung Schaltungstechnik 1, TU München, Okt. 2012 [16]
- D. Naunin, Einführung in die Netzwerktheorie, Springer-Verlag, ISBN: 978-3-322-85531-2 [17]
- U. Tietze, C. Schenk, E. Gamm, Halbleiter Schaltungstechnik, 16. Auflage, Springer-Vieweg, ISBN 978-3-622-48553-8 [18]

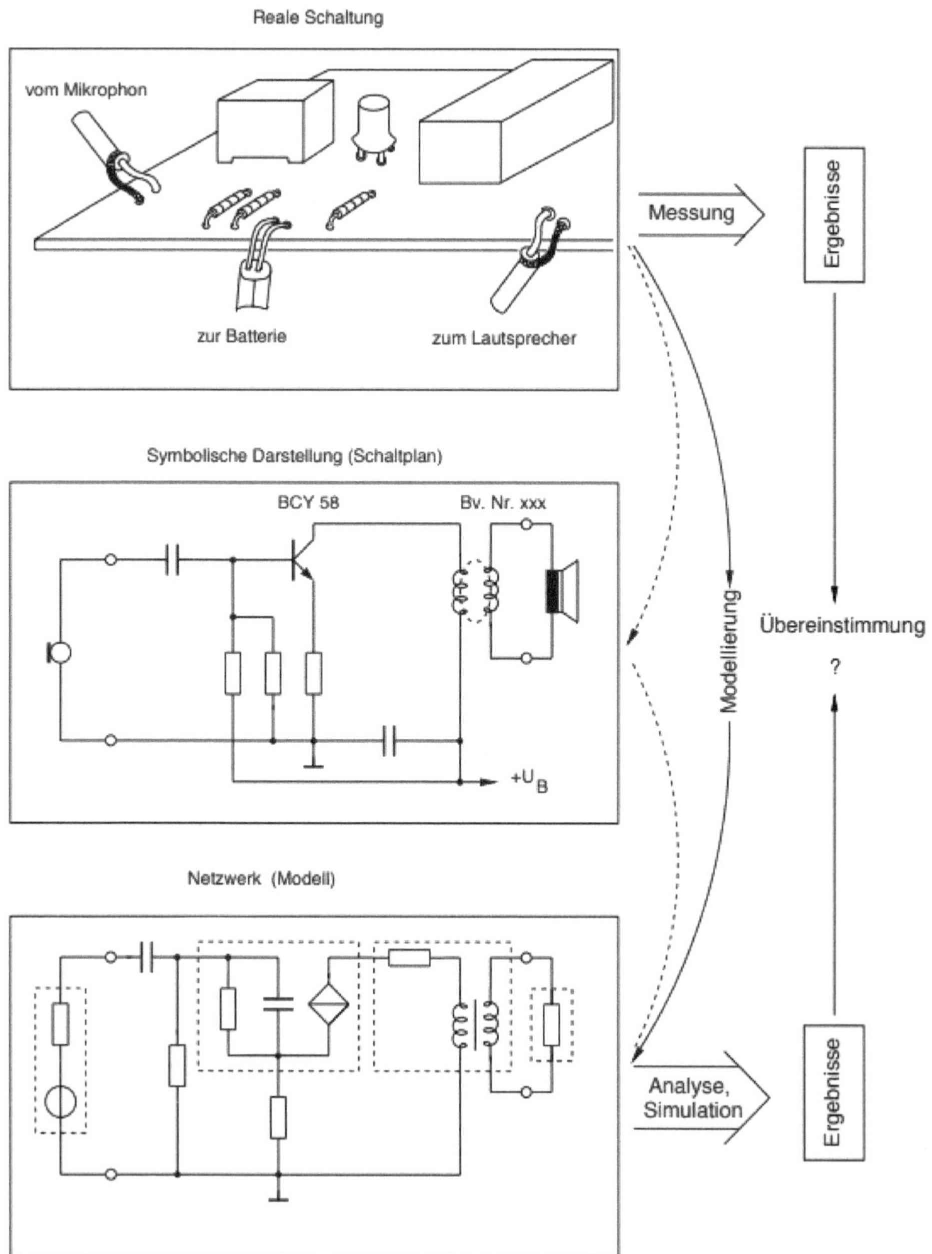

Bild 2.18: Prinzip der Modellierung einer Schaltung mit Schaltplan und Netzwerk [16]

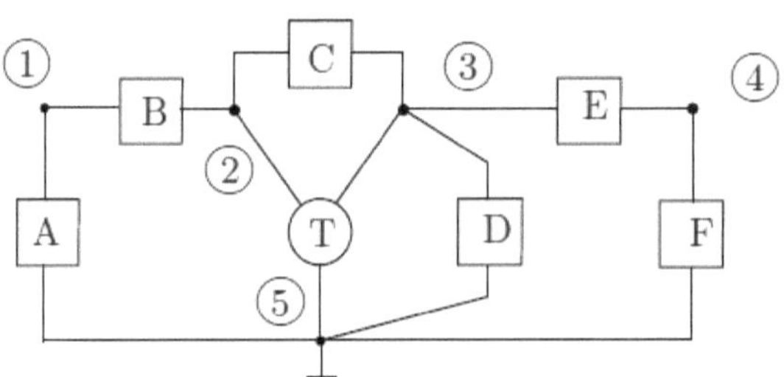

Bild 2.19: Netzwerk aus Zwei- und Dreipolen (A bis T) mit fünf Knoten (① bis ⑤) [16]

2.2.2 Simulation von Schaltkreisen

Das Verhalten von elektrischen Schaltungen ist schwer vorherzusagen [19]. Daher werden Schaltungen oder nur kritische Schaltungsteile entweder durch physikalisch aufgebaute Prototypen und anschließende Messungen oder durch Schaltungssimulationen analysiert. Der Trend geht hier klar zur virtuell simulierten Messung, da die Entwicklungszyklen immer kürzer werden und mit Simulationen sehr zeitnah Aussagen getroffen werden können, die mit Messungen korrelieren. Weltweit hat sich PSpice® als Referenzsimulator über Jahre durchgesetzt, und die meisten Hersteller von Bauteilen bieten PSpice® Simulationsmodelle im Internet an.

Basierend auf dem Stromlaufplan, der für ein PCB-Layout gezeichnet wird, kann eine Simulation gestartet werden. Der Anwender fügt ggf. eine Stromquelle oder einen definierten Stimulus und Messpunkte im Stromlaufplan ein. Dieses Verfahren ähnelt dem eines physikalischen Versuchsaufbaus mit Funktionsgenerator und Oszilloskop.

Hersteller von Simulationswerkzeugen bieten heute einen kompletten CAD Flow für Elektroniksysteme und PCB-Design. Dieser CAD Flow umfasst Module für Schaltpläne, PCB Layout, Signalintegritätsanalyse, Stromintegritätsanalyse, thermische Simulation und Schaltungssimulation sowie Hardware für die Protokollanalyse von High-Speed Interfaces und Boundary Scan.

Darüber hinaus können heute durch die nahtlose bidirektionale Integration zwischen MathWorks MATLAB/Simulink und PSpice® elektrische Schaltkreise und mechanische, hydraulische und thermische Blöcke auf einfache Weise in einer einheitlichen Umgebung simuliert werden und damit eine virtuelle Verknüpfung zwischen der Elektronik und der physikalischen Umgebung hergestellt werden.

2.3 Elektronische Baugruppen

Elektronische Baugruppen (eine oder mehrere Baugruppen in einem Gehäuse zusammengefasst bilden eine Steuereinheit oder ein Steuergerät) stellen heute den Stand der Technik dar und sind der Schlüssel für Innovationen in vielen Branchen und vor allem auch in der Automobiltechnik. Die Automobilelektronik profitierte in diesem

Zusammenhang erheblich von den Fortschritten in der Unterhaltungs-, Kommunikations- und Computerindustrie, übernahm viele etablierte Technologien, sobald diese aus Kosten- und Qualitätsgesichtspunkten zielführend waren, und folgt diesen Branchen in vielen Bereichen auch weiterhin. Nur in der Leistungselektronik entwickelte sich eine gewisse Führungsrolle der Automobilindustrie bei Leistungshalbleitern, die sich u. a. in breiten Produktpaletten für Intelligente Leistungshalbleiter und eigene Entwicklungs- und Produktionsaktivitäten der Automobilzulieferer zeigen. Darüber hinaus ist durch die E-Mobilität eine gewisse Führungsrolle in der Leistungselektronik, v. a. für Umrichter und DC/DC-Wandler, an die Automobilelektronik übergegangen, da die zu erwartenden Stückzahlen die der Industrieelektronik weit übertreffen.

Elektronische Baugruppen verarbeiten analoge und digitale Eingangssignale unter Nutzung digitaler und analoger Methoden oder Algorithmen und geben digitale und analoge Ausgangssignale ab. Sie bestehen zumeist aus einer oder mehreren Leiterplatten, die mit einer Vielzahl von passiven und aktiven Bauelementen sowie hochkomplexen Halbleiter-Komponenten vorzugsweise beidseitig bestückt sind, und werden mittels geeigneten Aufbau- und Verbindungstechnologien aufgebaut. Eine aufwendig erstellte Software führt die eigentliche Funktion der Baugruppe aus [20]. Funktional stabile Software ist von einer sicher funktionierenden, stabilen Hardware abhängig. Ist dies nicht der Fall, dann kommt es immer wieder zu seltsamen Fehlererscheinungen oder kompletten „Abstürzen" des gesamten Systems, die sich nicht eindeutig der Software oder der Hardware zuordnen lassen. Instabile Hardware ist fast immer auf das Ignorieren physikalischer Gesetzmäßigkeiten während der Entwicklung der Leiterplatte (Lagenaufbau, Anzahl der Lagen usw.) zurückzuführen. Wird aber der dafür zuständigen Physik genüge getan, entsteht eine funktional äußerst stabile Baugruppe, die derartige Fehlererscheinungen weitestgehend ausschließt.

2.3.1 Schaltungsträger

Die Aufgabe eines Schaltungsträgers ist es, die Bauelemente einer elektrischen oder elektronischen Schaltung aufzunehmen, die elektrischen Verbindungen zwischen den Bauelementen gemäß der vorgegebenen Schaltung zu realisieren, thermische Verluste aus der Schaltung abzuführen, und dies zuverlässig und mit hoher Qualität über die gesamte Lebensdauer zu gewährleisten.

Die Flachbaugruppe als quasi-2-dimensionaler Aufbau (siehe Bild 2.20) hat sich als Standard in vielen Branchen durchgesetzt.

Darüber hinaus werden auch spritzgegossene 3D-Schaltungsträger in Anwendungen eingesetzt, die solche Aufbautechnologien erfordern und deren Vorteile ausschöpfen.

Bild 2.20: Beispiel Ausschnitt einer bestückten Flachbaugruppe mit verschiedenen elektronischen Bauteilen

2.3.1.1 Leiterplatte

Die Leiterplatte, auch PCB (Printed Circuit Board) genannt, ist der klassische Schaltungsträger, der in der Automobilelektronik hauptsächlich verwendet wird, wobei es eine Vielzahl unterschiedlicher Leiterplatten-Technologien gibt.

Heutiger Standard sind Multilayer- oder Mehrlagen-Leiterplatten, die als starre, mehrlagige Leiterplatten ausgeführt sind sowie Durchgangsbohrungen, Blind und Buried Vias, enthalten, siehe auch Bild 2.21. Multilayer-Leiterplatten werden aus isolierendem Material, z. B. FR4 oder höherwertigeren Basismaterialien, und stromführenden Kupferschichten hergestellt. Im Standard werden bis zu maximal 18 Kupfer-Lagen aufgebaut und Leiterplattendicken im Bereich von 0,6 mm bis 3,2 mm realisiert, siehe auch Tabelle 2.1. Ein gutes Design der Leiterbahnen ist Grundvoraussetzung für gute EMV-Eigenschaften.

Die Leiterplatte als Schaltungsträger wird von der Automobilindustrie vor allem wegen der niedrigen Kosten, der hohen Kostentransparenz und der Verfügbarkeit und Beherrschbarkeit der notwendigen Technologien ihrer Zulieferindustrie geschätzt.

Die Leiterplatten werden in Nutzen angeordnet, so dass auf einem Nutzen meist mehrere Leiterplatten angeordnet sind, die dann gleichzeitig bestückt und gelötet sowie getestet (genannt In-Circuit-Test) werden können. Danach werden dann die Leiterplatten mittels geeigneter Verfahren vereinzelt.

Des Weiteren sind die Leiterplatten Bestandteil von sog. Baugruppen. Das Design der Baugruppen wird mittels CAD entworfen. Es muss die Konstruktion, den Wärmehaushalt, Robustheit und Sicherheit im Zusammenhang mit den Aufbauten und Bauteilen auf der Leiterplatte sicherstellen. Dies gilt v. a. auch für und während des Produktionsprozesses aber auch im späteren Betrieb bei unterschiedlichen Umgebungsbedingungen.

Parameter	**Standard**	**High Standard**
Anzahl Lagen	1 – 18	> 18
Leiterplattendicke	0,6 – 3,2 mm	0,2 – 4,2 mm
Maximale Leiterplattengröße	584 * 575 mm^2	584 * 575 mm^2
Glasübergangstemperatur (FR4)	140 °C, 150 °C, 170 °C	> 170 °C
Dicke Kupferlagen	18 µm, 35 µm, 70 µm, 105 µm	210 µm, 400 µm
Dicke Innenlagen	75 µm bis 1500 µm	50 µm
Min. Leitbahnbreite Außenlagen	70 µm	60 µm
Min. Leitbahnabstand Außenlagen	70 µm	60 µm
Min. Leitbahnbreite Innenlagen	60 µm	50 µm
Min. Leitbahnabstand Innenlagen	60 µm	50 µm
Kleinster Bohrdurchmesser	0,2 mm	0,15 mm
Endoberflächen	chem. Zinn, OSP, chem. NiAu (ENIG), ENEPIG/ENEPAG, galv. NiAu, Bondgold, Hartgold	chem. Silber

Tabelle 2.1: Parameter von Standard-Multilayer-Leiterplatten

Bild 2.21: Beispiel einer Multilayer-Leiterplatte (Quelle: Schweizer Electronic)

2.3.1.2 Weitere Schaltungsträger

Neben Leiterplatten werden in der Automobilelektronik auch Keramiksubstrate als Schaltungsträger verwendet, vor allem für Anwendungen mit besonders hohen Anforderungen an den Temperaturbereich und die Umgebungsbedingungen. Bei der Integration der Elektronik einer Getriebesteuerung direkt in das Getriebe, umflossen von heißem Getriebeöl und den dort auftretenden Vibrationen ausgesetzt, wurde diese Technologie bereits in den 1990er Jahren erfolgreich eingesetzt. Ähnliche Beispiele finden sich im Bereich des ABS oder der direkt am Motor verbauten Motorsteuerung.

In Richtung Miniaturisierung werden innovative Technologien wie z. B. flexible Schaltungsträger auf organischer Basis eingesetzt, um Schaltungen in einem beliebig geformten Bauraum aufnehmen zu können. Als Beispiele sind hier die Elektronik in digitalen Kameras und Unterhaltungselektronik- oder Computer-Anwendungen zu nennen.

Leistungselektronik stellt andere Anforderungen an die Schaltungsträger [21]. Hohe Ströme bei teils höheren Spannungen sowie hohe Umgebungstemperaturen und extreme Temperaturzyklen überschreiten schnell die technologischen Möglichkeiten einer Standard-Leiterplatte. Leiterplatten mit Kupfereinlagen und Dickkupferschichten wurden zu diesem Zweck entwickelt, aber auch sie genügen nicht allen Anforderungen hinsichtlich elektrischer Leistungen.

Keramische Dickschichtschaltungsträger auf Basis Aluminiumoxid (Al_2O_3) oder Aluminiumnitrid (AlN) sind Kupfer- oder Silberpaste bedruckte Schaltungsträger, die nach einem Trocknungsschritt mit hohen Temperaturen bis zu 800 °C gehärtet werden. Die Isolation wird durch die Auswahl des dielektrischen Materials bestimmt. Und es können auch mehrlagige Schaltungsträger realisiert werden.

Schaltungsträger mit Metall auf anorganischen Substraten werden heute standardmäßig in Industrie-, Haushalt- und Automobil-Leistungselektronik eingesetzt, um Schaltungen für höchste Leistungen und extremen Betriebstemperaturen zu realisieren. Für DCB oder DBC (Direct Copper Bonding) werden Kupferfolien an der Oberfläche oxidiert und anschließend in einem Bonding-Prozess mit dem Keramiksubstrat eutektisch verbunden [22]. Alternativ dazu können Metall und Keramik auch verlötet werden. Anschließend wird die Kupferschicht an der Oberseite mittels Photolithographie und chemischem Ätzprozess strukturiert, um die elektrischen Verbindungen zu erstellen, während die Kupferschicht auf der Unterseite unstrukturiert bleibt, um als Grenzschicht zur Wärmeableitung zu dienen. Neben Aluminiumoxid (Al_2O_3) und Aluminiumnitrid (AlN) wird auch Siliziumnitrid (Si_3N_4) als anorganisches Substrat verwendet.

2.3.2 Passive Bauelemente

Widerstände, Kondensatoren, Induktivitäten und einige weitere werden als passive Bauelemente bezeichnet. Sie stehen weniger im Fokus, haben aber trotzdem eine große

Bedeutung in allen Schaltungen und auch in der Automobilelektronik. Viele Widerstände und Kondensatoren werden als externe Beschaltung an den Pins der integrierten Schaltungen und in diskret aufgebauten Schaltungsteilen benötigt. Darüber hinaus werden für die Pufferung von elektrischer Energie größere Kondensatoren und zur Dämpfung und Entstörung Induktivitäten und Kondensatoren benötigt.

Die Bauelemente-Industrie bietet heute einen Großteil ihrer Produkte als oberflächenmontierbare Produkte an. Dies erlaubt eine kostengünstige und standardisierte Bestückung und Lötung auf den Leiterplatten.

2.3.2.1 Widerstände

Der einfache Widerstand mit einem festen Wert ist heute in einer Vielzahl verschiedener Bauformen und Technologien realisiert und bietet ein sehr breites Spektrum an Widerstandswerten, Leistungsklassen, Toleranzen und Temperaturbereichen. Darüber hinaus existieren Arrays, Widerstandsnetzwerke, Varistoren und weitere spezielle Widerstände.

Die klassische Bauform, der sogenannte bedrahtete Widerstand für die Durchsteckmontage, ist rückläufig und wird zunehmend durch Chip-Widerstände, geeignet für die Oberflächenmontage, ersetzt, siehe auch Bild 2.22. Dieser von der Computer- und Unterhaltungselektronik angeführte Trend pflanzt sich auch in der Automobilelektronik fort.

Neben den funktionalen Aspekten liegen das Hauptaugenmerk bei der Auswahl des Widerstands auf der in der Anwendung am Widerstand auftretenden Verlustleistung und damit der geeigneten Leistungsklasse sowie das thermische Design in der Anwendung.

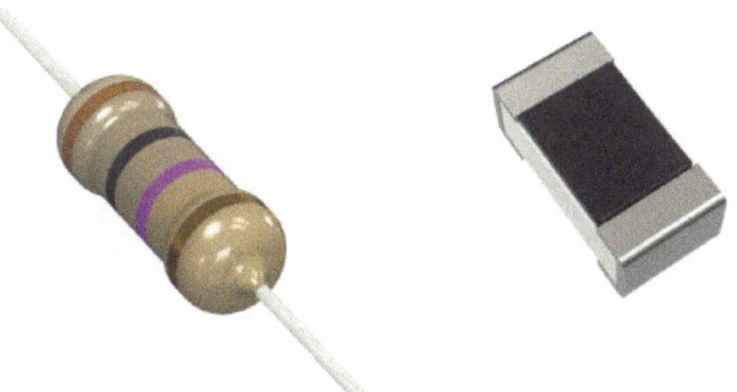

Bild 2.22: Bedrahteter Widerstand und SMD-fähiger Chip-Widerstand, nicht maßstäblich [23]

2.3.2.2 Kondensatoren

Der Kondensator ist produkttechnische Umsetzung der gewünschten elektrischen Kapazität in einer Position einer Schaltung mit allen geforderten Eigenschaften. Die Bandbreite an Produkten, Technologien und Bauformen übersteigt die der Widerstände bei Weitem, siehe auch Bild 2.23. Folgende Kondensatorarten finden in der Automobilelektronik typischerweise ihre Anwendungen:

- Keramik-Kondensatoren:
  Kapazität pF bis µF, breites Spannungsspektrum, verschiedenste Toleranzen, viele Temperaturbereiche und Beschichtungen
- Tantal-Kondensatoren:
  Kapazität nF bis mF, Spannungen bis 125 V, wenige Toleranzklassen, viele Temperaturbereiche und ESR-Werte
- Aluminium-Elektrolytkondensatoren:
  Kapazität nF bis F, Spannungen bis mehrere 100 V, verschiedenste Toleranzen, sehr viele Temperaturbereiche und ESR-Werte
- Aluminium-Polymer-Kondensatoren:
  Kapazität µF bis mF, Spannungen bis 250 V, wenige Toleranzklassen, viele Temperaturbereiche und ESR-Werte
- Folienkondensatoren:
  breites Kapazitätsspektrum, sehr hohe Spannungsfestigkeiten bis mehrere 1000 V, verschiedenste Toleranzen, sehr viele Temperaturbereiche und ESR-Werte
- Doppelschichtkondensatoren:
  Kapazität mF bis mehrere 1000 F, Spannungen bis mehrere 100 V, verschiedenste Toleranzen, sehr viele Temperaturbereiche und ESR-Werte

Bild 2.23: Kondensatoren, im Uhrzeigersinn von oben links: Keramik-Kondensatoren, Aluminium-Elektrolyt-Kondensatoren, Leistungskondensatoren und Folien-Kondensatoren [23]

2.3.2.3 Induktive Bauelemente

Die Spule ist das klassische induktive Bauelement in der Elektronik. Bedrahtete Induktivitäten sind in axialer und radialer Bauform vorhanden, decken den Wertebereich von wenigen µH bis 100 mH ab und erlauben Ströme bis einige A. Nachteile sind hier die dafür zusätzlich notwendigen Bestück- und Lötprozesse in der Leiterplattenfertigung. Für die Oberflächenmontage haben sich die sogenannten Chip- oder SMD-Induktivitäten durchgesetzt. Die Induktivitätswerte reichen von 0,1 nH bis 10 mH und Stromtragfähigkeiten von einigen 100 mA. Siehe auch Bild 2.24. Für größere Ströme bis über 10 A stehen spezielle SMD-fähige Bauformen mit Induktivitäten von µH bis 1 mH zur Verfügung.

Drosselspulen mit festem oder einstellbarem Wert und Filterspulen gibt es sowohl als Standardbauelemente als auch als anwendungs- oder kundenspezifische Bauelemente. Signalwandler und Transformatoren zählen zur Produktgruppe der induktiven Bauelemente.

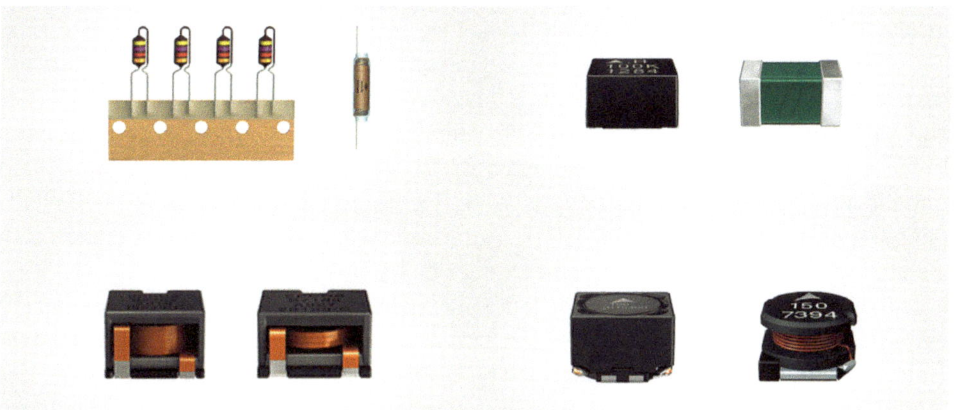

Bild 2.24: Induktive Bauelemente, im Uhrzeigersinn von oben links: bedrahtet, SMD-fähig, SMD-Hochstrom und ERU-Drosseln [23]

2.3.2.4 Oszillatoren

Zur Erzeugung einer Betriebsfrequenz in einer elektronischen Schaltung mit der Anforderung an eine gewisse Geschwindigkeit und Genauigkeit werden vor allem Quarze und Oszillatoren als Schwingkreise eingesetzt. Ein Oszillator besteht aus einer Kapazität und einem Widerstand oder einer Kapazität und einer Induktivität. Darüber hinaus gibt es verschiedene spezielle Oszillatoren. Für den Betrieb von Mikroprozessoren oder Microcontroller werden meist Quarzoszillatoren eingesetzt, da sie höchste Frequenzen und Genauigkeiten erreichen.

Für den Einsatz von Oszillatoren sind Oszillatorschaltungen von großer Bedeutung. Mit Hilfe dieser Schaltungen, die den Oszillator betreiben, können einige wichtige Rahmenbedingungen erfüllt werden. So kann beispielsweise mittels einer Phase-Locked-Loop-Schaltung (PLL) ein Oszillator mit einer niedrigen Schwingfrequenz verwendet werden, die mit Hilfe der PLL auf eine um ein Vielfaches höhere Frequenz transformiert werden, was sich hinsichtlich EMV und vor allem auch Effizienz im Stromverbrauch des Mikroprozessors oder Microcontrollers auswirkt. Bei geringerem Rechenbedarf können der Rechenkern und weitere Funktionsblöcke mit geringerer Taktfrequenz betrieben werden. Die Leistungsaufnahme von Mikroprozessoren oder Microcontrollern ist direkt proportional zur Taktfrequenz.

2.3.3 Halbleiterbauelemente

Halbleiterbauelemente sind die Schlüsseltechnologie der Mikroelektronik und bieten mit ihrem großen Produktspektrum von der einfachen Diode bis hin zu komplexen Mikroprozessoren und elektronischen Speichern unzählige Möglichkeiten für elektronische Schaltungen in allen Anwendungsgebieten.

Das Grundprinzip aller Halbleiterbauelemente basiert auf der gezielten Veränderbarkeit der Leitfähigkeit der Halbleiter. Die elektrische Leitfähigkeit liegt zwischen der von Metallen und der von Isolatoren. Typische Vertreter sind Germanium und Silizium sowie sogenannte Verbindungshalbleiter wie z. B. Gallium-Arsenid, Gallium-Nitrid und Silizium-Karbid. Temperatur, Druck und Lichteinstrahlung beeinflussen die Leitfähigkeit dieser Materialien sehr stark. Aufgrund dieser Abhängigkeiten eignen sich Halbleiter auch als Druck-, Temperatur- oder Lichtsensoren.

Durch Dotieren von Halbleitern kann die Leitfähigkeit eines Halbleiters gezielt eingestellt werden. Dazu werden Fremdatome in das Kristallgitter des Halbleiters eingebaut. Mit 5-wertigen Fremdatomen (z. B. Phosphor) entstehen n-dotierte und mit 3-wertigen Fremdatomen (z. B. Bor) p-dotierte Halbleiter. In n-dotierten Halbleitern übernehmen die freigewordenen Elektronen die Leitung des elektrischen Stroms, und in p-dotierten Halbleitern erfolgt der Stromtransport durch Löcher, d. h. durch Fehlstellen oder Elektronenlücken.

Grundprinzip aller Halbleiterbauelemente ist der pn-Übergang, der sich aus der Grenzschicht zwischen einer n-dotierten und einer p-dotierten Zone ergibt. In der Grenzschicht bildet sich eine Raumladungszone, in der die Majoritätsträger ins jeweils andere Gebiet wegdiffundieren und damit den Stromfluss beeinträchtigen. Diese Raumladungszone kann nur bei Anlegen einer Spannung am pn-Übergang, die größer als die Flussspannung ist, überwunden werden und einen Stromfluss zur Folge haben. Bei Silizium beträgt die Flussspannung ca. 0,7 V. Wird eine negative Spannung angelegt, so vergrößert sich die Raumladungszone, und es fließt nur ein sehr kleiner Sperrstrom [24]. Der pn-Übergang erlaubt somit einen gerichteten Stromfluss mit einer Spannungsschwelle, was ein Schalten von Strömen bedeutet.

Silizium hat sich als Grundmaterial in der Halbleiterindustrie durchgesetzt und wird heute für fast alle Bauelemente als Ausgangsbasis benutzt. Seine Verfügbarkeit als Rohstoff, sein homogenes und industriell beherrschbares Kristallwachstum, die Planarität seiner Wafer in Zusammenhang mit modernen Belichtungsprozessen und seine hervorragenden Oxidationseigenschaften haben Silizium zum Durchbruch vor allem im Hinblick auf Integrierte Schaltungen und deren Massenproduktion verholfen, zuerst vor allem für die Computerindustrie in Form von Mikroprozessoren und Speichern und daran anschließend in der Kommunikations- und Unterhaltungselektronik. Industrie- und Automobilelektronik folgen bis heute diesen Technologietreibern mit teils gebührendem Zeitabstand.

Halbleiterbauelemente lassen sich nach verschiedenen Gesichtspunkten einteilen [24]. Die Einteilung nach Technologien, wie z. B. Bipolar und MOS, oder auch nach dem inneren Aufbau, z. B. Einzelhalbleiter und Integrierte Schaltkreise, sind sehr gebräuchlich. Darüber hinaus hat sich eine Einteilung nach den Einsatzgebieten etabliert, so z. B. analog und digital, Logik, Leistung, Signalverarbeitung und Optoelektronik.

Die Palette an Halbleiterbauelementen ist groß. Als einfache Bauelemente ohne pn-Übergang sind PTC (Positive Thermal Coefficient), NTC (Negative Thermal Coefficient), Varistor, Fotowiderstand und Magnetfeldsensoren bekannt. Einzelhalbleiter mit wenigen pn-Übergängen sind Transistoren und Thyristoren, siehe Tabelle 2.1. Im Bereich der Integrierten Schaltkreise wird nach Integrationsgraden unterschieden. Diese reichen von SSI (Small Scale Integration) und MSI (Medium Scale Integration) über LSI (Large Scale Integration) bis hin zu VLSI (Very Large Scale Integration), ULSI (Ultra Large Scale Integration), ELSI (Extra Large Scale Integration) und GLSI (Giant Large Scale Integration), siehe Tabelle 2.1.

Grundsätzlich werden integrierte Schaltungen nach ihren Transistorgrundtypen in Bipolar- und MOS-Schaltungen unterschieden [24]. Ein Großteil von Analogschaltungen ist in Bipolartechnik dargestellt, da hier die hervorragenden Verstärkereigenschaften von Bipolartransistoren Vorteile bieten. Diese Analogschaltungen setzen sich meist aus verhältnismäßig einfachen Grundschaltungen zusammen. Zu nennen sind hier Stromspiegelschaltungen, Differenzverstärker, Multiplizierer und Operationsverstärker. Als komplexere analoge Schaltungen wurden Modulatoren und Demodulatoren und weitere Funktionsumfänge aus der Nachrichten- und Regelungstechnik in Bipolartechnik umgesetzt. Bei digitalen Bipolar-Schaltungen werden die Logikfamilien TTL (Transistor-Transistor-Logic), ECL (Emitter Coupled Logic) oder I^2L Integrated Injection Logic) angewendet, je nach Anforderungen an die Schaltung. ECL zeichnet sich durch die Schaltgeschwindigkeit aus, hat allerdings eine sehr hohe Leistungsaufnahme und wurde früher hauptsächlich in Rechenzentren eingesetzt. I^2L ist dagegen platzsparend und leistungsarm, aber langsam. TTL ist die Standardtechnik und wird für nach wie vor einfache Logik eingesetzt.

Eine integrierte MOS-Schaltung besteht aus vielen MOS-Transistoren [24]. Es gibt n-Kanal- und p-Kanal-MOS-Transistoren. Je nachdem, welche Transistortypen verwendet werden, spricht man von NMOS-, PMOS- oder CMOS-Schaltungen (C = Complementary oder komplementär). Heute hat sich CMOS als dominierende Technik durchgesetzt, da sie sehr leistungsarm ist und dank des Technologiefortschritts auch die geforderten Schaltgeschwindigkeiten und Integrationsgrade erreicht. Immer mehr analoge Schaltungen wurden inzwischen digitalisiert, so dass bipolare analoge Schaltungen substituiert werden konnten. Die in einer früheren Phase notwendige Mischtechnologie BiCMOS (Bipolar und CMOS), die die Vorzüge beider Techniken vereinte und vor allem in Chipsätzen für Mobiltelefonie Anwendung fanden, wurde inzwischen obsolet.

Eine Besonderheit stellen integrierte Leistungs-ICs dar. Hier wurden spezielle Technologien entwickelt, die entweder Leistungs-MOSFETs und CMOS verwenden (Smart Power) oder sogar Leistungs-MOSFETs, CMOS und Bipolar (BCD) auf einem Chip ermöglichen.

Vielfalt und Anwendungsbreite von Halbleiterbauelementen haben in den letzten Jahrzehnten deutlich zugenommen und sind weiterhin im Wachstum begriffen.

pn-Übergänge	Einzelhalbleiter	Integrierte Schaltkreise	Optohalbleiter	Sonstige
0	PTC, NTC, Varistor		Fotowiderstand	Magnetfeldsensoren
1	Dioden		LEDs, Fotodioden	
2	Bipolartransistoren		Fototransistoren	
	Feldeffekttransistoren			
	IGBTs			
	Superjunction-FETs			
3	Thyristoren			
Integrationsgrad*				
SSI		Bipolar ICs, Power ICs	Optokoppler	Drucksensoren
MSI		Bipolar ICs, Power ICs		Temperatursensoren
LSI		Bipolar ICs, Power ICs, NMOS, BiCMOS, CMOS		
VLSI		Bipolar ICs, Power ICs, NMOS, BiCMOS, CMOS		MEMS
ULSI		NMOS, BiCMOS, CMOS		
SSLI - ELSI		CMOS		
GLSI		CMOS		

*) Ist die Anzahl der pn-Übergänge größer als 3, wird als Maß der Integrationsgrad verwendet.

Tabelle 2.2: Übersicht Halbleiterbauelemente

2.3.3.1 Halbleitertechnologien

Halbleitertechnologien lassen sich grundsätzlich in bipolare und unipolare Technologien einteilen. In bipolaren Halbleitern tragen beide Ladungsträgerarten – Elektronen und Löcher – zum Stromfluss bei. In unipolaren Halbleitern erfolgt der Stromfluss nur durch eine Ladungsträgerart.

Bipolare Technologien eignen sich insbesondere für Dioden, Bipolare Transistoren jeglicher Art und bipolare integrierte Schaltungen. Dioden sind das einfachste Halbleiterbauelement und werden mit einem einzigen pn-Übergang dargestellt. Für bipolare Transistoren sind zwei pn-Übergänge notwendig. Bipolare integrierte Schaltungen mit einer Vielzahl an pn-Übergängen waren lange Zeit ein wesentlicher Standard in der Mikroelektronik, vor allem aufgrund ihrer Vorteile für analoge Schaltungen und der erreichbaren höheren Frequenzen, die in der Vergangenheit vor allem in der Mobilkommunikation Anwendung fanden.

MOS-Technologien wurden zuerst für Einzelhalbleiter eingesetzt, um n-Kanal- und p-Kanal-Transistoren herzustellen. Das Funktionsprinzip von Feldeffekttransistoren ist etwa 20 Jahre länger als das des bipolaren Transistors bekannt. Die erste Patentanmeldung stammt aus den Jahren 1926 von Julius Edgar Lilienfeld. Die ersten MOSFETs wurden allerdings erst 1960 gefertigt, als mit Silizium und Siliziumdioxid ein Materialsystem zur Verfügung stand, mit dem sich eine reproduzierbar gute Halbleiter-Isolator-Grenzfläche herstellen ließ. In den 1970er-Jahren wurden in NMOS-Technologie verschiedene Speicher (u. a. DRAMs) und Logikbausteine (z. B. ISDN) hergestellt. NMOS verwendete ausschließlich n-Kanal-Transistoren, da diese aufgrund der dreimal so hohen Ladungsträgerbeweglichkeit den p-Kanal-Transistoren in den damaligen Strukturgrößen von 2 µm und mehr deutlich überlegen waren.

Der Durchbruch der Mikroelektronik wurde in den 1980er-Jahren mit der komplementären MOS-Technologie (CMOS) für Speicher und Logik eingeläutet. CMOS mit der Darstellung eines einfachen Inverters aus einem n-Kanal- und einem p-Kanal-Transistor ab Strukturgrößen von 1 µm ermöglichte die Umsetzung eines 1 Mbit DRAM und komplexerer Logikbausteine und startete damit eine furiose Entwicklung, deren Ende auch heute noch nicht absehbar ist. Eine rasant voranschreitende Verkleinerung der Strukturgrößen bis heute auf einige wenige 10 nm und die damit umsetzbare Digitalisierung von Analogfunktionen führte zum großen Durchbruch der Mikroelektronik vor allen in Computer- und Kommunikationstechnik, aber auch in anderen Anwendungsgebieten. Die Automobilelektronik profitiert seit einigen Jahrzehnten von den Fortschritten in diesen äußerst innovativen Marktsegmenten und folgt mit zwei bis drei Technologiegenerationen Abstand unter Ausnutzung der sich dann einstellenden Kostenvorteilen für geeignete Automotive-Logikbausteine wie z. B. Microcontroller.

Die maßgeblich durch Automobil- und Industrielektronik getriebene BCD-Technologie – eine Mischtechnologie aus Bipolar, CMOS und DMOS – wurde 1985 von STMicroelectronics (vormals SGS) auf den Markt gebracht, siehe auch Bild 2.25. Das erste Produkt L6202 war ein Brückentreiber mit maximal 5 Ampere. Diese Technologie wurde Schlüsseltechnologie für Automobilelektronik und wird heute hauptsächlich für anwendungs- oder kundenspezifische integrierte Schaltungen (ASICs) eingesetzt. Einer der Leitkunden für Automotive war Bosch. STMicroelectronics erhielt im Mai 2021 den IEEE Milestone Award.

Bild 2.25: Chip in BCD-Technologie [25]

Andere Halbleiterhersteller folgten dem Beispiel, so dass heute eine breite Palette an artverwandten Technologien und ein vielfältiges Produktangebot entstanden ist und weiter ausgebaut wird. Infineon Technologies hat mit SPT – Smart Power Technology – eine weitere Mischtechnologie als Kombination aus CMOS und DMOS vor allem für Smart High Side Switches und Hochstrombrücken auf den Markt gebracht.

Beide Technologien haben ihre Berechtigung und unterschiedliche Zielsetzungen: BCD mit Schwerpunkt hohe funktionale Integration und SPT mit Schwerpunkt hohe Ströme und niedrigste Einschaltwiderstände bei moderater Logik.

In der Leistungselektronik beginnen sich die Wide-Band-Gap-Halbleiter Siliziumkarbid und Galliumnitrid am Markt durchzusetzen, da sie große Vorteile hinsichtlich Spannungsfestigkeit, Wärmeleitfähigkeit und Schaltfrequenz bieten. Im Gegensatz zu den auf einkristallinem Silizium basierenden Halbleitertechnologien handelt es sich beim Grundmaterial um Verbindungshalbleiter, d. h. um mindestens zwei verschiedene Elemente, die in teils aufwendigen Prozessen in ein Kristallgitter gebracht oder auf ein Trägersubstrat epitaktisch aufgebracht werden müssen. Durch neue Prozesse und den damit verbundenen Kostenverbesserungen einschließlich ihrer Vorteile in den jeweiligen Applikationen werden die Wide-Band-Gap-Halbleiter wettbewerbsfähiger mit den Leistungshalbleitern auf Basis Silizium.

2.3.3.2 Dioden

Das einfachste Halbleiterbauelement ist die Diode, die einen pn-Übergang beinhaltet, siehe auch Bild 2.26. Die Diode ist ein Halbleiterbauelement mit zwei Anschlüssen, die mit Anode (Abkürzung A, engl. anode) und Kathode (Abkürzung K, engl. cathode) bezeichnet werden und dienen einer richtungsgebundenen Stromführung, d. h. sie sperren in die eine Richtung (Sperrrichtung) und leiten den Strom in die andere Richtung (Durchlass- oder Flussrichtung).

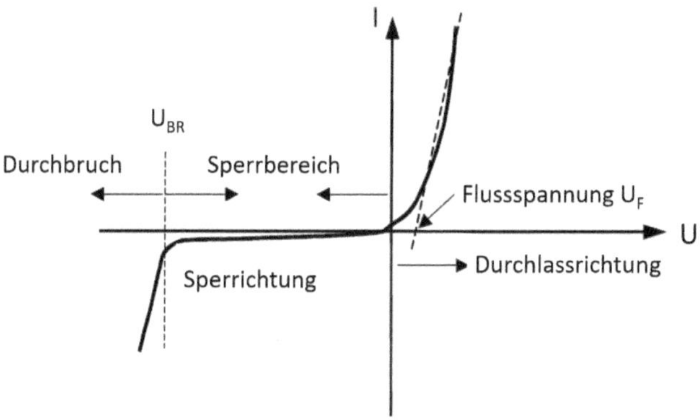

Bild 2.26: Generische Strom-Spannungskennlinie einer Diode

Für U > 0 V arbeitet die Diode im Durchlassbereich. Hier nimmt der Strom mit zunehmender Spannung exponentiell zu, sobald die Flussspannung erreicht ist. Ein nennenswerter Strom fließt für $U > U_F$ (Flussspannung). Für $-U_{BR} < U < 0$ V sperrt die Diode und es fließt nur ein vernachlässigbar kleiner Strom. Dieser Bereich wird Sperrbereich genannt. Die Durchbruchspannung U_{BR} hängt von der Art und Technologie der Diode ab und beträgt bei Gleichrichterdioden $U_{BR} = 50 \ldots 1000$ V.

Es gibt unterschiedliche Ausführungsarten von Dioden, die sich für verschiedene Anwendungsfälle bewährt haben. Diese sind in Tabelle 2.3 aufgeführt. PIN- und pn-Dioden sind bipolare Bauelemente, bei denen sowohl Elektronen als auch Löcher zum Stromtransport beitragen. Dagegen sind Schottkydioden unipolare Bauelemente, die nur Ladungsträger eines Typs (z. B. Elektronen) zum Stromtransport nutzen [24]. Die modernen Dioden mit optimiertem Schaltverhalten sind in den meisten Fällen ebenfalls unipolar.

Ausführungsart	Merkmale	Typische Anwendungen
pn-Diode	Klassischer pn-Übergang	Gleichrichterfunktion, die den Stromfluss in nur eine Richtung erlaubt, und im aufwendigeren Brückengleichrichter für die Wandlung von Wechsel- in Gleichstrom
Zener-Diode	pn-Dioden mit genau spezifizierter Durchbruchspannung	Dauerbetrieb im Durchbruchbereich zur Spannungsstabilisierung bzw. -begrenzung
PIN-Diode	zwischen der p- und n-dotierten Schicht befindet sich eine zusätzliche schwach oder undotierte Schicht	Freilaufdioden und schnelle Gleichrichter
Schottky-Diode	Statt einem pn-Übergang wird ein sperrender Metall-Halbleiter-Übergang verwendet. Die	Anwendungen bei hohen Frequenzen. Allerdings sind die Sperrspannungen wegen der mit der Temperatur

Ausführungsart	Merkmale	Typische Anwendungen
	Grenzfläche zwischen Metall und Halbleiter bezeichnet man als Schottky-Kontakt. Niedrigere Flussspannung als pn-Dioden.	stark ansteigenden Sperrströme und dem unipolaren Durchlasscharakter begrenzt. Am Markt befinden sich derzeit Schottky-Dioden auf Siliziumbasis bis etwa 200 V Sperrspannung, solche aus Galliumarsenid (GaAs) bis 300 V und Siliziumcarbid (SiC) bis 1200 V. Die Eignung von SiC für hochsperrende Schottky-Dioden ergibt sich aus der im Vergleich zu Silizium neunmal höheren Durchbruchfeldstärke des Materials.
Moderne Dioden mit optimiertem Schaltverhalten	a) MPS-Diode: Merged Pin-Schottky-Diode b) EMCON-Diode: Emitter Controlled Diode c) CAL-Diode: Controlled Axial Lifetime Diode d)MCD: MOS Controlled Diode	Freilaufdioden und schnelle Gleichrichter in der Hochleistungselektronik

Tabelle 2.3: Übersicht Ausführungsarten von Dioden

Während alle Dioden bei niedrigen Frequenzen Gleichrichtereigenschaften zeigen, treten bei höheren Frequenzen andere Eigenschaften in den Vordergrund und werden für verschiedene Anwendungen ausgenutzt. Eine ausführliche Erläuterung dieser Anwendungen ist in [24] dargestellt.

2.3.3.3 Transistoren

Transistoren werden zum Schalten oder Regeln von Strömen eingesetzt, sind in der Regel mit mehr als 1 pn-Übergang ausgestattet und verfügen typischerweise über 3 Anschlüsse. Es hat sich eine enorme Produktvielfalt an Transistorarten mit einer großen Bandbreite an Sperrspannungen von 20 V bis über 1000 V, Stromgrößen und Gehäusen am Markt etabliert.

2.3.3.3.1 Bipolare Transistoren

Bipolare Transistoren haben eine npn- oder pnp-Schichtenfolge und sind stromgesteuert. Wird der pn-Übergang zwischen Basis und Emitter in Durchlassrichtung gepolt, so fließt der Laststrom vom Kollektor zum Emitter. Zum Stromfluss tragen Elektronen und Löcher bei, d. h. beide Ladungsträgerarten.

Der Bipolartransistor ist das erste mehrschichtige Halbleiterbauelement, das industrialisiert werden konnte (1947/48, Bell Laboratories, Shockley, Bardeen, Brattain). Aufgrund des hohen Basisstroms zum Ansteuern des Bipolartransistors sind sie inzwischen im Leistungsbereich von IGBTs und MOSFETs größtenteils substituiert worden. Der grundsätzliche schematische Aufbau und die Schaltsymbole von bipolaren Transistoren sind in Bild 2.27 skizziert.

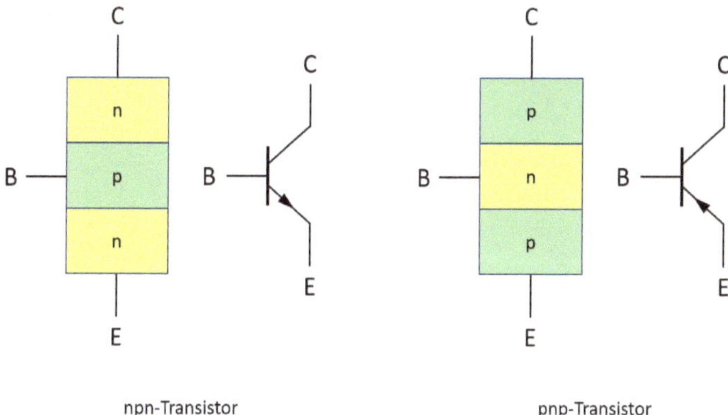

Bild 2.27: Prinzipieller Schichtaufbau und Schaltsymbole für Bipolartransistoren

In Bild 2.28 wird beispielhaft das Ausgangskennlinienfeld eines npn-Bipolar-Transistors gezeigt. Der Kollektorstrom I_C ist als Kennlinienschar über der Kollektor-Emitter-Spannung U_{CE} aufgetragen. Die Größe des Kollektorstroms hängt vor allem vom Basisstrom I_B ab. Ist der Basisstrom Null, so sperrt der Bipolartransistor und es fließt kein Kollektorstrom. Dieser Kennlinienbereich wird als Sperrbereich bezeichnet. Sobald ein Basisstrom eingespeist wird, wird der Bipolartransistor leitend und es fließt ein Kollektorstrom. Die Stromverstärkung ist das Verhältnis von Kollektorstrom zu Basisstrom. Der Transistor befindet sich im Verstärkerbereich. Durch den Einsatz eines geeigneten Widerstands am Kollektor kann der Transistor in Sättigung gehen, so dass im durchgeschalteten Zustand nurmehr einige 100 mV Spannung zwischen Kollektor und Emitter anliegen. Dieser Parameter wird als Sättigungsspannung U_{CEsat} bezeichnet und ist in den Datenblättern der Bipolartransistoren als wichtiger Kennwert ausgewiesen.

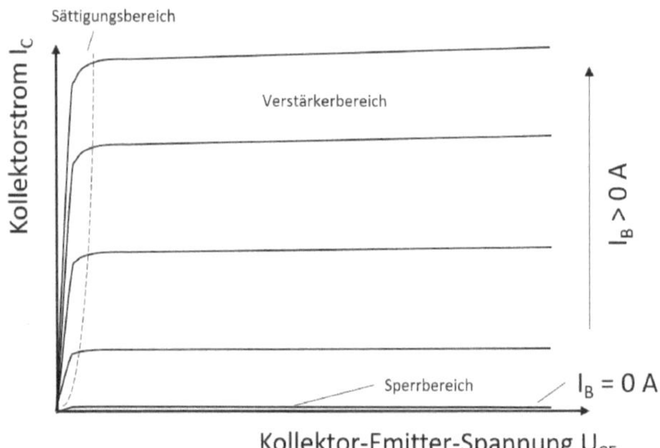

Bild 2.28: Ausgangskennlinienfeld Bipolartransistor (npn)

Typische Anwendungsgebiete für bipolare Transistoren sind analoge Schaltungen, Treiberstufen und hochwertige Analog-Verstärker, z. B. Audio- oder Antennenverstärker.

2.3.3.3.2 Unipolare Transistoren

Unipolare Transistoren werden in Sperrschicht-Feldeffekttransistoren bzw. Junction Field Effect Transistors (JFETs) und Metal Insulator Semiconductor bzw. Metal Oxide Semiconductor Field Effect Transistor (MISFETs bzw. MOSFETs) unterteilt.

Das Funktionsprinzip von Feldeffekttransistoren ist etwa 20 Jahre länger als das des Bipolaren Transistors bekannt. Die erste Patentanmeldung stammt aus den Jahren 1926 von Julius Edgar Lilienfeld. Die ersten MOSFETs wurden allerdings erst 1960 gefertigt, als mit dem Silizium/Siliziumdioxid ein Materialsystem zur Verfügung stand, mit dem sich eine reproduzierbar gute Halbleiter-Isolator-Grenzfläche herstellen ließ.

Beim Sperrschicht- oder Junction-Feldeffekttransistor (JFET oder SFET) wird der Stromfluss durch den zwischen Drain und Source liegenden Stromkanal mithilfe einer Sperrschicht (vgl. pn-Übergang, engl. pn junction) zwischen Gate und dem Kanal gesteuert. Das ist möglich, da die Ausdehnung der Sperrschicht, also die Größe der Zone, die den entgegengesetzten Leitungstyp des Kanalmaterials besitzt, von der Gate-Spannung abhängig ist.

Der Metal Oxide Semiconductor Field Effect Transistor (MOSFET) beruht auf dem Prinzip einer steuerbaren elektrisch leitfähigen Kanalbildung unterhalb des Gates des Transistors, das zwischen Source und Drain liegt. Die Transistoren können als n-Kanal oder p-Kanal-Transistoren sowie als Anreicherungs- (Enhancement) oder Verarmungs- (Depletion) Typen ausgelegt werden. Die zugehörigen Schaltsymbole werden in Bild 2.29 gezeigt.

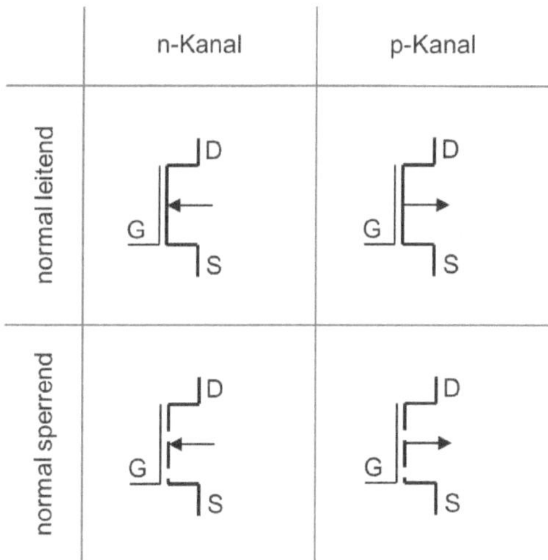

Bild 2.29: Schaltsymbole MOSFETs

Der MOSFET ist die derzeit meist eingesetzte Art von Feldeffekttransistoren, die es auch als Insulated Gate FETs (IGFET) und Metal Insulator Semiconductor FETs (MISFET) gibt. Aus technologischen Gründen hat sich hier die Werkstoffkombination Siliziumdioxid-Silizium durchgesetzt. Deshalb fand in den Anfangsjahren der Mikroelektronik der Begriff MOSFET große Verbreitung, und wird auch heute noch als Synonym für die Allgemeinere Bezeichnung MISFET oder gar IGFET genutzt.

Der MOSFET wirkt wie ein spannungsgesteuerter Widerstand, das heißt, über die Gate-Source-Spannung U_{GS} kann der Widerstand zwischen Drain und Source R_{DS} und somit der Strom I_{DS} (vereinfacht I_D) durch R_{DS} um mehrere Größenordnungen geändert werden. Der Schlüssel zum Verständnis dieser Widerstandsänderung in einer MOS-Struktur liegt in der Entstehung (Anreicherungstypen) bzw. Abschnürung (Verarmungstypen) eines leitenden Kanals unter dem Gate.

Der MOSFET kann in die zwei grundlegenden Varianten eingeteilt werden:

- n-Typ (auch n-leitend, n-Kanal oder NMOS):
  Die Leitung des Stroms erfolgt mit Elektronen, die durch den Kanal von Drain nach Source fließen.
- p-Typ (auch p-leitend, p-Kanal oder PMOS):
  Die Leitung des Stroms erfolgt mit Löchern, die durch den Kanal von Drain nach Source fließen.

Zusätzlich gibt es von beiden Varianten jeweils zwei Formen, die sich im inneren Aufbau und in den elektrischen Eigenschaften unterscheiden:

- Verarmungstyp (englisch: depletion):
  Dieser MOSFET-Typ ist selbstleitend, auch normal an oder normal leitend genannt, siehe Bild 2.29 oben.

- Anreicherungstyp (englisch: enhancement):
  Dieser MOSFET-Typ ist selbstsperrend, auch normal aus oder normal sperrend genannt, siehe Bild 2.29 unten.

In der Praxis werden hauptsächlich Anreicherungstypen eingesetzt.

In Bild 2.30 wird beispielhaft das Ausgangskennlinienfeld eines npn-Bipolar-Transistors gezeigt. Der Drainstrom I_D ist als Kennlinienschar über der Drain-Source-Spannung U_{DS} aufgetragen. Die Größe des Drainstroms hängt vor allem von der anliegenden Gate-Source-Spannung U_{GS} ab. Ist die Gate-Source-Spannung kleiner als die Schwellspannung U_{th} (engl. threshold voltage), so sperrt der MOSFET, es fließt kein Drainstrom und der MOSFET befindet sich im Sperrbereich. Ist die Gate-Source-Spannung größer als die Schwellspannung, wird der Kanal unter dem Gate leitend und es fließt ein Strom von Drain zu Source. Die Größe des Drainstroms wird durch die Wahl der Gate-Source-Spannung gesteuert und erreicht bei voller Ansteuerung den Einschaltwiderstand R_{DSon}. Der Einschaltwiderstand R_{DSon} ist ein typischer Parameter für MOSFETs und wird im Datenblatt ausgewiesen.

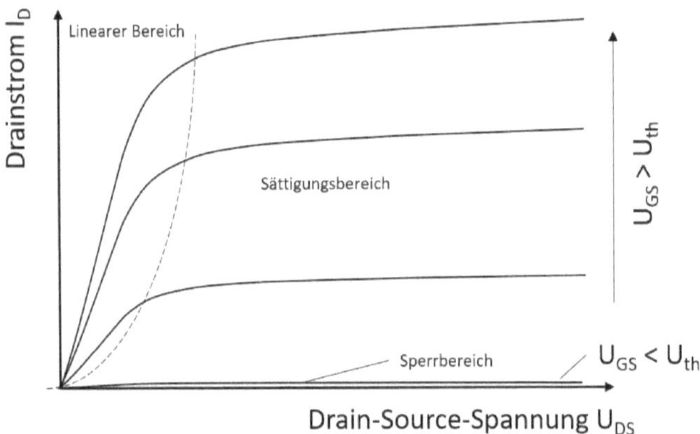

Bild 2.30: Ausgangskennlinienfeld eines n-Kanal-MOSFETs

Leistungs-MOSFETs werden in Vertikalstrukturen aufgebaut, siehe Bild 2.31, damit der Laststrom außerhalb des Kanals senkrecht zur Oberfläche durch den Chip fließt [17]. Für den Einschaltwiderstand des MOSFETs sind neben den Eigenschaften des Kanals und der Chipfläche auch die Dotierung des n^--Gebiets und die Dicke des Chips, der dünn geschliffen wird, entscheidend. Chipdicken unter 100 µm sind heute produktionstechnisch machbar.

Der prinzipielle Aufbau einer MOSFET-Zelle ist in Bild 2.31 dargestellt. In eine schwach dotierte n-Epitaxieschicht werden mit Hilfe der Gate-Struktur zuerst weiter ausgedehnte p-Wannen und anschließend hochdotierte n^+-Gebiete als Source implantiert. Der Kanal mit der Länge d befindet sich direkt unter dem Gate und kann mit dieser Technologie sehr klein dimensioniert werden, was zu einem sehr geringen Kanalwiderstand führt. Nach Durchlaufen des Kanals fließen die Ladungsträger (Elektronen) senkrecht zur Oberfläche in Richtung Drain, die zur besseren Kontaktierung als n^+-Schicht ausgeführt ist und aus dem Basismaterial der Siliziumscheibe besteht. Die Dicke der Epitaxieschicht beträgt nur einige 10 µm und variiert mit der gewünschten Sperrspannung. Diese Aufbauform wird als Planartechnologie bezeichnet, da der Kanal des Transistors parallel zur Oberfläche liegt.

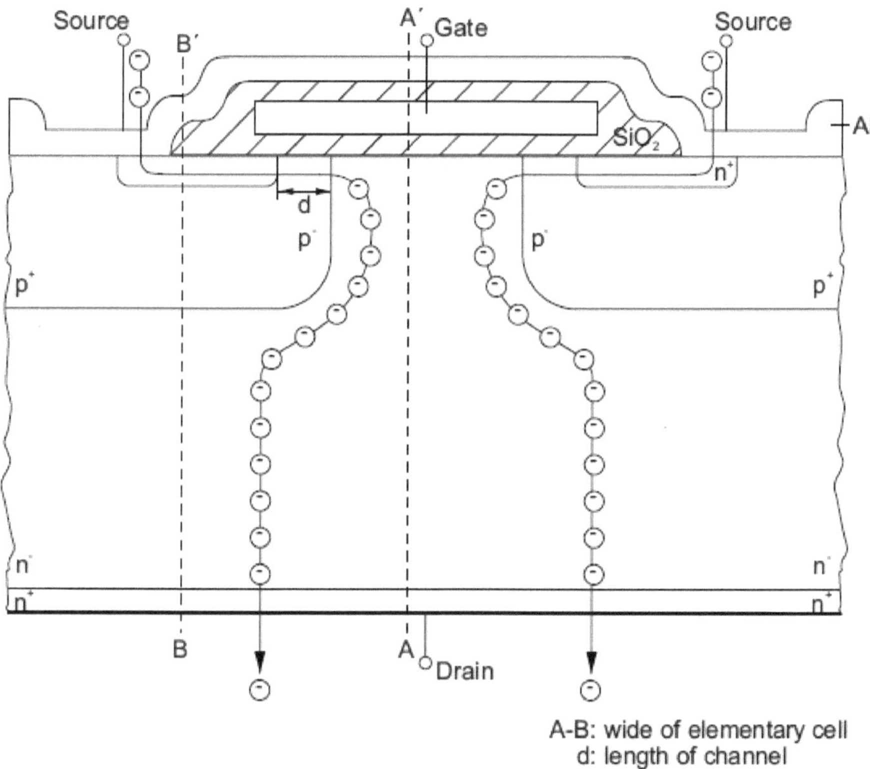

Bild 2.31: Querschnitt durch die Zellstruktur eines vertikalen MOSFETs mit planarem Gate [26]

Heute wird häufig die ursprünglich aus DRAM-Prozessen stammende Trench-Technologie entsprechend umgewandelt eingesetzt, um Leistungs-MOSFETs herzustellen. Dabei wird durch den Trench der Kanal senkrecht zur Oberfläche erzeugt, was einerseits zu einer besseren Ausnutzung der Chipfläche und andererseits zu höherer Kanalqualität führt, da ein in der Tiefe liegendes Kanalgebiet eine geringere Defektdichte aufweist wie ein an der Oberfläche liegendes Kanalgebiet.

MOSFETs sind die am häufigsten verwendeten Low-Voltage-Schalter (unter 200 V) – weisen jedoch Nachteile auf, wenn bei höheren Spannungen schnell geschaltet werden soll.

Deshalb wurden Superjunction-MOSFETs entwickelt, um dieses Problem zu umgehen. Bei MOSFETs mit einer Nennspannung von 600 V verursacht die Epitaxieschicht mehr als 95 % des Chipwiderstands. Ziel bei der Entwicklung von Superjunction-MOSFETs war es, diesen Umstand zu verhindern, indem Techniken wie Deep-Trench-Filling zum Einsatz kommen.

Neue Bauformen – Gehäuse – bieten erhebliche Verbesserungen gegenüber den langjährig eingesetzten TO-Gehäusen DPAK und D²PAK, die als SMD-fähige Varianten der bedrahteten TO-Gehäuse entstanden sind. Bild 2.32 zeigt die Bauformen TOLG und TOLL, die einen identischen Fußabdruck (Footprint) aufweisen. Im Vergleich zu einem D²PAK-Gehäuse wird ca. 60 % weniger Leiterplattenfläche benötigt, um die gleiche elektrische Schaltfunktion darzustellen. Durch den kompakteren inneren Aufbau der Gehäuse werden sehr niedrige Einschaltwiderstände, geringere parasitäre Induktivitäten und damit verbesserte EMV-Eigenschaften erreicht. Zusätzlich werden auch SMD-Gehäuse aus den SO-Gehäuselinien vermehrt für MOSFETs verwendet, da die Chipflächen dank neuester Technologien klein genug geworden sind und durch den geringeren Einschaltwiderstand die Verlustleistungen im MOSFET reduziert werden konnte.

Bild 2.32: Moderne Gehäuse/Bauformen TOLG und TOLL [Quelle: Infineon Technologies AG]

In einem Superjunction-MOSFET ist der Einschaltwiderstand niedriger als bei einem herkömmlichen MOSFET, da der Hauptstrompfad wesentlich mehr Dotierung aufweist. Die genau bemessenen und dotierten p-Säulen bilden eine "Kompensationsstruktur", die den stark dotierten Strompfad ausgleicht und eine hohe Sperrspannung unterstützt (Bild 2.33). Eine solche Konstruktion verbessert den Leitungsverlust, und die signifikante Verringerung der Chipfläche verringert die Kapazität und die dynamischen Verluste, wodurch Superjunction-MOSFETs die Siliziumgrenzlinie übertreffen und alle Aspekte von Leistungsverlusten weiter verbessern, wodurch die Wärmeerzeugung reduziert wird.

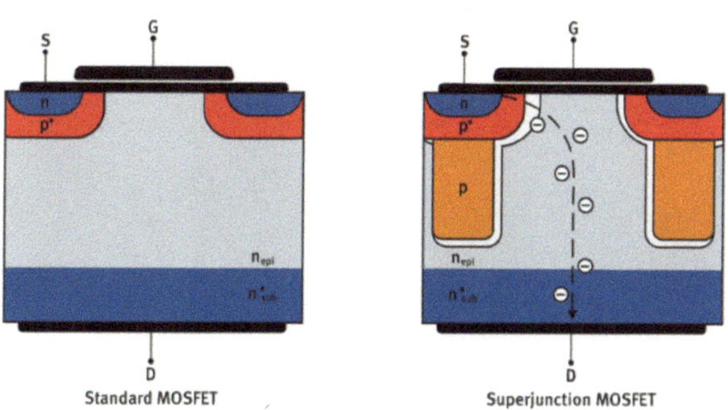

Bild 2.33: Vergleich Standard-Leistungs-MOSFET vs. Superjunction-MOSFET nach [27]

Die tiefen p-Zonen machen im sperrenden Zustand die Feldkompensation, um die Spannungsfestigkeit zu gewährleisten. Leider bringt das mit sich, dass diese p-Zonen stören, wenn die Body-Diode leitet. Die Body-Diode ist zwar durch diese Zonen extrem leitfähig, aber wenn sie abgeschaltet werden muss, fließt die gesamte gespeicherte Energie zurück.

Durch die extrem gute Leitfähigkeit ist jegliche Parallelschaltung von anderen Elementen nutzlos. Die Body-Dioden sind immer besser und nehmen den Hauptstromanteil auf.

Typische Einsatzgebiete von Superjunction-MOSFETs sind Wechselstrom-Hochsetzsteller mit Leistungsfaktor-Korrektur (PFC), Gleichstrom-DCDC- oder Sperrwandler mit DCM (engl. Discontinuous Current Mode) und Gegentakt-Flusswandler mit Totem Pole PFC und LLC-DC/DC-Wandler.

2.3.3.3.3 Insulated-Gate Bipolar Transistor

Ein IGBT – ein bipolarer Transistor mit isolierter Gate-Elektrode (englisch Insulated-Gate Bipolar Transistor) – ist ein Halbleiterbauelement, das in der Leistungselektronik verwendet wird, da es die Vorteile des bipolaren Transistors mit seinem guten Durchlassverhalten, seiner hohen Sperrspannung und seiner Robustheit und die Vorteile des Feldeffekttransistors mit nahezu leistungsloser Ansteuerung in sich vereint.

Von den vier möglichen Grundtypen eines IGBTs, die analog zu denen des MOSFET zu sehen sind, wird lediglich der in Bild 2.35 dargestellte Typ in hohen Stückzahlen gefertigt. Das Schaltbild des IGBT und sein einfaches Ersatzschaltbild sind Bild 2.34 zu entnehmen. Das Ersatzschaltbild entspricht zwar der Wirkungsweise des Halbleiterbauelements, aber die technische Ausführung besteht nicht aus der Verschaltung der beiden einzelnen Bauelemente [28]. Diese ergibt sich aus der Integration in der Chipebene. Bei Anliegen einer Gate-Emitter-Spannung, die größer als die Schwellspannung ist, wird der MOSFET leitend und treibt den Basisstrom im Bipolartransistor, der seinerseits einschaltet und den Kollektorstrom fließen lässt. Wird die Gate-Emitter-Spannung unter die Schwellspannung abgesenkt, kommt der Basisstrom zum

Erliegen und der Bipolartransistor schaltet wieder aus. Ein komplexes Ersatzschaltbild mit allen parasitären Elementen ist in [26] ausführlich erläutert.

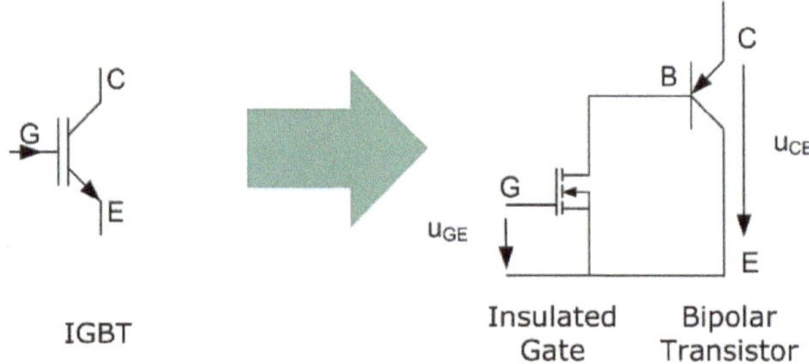

Bild 2.34: Schaltsymbol und Ersatzschaltbild IGBT [28]

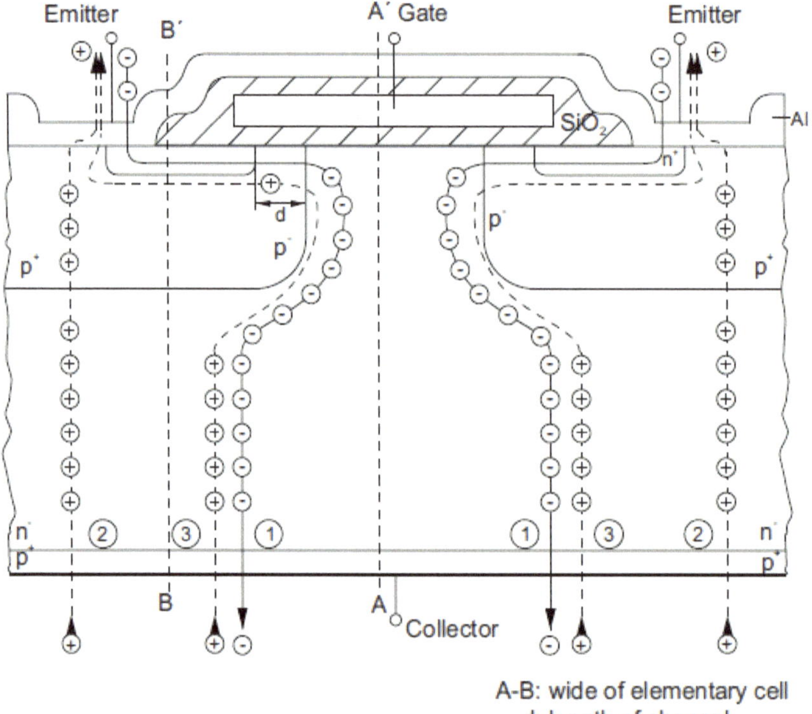

Bild 2.35: Querschnitt durch die Zellstruktur eines vertikalen IGBTs mit planarem Gate [26]

IGBTs sind auf Chipebene betrachtet ähnlich aufgebaut wie vertikale MOSFETs [26], und es werden sowohl Planar- als auch Trench-IGBTs hergestellt. Die jeweiligen Zellstrukturen an der Oberseite der Chips sind nahezu identisch, nur auf der Unterseite wird anstelle der n^+-Dotierung eine p^+-Dotierung verwendet, die einen zusätzlichen pn-Übergang zwischen Kollektor und Basis erzeugt (Bild 2.34). Wie beim MOSFET wird bei ausreichend hoher Gate-Spannung ein leitender Kanal ausgebildet, so dass Elektronen (in Bild 2.34, Stromfluss ①) aus dem Source-/Emitter-Gebiet durch das schwach n-dotierte Gebiet zur Unterseite und damit in das p^+-Gebiet (Kollektor) fließen. Die Löcher aus dem Kollektor überschwemmen daraufhin das schwach n-dotierte Gebiet und resultieren in den Stromflüssen ② und ③, die nun den überwiegenden Teil des Stromflusses übernehmen [26]. Die Kollektor-Emitter-Spannung sinkt wie bei einem Bipolartransistor auf eine niedrigere Durchlassspannung als beim MOSFET ab.

Der Durchlasszustand (1. Quadrant, Bild 2.36) weist eine positive Kollektor-Emitter-Spannung V_{CE} auf und teilt sich in den aktiven Arbeitsbereich (engl. Active Region) und in den Sättigungsbereich (Saturation Region). Bei positiver Kollektor-Emitter-Spannung V_{CE} und einer Gate-Emitter-Spannung V_{GE} unterhalb der Gate-Emitter-Schwellenspannung $V_{GE(th)}$ sperrt der IGBT, und es fließt nur ein sehr kleiner Strom zwischen Kollektor und Emitter [26]. Wird die Durchbruchsspannung $V_{(BR)CES}$ erreicht, so geht der IGBT in den Avalanche-Durchbruch, siehe Bild 2.36, ähnlich wie bei einem pnp-Bipolartransistor.

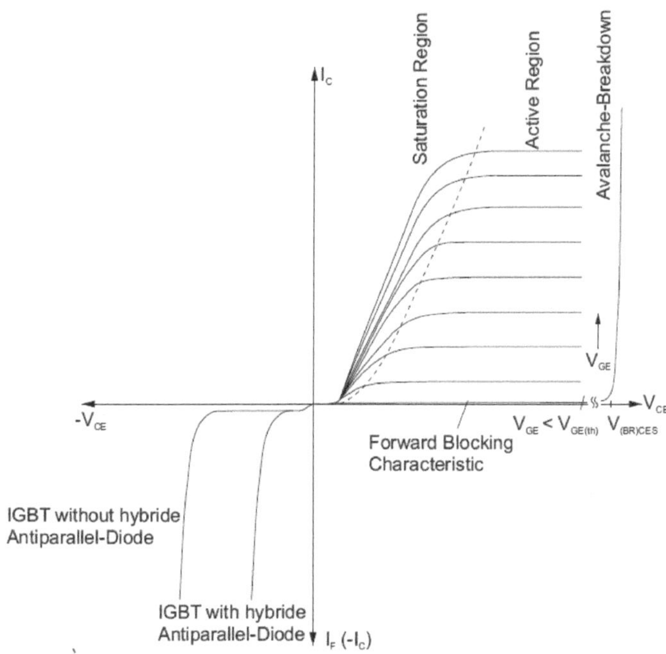

Bild 2.36: Ausgangskennlinienfeld eines IGBT mit antiparalleler Inversdiode [17]

Ist die Gate-Emitter-Spannung höher als die Schwellenspannung, geht der IGBT bei positiver Kollektor-Emitter-Spannung in den Durchlasszustand. Im aktiven Arbeitsbereich wird der Kollektorstrom IC über die Gate-Emitter-Spannung V_{GE} gesteuert und es fällt über die Kollektor-Emitter-Strecke eine hohe Spannung ab. Im Sättigungsbereich fällt hingegen nur die Kollektor-Emitter-Sättigungsspannung $V_{CE(sat)}$, eine charakteristische Größe von IGBTs ab. Das bipolare Verhalten des IGBT bewirkt, dass seine Sättigungsspannung kleiner ist als die Durchlassspannung eines vergleichbaren MOSFETs.

Im Inversbetrieb (3. Quadrant, Bild 2.36) ist der kollektorseitige pn-Übergang in Sperrrichtung gepolt. Die Sperrspannung dieser pin-Diode liegt bei mehreren 10 V [26]. Deshalb werden häufig zusätzliche schnelle, invers geschaltete Dioden eingesetzt, die den inversen Strom übernehmen können.

Die Anwendungsgebiete für IGBTs sind vielfältig. Überall, wo höhere Leistungen geschaltet werden müssen, kommen bevorzugt IGBTs zum Einsatz. Von typischen Industrieanwendungen wie z. B. Wechselrichtern für Elektromaschinen in verschiedensten Geräten über Schweißapparate, Stromversorgungen und Haushaltsgeräte reicht die Anwendungspalette heute bis zu Windkraft und Photovoltaik. In der Automobilindustrie kommen IGBTs als Leistungselektronik-Endstufen in elektrischen Antrieben und in Ladeeinheiten sowie DC/DC-Wandlern zum Einsatz. Außerdem werden sie schon lange als Zündendstufen in Motorsteuerungen für Benzinmotoren eingesetzt.

2.3.3.3.4 Leistungsmodule

Schaltungen in der Leistungselektronik bestehen in der Regel aus mehreren Bauelementen [26]. Bei einem Aufbau mit diskreten Bauelementen müssen diese samt ihrer Beschaltung und ihren zugehörigen Kühlkörpern zu einer Baugruppe zusammengefasst werden. Da die Kühlkörper elektrisch leitend sind, müssen sie dort voneinander elektrisch isoliert werden, wo verschiedene Potentiale innerhalb der Schaltung anliegen. Ein solcher Aufbau ist aufwendig in Bezug auf Material, Volumen und Arbeitszeit.

Hier bieten Leistungsmodule die Möglichkeit, die Isolierung einerseits und die Stromführung andererseits in einem Bauelement zu konzentrieren, wobei die Pfade von Wärme und Strom geometrisch voneinander getrennt werden. Bild 2.37 zeigt anhand eines Halbbrückenmoduls das Prinzip dieser Trennung.

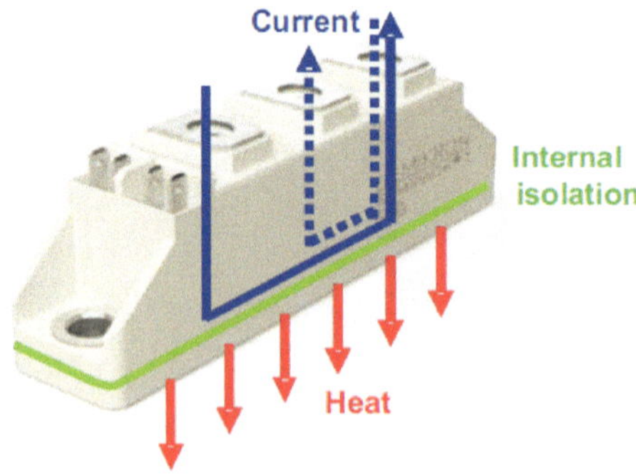

Bild 2.37: Prinzip der Leistungsmodule SEMIPACK® [26]

Die Stromanschlüsse des Leistungsmoduls sind nach oben geführt, während die Wärme mittels der internen Isolierung potentialfrei über die Unterseite an eine geeignete Kühlvorrichtung abgegeben wird.

Leistungsmodule können mit Dioden, Thyristoren, IGBTs oder MOSFETs aufgebaut sein [26]. Zusätzlich sind auch passive Elemente wie z. B. Vorwiderstände, Kondensatoren oder Strom- und Temperatursensoren bereits integriert. Sind darüber hinaus auch die Treiberfunktionen mit integriert sein, spricht man von Intelligenten Power Modulen (IPM).

Der prinzipielle Aufbau ist Bild 2.38 zu entnehmen. Auf der Oberseite des Substrats (Substrate) sind die Chips von IGBT und Diode aufgelötet oder gesintert und mittels Bonddrähten (engl. Bondwire) miteinander und mit der stromführenden Struktur verbunden. Die Unterseite des Substrats ist flächig mit der Base Plate verlötet, die ihrerseits mit Wärmeleitpaste (Thermal Grease) auf der Wärmesenke (engl. Heatsink) haftet. Diese Materialabfolge hat sich bewährt, um die unterschiedlichen Ausdehnungskoeffizienten vom Silizium des Halbleiters bis zum Kupfer der Wärmesenke (Heat Sink) in Einklang zu bringen.

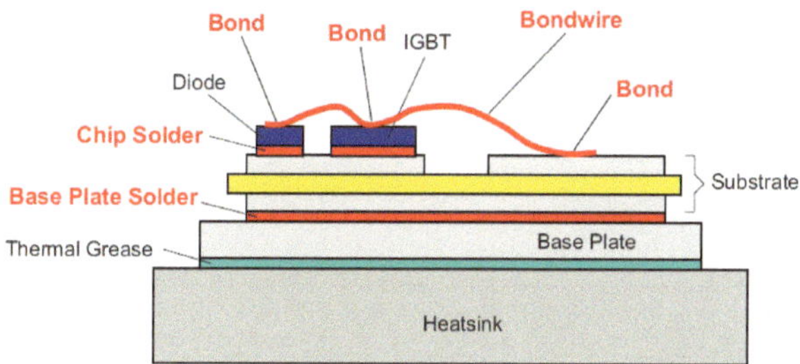

Bild 2.38: Prinzipieller Aufbau eines IGBT-Moduls [26]

Für die Ansteuerung von 3-phasigen Elektromotoren wird typischerweise ein Leistungsmodul mit 3 Halbbrücken verwendet. Bild 2.39 zeigt ein solches IGBT-Leistungsmodul aus der Familie HybridPACK™1 von Infineon Technologies AG.

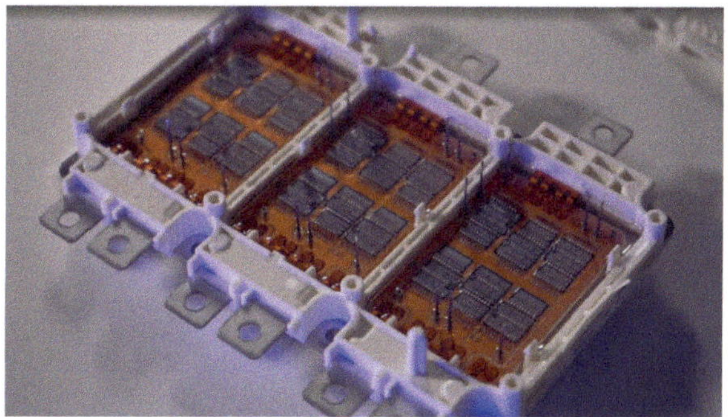

Bild 2.39: Sicht auf ein geöffnetes IGBT-Leistungsmodul HybridPACK™ Drive, nach [27]

2.3.3.3.5 Wide Band Gap Halbleiter

Neben Silizium als Standardgrundmaterial werden zunehmend Wide Band Gap Halbleiter aus Siliziumcarbid (SiC) und Galliumnitrid (GaN) in der Leistungselektronik eingesetzt. Eine Übersicht der wichtigsten Materialeigenschaften im Vergleich zeigt Tabelle 2.4. Silizium hat ein Diamantgitter als Kristallstruktur, und Siliziumcarbid und Galliumnitrid verfügen über eine hexagonale Kristallstruktur. Hinsichtlich des Bandabstands, d.h. der aufzuwendenden Energie zur Anhebung eines Elektrons vom Valenz- in das Leitungsband, zeigen Siliziumcarbid und Galliumnitrid ca. den 3-fachen Wert im Vergleich zu Silizium. Dies bedeutet, dass beide Materialien deutlich höhere Durchbruchsfeldstärken erreichen und somit höhere Spannungen in vergleichbaren Geometrien erlauben. Ein weiterer großer Vorteil ist die höhere Wärmeleitfähigkeit der beiden Materialien, was sich anwendungstechnisch in möglichen höheren Sperrschichttemperaturen äußert. Dagegen sind bei Silizium die Beweglichkeiten von Elektronen und Löchern besser. Die Erzeugung von thermischen Oxiden ist bei Silizium und auch bei Siliziumcarbid gegeben, wogegen bei GaN andere aufwendigere Verfahren anzuwenden sind. Hinsichtlich Dielektrizitätskonstanten sind die Materialien sehr ähnlich.

Eigenschaften	**Si**	**4H-SiC**	**GaN**
Kristallstruktur	Diamant	Hexagonal	Hexagonal
Bandabstand EG (eV)	1,12	3,26	3,39
Elektronenbeweglichkeit μ_n (cm^2/Vs)	1400	950	800 – 1700
Löcherbeweglichkeit μ_p (cm^2/Vs)	600	100	200
Durchbruchfeld Eb (V/cm)10^6	0,23	2,2	3,3
Wärmeleitfähigkeit (W/cm K)	1,5	3,8	1,3 – 3
Rel. Dielektrizitätskonstante e_r	11,8	9,7	9
Thermisches Oxid	0	0	-

Tabelle 2.4: Übersicht Wide Band Gap Halbleiter im Vergleich mit Silizium (Quelle: Fachzeitschrift Elektronik und RWTH Aachen)

Bild 2.40 zeigt einen schematischen Vergleich des prinzipiellen Aufbaus von IGBT (Si IGBT) und MOSFET (Si MOSFET) in Silizium, FETs in Siliziumcarbid (SiC xFET) und Galliumnitrid HEMT (GaN HEMT).

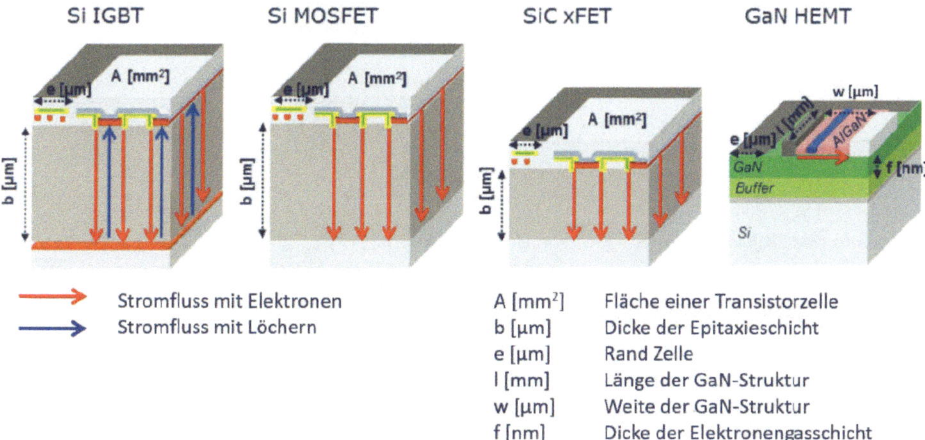

Bild 2.40: Prinzipdarstellung Leistungshalbleiter Silizium-IGBT und MOSFET sowie SiC FET und GaN HEMT (Quelle: Fachzeitschrift Elektronik)

Im Gegensatz zu Silizium-IGBT und MOSFET sowie Siliziumcarbid-FET, deren Stromflüsse vertikal durch den Leistungshalbleiter erfolgen, ist der Stromfluss im Galliumnitrid HEMT lateral zur Oberfläche des Leistungshalbleiters in einer äußerst dünnen Elektronengasschicht von wenigen Nanometern (nm).

2.3.3.4 Integrierte Schaltungen

Durch die Integration von Transistoren oder logischen Gattern sowie der Darstellung von anderen elektronischen Schaltungselementen in einer Integrierten Schaltung können analoge oder digitale Funktionen einer elektronischen Schaltung in einem Bauteil realisiert werden. Der Integrationsgrad wird durch die Anzahl der Transistoren oder Gatter pro Flächeneinheit bestimmt und reicht typischerweise von ursprünglich einigen wenigen Transistoren bis zu heute mehreren Millionen Gattern. Durch ständigen Fortschritt in den Halbleiterfertigungstechnologien und der damit verbundenen Verkleinerung der Halbleiterstrukturen konnte der Integrationsgrad immer weiter erhöht werden. Die Einteilung der Integrationsgrade erfolgt gemäß den in beschriebenen Stufen, siehe Tabelle 2.5.

Integrationsgrad		**Anzahl Transistoren/Gatter**
SSI	Small Scale Integration	10
MSI	Medium Scale Integration	100
LSI	Large Scale Integration	1.000
VLSI	Very Large Scale Integration	10.000 – 100.000
ULSI	Ultra Large Scale Integration	100.000 – 1.000.000

Integrationsgrad		Anzahl Transistoren/Gatter
SSLI	Super Large Scale Integration	1.000.000 – 10.000.000
ELSI	Extra Large Scale Integration	10.000.000 – 100.000.000
GLSI	Giant Large Scale Integration	>100.000.000

Tabelle 2.5: Übersicht Integrationsgrad von Halbleitern

Inzwischen hat CMOS die anfänglich große Vielfalt von Halbleitertechnologien, die vor allem für analoge und hochfrequente Schaltungen erforderlich waren und auch gewissen anwendungsspezifische Eigenschaften hatten, abgelöst. Dank großer Fortschritte in der Schaltungstechnik können viele analoge Schaltungsteile in CMOS digitalisiert dargestellt werden und durch die sinkenden Strukturgrößen werden immer höhere Frequenzen erreicht, die die Einsatzgrenze von speziellen Hochfrequenztechnologien immer weiter nach oben schieben. Treiber für die Erhöhung des Integrationsgrades waren lange Zeit die CMOS-Speicher für DRAMs in Computeranwendungen, gefolgt von den Prozessoren auf der Seite von CMOS-Logik.

Für Leistungen, die die Leistungsfähigkeit von CMOS übersteigen, wurden Mischtechnologien aus Bipolaren Strukturen, Leistungs-MOSFET-Technologien und CMOS kombiniert und ermöglichten eine hohe Integration von anwendungs- oder kundenspezifischen Integrierten Schaltkreisen, die vor allem auch im Bereich Industrie- und Automobilelektronik einen großen Beitrag an der Realisierung von Innovationen hatten.

Im Bereich von Sensoren haben sich ebenfalls Mischtechnologien etabliert. Allerdings mit anderen Technologien wie bei den vorher beschriebenen Leistungs-ICs. Schwerpunkte sind hier technologische Varianten für Temperatur- oder Magnetfeldmessung sowie mikromechanische Strukturen.

2.3.3.5 Halbleiter für Automobilanwendungen

Hat sich die Automobilelektronik ursprünglich hauptsächlich aus dem Halbleiterportfolio anderer Branchen bedient, so ist heute ein breites Spektrum an automobilspezifischen Halbleitern sowie eine sehr große Palette für Automobilanwendungen qualifizierter Standardbauelemente verfügbar. Nicht nur für bisher typische 12 V- und 24 V-Anwendungen bieten die Halbleiterhersteller Produkte an, sondern auch für höhere Spannungsbereiche wie 48 V und auch für die mehrere hundert Volt für die Vollhybrid-, Plug-In-Hybrid- und Elektrofahrzeuganwendungen. Eine Übersicht zeigt Tabelle 2.6.

	12 V / 24 V	48 V	HV 400 V / 800 V
Stromversorgung Logik	Linearspannungsregler	Schaltregler	Schaltregler mit Trafo
	Schaltregler		Flyback-Converter
Logik	Microcontroller, Mikroprozessoren, DSP, FPGA, Flash, EEPROM		
Kommunikation	Transceiver	Transceiver*	Transceiver**
I/O	(passiv: Spg-Teiler)	Isolationsbausteine	Isolationsbausteine
			(passiv: Übertrager)
Treiber	Gate-Treiber	Gate-Treiber	Isolierte Gate-Treiber
	Brückentreiber	Brückentreiber	Isolierte Brückentreiber
Leistungsendstufen	MOSFETs 40 V – 60 V	MOSFETs 80 V – 100 V	IGBTs / Module
	Leistungs-ICs	Leistungs-ICs	SiC FETs / Module
		GaN-FETs	GaN-FETs

*) mit Isolation

**) mit galvanischer Trennung

Tabelle 2.6: Typische Halbleiterbauelemente für Automobilanwendungen

Die Halbleiter sind im Automobil sehr hohen Anforderungen hinsichtlich Temperaturen, chemischen und mechanischen Belastungen und Spannungen ausgesetzt und müssen diese mit hoher Qualität und Zuverlässigkeit überstehen. Alle integrierten Halbleiter sind heute nach AEC-Q100 (Automotive Electronics Council) zu qualifizieren. Dies bietet den Vorteil, dass die Qualitätsanforderungen für alle integrierten Halbleiter weltweit einheitlich und standardisiert sind und die dafür notwendigen Tests ebenfalls. Für Einzelhalbleiter gibt es die AEC-Q101.

Nachfolgend wird ein detaillierter Einblick in das Spektrum von Integrierten Schaltkreisen für Automobilelektronik gegeben.

2.3.3.5.1 Microcontroller

Der Microcontroller ist der Kern eines Steuergerätes. Auf ihm läuft die Applikations- und System-Software und mit seinen Ein- und Ausgängen wertet er Sensorsignale aus und steuert die Leistungsendstufen des Steuergeräts an. Für die Kommunikation über Bussysteme verfügt er meist über spezifische Protokolleinheiten, mit denen er die in der Automobilelektronik gängigen Busprotokolle bedienen kann. Im Gegensatz zu Mikroprozessoren hat ein Microcontroller außer der CPU (Control Processing Unit) und den Registern auch den Programm- und Datenspeicher sowie die vorher erwähnte Peripherie auf dem Chip, so dass für viele Anwendungen ein Microcontroller ausreichend ist.

In den 80er Jahren waren in der Automobilelektronik fast ausschließlich 8bit-Microcontroller im Einsatz, häufig basierend auf dem 8051-Kern von Intel, der von vielen Halbleiterherstellern lizensiert worden ist. Andere Halbleiterhersteller (z. B. STMicroelectronics, Motorola, Microchip) brachten ihre eigenen 8bit-Microcontroller an den Markt. Kostengründe und die geringe Komplexität der unvernetzten Funktionen erlaubten den Einsatz dieser einfachen Rechner.

Basierend auf seinem ersten 16bit-Microcontroller MCS-96 entwickelte Intel die 8XC196-Reihe, die der MCS-96 Familie den Durchbruch brachte. In der 80XC196 Familie gab es mehrere Unterfamilien mit spezifischen Eigenschaften, die ab 1990 vor allem Anwendung in komplexeren Applikationen wie z. B. ABS fanden. Alternative 16 bit-Microcontroller-Familien wie C166® von Infineon (Siemens Halbleiter) oder die von IBM, Apple und Motorola auf RISC basierende PowerPC-Architektur eroberten schnell die Brennplätze in den Steuergeräten wie z. B. Motorsteuerungen für Benziner und Diesel, deren Regelungsaufgaben rasant zunahmen und auch eine stärkere Vernetzung mit anderen Funktionen in den Fahrzeugen benötigten.

Heute sind 32 bit-Microcontroller der Stand der Technik. Abgesehen von der immens gestiegenen Komplexität der Regelungs- und Steuerungsaufgaben sowie der gestiegenen Datenverarbeitung hat die Einführung von AUTOSAR® als netzwerkübergreifendes Betriebssystem im Fahrzeug eine erhebliche Mehrung an Rechenleistung und Speicherbedarf in den Steuergeräten ausgelöst. Zusätzliche Forderungen nach Parallelisierung von Rechenprozessen und ASIL-Anforderungen, denen mittels Multi-Core-Controllern Rechnung getragen wird, lassen immer komplexeren Microcontroller-Architekturen in Steuergeräten Einzug halten. Zusätzlich zu den Microcontrollern werden für spezielle Rechenaufgaben DSPs (Digital Signal Processor) oder FPGAs (Field Programmable Gate Array) eingesetzt.

Die Bündelung von High-Level-Funktionen auf sogenannten Computing-Plattformen oder Zentralrechnern lassen die Anforderungen noch um ein erhebliches Maß steigen. Hier reichen Microcontroller mit zusätzlicher Logik oft nicht mehr aus, so dass in diesem Fällen auf leistungsfähigere Mikroprozessoren aus Computer- und Kommunikationsanwendungen übergegangen wird, die allerdings auch extra Programm- und Datenspeicher sowie externe Peripherie benötigen.

2.3.3.5.2 Programm- und Datenspeicher

Als Programmspeicher wurden in der Vergangenheit auf dem Microcontroller integrierte ROM-Speicher mit moderaten Größen eingesetzt. Reprogrammierbare Speichertechnologien für Microcontroller waren zu dieser Zeit nicht kostengünstig darstellbar. Die damals nicht sehr umfangreiche Software wurde im Laufe der Entwicklung intensiv getestet und möglichst Richtung Serienanlauf so stabil, dass eine ROM-Maske erstellt werden konnte. Für die Entwicklungsphase oder SW-Änderungsmaßnahmen konnte ein äquivalenter, mit einem EPROM ausgestatteter Microcontroller verwendet werden, der allerdings sehr viel teurer war, aber deutlich weniger Zeit beanspruchte, um den neuen SW-Stand im Steuergerät verfügbar zu haben und testen zu können. Codierungen und Applikationsdaten wurden auf einem externen nichtflüchtigen Speicher NVM (Non-Volatile Memory), um eine sofortige und ständige Änderungs- und Anpassungsfähigkeit dieser Daten zu gewährleisten.

In den 1990er Jahren wurden mit der Zunahme der Programmgrößen und im Zuge der immer stärker werdenden Vernetzung von Steuergeräten die Rufe nach reprogrammierbaren Programmspeichern in der Automobilelektronik immer lauter. Vorübergehend kamen externe Flash-Speicher zum Einsatz, einerseits um Kosten zu optimieren und andererseits, um größere Programmspeicher realisieren zu können. Die letztendliche Zielsetzung war allerdings ein integrierter reprogrammierbarer Programmspeicher.

Heute sind große, integrierte Flash-Speicher Stand der Technik. Die Update-Fähigkeit der Steuergeräte, immer größere Software-Umfänge und schnellere Entwicklungszyklen haben die Reprogrammierbarkeit der Programmspeicher erfordert. Als Datenspeicher werden häufig noch nichtflüchtige Speicher wie EEPROM eingesetzt. Manchmal werden diese auch über einen Teil des Flash-Speichers emuliert.

ROM-programmierte Steuergeräte, der frühere Mainstream in der Automobilelektronik und wie eingangs erläutert, sind inzwischen ungebräuchlich, da sie die kurzen Entwicklungszeiten für Software, die Fehlerbeseitigung und die Weiterentwicklung nicht ausreichend unterstützen. Die Kostenvorteile gegenüber Flash lassen sich aus diesen Grüßen nicht mehr heben.

2.3.3.5.3 Stromversorgung

Die Stromversorgungsschaltung eines Steuergerätes hat eine große Bedeutung in der Automobilelektronik erlangt. Das Design einer Schaltung hängt im Wesentlichen von der Stabilität und Zuverlässigkeit dieses Schaltungsteils ab, da es den Kern des Steuergeräts, d. h. Microcontroller und Speicher sowie weitere Logikteile und Sensorik, über den gesamten Temperaturbereich versorgen muss. Für sicherheitsrelevante Funktionen werden hohe Anforderungen hinsichtlich Verfügbarkeit und Integrität gestellt, die keinesfalls durch einen Ausfall oder eine Störung der Stromversorgung beeinträchtigt werden dürfen. Die einfachste und robusteste Lösung bietet ein Linearspannungsregler gemäß Bild 2.41.

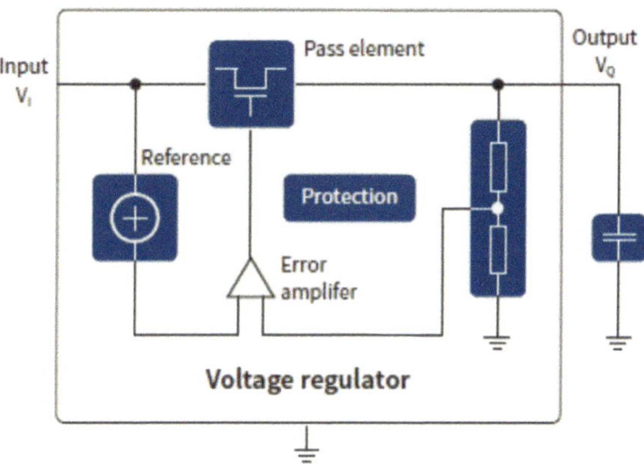

Bild 2.41: Blockdiagramm Linearspannungsregler, nach [27]

Ein Linearspannungsregler wandelt eine Eingangsgleichspannung mittels des linear betriebenen Schalttransistors (Pass element) oder eines bipolaren pnp-Transistors in die gewünschte Ausgangsgleichspannung, in dem es die Spannungsdifferenz zwischen Eingangs- und Ausgangsspannung mit dem durch den Transistor fließenden Strom in Verlustleistung umsetzt. Eine weitere Anforderung für Linearspannungsregler ist ein weiter Eingangsspannungsbereich, vor allem bis zu sehr niedrigen Spannungen bis unter 6 V. Diese Linearspannungsregler müssen unter diesen Betriebsbedingungen einen sehr geringen Spannungsabfall über den Schalttransistor ermöglichen und werden auch als LDO-Spannungsregler bezeichnet.

Die Schaltungstechnik für Linearspannungsregler stellt eine äußerst kostengünstige Lösung dar und ist für kleine Versorgungsströme und nicht zu hohe Spannungsdifferenzen zwischen Ein- und Ausgang geeignet, solange die Verlustleistung des Linearspannungsreglers ca. 1 Watt nicht wesentlich übersteigt, da mit den günstigen SMD-Gehäusen auf Leiterplatten keine höheren Verlustleistungen abgeführt werden können. Die Verlustleistung wird mit nachfolgender Formel errechnet.

$$P_V = I \bullet \Delta U$$

Mit dem steigenden Strombedarf der Microcontroller durch höhere Rechenleistungen einerseits und die damit einhergehende sinkende Versorgungsspannung andererseits nimmt die Verlustleistung im Linearregler immer weiter zu, so dass diese trotz ihres Kostenvorteils nicht mehr sinnvoll einsetzbar sind.

Neue Stromversorgungsschaltungen werden mit Schaltreglern aufgebaut und erfüllen damit die Forderungen nach höherer Effizienz und größerer Spannungsdifferenz zwischen Eingang und Ausgang bei den notwendigen Versorgungsströmen neuerer Microcontroller und Prozessoren. Eine solche Stromversorgungsschaltung beruht auf dem Prinzip einer stromdurchflossenen Induktivität, die während einer zeitlichen Änderung des Stroms durch die Induktivität eine Spannung aufweist. Der grundsätzliche Zusammenhang zwischen Spannung und Strom wird in Bild 2.41 bzw. in folgender Gleichung beschrieben:

$$v = L \bullet \frac{di}{dt}$$

Im Falle eines zeitlich konstanten Stroms durch die Induktivität ist die Spannung Null. Ist die Stromänderung positiv, fällt eine positive Spannung im Sinne der technischen Stromrichtung ab. Für negative Stromänderungen ergibt sich eine negative Spannung. Dieser Zusammenhang ist in Bild 2.42 in vereinfachter Form dargestellt.

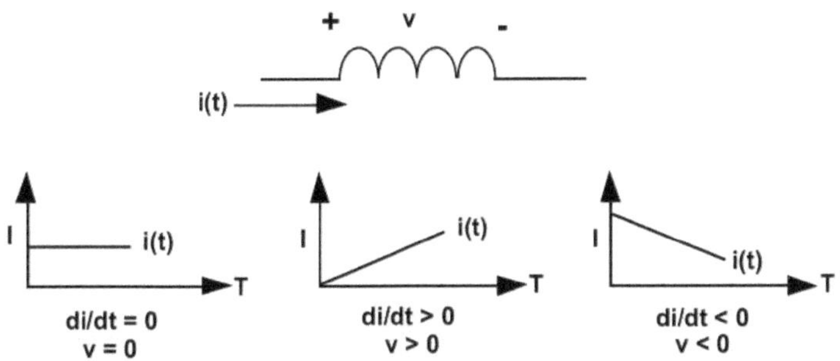

Bild 2.42: Zusammenhang zwischen Strom und Spannung in einer Induktivität, nach [29]

Die am häufigsten verwendete Schaltung ist der Abwärtswandler (Step-down-/Buck-Converter), siehe Bild 2.43, mit dem aus einer Gleichspannung eine niedrigere Gleichspannung gleicher Polarität erzeugt wird, indem mittels eines als Schalter eingesetzten Transistors durch Pulsweitenmodulation auf die gewünschte Sollspannung geregelt wird.

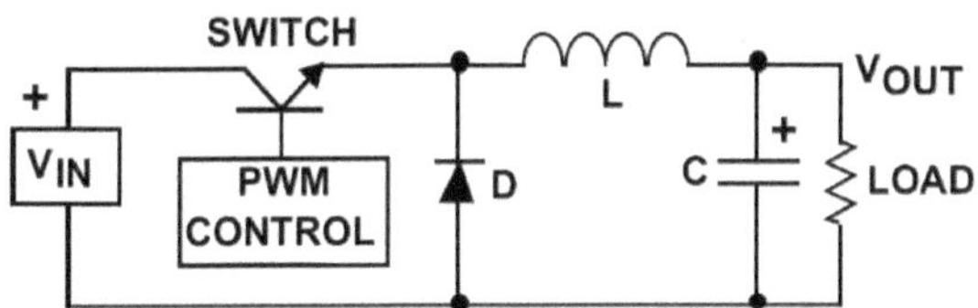

Bild 2.43: Prinzipschaltung Abwärtswandler (Step-down-/Buck-Converter), nach [29]

Weitere Schaltungsarten sind Aufwärts-Wandler (Step-up-/Boost-Converter), eine Kombination aus beiden (Buck-Boost) und Flyback-Wandler (mit Übertrager/Transformator).

2.3.3.5.4 Transceiver

Transceiver bilden die physikalische Schicht gem. dem allgemeinen ISO/OSI-Referenzmodell [30] ab und dienen der eigentlichen Signalübertragung zwischen den Teilnehmern eines Bussystems. In der physikalischen Schicht sind die elektrischen, mechanischen, funktionalen und prozeduralen Parameter der physikalischen Verbindung definiert. Siehe auch Kapitel 6.

2.3.3.5.5 CAN

CAN-Transceiver (Control Area Network) orientieren sich an den Standards ISO 11898 und SAE J2284 und bilden primär die Funktion der Signalübertragung vom Microcontroller auf die Busleitungen ab. TXD und RXD sind die Signale am CAN-Modul des Microcontrollers, die durch den CAN-Transceiver mittels CANH und CANL auf den

Bus übertragen werden. Bild 2.44 zeigt das Prinzipschaltbild für den einfachen Fall, dass sowohl CAN-Transceiver als auch Microcontroller mit 5 V versorgt werden. Siehe auch Kapitel 6.

In den einfachsten Ausführungen sind die CAN-Transceiver in kleinen Gehäusen mit 8 Pins verfügbar. Komplexere Ausführungen mit Diagnose und verschiedenen Betriebsfunktionen werden in Gehäusen mit 14 oder 16 Pins realisiert.

Die grundlegende Funktion – die bidirektionale Übertragung der Signale TXD und RXD auf CANH und CANL – ist dem vereinfachten Schaltbild gemäß Bild 2.45 zu entnehmen. Beim Empfangen von Signalen auf dem Bus werden CANH und CANL mittels eines Spannungsteilers von ca. 30 kΩ und eines Komparators detektiert und auf RXD an den Microcontroller übertragen. Zum Senden von Signalen werden über TXD die entsprechenden Pegel niederohmig auf CANH und CANL ausgegeben.

Ursprünglich wurde CAN in den 90er Jahren von Bosch für Anwendungen in Kraftfahrzeugen mit Datenraten bis 1 Mbit/s entwickelt und mit der Norm ISO 11898 als internationaler Standard definiert. Andere Bussysteme wie z. B. A-Bus oder SAE J1850 wurden über einen gewissen Zeitraum alternativ eingesetzt, aber letztendlich setzte sich CAN dank seiner hohen Markdurchdringung und auch seiner Robustheit in den widrigen Umgebungsbedingungen im Automobil durch.

Für langsamere Bussysteme wurde teilweise aus Kostengründen ein Single Wire CAN eingesetzt, der Datenraten bis 125 kbit/s ermöglichte.

Im Zuge der Verringerung der Versorgungsspannung neuerer Microcontroller und Mikroprozessoren werden heute häufig CAN-Transceiver eingesetzt, die busseitig mit 5 V arbeitet, und deren Schnittstelle zum Microcontroller oder Mikroprozessor mit 3,3 V angepasst ist.

Anforderungen nach schnellerer Kommunikation führten zur Einführung von CAN-FD (CAN Flexible Data Rate), wofür eine neue schnellere Generation von CAN-Transceivern entwickelt wurde. Um die Energieeffizienz der Elektroniksysteme im Fahrzeug zu steigern, wurde zusätzlich die Weckfähigkeit bei CAN-Transceivern implementiert, um mit ihrer Hilfe Partial Networking zu ermöglichen.

Für die Vernetzung in Mehrspannungssystemen wie z. B. in 2-Spannungs-Bordnetzen stehen CAN-Transceiver mit Isolation zur Verfügung. Diese galvanische Trennung ist zwingend erforderlich, wenn eine der Spannungen über 60 V liegt. Für Mehrspannungssysteme, deren Spannungen alle unter 60 V liegen, ist es optional, abhängig von den elektrischen Grenzwerten der eingesetzten CAN-Transceiver.

Die Auswahl an CAN-Transceivern ist heute sehr groß. Ein breites Spektrum an Produkten für alle Varianten wird von der Halbleiterindustrie angeboten. Darüber hinaus werden CAN-Transceiver in sogenannte System Basis Chips integriert, häufig als kundenspezifische ICs in Verbindung mit Spannungsreglern, Watchdogs und weiteren Schnittstellen, siehe Kap. 2.3.3.5.5.

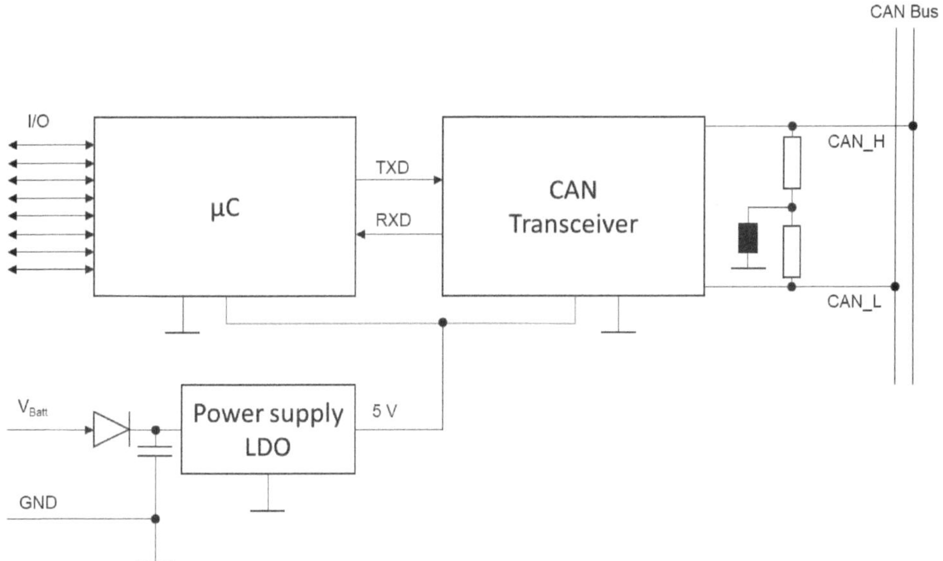

Bild 2.44: Generisches Schaltbild zwischen CAN-Transceiver und Microcontroller

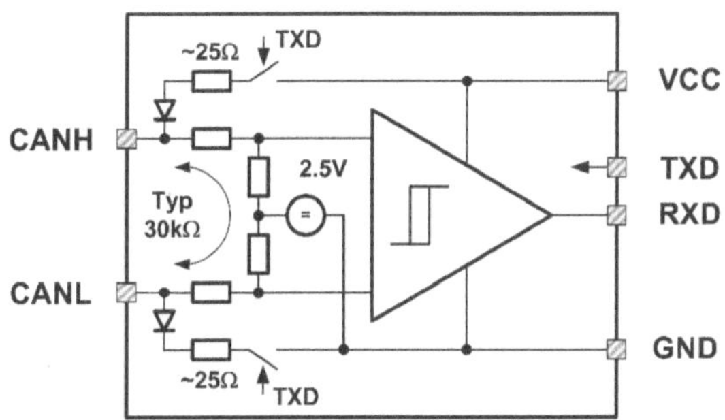

Bild 2.45: Vereinfachtes Schaltbild eines CAN-Transceivers nach [31]

2.3.3.5.5.1 FlexRay

Für das deterministische und fehlertolerante Bussystem FlexRay, das von Automobil- und Halbleiterherstellern um das Jahr 2000 initiiert worden ist, werden Transceiver für klassische Bus- und vor allem für Sterntopologien eingesetzt. Maximale Datenraten erreichen bis zu 10 Mbit/s. Neben FlexRay-Transceivern werden auch FlexRay-Sternkoppler angeboten, um die Sterntopologien zu unterstützen.

2.3.3.5.5.2 LIN

Als kostengünstige Lösung für die Kommunikation zwischen einem Steuergerät und seinen Satelliten – häufig in Form von intelligenten Aktuatoren, Schaltern oder Sensoren – hat sich LIN als Subbussystem mit Datenraten bis 20 kbit/s etabliert. In einem

Master-Slave-Konzept können mehrere LIN-Teilnehmer an einem Master-Steuergerät angeschlossen werden, siehe Bild 2.46.

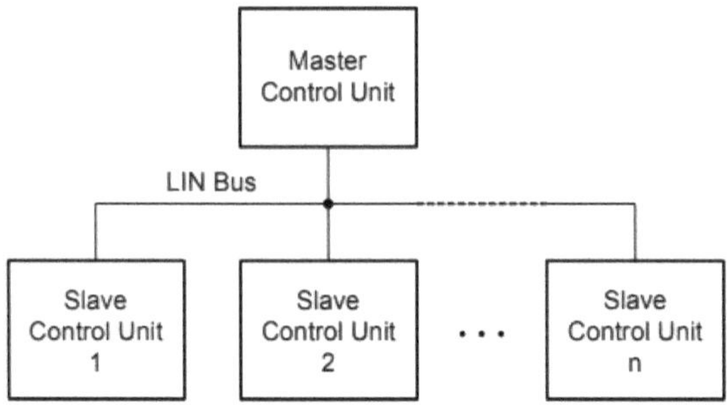

Bild 2.46: Single-Master / Multiple-Slave Concept für ein LIN-Subbussystem, nach [27]

2.3.3.5.5.3 MOST

Für die Übertragung von hohen Datenmengen wurde von der Automobilindustrie der MOST-Bus (Media Oriented Systems Transport) definiert. Es handelt sich um ein Multimedia-Netzwerk mit bis zu 64 Teilnehmern für die Übertragung von Audio-, Video- und zusätzlichen Kontrollsignalen. Die Übertragung erfolgt optisch oder elektrisch, meist in einer Ringtopologie. Für jede Übertragungsart existieren die entsprechenden Transceiver.

Eine Besonderheit bei den optischen Transceivern ist die Anbindung des Lichtwellenleiters an den Transceiver. Die Anforderungen sind in der Norm ISO 21806-1 „Road vehicles —MOST— Part 1: General information and definitions“ niedergeschrieben.

Details können auf der Homepage der MOST Cooperation eingesehen werden: https://www.mostcooperation.com/specifications/

2.3.3.5.5.4 Ethernet

Ethernet ist eine Kommunikationsstruktur für Computeranwendungen und wurde ursprünglich für die Vernetzung von Computern und Bürogeräten vorgesehen. Ethernet basiert auf dem Standard IEEE 802.3 und ist eine Netzwerktechnik, die auf den Schichten 1 und 2 des OSI-Schichtenmodells definiert ist und Daten paketweise transportiert. Die Datenraten liegen im Bereich von 100 Mbit/s bis 10 Gbit/s.

Diese Kommunikationsstruktur wird zukünftig auch im Automobil eingesetzt, da im Fahrzeug immer mehr Computer-basierte Systeme zum Einsatz kommen, angefangen von Infotainment und Navigation über Fahrerassistenzsysteme bis hin zum automatisierten Fahren. Für das Automotive Ethernet wird aus Kostengründen mit einem einpaarig verdrillten Kabel gearbeitet, das die hohen Anforderungen an die elektromagnetische Verträglichkeit erfüllt. Die Datenraten liegen zwischen 10 Mbit/s und 1 Gbit/s. Die Bandbreite ist hinreichend groß und hat durch Time Triggered Ethernet eine geringe Latenzzeit, die einem Echtzeitverhalten entspricht. Für die Anwendungen im Automobil werden von mehreren Halbleiterherstellern Ethernet-Transceiver – sogenannte PHYs – für verschiedene Übertragungsgeschwindigkeiten angeboten.

2.3.3.5.6 System Basis Chip

Ein System Basis Chip (SBC) ist die Integration von Funktionen, die in Steuergeräten gleicher oder ähnlicher Applikationen wiederholt gebraucht werden. Transceiver, Spannungsversorgung, Diagnose- und Überwachungsfunktionen sowie Schalter und Weckeingänge bieten sich für System Basis Chips an und erlauben damit eine höhere Integration im Steuergerät. Kostenvorteile und Platzersparnis, vor allem auf dem Schaltungsträger, sind damit zu erzielen. Häufig definieren Automobilzulieferer eigene SBCs als kundenspezifische ICs, siehe Kap. 2.3.3.5.10, auf Basis ihres Applikations-Know Hows und lassen sich dies dadurch schützen.

Darüber hinaus sind mit einem auf den Microcontroller abgestimmten SBC sicherheitsrelevante Systeme realisierbar. Einige Halbleiterhersteller bieten zu ihren Microcontroller- oder Prozessorfamilien passende System Basis Chips an.

2.3.3.5.7 Intelligente Low und High Side Schalter

Smart Power Low Side Switches gemäß Bild 2.47 können zum masseseitigen Schalten von Lasten, die mit der Versorgungsspannung verbunden sind, verwendet werden und bieten im Gegensatz zur Anwendung von Leistungstransistoren neben der Schaltfunktion je nach Komplexität auch Schutz-, Diagnose- und Stromsensierungsfunktionen sowie Gate-Ansteuerung durch die Integration in das Bauteil.

Der Bereich von Smart Power Low-Side-Schaltern beginnt mit dem temperaturgeschützten FET-Schalter. Diese Schalter können wie jeder diskrete Leistungs-MOSFET kontrolliert werden und implementieren zusätzlich einen Temperaturschutz. Charakteristisch für ein temperaturgeschütztes Bauteil ist der Temperatursensor. Der Temperatursensor verhält sich wie ein Thyristor, der bei Übertemperatur auslöst. Im Falle einer Übertemperatur gibt es einen Kurzschluss Zwischen Gate und Bezugspotential und infolgedessen wird der MOSFET ausgeschaltet. Da dieses Konzept einen seriellen Gate-Widerstand benötigt, um den internen Thyristor zu schützen, sind die klassischen Bauteile nur in Applikationen mit langsameren Schaltzeiten verwendbar.

Gängige Bezeichnungen: TEMPFET®.

HITFET: Die ständig steigende Nachfrage nach hochintegrierten geschützten Schaltern wird die Nutzung, Akzeptanz und Entwicklung von HITFET® (Hoch-Integriertes Temperaturgeschütztes FET) auch in weiterer Zukunft vorantreiben. Fehlerermittlung und Schutz sind in Automotive- und Industrie-Applikationen heutzutage erforderliche und weitläufig genutzte Sicherheitseigenschaften. Besonders für diese Hochleistungsapplikationen, in denen Spannungstransienten oder große induktive Lasten zu finden sind, ist ein Schaltkreisschutz entscheidend. HITFET® Low-Side Schalter sind vielseitige Leistungstransistoren, die idealerweise für Automotive- und Industrie-Applikationen entwickelt wurden. Deren eingebaute Intelligenz und schützenden Eigenschaften bieten nicht nur signifikante Kosten- und PCB-Reduktionen und eine kürzere Produkteinführungszeit, sondern auch eine verbesserte Performance und Zuverlässigkeit gegenüber herkömmlichen, diskreten Lösungen.

Multikanal Low-Side Schalter für Powertrain, Sicherheit und industrielle Applikationen sind eigens dafür konstruiert worden, einen großen Umfang an verschiedenen Applikationen durch einen unipolaren Schrittmotor anzutreiben. Dazu zählen Lasten von Relais, Einspritzventile, Heizer von Lambda-Sonden und Allzweck-Magnetventile. Infineon bietet ein ganzheitliches Familienkonzept an, das aus vollständiger Skalierbarkeit von 2 bis 18 Kanälen und einer Spitzentechnik besteht.

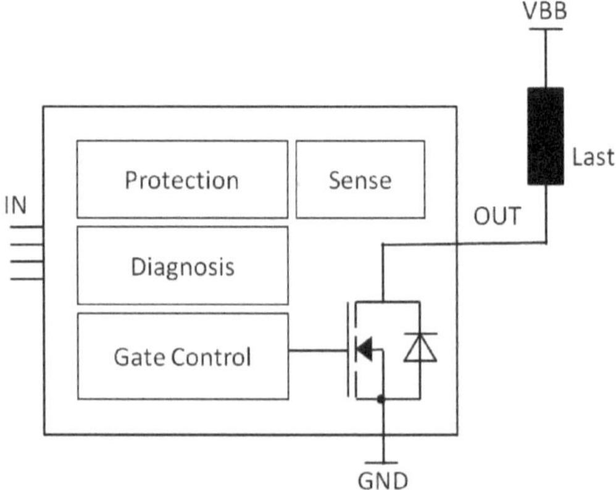

Bild 2.47: Generisches Blockdiagramm eines Smart Power Low Side Switch

Multikanal Schalter haben meist eine vollständige Zertifizierung und sind mit eingebetteten Schutzfunktionen und erweiterten Diagnosen ausgestattet, die in zahlreichen Industrie-Plattformen verwendet werden.

Smart Power High Side Switches gemäß Bild 2.48 können zum versorgungsseitigen Schalten von Lasten, die mit Masse verbunden sind, verwendet werden, und bieten im Gegensatz zur Anwendung von Leistungstransistoren neben der Schaltfunktion je nach Komplexität auch Schutz-, Diagnose- und Stromsensierungsfunktionen sowie die Gate-Ansteuerung inklusive Charge Pump durch die Integration in das Bauteil.

Smart Power High Side Schalter sind in der Regel geschützt vor Überlastung, Überspannung, Kurzschlüssen, Übertemperatur, Masseverlust, Unterbrechung der Stromversorgung und elektrostatischen Entladungen (ESD). Zudem sind viele Produkte in der Lage vor dynamischer Überspannung, wie einem Generatorlast-Sprung und dem Abschalten der induktiven Last, zu schützen. Falls eine technische Störung eintritt, ist die Status-Eigenschaft fähig eine Übertemperatur oder eine Überlastung zu diagnostizieren. Die Diagnose-Eigenschaften High-Side Schalter liefern dem Nutzer präzise Informationen über Schalter und Lasten. Das Diagnose-Feedback und die Stromerfassung minimieren die Risiken, indem sie den Bedarf an zusätzlichen diskreten Schaltungen und Montagen beseitigen.

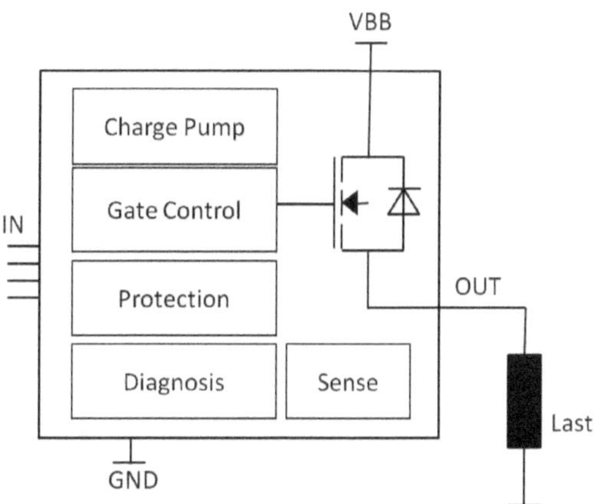

Bild 2.48: Generisches Blockdiagramm eines Smart Power High Side Switch

2.3.3.5.8 Motorbrücken

Im Bereich der Motorbrücken gibt es sowohl monolithisch integrierte als auch auf Gehäuseebene integrierte Lösungen. Diese Motorbrücken können direkt vom Microcontroller oder Prozessor angesteuert werden, da sie die notwendigen Ansteuerfunktionen für die integrierten Endstufen enthalten.

Die auf einem Chip monolithisch integrierten Brückenbausteine haben sich dort etabliert, wo die Ströme und Verlustleistungen dies erlauben. Als Technologie wird eine Mischtechnologie BCD – siehe Kap. 2.3.3.1 – verwendet. Da in dieser Technologie nur laterale Leistungs-MOS-Strukturen möglich sind, d. h. sowohl Source als Drain der DMOS-Leistungstransistoren an der Chipoberfläche herausgeführt sind, können keine Bausteine für Ströme deutlich über 1 A realisiert werden. Die Bausteine sind als Halbbrücken, Vollbrücken und Mehrfach-Halb- oder Vollbrücken ausgeführt, mit denen vorwiegend bürstenbehaftete Gleichstrommotoren und Schrittmotoren angesteuert werden können. Bild 2.49 zeigt das Blockdiagramm einer monolithisch integrierten Vollbrücke, die direkt angesteuert werden kann.

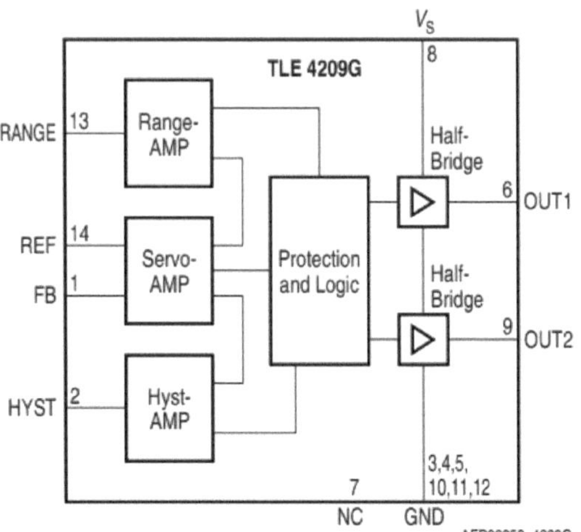

Bild 2.49: Blockdiagramm einer monolithisch integrierten Vollbrücke, nach [27]

Bei höherer Anzahl von Halbbrücken auf einem Baustein wird anstelle der direkten Ansteuerung eine SPI-Schnittstelle verwendet, so dass bis zu 12 Halbrücken möglich sind, ohne die maximal mögliche Anzahl von Anschlüssen der vorzugsweisen verwendeten Gehäuse zu übersteigen.

Für höhere Ströme werden vertikale Leistungs-MOS-Strukturen eingesetzt. Da sich in diesen Lösungen Drain auf der Chiprückseite befindet, müssen die Chiprückseiten elektrisch voneinander getrennt werden [16]. Dies geschieht in einem Gehäuse mit 3 Inseln des Leadframes. In der Mitte befindet sich ein Doppel-High Side-Schalter auf einer eigenen Insel und ist Drain-seitig an die Versorgungsspannung angeschlossen. Die beiden für die Vollbrücke notwendigen Low Side-Schalter befinden sich auf beiden anderen Inseln, so dass ihre Drains unabhängig angeschlossen werden können. Mit diesem Multichip-Packaging-Aufbau können Motorströme von 5 A bis 10 A in einem Baustein geschaltet werden. Anhand Bild 2.50 sind der Aufbau in einem SMD-fähigen Gehäuse mit den 3 voneinander getrennten Inseln inklusive der Anschlussbelegung (Pinkonfiguration) und das Blockdiagramm einer Multi-Chip-Vollbrücke dargestellt [32].

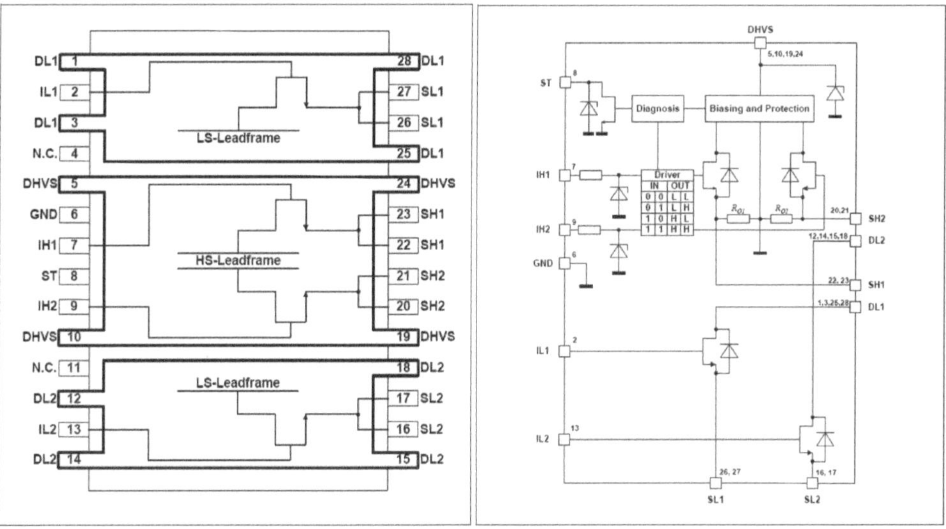

Bild 2.50: Schematischer Aufbau des Leadframes mit Pinkonfiguration und Blockdiagramm einer Multi-Chip-Vollbrücke [27]

2.3.3.5.9 Brücken- und Gate-Treiber

Für Anwendungen mit höheren Strömen und Leistungen werden externe Endstufen verwendet, meist in Form von mehreren parallelgeschalteten MOS-Transistoren oder IGBTs. In diesen Schaltungen werden Brücken- oder Gate-Treiber benötigt, um die Gates der Endstufen korrekt ansteuern zu können. Die Treiberfähigkeit der Ausgänge von Microcontrollern oder Prozessoren ist hier nicht ausreichend, um die Gates anzusteuern oder umzuladen.

Die Auswahl an Brücken- und Gate-Treibern ist sehr groß und bietet geeignete Treiberbausteine sowohl für Konfigurationen als einzelne Low Side und High Side-Endstufen als auch für komplexere Konfigurationen als Halbbrücken, Vollbrücken und 3-Phasen-Brücken. Darüber hinaus ist bei der Auswahl der Spannungsbereich der Anwendung von großer Bedeutung, da die Anforderungen hinsichtlich Isolation zwischen Endstufe und restlicher Schaltung zu berücksichtigen sind. Hier werden für Anwendungen im Niederspannungsbereich nicht-isolierte Treiberbausteine gemäß Bild 2.51 verwendet, während für höhere Spannungen je nach Bedarf Treiberbausteine mit Level Shift auf Basis Junction Isolation oder Silicon-on-Insulator oder mit kernlosen Übertragern eingesetzt werden [33], siehe auch Bild 2.52.

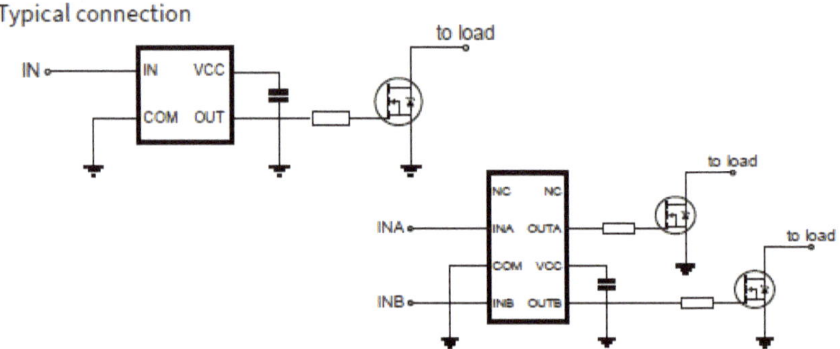

Bild 2.51: Typische Schaltungen mit nicht-isolierten Gate-Treibern [33]

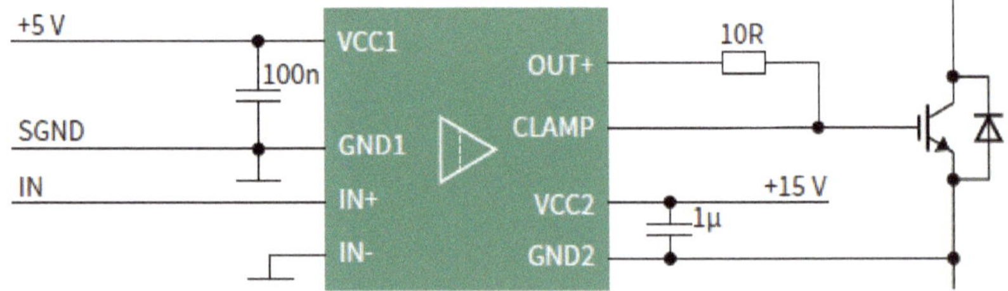

Bild 2.52: Typische Schaltung mit einem galvanisch isolierten Gate-Treiber [33]

In Bild 2.53 ist ein Prinzipschaltbild für eine Halbbrücke mit einzelnen Gate-Treibern dargestellt. Einige Gate-Treiber sind auch für den Einsatz zum Ansteuern von GaN Transistoren oder Leistungs-MOSFETs geeignet und bieten dank spezieller Eigenschaften einen Schutz bei Masseschwingungen.

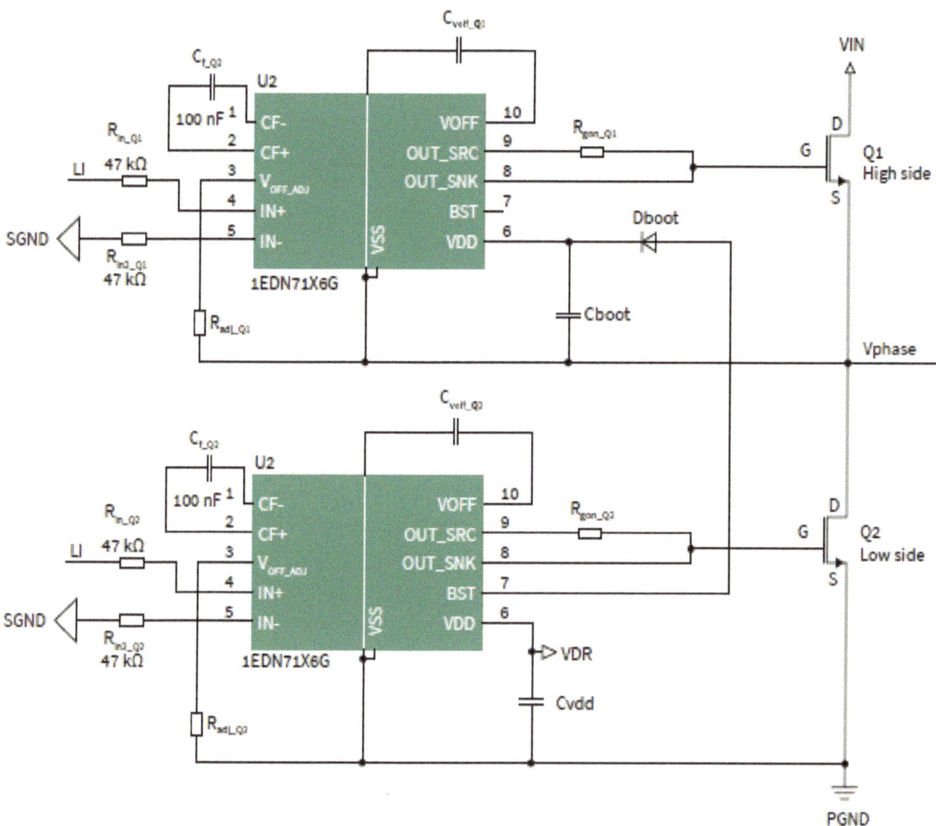

Bild 2.53: Schaltbild typische Applikation eines Gate-Treibers für MOSFETs oder GaN Transistoren [33]

2.3.3.5.10 Batterie-Management-ICs

Das Batterie- oder allgemein das Speichermanagement ist für die ordnungsgemäße und effiziente Funktion des elektrischen Energiespeichers verantwortlich. Es beinhaltet sowohl Hardware- als auch Software-Umfänge sowie programmierbare Umfänge der zugehörigen Betriebsstrategie. Das heutige Produktportfolio umfasst ICs für Authentifizierung, Laden, Balancing, Diagnose und Schutz, welche in Industrie-, Automobil- und Unterhaltungselektronik-Anwendungen eingesetzt werden.

Der Schutz eines Akkupacks vor gefälschten Batterien und Peripheriegeräten ist ein wichtiger Aspekt für Akkupack-Hersteller. Batterieauthentifizierungsbausteine stellen eine einfache und effektive Lösung bereit, um die Sicherheit während der gesamten Lebensdauer des Akkupacks zu verbessern.

Batterie-Lade-ICs werden für verschiedene Batterietechnologien angeboten. Ein Schwerpunkt ist für Li-Ionen-Batterien, aber auch für Nickel- und Blei-basierte Batterietechnologien sowie für Doppelschichtkondensatoren gibt es entsprechende Bausteine. Der Fokus liegt auf tragbaren Geräten mit 1 Batteriezelle. Als Schaltungstopologien werden Linearregler, Schaltregler, verschiedene Konfigurationen von Hoch- und Tiefsetzsteller und getaktete Regler verwendet.

Um den Ladezustand einer Batterie genau zu ermitteln, bedarf es sehr genauer Messverfahren. Diese Anforderung besteht bei allen batteriebetriebenen Anwendungen, d. h. Smartphones, Notebooks und Elektrowerkzeugen bis hin zu Staubsaugern und Energiespeichersystemen, und dient dort zur Vermeidung von Tiefentladung und Überladung, was der Langlebigkeit und Qualität der Batterie zuträglich ist. Bausteine mit verschiedenen Algorithmen können Einzelzellen und Serienschaltungen von Batteriezellen überwachen.

Die Kombination von Batterieüberwachung und Ausgleichsregler ermöglicht eine effizientere Verwendung der Batteriezellen, was einerseits zur Langlebigkeit beiträgt und andererseits zu einer Reduzierung der Batteriegröße und somit der Kosten führt. In den Bausteinen werden Echtzeitmesswerte von Batteriezellspannung, deren Temperaturen und Ströme erfasst und an das Batteriemanagementsystem übergeben, um dort weiter verarbeitet zu werden. Schwerpunkt der Anwendungen sind Fahrzeugelektrifizierung, E-Mobilität und Haushaltsgeräte.

Batterieschutz-ICs können die Sicherheit von Batteriesystemen verbessern, indem sie eine Vielzahl von Fehlerzuständen wie Überspannung, Unterspannung, Entladungsüberstrom und Kurzschluss in einzelligen und mehrzelligen Batterien diagnostizieren.

Ausführliche Übersichten und mehr Details sind auf nachfolgenden Internet-Seiten einiger Halbleiterhersteller zu finden:

- https://www.ti.com/power-management/battery-management/featured-products.html
- https://www.infineon.com/cms/de/product/battery-management-ics/
- https://www.analog.com/en/product-category/battery-management.html
- https://www.nxp.com/products/power-management/battery-management:BATTMNGT

Anmerkung: Diese Auflistung ist willkürlich und erhebt keinen Anspruch auf Vollständigkeit.

2.3.3.5.11 Kundenspezifische Integrierte Schaltungen

In Gegensetz zu Standardbausteinen sind kundenspezifische integrierte Schaltungen auf die Bedürfnisse eines Kunden und seiner Applikation zugeschnitten [24]. Sie werden auch mit der Abkürzung ASIC (**A**pplication **S**pecific **I**ntegrated **C**ircuit) bezeichnet. Grundsätzlich wird zwischen Semicustom und Fullcustom ICs unterschieden. Semicustom ICs basieren auf Gatearrays, Standardzellen bis hin zu ganzen Schaltungsblöcken, die Kunden mit Hilfe vom Halbleiterhersteller bereitgestellten Tools und Zellbibliotheken selbst entwickeln kann, und bieten den großen Vorteil der schnellen Realisierbarkeit. Der Schwerpunkt von Semicustom ICs liegt im Bereich von Logik, wobei die kürzere Entwicklungszeit für Gatearrays gegenüber dem Kostenvorteil von Zellen-ICs abzuwägen ist. Mit vorgefertigten Masterscheiben erzielen

Gatearrays mit 4 bis 7 Wochen Durchlaufzeit einen deutlichen Vorsprung zu Zellen-ICs mit 12 bis 16 Wochen [24].

Fullcustom ICs benötigen längere Entwicklungszeiten, erschließen aber größere Potentiale hinsichtlich Chipflächen und Kosten. Besonders bei hohen Stückzahlen und bei Anwendungen im Analog- und Leistungsbereich machen sich diese Vorteile bemerkbar. Vor allem in den Anwendungsgebieten Automobil- und Industrieelektronik ist die Anzahl der ASICs sehr groß, da sich damit einerseits das Know-how der Kunden in der integrierten Schaltung vollständig und geschützt umsetzen lässt und andererseits durch die Integration die Wirtschaftlichkeit erhöhen und die Qualität und Zuverlässigkeit steigern lassen.

Beispiele aus dem Bereich Automobilelektronik sind hochintegrierte ASICs für ABS und Airbag. Fast die komplette Schaltung mit Ausnahme von Sensoren und Microcontrollern sowie passiven Bauteilen sind in einem Chip in BCD-Technologie integriert und können somit die vollen Potentiale hinsichtlich Integration und Kosten ausschöpfen. In Bild 2.54 ist das Blockschaltbild für ein Elektronisches Brems- und Stabilitätsprogramm (ABS/ESP) dargestellt. Die mit einer gestrichelten Linie umfassten Blöcke sind als kundenspezifische Bausteine realisiert und können für die einzelnen Kunden unterschiedlich ausgeprägt sein und deren spezifisches Applikations-Know How enthalten.

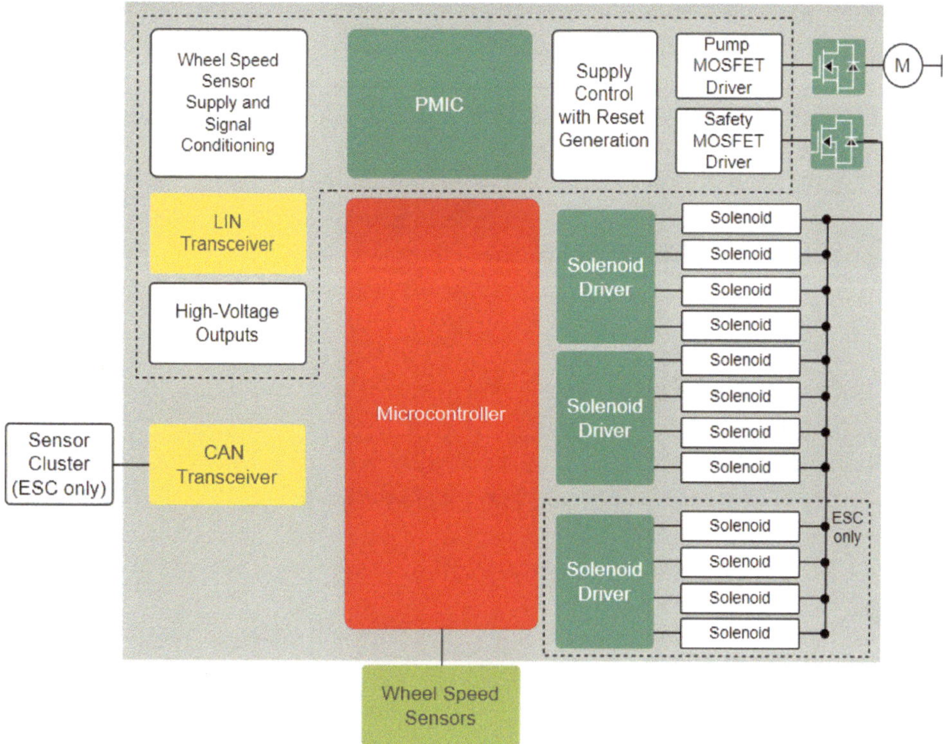

Bild 2.54: Blockschaltbild Elektronisches Brems- und Stabilitätsprogramm, nach [27]

2.4 Gehäuse und Kontaktierung

Für die Montage im Fahrzeug müssen die bestückten und geprüften Schaltungen in geeigneten Gehäusen verbaut werden. Je nach Einbauort kommen hierfür Kunststoff-, Aluminium-Druckguss- oder Blechgehäuse in Frage, um die dort herrschenden Umgebungsbedingungen zum Schutz der elektronischen Schaltung zu erfüllen, vor allem hinsichtlich Temperaturen, mechanischen Belastungen und Dichtigkeit.

Die Kontaktierung der Schaltung mit dem Fahrzeugnetzwerk erfolgt meist über Stecksysteme, die sämtliche Anschlüsse in einem Stecker vereinigen. In Ausnahmefällen sind Versorgungsanschlüsse und auch spezielle Signale über extra Kontaktierungen anzuschließen.

2.5 Elektromagnetische Verträglichkeit

In einem Fahrzeug verbaute elektronische Geräte dürfen weder durch sich selbst noch durch andere verbaute Geräte noch durch externe elektromagnetische Störungen in ihrer Funktion beeinträchtigt werden. Bereits in der Entwicklung von elektronischen Geräten ist auf die elektromagnetische Verträglichkeit (EMV) des Designs hinsichtlich Abstrahlung und Einstrahlung zu achten und die vorgegebenen Grenzwerte sind einzuhalten. Die geltenden Normen sind in Kap. 10.5 aufgelistet.

Ein EMV-gerechtes Design und die Einbeziehung von EMV-Simulationsmethoden und Experten bereits ab der frühesten Phase der Entwicklung sind heute ein Muss, um bei immer höheren Taktraten und Frequenzen und gleichzeitig steigender Digitalisierung und Elektrifizierung die Anforderungen zu erfüllen. Ein nachträgliches Optimieren durch den Einbau zusätzlicher Filtermaßnahmen ist nicht mehr zielführend.

2.6 Weiterführende Literatur

Zur Vertiefung und als Nachschlagewerke werden folgende Bücher empfohlen:

K. Reif, Automobilelektronik, 3. Auflage, Vieweg und Teubner Verlag, ISBN 978-3-8348-0446-4 [30]

O. Zirn, Elektrifizierung in der Fahrzeugtechnik – Grundlagen und Anwendungen, Carl Hanser Verlag, ISBN 978-3-446-45094-3 [34]

D. Schröder, Elektrische Antriebe – Grundlagen, 5. Auflage, ISBN 978-3-642-30470-5 [10]

D. Gerling, Vorlesungsskript „Elektrische Maschinen und Antriebe“, EAA – Elektrische Antriebstechnik und Aktorik, Universität der Bundeswehr München [9]

Bosch, Kraftfahrtechnisches Taschenbuch, 29. Auflage, ISBN 978-3-658-23583-3 [35]

Infineon Technologies AG, Halbleiter, Technische Erläuterungen und Kenndaten, ISBN 3-89578-067-7 [24] nexperia, The Power MOSFET Application Handbook, Design Engineer's Guide, ISBN 978-0-9934854-1-1 [36]

R. Fischer, Elektrische Maschinen, Hanser-Verlag, ISBN 978-3-446-41754-0 [15]

3 E/E-Architektur

Elektronische Systeme in Kraftfahrzeugen übernehmen aufgrund der steigenden Nachfrage nach Sicherheit, Komfort, Unterhaltung und Umweltschutz eine ständig steigende Anzahl von Funktionen und zeichnen sich durch einen hohen Vernetzungs- und Komplexitätsgrad aus. In heutigen Fahrzeugen werden teilweise über 100 Steuergeräte in unzähligen Kombinationen verbaut. Durch immer neue Funktionen und gesetzliche Vorgaben steigt die Komplexität stetig weiter an. Um dieses Gefüge auch in Zukunft zu beherrschen, sind optimierte Prozesse, Methoden und Werkzeuge der Systemarchitektur notwendig [35]. Das strukturelle Zusammenwirken der Systeme und die Aufteilung in sinnvolle Teilsysteme sind die vorrangigen Aufgaben der E/E-Architektur als eine der tragenden Säulen im Fahrzeugentwicklungsprozess. Sie bilden damit eine wesentliche Grundlage für die Umsetzung in eine erfolgreiche System- bzw. Plattformentwicklung.

Dabei steht die E/E-Architekturentwicklung im Spannungsfeld vieler, zum Teil gegensätzlicher Einflussfaktoren [37]. Die Berücksichtigung aller Faktoren und die bestmögliche Auflösung der Gegensätze erzeugen eine hochwertige E/E-Infrastruktur im Fahrzeug. Neben den bestehenden Funktionen sollen neue Innovationen einerseits schnell implementiert werden und andererseits mittels Plattformen einen vielseitig einsetzbaren Lösungsraum erzeugen. Dies umfasst u. a. die folgenden Aspekte:

- Innovationen und verteilte Funktionen
- Hohe Varianz durch Aufbauvarianten, länderabhängige Sonderausstattungen und Gesetze
- Hohe Anzahl beteiligter Fachbereiche und Funktionsentwickler
- Einen hohen Vernetzungsgrad
- E/E-Architekturen und E/E-Module
- Unterschiedliche Technologien

Die E/E-Architektur im Fahrzeug stellt die Vernetzung aller Elektrik- und Elektronik-Komponenten und deren Interaktion dar. Als abstraktes Gebilde charakterisiert sie den grundsätzlichen Baustil der Elektrik/Elektronik im Fahrzeug und beschreibt ohne geometrische und funktionale Detailinformationen das gesamte Elektrik- und Elektronik-System mit allen Vernetzungsaspekten, d. h. Kommunikationsnetzwerke, Signale, Datenpakete, Stromversorgungen und Klemmen. Es darf allerdings nicht mit einer reinen Software-Architektur verwechselt werden. Erst durch die Topologie wird die E/E-Architektur geometrisch im Fahrzeug umgesetzt. Schwerpunkte hierin zielen auf die Integration der elektronischen Steuergeräte, der elektrischen Komponenten und der gesamten Verkabelung in die Bauräume.

Zu den in der E/E-Architektur dargestellten Komponenten zählen Steuergeräte, die direkt oder indirekt über Gateways miteinander vernetzt sind, sowie Generatoren,

Batterien, Wandler und Stromverteiler. Viele direkt an den Steuergeräten angeschlossenen Aktuatoren und Sensoren werden auf dieser Betrachtungsebene zunächst vereinfachend weggelassen, um eine erste Übersichtlichkeit zu gewährleisten. Die Modellierung der E/E-Architektur ermöglicht, verschiedene Konzepte zu entwerfen, zu dokumentieren, abzusichern und letztendlich zu bewerten, um eine bestmögliche Lösung zu finden. Die Komplexität ist durch die Vielzahl von Funktionen und deren Adaptionsfähigkeit an verschiedene Derivate und Ausstattungsvarianten sowie Anpassungen an Märkte und Kunden enorm gestiegen. Sie stellt große Herausforderungen sowohl an die Aspekte der Datennetzwerke, der Leistungs- und Signalverteilung, der Diagnose, der Fehlertoleranz, als auch an das Energiemanagement und die funktionale Partitionierung auf die Steuergeräte sowie an die Schnittstellen zu den physikalischen Fahrzeugsystemen [38]. Die Auswahl der optimalen E/E-Architektur hängt daher von vielen Entwurfskriterien und Faktoren ab, u. a. den Fragestellungen, welche Fahrzeugkonzepte und Plattformen damit realisiert werden sollen und wie viele Modelle, Derivate und Varianten vorgesehen sind.

Die Modelle der E/E-Architektur bilden die Ergebnisse der unterschiedlichen Integrationsaspekte der elektronischen Systeme in das Fahrzeug ab [35]. Diese sind Anforderungs- und Feature-Modell, funktionales Modell, Komponentenmodell, Netzwerkmodell, Leitungssatz- und Topologie-Modell. Da einerseits die Integrationsaspekte gleichzeitig bearbeitet werden und andererseits die E/E-Architekturentwicklung mit dem Fahrzeugentwicklungsprozess synchronisiert ablaufen muss, sollte idealerweise ein durchgängiges Architekturentwicklungswerkzeug eingesetzt werden. Es sollte die verschiedenen Modelle und Modellebenen der E/E-Architekturarbeit darstellen und miteinander vernetzen können, die Quantifizierung der Teilaspekte erlauben, sowie eine Bewertung durchführen können.

Mit einem stringenten Entwicklungsprozess lässt sich die Komplexität der E/E-Architektur derzeit gerade noch beherrschen. Allerdings beschränken starre Prozesse die Kreativität, Flexibilität und Innovationsgeschwindigkeit. Mit der E/E-Integration beginnt anschließend an die Architekturarbeit die konkrete Ausgestaltung des gesamten elektronischen Systems und die geometrische Anordnung aller E/E-Komponenten sowie die Durchführung des gesamten Test- und Absicherungsprozesses während der Entwicklung des Fahrzeugs in Zusammenarbeit mit den beauftragten Elektrik- und Elektroniklieferanten.

3.1 Definitionen

Die Strukturierung der E/E-Architektur entspricht einer in Ebenen zerlegten Betrachtungsweise gemäß [37].

Die Ebene der logischen E/E-Architektur beschreibt den Funktionsumfang der Funktions- bzw. Softwarearchitektur. Darin werden Sensor-, Funktions- und Aktuator-Blöcke und Verbindungen zwischen diesen verwendet. Die Blöcke werden hierbei durch ihre Schnittstellen separiert.

Die technische E/E-Architektur beschreibt die E/E-Komponenten, ihre Verbindungen und die Einbettung in das Fahrzeug. Sie wird wie folgt unterteilt:

- Vernetzungsarchitektur:
  Beschrieben wird die Verbindung der E/E-Komponenten über dedizierte oder proprietäre Verbindungen oder über Bussysteme.
- Leistungsversorgung:
  Auf dieser Ebene wird die Versorgung der E/E-Komponenten mit elektrischer Energie bzw. Leistung beschrieben. Die Leistung aus Batterie oder Generator wird über Leistungsverteiler oder Sicherungs-Relais-Boxen an die E/E-Komponenten über Leistungsverbindungen verteilt. Die E/E-Komponenten haben einen Eingang für die Leistungsversorgung und einen Ausgang für die Masseanbindung. Sensoren oder Aktuatoren können auch direkt von den elektronischen Steuergeräten versorgt werden.
- Leitungssatz:
  Alle logischen Verbindungen werden als physikalische bzw. elektrische Verbindungen beschrieben. Eine elektrische Verbindung beschreibt die Anzahl der Pins und Leitungen für die logische Verbindung. Für die elektrische Verbindung muss ein Leitungstyp (Einzelleitung, mehradrige Kabel, verdrillte Zweidrahtleitung (mit/ohne Kunststoffmantel), geschirmte Leitung (z. B. Koaxialkabel) oder geschirmte verdrillte Mehrdrahtleitung) definiert werden. Zudem werden Trennstellen (z. B. beim Übergang von Baugruppen) und Ausbindungen (bei Unterteilung eines Kabelstrangs in zwei Kabelstränge) und die Zuordnung von Pins auf Stecker definiert.
- Topologie:
  Diese Ebene definiert die Bauräume für E/E-Komponenten und die Segmente für die Leitungsführung. Die Bauräume werden durch Größe, Ort, und Eigenschaften wie z. B. Temperaturbereiche und Feuchtigkeit beschrieben. Segmente verknüpfen die Bauräume, Trennstellen und Ausbindungen und sind durch Länge und maximaler Bündeldurchmesser beschrieben.

Die Elemente der Vernetzungsarchitektur, elektrischen Leistungsversorgung und der Leitungssatz sowie die Topologie werden zusammenfassend als Bordnetz bezeichnet.

3.2 Architekturentwicklung

Der E/E-Architekturentwicklungsprozess ist hauptsächlich geprägt durch den übergeordneten Fahrzeugentwicklungsprozess. Da eine E/E-Architektur meistens eine oder mehrere Fahrzeugplattformen abdeckt, müssen mit dem Abschluss der Strategiephase des ersten Fahrzeugmodells alle Aspekte und Umfänge der E/E-Architektur unter Berücksichtigung aller Anforderungen und Varianten aller noch folgenden Fahrzeugmodelle definiert sein. Dies setzt voraus, dass alle möglichen Innovationen und Anforderungsänderungen vorweggenommen berücksichtigt sind. Häufig wird zusätzlich eine Rückwärtskompatibilität bei bestimmten strategischen E/E-Komponenten gefordert, was zu einer vermeintlich evolutionären E/E-Architekturentwicklung führt. Architektursprünge sind damit nahezu ausgeschlossen. Neuere korrekt systemisch-evolutionäre Prozesse erlauben den dynamischen Austausch – im Sinne von Änderungen, Entfernen und Ergänzen – von Teilsystemumfängen. Korrekt bedeutet dabei ein stringentes Trennen der Teilsysteme.

Am Beispiel in Bild 3.1 ist zu erkennen, dass die Produktion des Fahrzeugs 1 bereits angelaufen ist, wenn die Entwicklung des Fahrzeugs n erst beginnt. Unter der oben genannten Prämisse, dass zum Zeitpunkt der Strategiephase des Fahrzeugs 1 alle Innovationen und Anforderungsänderungen bekannt sein müssen, die bis Fahrzeug n eintreten können, ist dieser starre Prozess zwar sehr belastbar und gut planbar, aber nicht sehr innovationsfreudig. Große Veränderungen sind damit auf die Generationswechsel der Architekturen beschränkt.

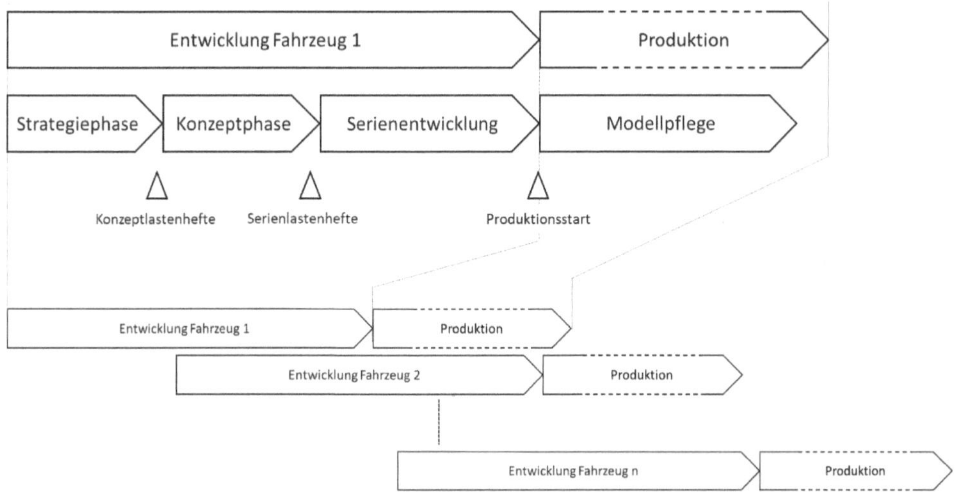

Bild 3.1: Beispiel für den Fahrzeugentwicklungsprozess einer Plattform mit n Fahrzeugen

Das Anforderungsmanagement spielt eine wichtige Rolle im E/E-Architekturentwicklungsprozess, wobei häufig nach funktionalen und nichtfunktionalen Anforderungen unterschieden wird. Sind die Anforderungen vollständig und belastbar, beginnt die eigentliche Entwicklung der E/E-Architektur entweder im Top-down-Verfahren mit der Umsetzung aller Modellierungsschritte auf Basis der Anforderungen oder im Bottom-up-Verfahren ausgehend von der Funktionalität vorhandener Komponenten und unter Berücksichtigung der geforderten Rückwärtskompatibilität. Zweiteres Verfahren findet sehr häufig bei den etablierten Fahrzeugherstellern Anwendung, da meistens Nachfolgegenerationen bestehender Fahrzeugplattformen das Ziel der Architekturentwicklung sind und auf vorhandene oder am Markt verfügbare Komponenten zurückgegriffen werden kann. Die Adaption der E/E-Architektur läuft als iterativer Prozess und führt mit überschaubarem Aufwand zum Ziel. Dieses vermeintlich evolutionäre Vorgehen bietet eine hohe Wahrscheinlichkeit der Zielerreichung innerhalb der gewünschten Entwicklungszeit und zur Einhaltung der betriebswirtschaftlichen Kennzahlen.

Das Top-down-Verfahren bietet sich eher bei vollkommen neuen Fahrzeugplattformen an und legt den Fokus auf die Beherrschung der Funktionskomplexität und einen großen Freiheitsgrad bei der Partitionierung. Ein korrekt systemisch-evolutionärer Prozess unterscheidet nicht zwischen top-down- oder bottom-up-Vorgehen.

3.3 Grundlegende Architekturkonzepte

Unvernetzte Steuergeräte, die unabhängig voneinander ihre dedizierte Funktion ausüben, gehören seit geraumer Zeit der Vergangenheit an. Erste Vernetzungen wurden mittels analoger Signale und Punkt-zu-Punkt-Verbindungen realisiert. Der Vernetzungsbedarf stieg allerdings so stark und schnell an, dass die Einführung von Bussystemen als Alternative zur diskreten Vernetzung folgte. Lt. Bosch wurde 1991 CAN (Controller Area Network) in Serie eingeführt und damit der Grundstein für die moderne Vernetzung von Systemen in Kraftfahrzeugen gelegt.

Die Zunahme des Kommunikationsbedarfs der Steuergeräte untereinander führte dazu, dass ein Bussystem alleine nicht mehr ausreichend war. Neben mehreren CAN-Netzwerken wurden zusätzlich LIN-, MOST- und FlexRay-Bussysteme eingeführt, um den Anforderungen hinsichtlich Signal- und Datenaustausch zwischen den Funktionen gerecht zu werden. Eine systematische Zuordnung der Steuergeräte und Bussysteme für Antrieb, Body, Chassis und Infotainment ergab sich zwangsläufig.

Mit der steigenden Anzahl elektronischer Komponenten und der damit einhergehenden Komplexitätssteigerung wurde eine kontinuierliche Weiterentwicklung der E/E-Architekturen und auch ein stetiger technologischer Fortschritt notwendig. Dies zeigte sich in der Vergangenheit vor allem an den vorher beschriebenen Veränderungen in den Kommunikationstechnologien und auch an den Veränderungen in der systemischen Ausprägung [35].

3.3.1 Funktional verteilte E/E-Architekturen

Funktional verteilte E/E-Architekturen sind dadurch gekennzeichnet, dass nahezu jede Funktion ein spezifisches Steuergerät hat. Diese Architektur basiert auf der eindeutigen Zuordnung von Steuergeräten und Funktionen, die alle miteinander vernetzt sind. Sie zeichnet sich durch eine hohe Modularität aus. Damit kann der Ausstattungsgrad jedes einzelnen Fahrzeugs durch den dafür notwendigen Satz an Steuergeräten bestmöglich kombiniert werden, was hinsichtlich Betriebswirtschaft und Materialeinsatz ideal erscheint. Bild 3.2 zeigt schematisch eine funktional verteile E/E-Architektur. Das hierin skizzierte zentrale Gateway kann ein eigenständiges Steuergerät oder in ein anderes zentrales Steuergerät wie z. B. eine zentrale Karosserieelektronik integriert sein.

Häufig werden neue Funktionen in bereits bestehende Steuergeräte integriert, sofern die neue Funktion einen gewissen funktionalen Zusammenhang zum bestehenden Steuergerät besitzt. Diese funktionale Integration, auch Partitionierung genannt, dient der Begrenzung der Steuergeräteanzahl und den damit verbundenen Kosten.

Beispiele für solche funktionale Integrationen sind die Partitionierung der Parkassistenzfunktion in die zentrale Karosserieelektronik oder der Anhängerfunktion in ein sogenanntes Heckmodul.

Die Nachteile bzw. Grenzen dieser Architektur liegen einerseits in der Limitierung der Zunahme durch neue Funktionen und andererseits im hohen logistischen und administrativen Aufwand zur Steuerung im Produktionsprozess. Außerdem ist die Flexibilität dahingehend begrenzt, dass ungeplante neue Funktionen nachträglich nur schwer aufzunehmen sind. Das bedeutet nicht selten, dass die Integration einer nicht vorausgeplanten Innovation auf die nächste Architekturgeneration warten muss.

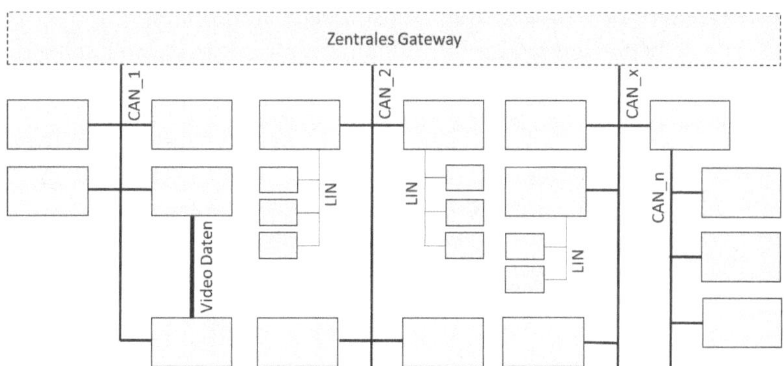

Bild 3.2: Schematische Darstellung funktional verteilter E/E-Architekturen

3.3.2 Domänenzentralisierte E/E-Architekturen

Domänenzentralisierte E/E-Architekturen zeichnen sich durch eine weitere Zunahme von Funktionen und deren Abhängigkeiten innerhalb einzelner Domänen aus, die mit funktional verteilten Architekturen nicht mehr darstellbar wären. Eine Domäne ist eine Gruppierung von ähnlichen Funktionen. Typische Domänen wie in Bild 3.3 im Sinne der klassischen Fahrzeugtechnik sind z. B. Antrieb, Fahrwerk und Karosserie.

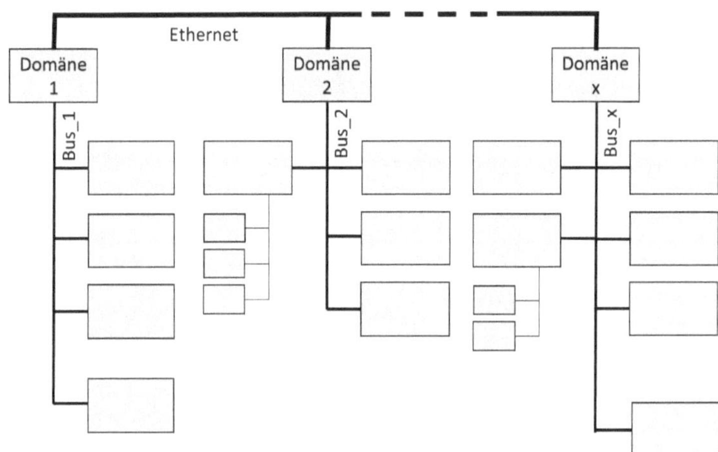

Bild 3.3: Schematische Darstellung domänenzentralisierter E/E-Architekturen

Die Anzahl der elektronischen und elektrischen Komponenten steigt weiter an und zugleich nehmen die Abhängigkeiten der Funktionen innerhalb einer Domäne zu. Vor allem die weitere Einführung von Fahrerassistenzfunktionen führt auch zu einer Zunahme der Schnittstellen und Abhängigkeiten zwischen den Domänen. Negativ in solchen Domänenarchitekturen ist die steigende Ausbreitung von fahrzeugweiten Funktionen, die sich über mehrere Domänen erstrecken [35]. Eine Zentralisierung in den Domänen oder gar eine gewisse Domänenfusion ist eine zwangsläufige Folge als Gegenmaßnahme zu diesem Trend.

3.3.3 Fahrzeugzentralisierte E/E-Architekturen

Fahrzeugzentralisierte E/E-Architekturen zielen auf zukünftige Fahrzeuggenerationen, die geprägt sind durch hohe Automatisierung, Vernetzung fahrzeugintern und fahrzeugextern sowie Multimedia- und Infotainment-Anwendungen. Zusätzlich weicht die Domänenaufteilung einer zonalen Aufteilung, in der die Zonensteuergeräte aus Kommunikationssicht als Gateways und aus energetischer Sicht als versorgende und treibende Elemente für die Sensoren und Aktuatoren fungieren. Dies skizziert Bild 3.4.

Die Grundidee einer solchen zentralisierten E/E-Architektur ist die Bündelung sämtlicher Logik auf einem Zentralrechner, so dass ein Idealzustand im Sinne einer Minimierung von Latenzen und Netzknoten erreicht werden kann. Die Zonensteuergeräte fungieren aus Kommunikationssicht als Gateways und aus Versorgungssicht als versorgende und treibende Elemente für Aktuatorik und Sensorik.

In einem weniger radikalen, d. h. zonalen Ansatz wird von mehr als einem Zentralrechner ausgegangen. Neben den Zonensteuergeräten existieren auch einige anwendungsnahe Steuergeräte, die hauptsächlich die physikalische Regelung von den dazugehörigen Aktuatoren übernehmen.

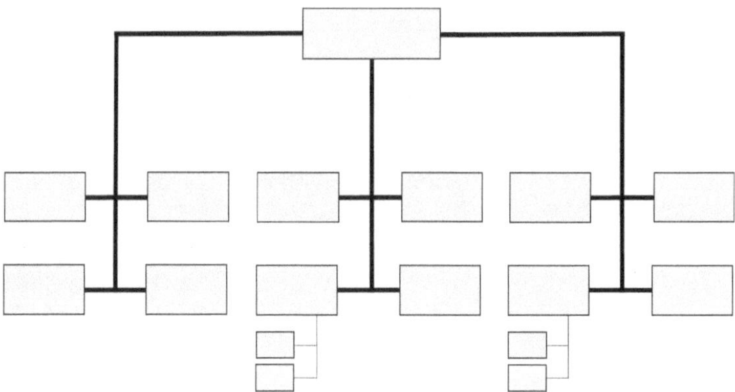

Bild 3.4: Schematische Darstellung Fahrzeugzentralisierter E/E-Architekturen

3.4 Zukünftige Architekturen

Die Reduzierung der Steuergeräteanzahl und die damit verbundene Zentralisierung der funktional notwendigen Rechenleistung werden die Anzahl der Hardware-Varianten und den Aufwand für das Variantenmanagement signifikant reduzieren. Insbesondere wird dies bei der Variantenvielfalt des Kabelbaums zu bemerken sein. Jedes zukünftige Fahrzeug wird serienmäßig mit den wichtigsten Sensoren ausgestattet werden, um Umfeld und Umwelt erfassen zu können.

Die Ausrichtung der strategischen Architekturgestaltung muss sich von Fahrzeugen mit verbrennungsmotorisch orientierten Antrieben auf neue Fahrzeugarchitekturen mit elektrischen Antrieben wandeln. Dabei wird ein Hauptaugenmerk auf die Architektur und Gestaltung der elektrischen Energieversorgung zu legen sein. Die elektrische Effizienz der E/E-Architektur ist für die Reichweite von Elektrofahrzeugen von immenser Bedeutung. Die Verringerung der elektrischen Verluste von der Quelle zur Last bieten ein großes Potential bezüglich Leistungsbedarf, Gewicht und Nachhaltigkeit sowie der zugehörigen Kosten.

Die weitreichendsten Auswirkungen sind vornehmlich aus dem sich ankündigenden Trend zum automatisierten Fahren zu erwarten. Um das automatisierte Fahren zu ermöglichen, ist eine leistungsfähige und betriebssichere E/E-Architektur notwendig. Mit jedem Automatisierungsgrad steigen die Anforderungen an die Fehlertoleranz aller Elemente in der Architektur, siehe hierzu Tabelle 3.1. Der elektrischen Energieversorgung fällt hierin eine äußerst wichtige Rolle zu. Elektrische Systeme mögen zwar bei Ausfall der Kommunikation dafür vorgesehene Notoperationen ausführen können, aber bei Ausfall der elektrischen Versorgung ist das System nicht mehr einsatzfähig, sobald eine eventuell vorhandene Notfallenergiereserve aufgebraucht ist.

Level	Automatisierung	Fahrer	System
0	nur Fahrer	Fahrer führt Längs- und Querführung dauerhaft aus	Kein Eingreifen des Systems (nur Warnung)
1	Assistenz	Fahrer führt Längs- und Querführung dauerhaft aus	System übernimmt die jeweils andere Funktion
2	teilautomatisiert	Fahrer überwacht das System dauerhaft	System übernimmt Längs- und Querführung in einem spezifischen Anwendungsfall
3	hochautomatisiert	Fahrer überwacht das System dauerhaft Fahrer muss potentiell in der Lage zu übernehmen	System übernimmt Längs- und Querführung in einem spezifischen Anwendungsfall System erkennt Systemgrenzen und fordert den Fahrer mit ausreichender Zeitreserve zur Übernahme auf
4	vollautomatisiert	Fahrer nicht erforderlich im spezifischen Anwendungsfall	System kann im spezifischen Anwendungsfall alle Situationen automatisch bewältigen
5	Fahrerlos	---	System kann während der ganzen Fahrt alle Situationen automatisch bewältigen

Tabelle 3.1: Automatisierungsgrad [35]

Darüber hinaus sind massive Auswirkungen auf die Lieferkette zu erwarten [38]. Die technologische Leistungsfähigkeit von Steuergerätelieferanten kann mit dem hohen Integrationsgrad an Funktionen und Features wegen der steigenden Softwarekomplexität an seine Grenzen stoßen. Je funktional verflochtener ein Steuergerät oder ein Zentralrechner ist, desto größer und komplexer ist das zu beherrschende Spektrum an abzudeckender Soft- und Hardwareanforderungen. Besonders im Hinblick auf die Zentralrechner werden neue Lieferanten, vor allem aus anderen Branchen wie Computer- oder Kommunikationsindustrie, in den Markt eintreten. Das wird auch die Einkaufsabteilungen der Fahrzeughersteller vor neue Herausforderungen stellen. Bislang bediente man sich für ein vielfältiges E/E-Komponentenportfolio bei sehr vielen Lieferanten mit verteilten Risiken im Hinblick auf technische und kommerzielle Aspekte. Durch den fortschreitenden Konsolidierungstrend verändert sich das Risikoprofil infolge der Konzentration auf weniger, aber komplexere Komponenten beträchtlich. Hier muss beispielsweise durch geeignete Einkaufstrategien auch der Gefahr einer zu hohen Abhängigkeit von einem Lieferanten begegnet werden.

Weiterhin sind im Hinblick auf die Organisation Veränderungen zwingend erforderlich [38]. Der klassische Ansatz, bei dem sich dedizierte Mitarbeiter aus Entwicklung, Integration, Absicherung, Logistik, Qualität und Einkauf siloartig um eine einzelne Komponente kümmern, weicht immer mehr dem Ansatz einer mehrschichtigen Organisation, in der interdisziplinäre Teams die Verantwortung für die Umsetzung von Funktionen und Features übernehmen. Eine Organisation nach den klassischen Fahrzeugdomänen, wie in Bild 3.5 dargestellt, die jede für sich eine Teilverantwortung in der E/E-Architektur beansprucht, wird an ihre Grenzen stoßen und mittelfristig nicht mehr zielführend sein.

Um zukünftig die notwendigen E/E-Architekturen entwickeln zu können, muss eine neue Form der Organisation mit einer starken Querschnittsverantwortung für die logische und die technische E/E-Architektur, wie beispielhaft in Bild 3.6 dargestellt, etabliert werden. Mit entsprechenden Kompetenzen ausgestattet muss sie den Architekturentwicklungsprozess innerhalb aller betroffenen Organisationseinheiten in einer Gesamtverantwortung wahrnehmen und steuern.

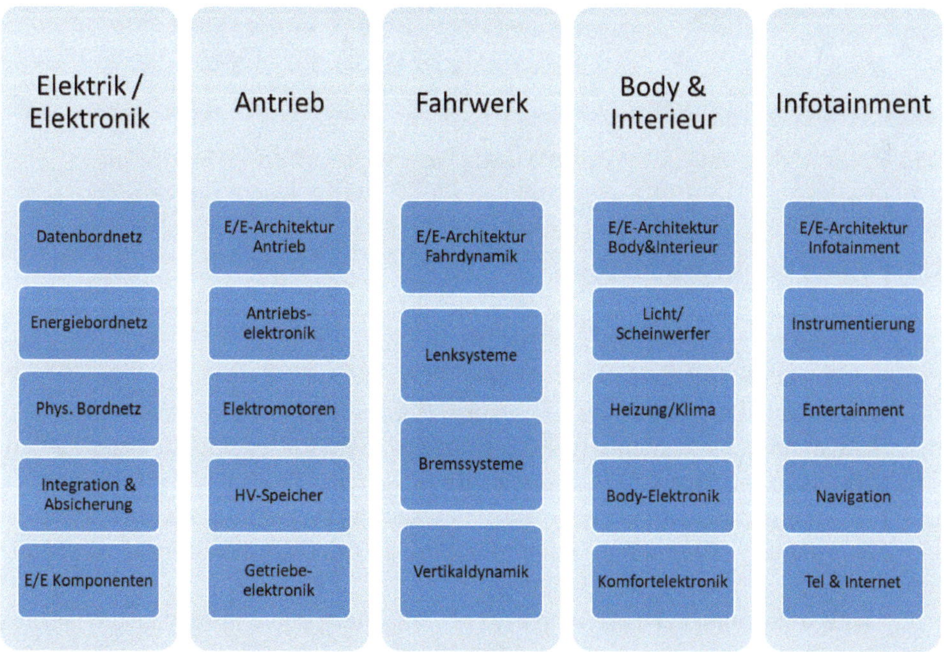

Bild 3.5: Beispiel einer fahrzeugdomänenorientierten Organisation mit Teilverantwortungen für die E/E-Architektur

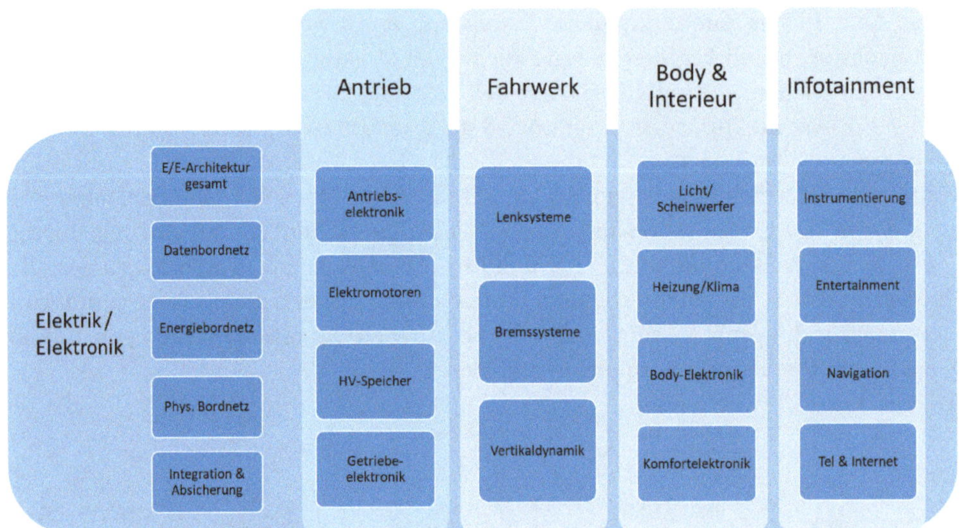

Bild 3.6: Beispiel einer Organisation mit einer Gesamtverantwortung für die E/E-Architektur

3.5 E/E-Architekturbausteine

Die Komplexität der E/E-Architektur hat ein Maß erreicht, das die Automobilindustrie zwingt, die etablierten Architekturen und Prozesse endgültig zu verlassen. Auch im Hinblick auf die Einführung automatisierter Fahrfunktionen und funktionaler Sicherheit sind die Fundamente für eine zukunftsfähige E/E-Architektur zu schaffen. Um diese leistungsfähige und betriebssichere E/E-Architektur zu realisieren, werden neue E/E-Architekturbausteine benötigt [35]. Dazu zählen neben der Kommunikation und performanten Steuergeräten vor allem auch das Energiebordnetz sowie die entsprechenden Sensoren und Aktuatoren.

Mit der Bündelung von Funktionen in Zentralrechnern mit mehreren Rechenkernen und einer damit verbundenen neuen Partitionierung, die eine saubere Trennung zwischen High-Level-Funktionen und Hardware-nahen Funktionen erlaubt, werden folgende neue Architekturbausteine benötigt:

- leistungsfähige Zentralrechner und Steuergeräte
- fehlertolerante Kommunikationsnetzwerke
- fehlertolerante Energiebordnetze
- Redundanzkonzepte für Sensoren
- Redundanzkonzepte für Aktuatoren

Einige der genannten Architekturbausteine sind – oberflächlich betrachtet – bereits vorhanden, z. B. Redundanzkonzepte für Aktuatoren und Sensoren. Sie entspringen jedoch dem bestehenden Architekturkonzept. D.h., jeder Funktion ist ein Steuergerät mit angeschlossenen Sensoren und Aktuatoren zugeordnet. Grundsätzlich muss davon ausgegangen werden, dass dieses Konzept einer optimalen Gestaltung der notwendigen neuen E/E-Architektur hinderlich ist und deshalb neue Wege zu gehen sind.

3.5.1 Leistungsfähige Zentralrechner und Steuergeräte

Für höhere Automatisierungsgrade sind das Fahrzeugumfeld und die Fahrzeugposition von elementarer Bedeutung [35]. Zur Verarbeitung der hieraus entnehmbaren Information muss die Rechenleistung, ggf. in Zentralrechnern, so hoch sein, dass aus den Sensor- bzw. Informationsdaten ein Umgebungsmodell in Echtzeit erzeugt werden kann. Die Ausfallsicherheit des Zentralrechners muss so ausgelegt sein, dass auch bei einem Einfachfehlerfall das Umgebungsmodell berechnet werden kann. Um die Rechenleistungen realisieren zu können, werden in der Automobilelektronik neben den bisher etablierten Mikrocontrollern auch vermehrt Mikroprozessoren aus der Computer- oder Kommunikationsindustrie zum Einsatz kommen.

Zur Veranschaulichung sei angemerkt, dass ein Automobil vor zehn Jahren noch rund zehn Millionen Zeilen Software-Code benötigt hat. Die Software von automatisiert fahrenden Fahrzeugen wird demgegenüber zwischen 300 und 500 Millionen Codezeilen zukünftig umfassen. Die traditionelle Softwareentwicklung in einzelnen, voneinander unabhängigen Bereichen gerät damit zunehmend an ihre Grenzen. Mit dem Schritt zu einer softwarezentrischen Betrachtung können Software- und Hardwareentwicklung immer stärker voneinander getrennt werden. Durch diesen Wandel lassen sich die Potenziale hinsichtlich Agilität und Geschwindigkeit in der Softwareentwicklung besser ausschöpfen, nach [39].

Es ist davon auszugehen, dass zukünftig Hochleistungsrechner die immer umfassenderen Funktionen aus allen Fahrzeugbereichen übernehmen und die Aufgaben der einzelnen Steuergeräte vereinen. Mit der Umstellung der Architektur werden unter anderem Funktionslogiken von getrennten Steuergeräten auf Zentralrechnern horizontal integriert. Sie ersetzen somit bestimmte Steuergeräte, interagieren aber auch in einem Netzwerk mit weiteren Elektroniken, wie beispielsweise Zonensteuergeräten, Sensoren oder Aktuatoren, siehe Bild 3.7, nach [40]

Die Zonensteuergeräte sind ein essenzieller Bestandteil der neuen E/E-Architektur und bearbeiten die hardwarenahen Aufgaben. Sie bilden weiterhin die Zentralisierungsbasis für die elektrische Versorgung und den elektronischen Datenaustausch. In den Zonensteuergeräten werden lokale Daten verarbeitet, aggregiert und über eine High-Speed-Datenverbindung an die Zentralrechner gesendet. Die Fehlertoleranz stellt eine der Hauptanforderungen dar.

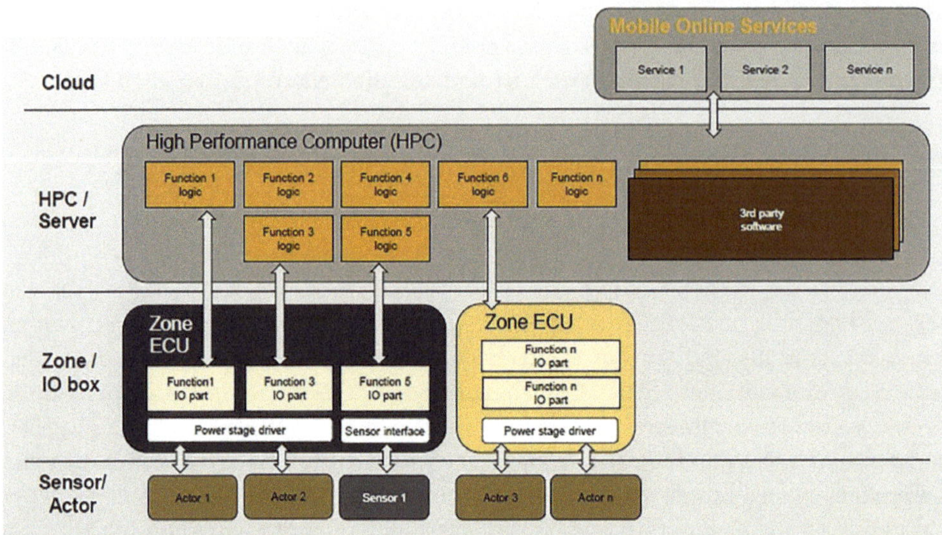

Bild 3.7: Fahrzeugcomputer ersetzen Steuergeräte und interagieren mit Zonencontroller, Sensoren oder Aktuatoren, nach [40].

3.5.2 Fehlertolerante Kommunikationsnetzwerke

Die Kommunikation in Fahrzeugen mit hochautomatisiertem Fahren muss permanent sichergestellt sein. Die Datenbusse müssen die Anforderungen hinsichtlich der Fehlertoleranz erfüllen. Beispielsweise darf ein Einfachfehler in der Kommunikation nicht zu ihrem Ausfall führen. Durch verschiedene Vernetzungsstrukturen, wie z. B. Ringstruktur oder Vollvermaschung, kann die notwendige Redundanz der Datenübertragung implementiert werden [35]. Siehe auch Kapitel 5.1.3.

3.5.3 Fehlertolerante Energiebordnetze

Für die Energiebordnetze ist ein der Kommunikation vergleichbares Verhalten gefordert. Darüber hinaus muss die Architekturentwicklung von Energiebordnetzen in Bezug auf die Energienachhaltigkeit und die Adaption an Elektrofahrzeuge und vollautomatisiertes Fahren neu ausgerichtet werden. Es erfordert den Entwurf einer innovativen, skalierbaren und zonenorientierten Energiebordnetz-Architektur. Die zukünftigen Anforderungen setzen hinsichtlich Effizienz, Fehlertoleranz und Modularität neue Maßstäbe.

Beispielsweise wird dank intelligenter Sicherungen in der gesamten Stromversorgung das Energiebordnetz reversibel. Dies erzeugt eine deutlich höhere Fehlertoleranz als aktuell bzw. in der Vergangenheit mit Schmelzsicherungen. Ein vorübergehender Kurzschluss oder eine intermittierende Störung führen nicht zwingend zum Totalausfall eines Versorgungszweigs. Damit steigt die Verfügbarkeit des Energiebordnetzes deutlich an.

Das Konzept kondensierter Energiebordnetzkomponenten in Form von einzelnen Erzeugern, Speichern und Wandlern wird im Hinblick auf die geforderte Fehlertoleranz mit dem Einsatz von verteilten Komponenten neu überdacht werden. Siehe auch [41], [42].

3.5.4 Redundanzkonzepte für Sensoren

Sensoren oder Sensor-Cluster werten die gewonnenen Messwerte aus und bereiten die Ergebnisse ggf. auf. Mittels standardisierter Kommunikationsschnittstellen werden diese an die Zentralrechner übertragen. Es ist beispielsweise von immenser Bedeutung, dass zur Sensierung eines Sichtfelds unterschiedliche Sensorprinzipien verwendet werden und sowohl die Versorgungs- als auch die Kommunikationsschnittstellen unabhängig voneinander realisiert sind.

3.5.5 Redundanzkonzepte für Aktuatoren

Unter dem Stichwort „Smart Actuators“ verbirgt sich die Partitionierung der Funktion in einen rudimentären Teil zum Betrieb des Aktuators mit seinen Grundfunktionen wie z. B. Ansteuerung eines Elektromotors, seiner Diagnose und den notwendigen Schutzfunktionen. Höhere Funktionsebenen, z. B. Algorithmen für Kunden- oder OEM-spezifische Funktionen, werden systemisch getrennt und die Berechnungen auf Zentral-Rechenplattformen ausgeführt. Dort werden die Befehle an die intelligenten Aktuatoren zur Ausführung ausgegeben.

Konsequenterweise wird damit eine Standardisierung hinsichtlich Kommunikationsschnittstellen und Systemfunktionen zwingend erforderlich, um eine breite Anwendbarkeit zu gewährleisten.

3.6 Zusammenfassung E/E-Architektur

Zusammenfassend lässt sich feststellen, dass einerseits unterschiedliche Konzepte für die E/E-Architektur existieren und andererseits der Prozess der E/E-Architekturentwicklung einer Überarbeitung bedarf. Begründet ist dies durch einen grundlegenden Wandel der darzustellenden Funktion wie beispielsweise das automatisierte Fahren. Ein Ersatz der bestehenden Konzepte durch die genannten neuen Ansätze steht zum aktuellen Zeitpunkt unmittelbar bevor. Es ist deshalb essentiell das Fahrzeug-Bordnetz mit Hilfe neuer Entwicklungsmethoden und Lösungsansätzen zu einem zukunftsfähigen Produkt zusammenzuführen. Das nachfolgende Kapitel widmet sich deshalb dem grundlegenden Kernverständnis für ein Fahrzeug-Bordnetz.

4 Das Bordnetz im Automobil

Das Bordnetz ist die physikalische Realisierung der technischen E/E-Architektur. Die in Kapitel 3.1 verwendete Definition teilt das Bordnetz in vier Schwerpunkte ein. Dies sind Vernetzung, Versorgung, Leitungssatz und Topologie. Mit anderen Worten wird das Bordnetz auch als Infrastruktur im Fahrzeug bezeichnet. Dieser Begriff zielt jedoch mehr auf das funktionale Zusammenwirken der Komponenten des Gesamtsystems Bordnetz ab. Es ergeben sich folgende Kategorien:

- Das Datenbordnetz besteht aus Leitungen für Signale und Datenbussysteme.
- Das Energiebordnetz bündelt aus der technischen E/E-Architektur die Aspekte der elektrischen Energieversorgung und deren Komponenten sowie ihrer Eigenschaften. Sie nimmt Bezug auf die Energie- und Leistungsbereitstellung inkl. dem Zustand der relevanten elektrischen Kenngrößen.
- Das Physische Bordnetz beinhaltet alle elektrischen und mechanischen Elemente der technischen E/E-Architektur. Einerseits wird mit dem Leistungssatz die Vernetzung und Leistungsverteilung realisiert. Andererseits liefert die Topologie die Verortung und den Verbau der benötigten Steuergeräte, Sensoren und Aktuatoren.
- Diese Kategorien sind nicht losgelöst voneinander. Beispielsweise wird ein Steuergerät, verbaut an einer definierten Stelle im Fahrzeug sowohl mit Sensoren als auch mit Aktuatoren verbunden sein und entsprechend energetisch und informationstechnisch im Bordnetzverbund integriert sein müssen. Daher ist es von großer Bedeutung, dass das Bordnetz im Gesamtumfang betrachtet wird.

4.1 Das Bordnetz als Gesamtansatz

Für die Entwicklung und Optimierung eines Bordnetzes ergibt sich daraus, vereinfacht gesprochen, ein Entscheidungsdreieck zwischen Datenbordnetz, Energiebordnetz und physischem Bordnetz. Aus der Sichtweise von funktional verteilten E/E-Architekturen liegt der Schwerpunkt der Anforderungen für das Bordnetz auf dem Datenbordnetz. Hierfür genügen Leitungen mit kleinem Querschnitt. Das Energiebordnetz hingegen muss für teilweise sehr hohe Spitzenleistungen mit Leitungen größerer Querschnitte ausgeführt werden. In beiden Fällen müssen diese Leitungen, also der Kabelbaum eines Fahrzeugs, im Rahmen des physischen Bordnetzes gemäß den Anforderungen der Topologie verlegt werden. Die Platzierung und deren Anforderung an den Bauraum von Batterien und Stromverteilern sind an dieser Stelle besonders hervorzuheben. Batterien werden häufig im Heck des Fahrzeugs angeordnet und Stromverteiler müssen sowohl wegen der Sicherungen zugänglich als auch in manchen Konfigurationen aufgeteilt werden. Um hierfür ein bestmögliches Entwicklungsergebnis für das Produkt Fahrzeug zu erzielen, gilt es v. a. mit Blick auf zukünftige Architekturen eine ganzheitliche

Optimierung zu verfolgen. Die wesentlichen Teilgebiete der Optimierung skizziert Bild 4.1.

Für die einzelnen Teilgebiete wird jeweils eine Vielzahl von Kriterien verwendet. Man spricht von einer sogenannten multikriteriellen Optimierung die heutzutage nur bedingt tool- bzw. computerunterstützt bewältigt wird.

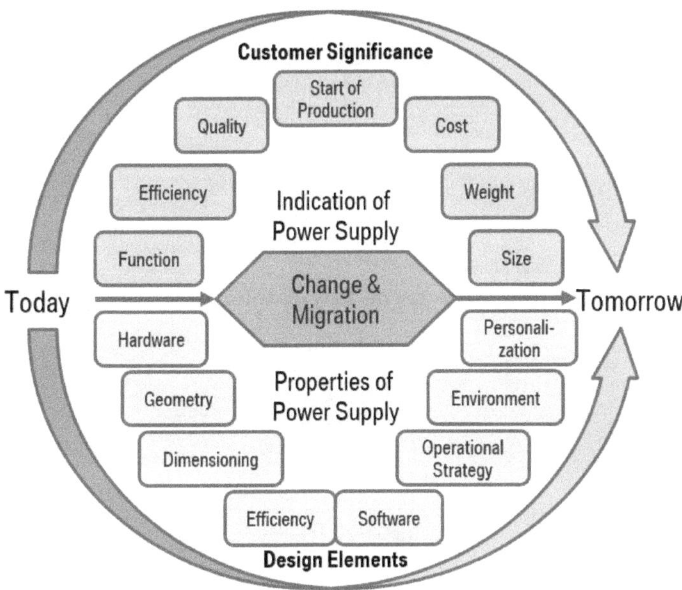

Bild 4.1: Wesentliche Teilgebiete eines Bordnetzes [43]

4.2 Die Kriterien eines Bordnetzes

Die Anzahl der notwendigen Kriterien im Fahrzeug ist extrem hoch, so dass die Tabelle 4.1 lediglich einen groben Auszug bzw. Überblick geben kann. Es obliegt dem jeweiligen Entwickler in seinem Arbeitsgebiet die relevanten Kriterien entsprechend ihrer Bedeutung für eine ausreichende Beschreibung in Relation zu setzen.

Gruppe, Kriterium	**Ausprägung, Anmerkung**
Verkabelung	
Leitungsquerschnitt	Auslegung nach Dauer-, Spitzen-Last Temperaturbereich des Bauraums Mechanische Festigkeit (v. a. bei Datenleitungen)
Leitungsmaterial	Kupfer, Aluminium

Gruppe, Kriterium	Ausprägung, Anmerkung
Verkabelung	
Biegeradien	Erlaubte Verlegbarkeit in Kurven des Bauraums, maximaler Querschnitt (z. B. Kupfer 35 mm^2)
Verbaubarkeit, Montage	Kabelbaumgewicht, -Sperrigkeit
Masseverbindung	Karosserie, eigene Masseleitung Korrosion, Masseoffset der Spannung
Kontakt	Steck-, Schraubverbindung Schädigung durch Reibkorrosion
Teilung	Teilkabelbaum, Zonenkabelbaum
Alterung	Umweltbedingungen, Vibration, etc.
Varianten	Links-/Rechtslenker, Symmetrie
Normen, Farbgebung	Siehe Kapitel 10
Verteilung	
Stromverteiler	
Sicherung	Schmelzsicherung, el. Sicherung
Schaltelement	Relais, Halbleiterschalter
Spannungslage	
Höhe der Spannung	Typische Nennspannungen 12 V, 24 V, 48 V, 400 V, 800 V
Fehler	Kurzschlüsse, Unterbrechungen, Übersprechen
Redundante Spannungsversorgung	Sicherheitsrelevante Systeme, z. B. el. Lenkung
Schalten und Stecken unter Spannung	Werkstattbetrieb
Lichtbogen	Schädigung
Handling und Service	
Crash	Auswirkung, Abschaltung
Instandsetzung	Reparatur, Teilersatz, Gesamtersatz
Allgemein	
Nachrüstung	Späterer Einbau von Systemen Aftersales
Recycling	

Tabelle 4.1: Auszug Kriterien eines Bordnetzes

Dabei ist zu berücksichtigen, dass aufgrund der Integrationsanforderung für ein Teilsystem nicht immer jedes Kriterium bestmöglich erfüllt sein kann. Letztlich ist es zielführend, ein Optimum sowohl aus der inneren Sicht der Kriterien als auch bedingt durch die äußeren Randbedingungen zu erzeugen.

Das Gesamtoptimum stellt wiederum eine sinnvolle Kombination der Teilsysteme und daraus resultierend mehr oder weniger optimal gestaltete Teilsysteme dar.

4.3 Die Komplexität eines Bordnetzes

Zur Erfüllung der genannten Kriterien ist in der Entwicklung eine Vielzahl jeweils spezifischer Bearbeitungsschritte mit den entsprechenden Fähigkeiten der Entwickler erforderlich. Die Komplexität des Bordnetzes ist letztlich eine Folge der Vielzahl an Details der Kriterien und deren Kombination. Das Bild 4.2 zeigt in einer vereinfachten transparenten Darstellung die Komplexität der Leitungsverlegung in einem konventionellen Fahrzeug der Mittel- bis Oberklasse. Diese Abbildung lässt bereits erkennen, dass es sich aufgrund der Vielzahl an Komponenten und deren Vernetzung sowie Verortung bei einem Bordnetz um ein äußerst komplexes System handelt.

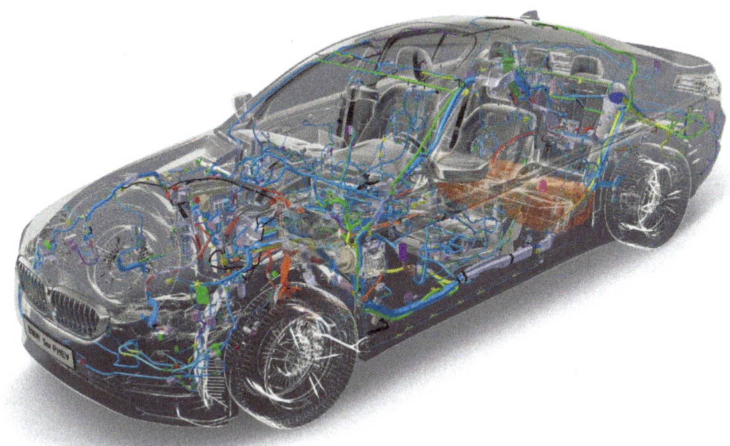

Bild 4.2: Elektrische Leitungen in einem konventionellen Fahrzeug [Quelle: BMW Group]

Das Bild 4.3 skizziert in einer vereinfachten transparenten Darstellung die räumliche Leitungsverlegung in einem Elektrofahrzeug. Ein grundlegender Unterschied zwischen Fahrzeugen mit Verbrennungsmotor-, Hybrid- oder Elektroantrieb besteht an dieser Stelle nicht. Jedoch unterliegen die Gestaltungsmöglichkeiten des Bordnetzes stark der topologischen Gegebenheiten im Fahrzeug. Diese werden durch die räumlichen Gegebenheiten, in Zusammenwirkung mit anderen Systemen der Fahrzeugtechnik sehr stark eingeschränkt. Konflikte hinsichtlich der Bauräume werden auf Grund geringerer Flexibilität vorrangig zugunsten von mechanischen Systemen gelöst. Daraus resultieren beispielsweise funktionale Nachteile für das elektrische Bordnetz, die sich in nicht optimalen Parametern des elektrischen Systems äußern. Neben der Erhöhung der Komplexität ist eine weitere Folge davon, dass das implementierte Bordnetz einen sehr hohen Anteil zum Gewicht und zum Rohstoffbedarf des Fahrzeugs beiträgt.

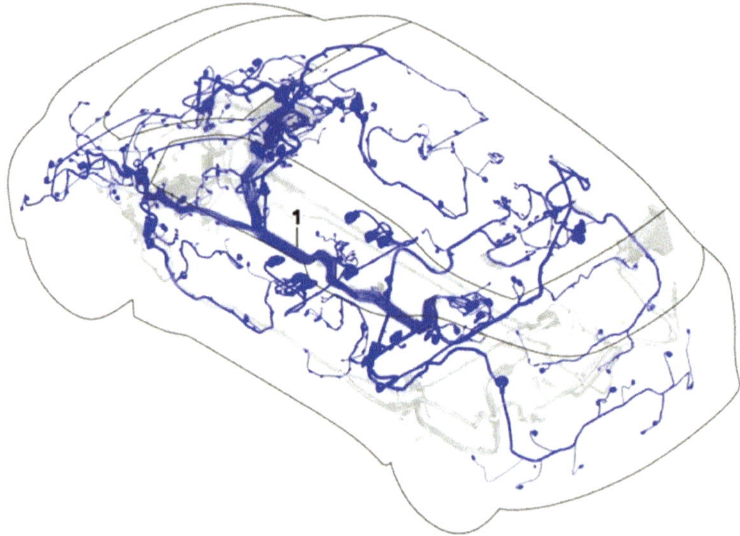

Bild 4.3: Elektrische Leitungen in einem Elektrofahrzeug [Quelle: BMW Group]

Bedingt durch eine stetige Entwicklung neuer Funktionen erfolgt eine ebenso stetige Zunahme der Anzahl von Steuergeräten, Aktuatoren und Sensoren im Body-, im Antriebs- und im Fahrwerksbereich. Bei den Steuergeräten besteht jedoch die Möglichkeit, diese in sogenannten Plattform-Systemen mit ausreichend hohen Rechenleistungen zusammenzuführen. Letztlich bedarf es einer Vielzahl an Kabelbäumen, die in der jeweiligen Variante im Fahrzeug verlegt sind, um die Versorgung und Kommunikation der Systeme sicherzustellen.

In Summe ergibt sich für die letzte Dekade über alle Fahrzeugsegmente hinweg ein nicht zu vernachlässigender Anstieg der Zahl der Steuergeräte (ECU) pro Fahrzeug. Dies skizziert Bild 4.4. So verfügen Luxusfahrzeuge aus dem F-Segment teilweise über 50 ECUs, mit einem wesentlichen Anteil an den Systemkosten. Die Einteilung in Segmente repräsentiert dabei die unterschiedlichen Fahrzeuge und deren Ausrüstung mit Systemen und Funktionen. Das A-Segment beinhaltet kleine Fahrzeugklassen mit einer geringen Ausstattung, während das F-Segment große Fahrzeugklassen mit den meisten und neuesten Funktionen enthält.

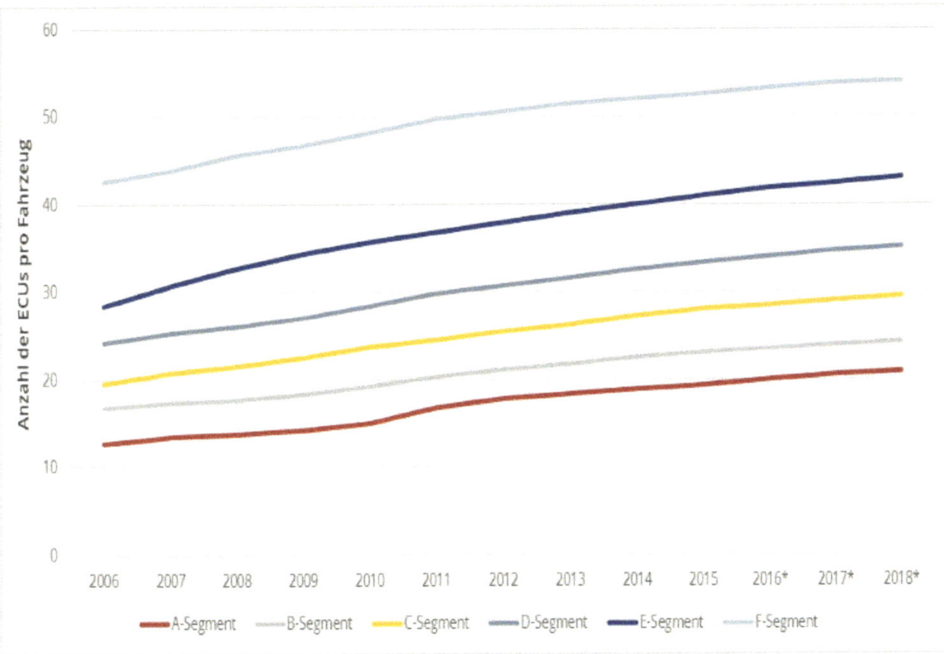

Bild 4.4: Anzahl Steuergeräte pro Fahrzeug nach Fahrzeugklassen [Quelle: Strategy Analytics]

4.4 Ausblick für zukünftige Bordnetze

Ausgehend von dem derzeitigen Stand der Technik und den Möglichkeiten sei an dieser Stelle ein vorsichtiger Ausblick in die nahe Zukunft skizziert.

Im Bereich der Hardware werden Plattformsysteme mit höheren Rechenleistungen ins Fahrzeug Einzug halten. Als Beispiel sei hier die notwendige Rechenleistung für das automatisierte Fahren genannt. Weiterhin werden die Anforderungen der für die Umwelt so wichtigen Kreislaufwirtschaft sowohl den Anteil der Recyclingmaterialien als auch die Fähigkeit zum Recycling erhöhen. Die möglicherweise drohende Knappheit von Bauteilen wird eine Wiederverwendungsfähigkeit zur Folge haben. Im Bereich der Leistungselektronik wird der Einzug von effizienzsteigernden Halbleitertechnologien wie GaN oder SiC, aber auch die Verbesserung bestehender Technologien weiter voranschreiten.

Die Software befindet sich permanent in einem Umbruch durch neue Verfahren, Algorithmen und Tools. Graphische Systeme, Parallelisierung, Machine Learning und künstliche Intelligenz befinden sich derzeit in einer starken Aufwindphase. In Kombination mit entsprechend spezifischen Hardware-Plattformen ergeben sich grundlegend neue Innovationsmöglichkeiten, funktional weit über heutige Systeme hinaus.

Mit einer weiterführenden Vernetzung von mobilen und stationären Systemen (z. B. Backend- / Cloud-Technologien) ergeben sich darüber hinaus Umbrüche in der Systemgestaltung Software-basierter Technologien. Die aktuelle Einführung der 5G-Technologie in den Mobilfunknetzen einerseits und die umweltschonende Installation von stationären Rechenzentren (z. B. Stromversorgung mit erneuerbaren Energien) bildet die Grundlage hocheffizienter, vernetzter Funktionen für zukünftige Innovationen.

Dabei ist die Upgrade-Fähigkeit sowohl der mobilen als auch der stationären Systeme und deren Vernetzung eine der wesentlichen Anforderung an die zukünftige Gestaltung vernetzter Systeme. Die Entwicklung offener und gegebenenfalls standardisierter Schnittstellen hat dabei eine zentrale Bedeutung.

Nicht nur die Upgrade-Fähigkeit, sondern v. a. auch die flexible Einbindung weiterer Devices in bestehende und zukünftige Systemverbunde wird einen wesentlichen Beitrag zur Wettbewerbsfähigkeit eines Unternehmens liefern.

Aus Anwendersicht werden personenspezifische Ausprägungen von Funktionen, auch unter dem Begriff Personalisierung verstanden, unabhängig von Ort oder Fahrzeug eine deutliche Komfortverbesserung mit sich bringen.

Es lässt sich jedoch mit Sicherheit sagen, dass auch in naher Zukunft neue Technologien sowohl in der Fahrzeugindustrie als auch in anderen Industriezweigen die weitere Entwicklung der Mobilität und deren Einbindung in den Gesamtlebensraum stetig und auch grundlegend verändern werden.

4.5 Zusammenfassung Bordnetz

Die Bedeutung des Bordnetzes wird mit den zu erwartenden Umbrüchen wesentlich zunehmen. Dabei gilt es die Komplexität zu beherrschen, alte Technologien zu verbessern und durch neue zu ersetzen. In allen Kategorien und Teilgebieten der Bordnetztechnologie ist mit einem stetigen, wenn nicht mit einem rasanten Umbruch zu rechnen. Dementsprechend ist ein grundlegendes Verständnis von Datenbordnetz, Energiebordnetz und physikalischem Bordnetz sowie deren Zusammenwirken von essentieller Bedeutung für die Entwicklung zukünftiger Fahrzeuge.

5 Datenbordnetz

Das Datenbordnetz ist ein wesentlicher Teil der logischen E/E-Architektur und stellt die Kommunikation zwischen den funktionalen Einheiten dar. Analoge und digitale Signale bilden das Kommunikationsgeflecht des Fahrzeugs ab und werden als Datenbordnetz bezeichnet.

Erste Vernetzungen zwischen den Funktionseinheiten wurden durch analoge Signale realisiert, z. B. von der Motorsteuerung zur Getriebesteuerung. Diese wurden in Form von absoluten Pegeln oder als pulsweitenmoduliertes Signal von einem Steuergerät oder Sensor als Sender zu einem Empfänger als Punkt-zu-Verbindung übertragen. Eine Begrenzung auf wenige Signale wurde sehr früh offensichtlich und führte zwangsläufig zur Einführung von Bussystemen.

Nachfolgend werden zunächst wichtige Begriffe und Definitionen aus der Nachrichtentechnik eingeführt. Danach werden relevante Netzstrukturen und Netzwerke erläutert. Anschließend erfolgt eine kurze Einführung der wichtigen Bussysteme für Kraftfahrzeuge. Den Abschluss bilden Hinweise für weitere Techniken und eine Zusammenfassung des Kapitels.

5.1 Begriffe und Definitionen

5.1.1 Daten, Information und Wissen

Um die Datenübertragung in einem systemischen Kontext zu verstehen, ist es wichtig, an dieser Stelle Daten, Information und Wissen gesamthaft einander zuzuordnen.

Signale, hier vornehmlich als elektrische Signale zu verstehen, werden in einer ersten Interpretation mit Hilfe von Symbolen beschrieben. Hieraus entstehen Systemgrößen, also Daten, die im System bzw. Systemverbund zur Verfügung stehen.

Je nach System entsprechen die aufbereiteten Daten einer spezifischen Information. In anderen Worten werden die Daten übertragen und im jeweiligen System bzw. Systemkontext interpretiert, um dort Information zu generieren.

Wird diese Information bewertet, so ist hierfür eine Wissensbasis notwendig. Eine Bewertung kann somit nur mit gespeichertem, also hinterlegtem Wissen erfolgen. Dieses entsteht in der Regel mit Hilfe der Praxis bzw. praktischer Arbeit mit den Systemen, wodurch ein Erwerb des Wissens praktiziert wird. Die Summe des erworbenen Wissens bildet die Wissensbasis, die v. a. auch in wissensbasierten Systemen weiterverarbeitet werden kann.

Letztlich lassen sich in technischen Systemen Entscheidungen, Algorithmen, Tabellen (im Sinne von Look Up Tables) usw. mit Hilfe des erforderlichen Wissens zielgerichtet formulieren und implementieren.

Weiterführende Literatur:

H. Willke, H.: Einführung in das systemische Wissensmanagement. 2. Auflage. Heidelberg: Carl Auer, 2007. ISBN: 978-3-89670-457-3. [44]

H. Vollmuth, H.: Kennzahlen. 4. Auflage. Planegg bei München: Haufe Verlag, 2006. ISBN: 978-3-448-07382-9. [45]

K. Mainzer, K.: Die Berechnung der Welt – Von der Weltformel zu Big Data. München: Beck, 2014. ISBN: 978-3-40666130-3. [46]

5.1.2 Signale und deren Codierung

Bevor Signale mit einer Symbolik beschrieben werden können, müssen diese für eine Übertragung codiert werden. Die Codierung kann in unterschiedlicher Weise erfolgen. Die nachfolgende Erläuterung bezieht sich auf elektrische Signale, ist aber in vergleichbarer Weise auf akustische, optische usw. Signale anwendbar.

Eine analoge Übertragung, zum Beispiel bekannt aus der ursprünglichen Telefonie, dem Radio und dem Fernsehen, entspricht einer direkten Codierung. Dies bedeutet, dass ein elektrisches Signal in einfacher Weise dargestellt wird. Beispielsweise wird die Temperatur mit einem Sensor gemessen als ein kontinuierliches, namensgebend ein analoges Signal, mit einem Wertebereich aus Spannung (z. B. eine Temperatur von 0 bis 100 °C entspricht einer Spannung von 1 bis 4 V) oder Strom (z. B. eine Temperatur von -40 bis +85 °C entspricht einem Strom von 50 bis 450 mA) dargestellt. Das nachfolgende Bild 5.1 visualisiert dies in vereinfachter Form.

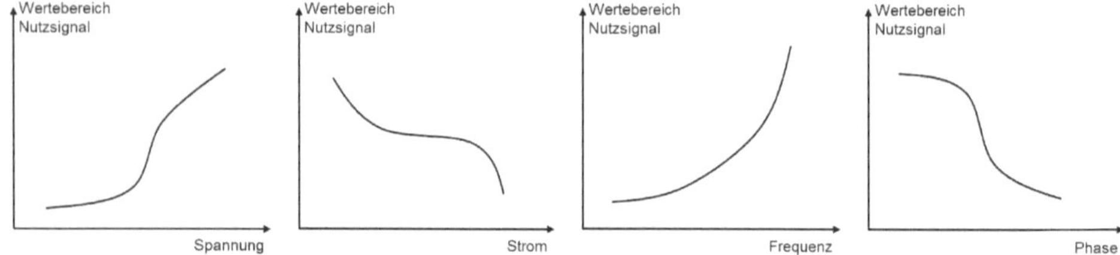

Bild 5.1: Analoge Signale und deren Codierung

Dies gilt in vergleichbarer Weise für die Übertragung mittels Trägersignalen, also z. B. Funkübertragung, in Form von Amplituden-, Frequenz- oder Phasenmodulation. Hierbei wird das Trägersignal, beispielsweise ein Hochfrequenzsignal mit 1 MHz mit einem Niederfrequenzsignal Sprache moduliert. Beispielhaft skizziert dies Bild 5.2. Amplituden-, Frequenz- oder Phasenmodulation können als Grundmodulationsarten gesehen werden. Mit mehreren Trägersignalen bzw. Trägerfrequenzen können damit mehrere Niederfrequenzsignale auf einer Leitung übertragen werden. Ferner ist die Variation des Tastverhältnisses eines Rechtecksignals gebräuchlich, um einen kleinen Wertebereich des Nutzsignals diskret mit einem Signal, z. B. 5 Werte entsprechen 5 Tastverhältnissen, zu übertragen.

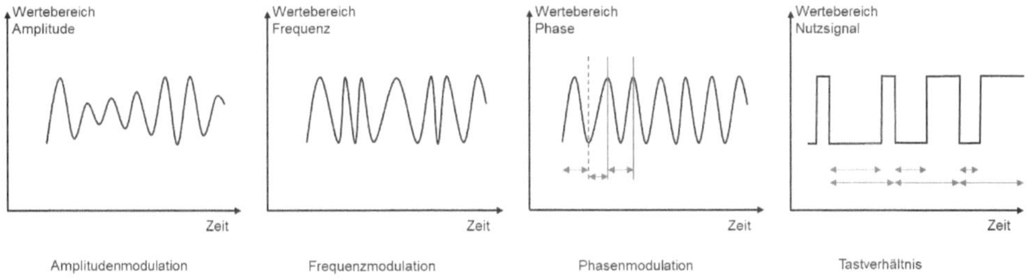

Bild 5.2: Analoge Signale und deren Modulation

Neben den analogen Signalen sind digitale Signalcodierungen heute unverzichtbar mit modernen Systemen verbunden. Hierzu muss der analoge Wert zunächst in einen digitalen Wert gewandelt werden. Dies gilt in vergleichbarer Weise für die Rückwandlung eines digital codierten Signals in ein Analogsignal.

Die Grundform des digitalen Signals ist die binäre Darstellung in zwei Signalzuständen, also einem Bit. Beispiele hierfür sind

0	1
falsch	wahr
low	high

Muss ein Signal mit einem Wertebereich mit mehreren Zuständen digital beschrieben werden, so wird eine binäre, digitale Zahl verwendet. Beispiele hierfür sind in Tabelle 5.1 skizziert.

Bezeichnung	**Binäre Codierung Beispiel**	**Hexadezimale Codierung**	**Beispiel**	**Wertebereich**
Nibble	0101	0 .. F	Lüfterstufe	0 ..15
Byte	1011 0100	0 .. FF	Temperatur	-40 .. +125 °C
Word	1100 0101 1001 0011	0 .. FFFF	Drehmoment	-1000 .. +1000 Nm

Tabelle 5.1: Bezeichnung, Codierung und Beispiele für ein digitales Signal

Mit einem Byte lassen sich damit Werte zwischen 0 und 255 codieren. Beispiel hierfür ist ein Temperaturbereich von -40 bis 125 °C, wobei die Werte 166 bis 255 hier nicht verwendet werden.

In einem technischen System werden für die Umwandlung der Analogwerte spezielle IC's, sogenannte A/D-Wandler, verbunden mit einer Schutzschaltung und einer vorgelagerten Tiefpassschaltung verwendet. In Embedded Systemen sind meist einige A/D-Wandler integriert.

Beim Design solcher Systeme ist darauf zu achten, dass einerseits die Codierung eine ausreichende Bandbreite, also Wertebereich und Auflösung hat. Andererseits erfolgt die Codierung zeitdiskret. D.h. es kann nur zu einem bestimmten Zeitpunkt eine Analog/Digital-Wandlung erfolgen. Die Abbildung eines Signals im Zeitverlauf erfordert deshalb eine kontinuierliche Abtastung und Wandlung. Das Nyquist-Theorem besagt, dass die Abtastfrequenz mindestens doppelt so hoch wie die maximale Signalfrequenz sein muss, um das Originalsignal wiederherstellen zu können. In der Praxis wird oft eine deutlich höhere Abtastfrequenz z. B. bis Faktor 10 verwendet.

Weiterführende Literatur

E. Schrüfer, L. Reindl, B. Zagar: *Elektrische Messtechnik*. 12. Auflage. München: Carl Hanser, 2018. ISBN: 978-3-446-45654-9. [47]

C. Roppel: *Grundlagen der Nachrichtentechnik*. München: Carl Hanser, 2018. ISBN: 978-3-446-45324-1. [48]

U.Freyer: *Nachrichtentechnik-Übertragungstechnik*. 7. Auflage. München: Carl Hanser, 2017. ISBN: 978-3-446-44427-0. [49]

5.1.3 Datenpakete und Übertragung großer Datenmengen

Einfache Messwerte wie Temperatur oder Druck können mit den oben beschriebenen Methoden gut codiert und übertragen werden. Oft ist es jedoch notwendig, zusätzlich zu den Messwerten weitere Parameter, wie beispielsweise Gültigkeit oder Genauigkeit, oder mehrere Messwerte aus einem Sensorcluster zu übertragen. Ein Sensorcluster vereinigt mehrere Sensoren und verknüpft gegebenenfalls diese Messwerte zu neuen Daten auch unter Verwendung von Modellrechnungen. Es wird deshalb notwendig Datenpakete zu übertragen.

Für die Übertragung haben sich im Wesentlichen zwei Modelle etabliert. Dies sind das ISO/OSI Referenzmodell und das TCP/IP Referenzmodell.

Das ISO/OSI Referenzmodell (ISO-Standard 7498; engl. Open Systems Interconnection model) repräsentiert eine Schichtenarchitektur für Übertragungsprotokolle in einer Netzwerkarchitektur. Das Bild 5.3 skizziert dieses Modell. Mit Hilfe einer klaren Aufgabentrennung zwischen den Schichten 1 bis 7 wird der Daten-Austausch zwischen zwei Anwendungen (engl. Application) in einer standardisierten Weise strukturiert. Die Aufgaben der Schichten sind in Tabelle 5.3 skizziert.

Da moderne Fahrzeugbordnetze bereits die Datenverbindung in bzw. über das Internet besitzen, ist an dieser Stelle die grundsätzliche Übertragungsmethodik im Internet und der Unterschied zum ISO/OSI-7-Schichtenmodell skizziert.

Das TCP/IP Referenzmodell mit Anlehnung an das ISO/OSI Referenzmodell bildet die Grundlage für die Übertragung im Internet, siehe Bild 5.4. Auch hier sind die Schichten getrennt, um eine klare Aufgabenteilung zu gewährleisten, siehe Tabelle 5.2. In den einzelnen Schichten existieren eine Vielzahl an Standards und Protokollen. Damit ist dieses Modell als ein „Strukturrahmen“ zu sehen.

Schichtvergleich ISO/OSI	Bezeichnung	Aufgaben
1 – 2	Link	Datenübertragung zwischen zwei Knoten (Punkt zu Punkt)
3	Internet	Paketvermittlung, Routing (Wegfindung im Netz)
4	Transmission	End to End Kommunikation in einem Netzwerk
5 – 7	Application	Schnittstelle zur Anwendung, Protokolle, Netzinfrastruktur

Tabelle 5.2: Aufgabenteilung im TCP/IP Referenzmodell

Schicht	Bezeichnung	Aufgaben
1	Physical Layer	Bitübertragungsschicht, Signalcodierung
2	Data Link Layer	Sicherungsschicht, Codierung, Bitprüfung
3	Network Layer	Vermittlung, Datenpaket, Routing
4	Transport Layer	Segmentierung eines Datenstroms in Datenpakete, Entkopplung vom verwendeten Kommunikationsnetz
5	Session Layer	Organisation und Synchronisation eines Datenaustausches, Prozesskommunikation
6	Presentation Layer	System-Unabhängige Darstellung der Daten, Datenkompression und Datenverschlüsselung
7	Application Layer	Schnittstelle zur Anwendung, Dienste, Netzmanagement

Tabelle 5.3: Aufgabenteilung im ISO/OSI Referenzmodell

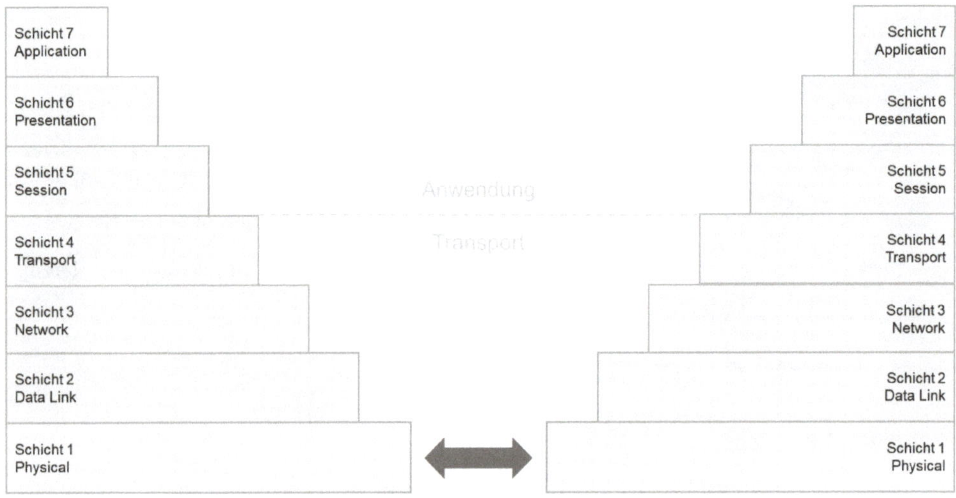

Bild 5.3: ISO/OSI Referenzmodell

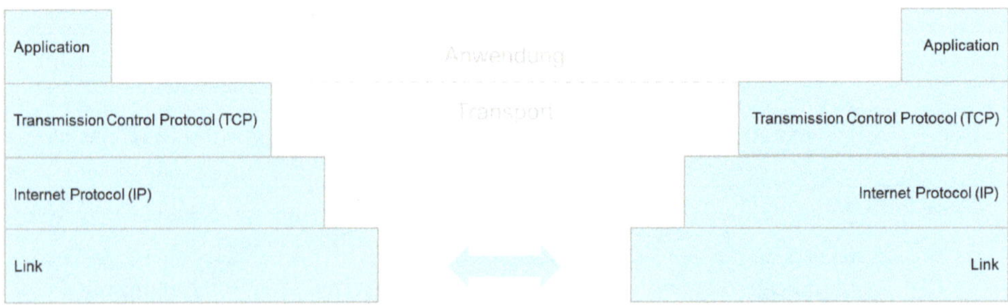

Bild 5.4: TCP/IP Referenzmodell

Somit ist es in standardisierter Weise möglich, nicht nur einzelne Datenpakete, sondern auch größere Datenmengen über ein Datenbussystem bzw. Datennetzwerk zu übertragen.

Weiterführende Literatur

A.S. Tanenbaum, D.J. Wetherall: *Computernetzwerke*. 5. Auflage. München: Pearson, 2012. ISBN: 978-3-86894-137-1. [50]

5.1.4 Übertragungsparameter in einem Fahrzeug-Datenbordnetz

Im Gegensatz zu der weltweiten Vernetzung mit dem Internet ist das Fahrzeugbordnetz ein eher überschaubarer Systemverbund. Dieser Systemverbund hat jedoch seine speziellen Anforderungen, da es sich meist um Systemverbindungen mit Echtzeitanforderungen oder zumindest mit begrenzter Verzögerung der Systemreaktion handelt.

Nachfolgend finden sich einige wichtige Parameter, die es in diesem Kontext zu beachten gilt. Fallspezifisch sind diese zu ergänzen.

Die Totzeit ist diejenige Zeit, die ausgehend vom Zeitpunkt einer Änderung an einem Eingangssignal bis zur Reaktion an beispielsweise einem Stellglied oder an einer Anzeige vergeht, siehe Bild 5.5. Es handelt sich hier in anderen Worten um die Laufzeit einer Reaktion im Systemverbund eines Fahrzeugs.

Die Latenzzeit ist die Verzögerungszeit in einer einzelnen Teileinheit eines Systems in einem Verbund, siehe Bild 5.5. Dies ist beispielsweise die Zeit, die vergeht zwischen der Bereitstellung eines berechneten Wertes und dessen Berechnung und Versendung auf einem Datenbussystem. Typischerweise liegt der Wertebereich in einem Fahrzeugverbund von einigen Millisekunden bis mehrere 100 Millisekunden, beruhend auf der Verarbeitungsweise in den Teilsystemen, also z. B. die Dauer der Berechnung in Steuergeräten.

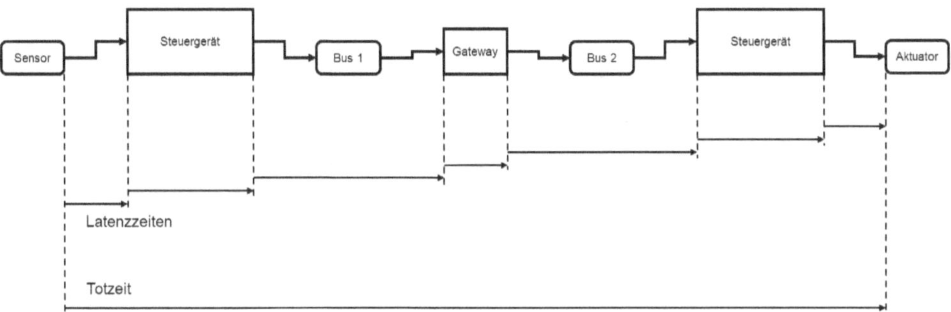

Bild 5.5: Totzeit und Latenzzeit

Vor allem in Regelsystemen, z. B. in vernetzten Reglern in Antrieb und Fahrdynamik, ist es notwendig, eine Gleichzeitigkeit zwischen den Regelsystemen, Sensoren und Aktuatoren sicherzustellen. Dies hat zur Folge, dass die Übertragung über Datenbussysteme deterministisch erfolgen muss.

Von großer Bedeutung ist die Fehlerfreiheit der Übertragung sowohl über die Datenbusstrecke als auch von Applikation zu Applikation. Das Bild 5.6 zeigt mögliche Fehlerquellen für einen oder mehrere Bitfehler. Die Fehlerfreiheit der Datenbusstrecke wird in der Regel in den Layern 1 bis 3 bzw. Link mittels Parity-Bit oder Prüfsumme (Checksumme) gewährleistet. Die Fehlerfreiheit der Übertragung von Applikation zu Applikation kann in zweierlei Weise erfolgen. Es können Parity-Bit und Prüfsumme (Checksumme) sowie zusätzlich die Überwachung der Ausführung der Funktion (Applikation) mittels Alive-Signal verwendet werden.

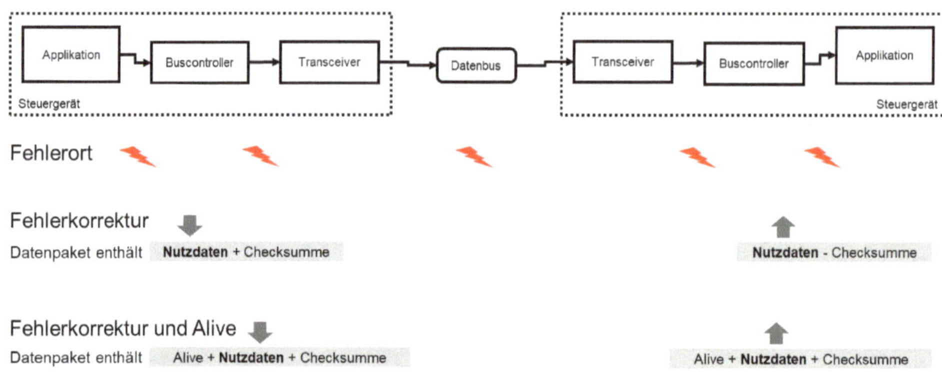

Bild 5.6: Fehlerkorrektur und Überwachung der Funktionsberechnung

Neben der Verwendung von Parity-Bit und Prüfsumme (Checksumme bzw. Cyclic Redundancy Check CRC) kann in besonderen Fällen die Verwendung von fehlerkorrigierenden Codes erfolgen. Siehe [50], Kap.3.2.

Zuletzt sei noch der Blick in die Verarbeitung der Daten bzw. Datenpakete in einem Steuergerät gewendet. Kommen Nachrichten, also in der Regel Datenpakete am Buscontroller in einem Steuergerät an, so müssen diese, bevor das nächste Paket ankommt, weiterverarbeitet sein. Erfolgt diese Weiterverarbeitung nicht, d. h. wird das Datenpaket nicht in der vorgegebenen Zeit vom Mikrocontroller abgeholt, so geht es verloren, weil das nächste ankommende Datenpaket die nicht abgeholten Daten überschreibt. Es gibt hier typischerweise zwei Möglichkeiten die Daten abzuholen. Dies sind entweder ein Interrupt-Verfahren oder ein zyklisches Abfrageverfahren, siehe Bild 5.7. In ersterem Fall wird mit Eintreffen der neuen Daten ein Interrupt ausgelöst, dessen Serviceroutine ISR die Daten zu den entsprechenden Applikationen weiterleitet bzw. verteilt. In letzterem Fall muss das zyklisch gesteuerte Abfragen der Daten aus dem Buscontroller (Polling) so schnell erfolgen, dass die Daten mindestens, also mit einem zeitlichen Sicherheitsabstand, vor dem Eintreffen der neuen Daten in den Mikrocontroller zu den Applikationen transferiert worden sind. Wird, wie im Bild 5.7 beispielsweise gezeigt, dass das Datenpaket 3 mit einer zufälligen Verspätung (Delay) ankommt, so kann es passieren, dass das Datenpaket 2 zweimal abgerufen wird, während das Datenpaket 3 nicht abgerufen wird, da es durch das Datenpaket 4 überschrieben wird. Hierdurch entsteht ein zufällig veränderter zeitlicher Verlauf der Daten.

Hiermit wurden einige für die Praxis wichtigen Übertragungsparameter gezeigt. Je nach Konfiguration der Systeme und Datenbusstrukturen sind fallspezifisch weitere Parameter zu beachten.

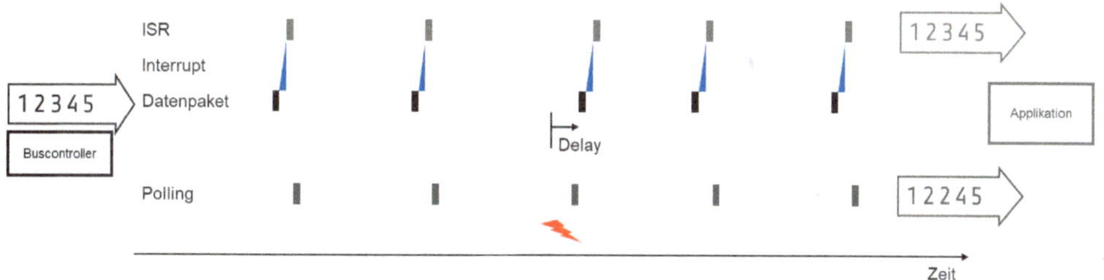

Bild 5.7: Datentransfer Buscontroller - Mikrocontroller, Applikationen

5.2 Netzstrukturen und Netzwerke

In diesem Kapitel werden verschiedene Strukturen für ein Netzwerk gezeigt. Sowohl einzelne Strukturen als auch kombinierte Strukturen unterliegen einem Netzwerkmanagement.

Die Strukturen von verbundenen Systemen werden als Netze bezeichnet. Die Verbindung ist in diesen Fällen eine Datenbusverbindung. Mit einem Datenbus können zwei Systeme (Punkt zu Punkt) oder mehrere Systeme verbunden werden. Hierfür werden mindestens drei Grundstrukturen verwendet. Dies sind die Baumstruktur, die Ringstruktur und die Sternstruktur, gemäß Bild 5.8.

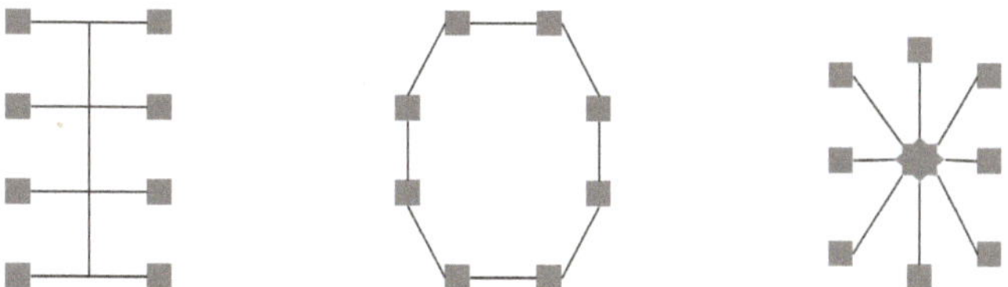
Bild 5.8: Netzstrukturen in einem Kraftfahrzeug - Baum, Ring, Stern

Ein Fahrzeugbordnetz ist mehr als eine Grundstruktur. Heutige Bordnetze bedienen sich unterschiedlicher Datenbusse je nach Anforderung und Datenaufkommen. Meist sind sie eine Mischform der genannten Grundformen. In anderen Worten wird das Gesamtkommunikationsnetz aus unterschiedlichen Teilkommunikationsnetzen zusammengesetzt. Um zwei oder mehrere Kommunikationsnetze zu verbinden, werden Verbindungselemente eingesetzt. Allgemein spricht man hier von Repeater, Hub, Bridge, Switch, Router und Gateway, siehe auch Tabelle 5.4. Im Fahrzeugbordnetz hat sich hier der Begriff Gateway eingebürgert. Eine detaillierte Unterscheidung der jeweiligen Funktion des Verbindungselements wird meist nicht durchgeführt.

Schicht	Verbindungselement	Kurzbeschreibung
Anwendung	Anwendungs-Gateway	Übersetzung von Format und Inhalten der Daten
Transport	Transport-Gateway	Kopieren von Datenpaketen auf Bussysteme mit unterschiedlichen Transportprotokollen, ggf. Umformatierung der Datenpakete
Vermittlung	Router	Die Routingsoftware lenkt die Datenpakete an den richtigen Ausgang
Sicherung	Bridge, Switch	Verbindung von zwei oder mehreren LAN's mit gleicher oder unterschiedlicher Geschwindigkeit, Zwischenpufferung der Frames
Bitübertragung	Repeater Hub	Analoge Signalaufbereitung, Verstärkung; je ein Eingang und ein Ausgang Mehrere Ein-/Ausgänge mit gleicher Geschwindigkeit, keine Aufbereitung / Verstärkung

Tabelle 5.4: Einteilung Verbindungselemente (nach [50] Seite 394ff.)

Weiterhin muss eine Verwaltung von Netzwerken erfolgen. Hierfür ist das Netzwerkmanagement zuständig. Die wesentlichen Aufgaben des Netzwerkmanagements im Sinne der Datenvernetzung sind:

- Konfiguration des Netzwerks
- Skalierung
- Scheduling
- Schutzfunktionen

Folgende Standards haben sich etabliert:

- ISO-Norm 17356-3 (OSEK-OS)
- AUTOSAR OS, Classic Platform (CP)
- AUTOSAR ADAPTIVE Platform (AP)
- IEEE 802

Weiterführende Literatur:

Homepage AUTOSAR (AUTomotive Open System ARchitecture), The standardized software framework for intelligent mobility: www.autosar.org

K. Reif: Bussysteme, Springer Vieweg, 4. Auflage, 2012, ISBN 978-3- 6580-0081-3. [51]

W. Zimmermann, R. Schmidgall: Bussysteme in der Fahrzeugtechnik, Protokolle, Standards und Softwarearchitektur. Springer Vieweg, 5. Auflage, 2014, ISBN 978-3-658-02418-5. [52]

5.3 Bussysteme im Kraftfahrzeug

Ein Bussystem bzw. ein Datenbussystem, das mehrere Elektroniksysteme vernetzt, beschreibt die Art der Daten-Verbindung der Teilnehmer, die Topologie des Bussystems, das Kommunikationsprotokoll und die Spezifikation der physikalischen Realisierung. Die Dateninhalte werden in einer Spezifikation für den jeweiligen Datenbus beschrieben bzw. festgelegt.

Mit der schnell ansteigenden Zahl an Signalen mussten Bussysteme in der Vernetzung zwischen den Steuergeräten eingesetzt werden, um die Kabelbäume und Steckverbindungen auf einen beherrschbaren Rahmen zu begrenzen. Eine Vielzahl von proprietären Bussystemen wurde in kurzer Zeit spezifiziert und angekündigt, z. B. der A-Bus bei Volkswagen oder K und I-Bus bei BMW. Eine fehlende Standardisierung führte dazu, dass Mitte der 1990er Jahre auf einer Fachtagung für Elektronik im Kraftfahrzeug das 67ste Bussystem für Automobilelektronik vorgestellt wurde. Es setzte sehr schnell eine zwangsläufige Konsolidierung ein. Letztendlich setzten sich im Wesentlichen die Bussysteme CAN, LIN, Flexray, MOST und Ethernet durch. Eine Klassifizierung gemäß dem Bosch-Handbuch [35], abweichend von [30] zeigt Tabelle 5.5.

	Übertragungsraten	**Anwendung**	**Bussysteme**
Klasse A	Geringe Datenraten bis 10 kbit/s	Vernetzung von Aktuatoren und Sensoren	LIN
Klasse B	Mittlere Datenraten bis 125 kbit/s	Komplexe Mechanismen zur Fehlerbehandlung, Vernetzung von Steuergeräten im Komfortbereich	Lowspeed-CAN (CAN-B)
Klasse C	Hohe Datenraten bis 1 Mbit/s	Echtzeitanforderungen, Vernetzung von Steuergeräten im Antriebs- und Fahrwerksbereich	Highspeed-CAN (CAN-C)
Klasse C+	Sehr hohe Datenraten bis 10 Mbit/s	Echtzeitanforderungen, Vernetzung von Steuergeräten im Antriebs- und Fahrwerksbereich	FlexRay
Klasse D	Sehr hohe Datenraten ab 10 Mbit/s	Vernetzung von Steuergeräten im Telematik- und Multimediabereich	MOST, Ethernet

Tabelle 5.5: Klassifizierung Bussysteme im Kraftfahrzeug [35]

Eine weitere Übersicht findet sich in dem Whitepaper Infineon, Energy Saving in Automotive E/E Architectures, siehe Tabelle 5.6.

Bus System	Maximum Data Rate	Used Data Rate (Automotive)	Industry Standard OEM Standard	Physical Layer	Wakeup Capability	Remark
CAN	1 MBit/s *(High Speed CAN)*	500 kBit/s	ISO 11898-1 ISO 11898-2/5 *www.iso.org*	Unshielded Twisted Pair (UTP)	Active Bus (Global Wake)	Dominating CAN option
	125 kBit/s *(Fault Tolerant CAN)*	125 kBit/s	ISO 11898-1 ISO 11898-3 *www.iso.org*	UTP	Active Bus (Global Wake)	Currently Replaced by High-Speed CAN
	83.33 kBit/s *(Single Wire CAN)*	33.33 kBit/s	GM LAN (General Motors Local Area Network)	Single Wire	Higher Supply Voltage Level (Global Wake)	Defined by General Motors; No ISO Standard
LIN	20 kBit/s	19.2 kBit/s	LIN Consortium *www.lin-subbus.org*	Single Wire	Active Bus (Global Wake)	Low Cost Bus, Broad Usage
SAE J2602	10.4 kBit/s	10.4 kBit/s	SAE J2602 *www.sae.org*	Single Wire	Active Bus (Global Wake)	Based on LIN, Deviations on Data Link Layer
FlexRay	10 MBit/s	10 MBit/s 5 MBit/s 2.5 MBit/s	FlexRay Consortium *www.flexray.com*	UTP	Active Bus (Global Wake)	Usage in Real Time Systems (e.g. Chassis Control)
MOST	150 MBit/s	25 MBit/s 50 MBit/s 150 MBit/s	MOST Cooperation *www.mostcooperation.com*	Fibre Optical or UTP (MOST-50 only)	-	Focused on Multimedia Applications
Ethernet	Up to 10 GBit/s (40+100 GBit/s in definition)	100 MBit/s 1 GBit/s aim	IEEE 802.3 *www.ieee.org*	STP,UTP,Coax, Fibre Optical	Wake-on-LAN IEEE 802.3az	Industry Standard, first Usage in Vehicles

Tabelle 5.6: Übersicht Bussysteme im Kraftfahrzeug [53]

Zusammengefasst stehen dem Automobilsektor für die Breite der Anwendungen standardisierte Busübertragungssysteme zur Verfügung.

5.3.1 CAN

Der Ende der 1980er Jahre entwickelte und im Jahr 1986 durch die Fa. Bosch erstmals veröffentlichte CAN-Bus (Controller Area Network) etablierte sich für ereignisgesteuerte Systeme, v. a. im Bereich Antriebs- und Fahrwerksregelsysteme, zum weltweiten Standard (ISO 11898) sowie darauf aufgesetzte Diagnoseprotokolle (v. a. Transport Layer in der Norm ISO 15765-2, Diagnostics on CAN, LIN oder Flexray) und Applikationsprotokolle (CAN Calibration Protocol CCP), standardisiert durch die Association for Standardization of Automation and Measuring Systems ASAM e. V., (www.asam.net; CANopen spezifiziert in CiA 301, www.cia-can.org). Im Jahr 2015 wurde mit der Erweiterung der ISO 11898-1 der CAN-FD eingeführt. FD steht für flexible Data-Rate. Er erlaubt eine Nutzdatengröße bis zu 64 Byte und eine Nutzdatengeschwindigkeit bis zu 5 Mbit/s. Der Adressraum unterstützt sowohl 11 bit (Standard) als auch 29 bit (Extended).

Die Serieneinführung des CAN im Automobilbereich startete 1991 [35]. Von anderen Häusern eingeführte Bussysteme (z. B. A-Bus von VW) wurden nach einer kurzen Einführungsphase sukzessive durch den CAN verdrängt.

Der Standard bzw. Extended CAN besitzt ein serielles, prioritätsbasiertes Nachrichtenprotokoll. Die Netztopologie kann sowohl als Baum- oder als Stern- sowie als Punkt-zu-Punkt-Verbindung ausgeführt sein. Die Übertragungsgeschwindigkeit beträgt maximal 1 Mbit/s im High Speed CAN und bis 125 kbit/s im Low Speed CAN.

Im Automobilsektor haben sich typischerweise für den High Speed CAN 500 kbit/s (1 bit entspricht t_{bit} = 2 µs) und für den Low Speed CAN 125 kbit/s (1 bit entspricht t_{bit} = 8 µs) etabliert. Die folgenden Merkmale nach [35] charakterisieren den CAN-Bus:

- Prioritätsgesteuerte Nachrichtenübertragung mit zerstörungsfreier Arbitrierung
- Hohe Zuverlässigkeit der Datenübertragung durch Erkennung und Signalisierung von sporadischen Fehlern
- Hohe Verfügbarkeit durch Lokalisierung ausgefallener Teilnehmer
- Normierung nach ISO 11898
- Einsatz von kostengünstigen, verdrillten Zweidraht-Leitungen unter Einhaltung der Spezifikation (anfänglich wurden geschirmte Leitungen verwendet)
- Einsatz einer Ein-Draht-Leitung (nicht standardisiert) – Single Wire CAN von US-Fahrzeugherstellern verwendet – zur Kostenoptimierung für begrenzt räumlich ausgedehnte Systeme mit niedrigeren Datenübertragungsraten in nicht ausfallrelevanten Anwendungen

Das Bild 5.9 zeigt den Physical Layer (PHY) mit den Signalpegeln für den High Speed CAN und Low Speed CAN. Der High Speed CAN zeichnet sich durch einen differentiellen Pegelverlauf aus, während der Low Speed CAN mit größeren Einzelpegeln für CAN Low und CAN High implementiert wird. Der Low Speed CAN ist für größere Buslängen und Fehlerbetrieb im Ein-Draht-Modus angedacht.

Das Bild 5.10 zeigt den Aufbau eines Daten-Frames sowohl für den Standard CAN (Spezifikation 2A) als auch für den Extended CAN (Spezifikation 2B).

Durch das Arbitrierungsverfahren wird sichergestellt, dass die Nachricht mit der höchsten Priorität (niedrigster Identifier) übertragen wird, falls eine Kollision durch das gleichzeitige senden einer Nachricht von unterschiedlichen Busteilnehmern auftritt. Das Grundprinzip der Arbitrierung sieht vor, dass jeder der Teilnehmer den Wert des von ihm aufgeschalteten Bits mit dem aktuellen Bit auf dem Bus vergleicht. Trifft ein Teilnehmer auf einen Low-Pegel auf dem Bus, obwohl er selbst einen High-Pegel sendet, zieht er seinen Sendewunsch aufgrund seiner geringeren Priorität vom Bus zurück und wechselt in den Empfangsmodus. Neben der Arbitrierung ist es möglich, einen sog. Remote Frame zu senden. Damit kann eine Anfrage (remote) an einen Sender für ein bestimmtes Datenformat gestellt werden. Die Nutzdatenlänge eines Frames kann bis zu 8 Byte betragen. Für die Übertragungssicherheit wurde ein Prüfsummenfeld (Cyclic Redundancy Checksum CRC) sowie ein Acknowledge ACK zur Bestätigung eines fehlerfreien Frames implementiert. Um einen Fehler in einem Frame zu erkennen, werden Bitfolgen mit mehr als 5 gleichen Bits verwendet. Werden beispielsweise in einem Nutzdatenfeld mehr als 5 gleiche Bits verwendet (z. B. die Zahl 0), so wird nach jedem fünften Bit ein sog. stuffing bit verwendet. Das stuffing bit ist ein Bit mit einem, zu den fünf vorangegangenen Bits inversen Pegel. Es wird beim Sender eingefügt und im Empfänger wieder entfernt, was letztlich zu einer variablen Framelänge führt. Werden mindestens 6 gleiche Bits erkannt, so handelt es sich um einen error frame (es wird zwischen error active mit 6 dominanten Bits und error passive mit 6 rezessiven Bits unterschieden). Für weitere Details sei an dieser Stelle auf die Norm verwiesen. Die gängigen Tools für eine Busanalyse enthalten ausreichende Funktionen zur Fehleranalyse in einem CAN-Netzwerk.

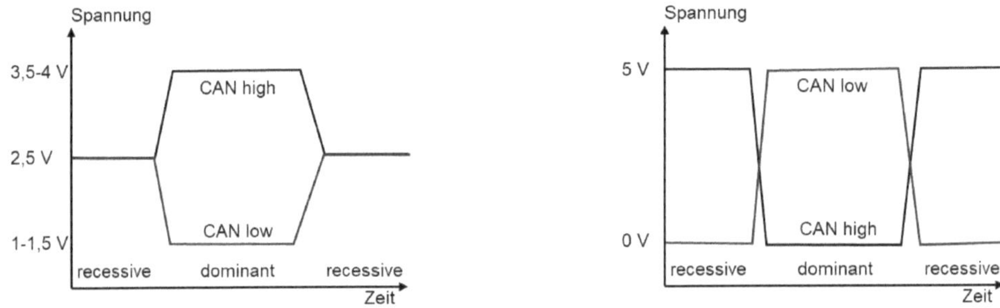

Bild 5.9: Physical Layer – Buspegel für den High Speed CAN und den Low Speed CAN

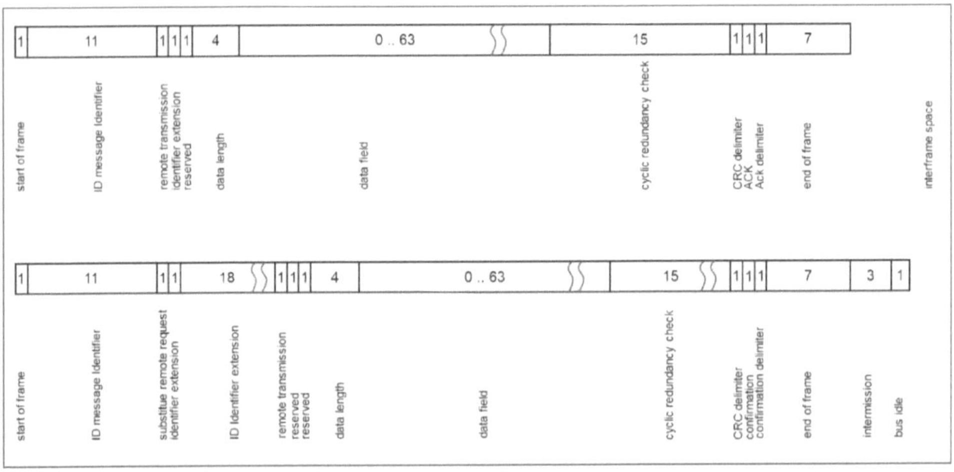

Bild 5.10: CAN Frame – Aufbauformat Standard (11 bit Identifier) und Extended (29 bit Identifier)

Ein vereinfachtes Beispiel für eine typische Datenübertragung in einem Fahrzeug-CAN-Netzwerk zeigt Bild 5.11. Hierin werden in einem Frame unterschiedliche Daten versendet. Entsprechend der notwendigen Signalauflösungen werden angepasste Wertebereiche und Auflösungen verwendet. Die Signale des Beispiels und deren

Parameter zeigt Tabelle 5.7. Neben den zu übertragenden Nutzdaten ist es oft üblich, den höchsten Wert als Fehlerkennzeichnung zu verwenden. Dies ist beispielsweise der Fall, falls ein Sensor für eine Temperatur ausgefallen ist. Ein gültiger Wert kann nicht übertragen werden, die Empfänger müssen einen für die jeweilige Komponente und deren Betrieb geeigneten Ersatzwert für einen sogenannten Notbetrieb verwenden oder das System teilweise oder vollständig deaktivieren. Es werden in der Regel spezifische Auflösungen, Aufzählungen oder Bitcodierungen verwendet. Beispiel für eine Bitcodierung ist das Signal Status Licht. Da es möglich ist, gleichzeitig Abblendlicht, Nebellicht und Fahrtrichtungsanzeige zu betätigen, muss auch eine gleichzeitige Anzeige im Status vorliegen. In diesem Beispiel ist es je ein Bit für:

0000 0001 Stand-, Tagfahrlicht
0000 0010 Abblendlicht
0000 0100 Fernlicht
0000 1000 Nebelschlussleuchte
0001 0000 Nebelscheinwerfer
0010 0000 Fahrtrichtungsanzeige links
0100 0000 Fahrtrichtungsanzeige rechts
1000 0000 Fehler

Signalname	**Auflösung**	**Unterer Wert**	**Oberer Wert**
Fahrzeug-Geschwindigkeit	1 Km/h	0	254
Motordrehzahl	1 U/min	0	7000
Kühlwasser-Temperatur	1 °C	-40	+150
Umgebungs-Temperatur	0,5 °C	-40	+85
Getriebe-Stufe	Enum	P, N, R, 1, 2, 3, 4, 5, D	
Gebläse-Stufe	Enum	0	10
Status Licht	Bitcodierung	Siehe Text	

Tabelle 5.7: Beispiel für die Parameter der Signale eines Nutzdaten-Frames

Für die Übertragung dieses Frames ist eine CAN-Nachricht mit einem Identifier notwendig. Der Identifier bestimmt die Priorität der Nachricht für die Übertragung. Ein niedriger Identifier-Wert entspricht einer hohen Priorität. Beispielsweise wird bei einem gleichzeitigen Senden einer Nachricht mit einem Identifier 89 und einem Identifier 117 die Nachricht mit dem Identifier 89 das Arbitrierungsverfahren gewinnen und zuerst gesendet werden.

Eine CAN-Nachricht benötigt neben der Vergabe eines Identifier weiterhin die Art der Übertragungsbedingung. Die Nachricht kann als Ereignis, zyklisch oder kombiniert gesendet bzw. wiederholt werden. Ein Ereignis liegt beispielsweise dann vor, falls in der genannten Nachricht gemäß dem Bild 5.11 die Getriebe-Stufe von P nach N wechselt. Eine andere Möglichkeit ist das zyklische Senden der Nachricht. Dies ist sinnvoll bei sich permanent ändernden Werten wie der Motordrehzahl oder der Geschwindigkeit in dem genannten Beispiel. Typische Zykluszeiten im Automobilbereich sind 10 ms (Antrieb), 100 ms (Anzeigen) oder 1 s (Wärmemanagement, Temperaturen). Das Beispiel zeigt weiter, dass es manchmal sinnvoll ist, eine kombinierte Sendebedingung zu erzeugen. Falls diese Nachricht für eine Anzeige in einem Kombiinstrument (Tacho, Drehzahlmesser, Kontrollleuchten, etc.) gedacht ist, so reichen eine Ereignissteuerung mit kleiner Ereignisdifferenz (minimaler Abstand zweier Ereignis-Nachrichten ist $t_{ereignis,min}$ = 100 ms) und ein zyklisches Senden mit einer sehr langsamen Wiederholrate, z. B. t_{zyklus} = 10 s. Dies hat den Vorteil, dass einerseits die Anzeige ausreichend schnell auf eine Werteänderung reagieren kann und andererseits die Datenlast am CAN-Bus minimiert wird.

Durch das Prinzip bedingt sind die Fähigkeiten des CAN-Systems zur deterministischen Datenübertragung begrenzt. Vor diesem Hintergrund und den Anforderungen zukünftiger sicherheitsrelevanter Regelsysteme wurde in der Norm ISO 11898-4 eine Erweiterung des CAN-Protokolls spezifiziert, die die zeitgesteuerte Nachrichtenübertragung als „Time Triggered CAN“ (TT-CAN) erlaubt.

Eine weitere Variante ist CAN mit flexibler Datenrate, genannt CAN-FD, der mit einer Erweiterung der ISO-Norm 11898 standardisiert worden ist. CAN FD ist eine abwärtskompatible Erweiterung des CAN-Bussystems, um die Bandbreite zu steigern. Hierbei wird die Nutzdatenlänge der CAN-Botschaften von maximal 8 Byte auf 64 Byte erhöht. Damit können die Botschaften Nutzdaten wie beim CAN-Bussystem (0 bis 8 Byte) oder 12, 16, 20, 24, 32, 48 oder 64 Byte enthalten. Zudem kann optional der Bit-Takt für das Nutzdatenfeld und die CRC-Prüfsumme erhöht werden. Für diese Bitratenumschaltung werden Zielwerte um 4 Mbit/s angestrebt.

Zusammengefasst bildet der CAN-Bus als Multimastersystem gemäß der Norm ISO 11898 ein sehr verbreitetes Daten-Übertragungsmedium nicht nur im automobilen Bereich.

Bild 5.11: CAN Frame – Beispiel für ein Nutzdatenfeld

5.3.2 LIN

LIN (Local Interconnect Network) ist ein serielles, nach dem Master-Slave-Prinzip arbeitendes, linear vernetztes Bussystem mit einer maximalen Übertragungsgeschwindigkeit von 20 kBit/s. Der LIN-Bus wurde für die Vernetzung von Sensoren und Aktuatoren konzipiert. Ausgehend von einem Industriestandard wurde der LIN als ISO 17987 standardisiert. Für die Diagnose über den LIN-Bus wurde die Norm ISO 15765-2 definiert.

Die Zeit für 1 bit entspricht bei einem LIN-Bus t_{bit} = 50 µs bei einer Übertragungsrate von 20 kbit/s. Die typische Busgeschwindigkeit bzw. Baudrate beträgt 9600 Baud bzw. 19200 Baud. Die Übertragung erfolgt auf einer Leitung mit begrenzter Flankensteilheit aus Gründen der EMV (Elektromagnetische Verträglichkeit), um die Störausstrahlung zu begrenzen. Der Bus-Pegel (PHY) gemäß dem Bild 5.12 ist im automobilen Anwendungsfeld üblicherweise bezogen auf die Bordnetzspannung, d. h. der High-Pegel (logisch 1, rezessiv) entspricht der Bordnetzspannung, der Low-Pegel (logisch 0, dominant) entspricht der Fahrzeugmasse. Der High-Pegel wird mittels Pull-Up-Widerständen eingestellt, mittels Open-Collector-Ausgängen der Bus-Transceiver an den Netzknoten werden die Low-Pegel auf Masse gezogen. Die Anordnung stellt eine Wired-AND-Verknüpfung dar.

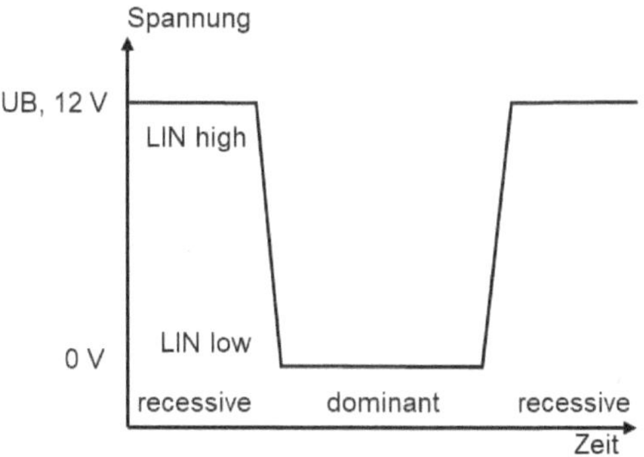

Bild 5.12: LIN Physical Layer (PHY) – Beispiel für eine automobile Anwendung

Der Bus kann maximal 64 unterschiedliche Nachrichtenpakete, also Botschaften bzw. Nutzdaten-Frames und damit Identifier adressieren. Hierzu hat der Header in dem Datenfeld eine Breite von 6 Bit verbunden mit zwei Paritätsbits zur Fehlererkennung. Zur weiteren Fehlererkennung beim LIN-Bus wurde vergleichbar dem CAN-Bus eine Prüfsumme implementiert. Der Master steuert mit dem Senden der Botschaft bzw. eines Identifier die Slaves. Diese wiederum müssen ihre Antwort, d. h. ihre Daten in den Senderframe während dessen Übertragung einfügen. Die Codierung der Nutzdaten ist der des CAN-Busses vergleichbar. Siehe auch Tabelle 5.7 bzw. Bild 5.11.

Zusammengefasst bietet der LIN-Bus eine kostengünstige Technologie für die Vernetzung einfacher Steuergeräte (Electronic Control Units, ECUs), Sensoren (z. B.

Temperatursensor) und/oder Aktuatoren (z. B. Beleuchtungselemente) mit geringen Datenmengen und Übertragungsraten.

Weiterführende Informationen finden sich in LIN Specification Package, Revision 2.2A, LIN Consortium 2010 sowie im oben genannten Standard ISO 17987 und in:

Werner Zimmermann und Ralf Schmidgall: Bussysteme in der Fahrzeugtechnik, Protokolle, Standards und Softwarearchitektur. Springer Vieweg, 5. Auflage, 2014, ISBN 978-3-658-02418-5. [37]

5.3.3 FlexRay

Der FlexRay Datenbus wurde als Ergänzung zu CAN v. a. als deterministisches und schnelleres Datenübertragungssystem für Echtzeitanwendungen und verbesserter Ausfallsicherheit für Regel- und X-by-Wire-Anwendungen konzipiert. Die hauptsächliche Anwendung liegt in den Bereichen Fahrwerk und Antrieb.

FlexRay ist ein auf zwei Kanälen, fehlertolerantes, zeitgesteuertes, TDMA (Time Division Multiple Access)-basiertes Nachrichtenübertragungssystem. Die Bustopologie kann linear oder sternförmig sein. Die maximale Übertragungsgeschwindigkeit beträgt 10 MBit/s pro Kanal. Die Zeit für 1 bit entspricht bei einem FlexRay-Bus $t_{bit} = 0{,}1\ \mu s$ bei einer Übertragungsrate von 10 Mbit/s. Bus-Pegel und verdrillte Leitungen sind vergleichbar mit dem CAN. Die Spezifikation bzw. der Standard ISO 17458 umfasst gemäß dem ISO/OSI Referenzmodell die Layer 1 und 2. Die wesentlichen Merkmale sind:

- Zweikanaligkeit
- Bitrate maximal 10 Mbit/s pro Kanal
- Determinismus der Übertragung, Latenzzeit
- Statischer und dynamischer Übertragungsteil in einem Zyklus
- Synchronität (Uhrensynchronisation)
- Verwendung verdrillter Leitungen

Der Aufbau eines Übertragungszyklus beinhaltet einen statischen und dynamischen Bereich (Segmente). Das statische Segment zeichnet sich durch eine festgelegte Anzahl an sogenannten Slots aus. Ein Slot ist ein Zeitfenster, statisch festgelegt für jedes Steuergerät. Die Länge des Slots ist begrenzt. Die statische Festlegung bezogen auf die Steuergeräte stellt den Determinismus für die Nachrichtenübertragung sicher. Das dynamische Segment erlaubt Nachrichtenpakete mit unterschiedlicher Länge. Hierzu werden Minislots verwendet, die bei Bedarf verlängert werden können. Jedes Steuergerät bzw. jeder Busknoten kann mit Hilfe dieser Minislots zusätzliche Nachrichten ergänzend zu dem statischen Slot versenden. Die Priorität des sendenden Steuergeräts hängt von der Position des Minislots in der definierten Reihenfolge ab.

Eine Übertragungseinheit, d. h. ein Frame ist gemäß dem Bild 5.13 definiert.

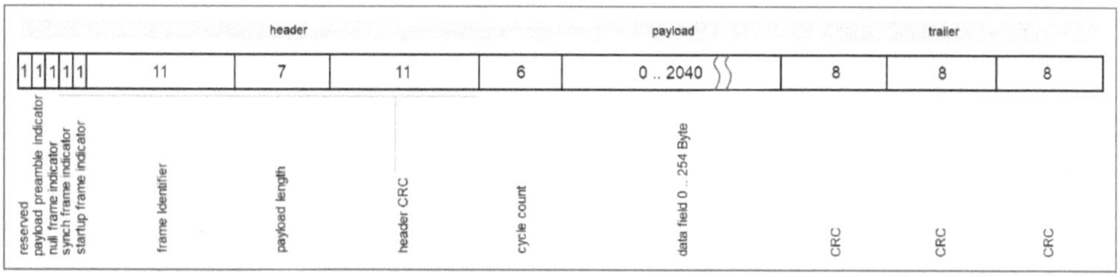

Bild 5.13: FlexRay Frame

Aufgrund der synchronisierten Uhren in den Steuergeräten hat der FlexRay kein Mastersteuergerät bzw. keinen Master-Busknoten. Dies erhöht zusätzlich die Ausfallsicherheit, da durch Ausfall eines Steuergerätes die restliche Übertragung nicht beeinflusst ist.

Weiterführende Informationen finden sich in dem Standard ISO 17458 und in:

Werner Zimmermann und Ralf Schmidgall: Bussysteme in der Fahrzeugtechnik, Protokolle, Standards und Softwarearchitektur. Springer Vieweg, 5. Auflage, 2014, ISBN 978-3-658-02418-5. [37]

5.3.4 MOST

Der MOST-Bus (Media Oriented Systems Transport) ist ebenso wie der CAN, LIN oder FlexRay ein serieller Datenbus. Er ist konzipiert für die Datenübertragung von Audio-, Video- Sprach- und Datensignalen. Der topologische Aufbau der Netzstruktur ist ein Ring. Er orientiert sich am ISO/OSI-7-Schichtenmodell und deckt alle Schichten ab. Die Datenübertragung (Physical Layer, PHY) erfolgt meist auf Lichtwellenleitern (optisch) in den Ausprägungen MOST25, MOST50 und MOST150. Der MOST 50 ist auch mit elektrischen Leitern (Unshielded Twisted Pair UTP) ausführbar.

Er ist für Multimediaanwendungen mit sehr hohen Datenraten konzipiert und kommt dementsprechend in der Domäne Infotainment zur Anwendung.

Dem Anwender bzw. der Anwenderapplikation (Schicht 7) steht eine API, d. h. eine vereinheitliche Schnittstelle zur Verfügung, die auf dem sog. Application-Socket (Schicht 6). Die Schichten 5 bis 3 werden durch die MOST Network Services bedient, die auch die Verbindung zum MOST Network Interface Controller (entspricht Schicht 2) herstellen, der wiederum die Verbindung zum Physical Layer (PHY) herstellt.

Mit dem MOST-Bus wird im Automobil i. d. R. eine Ringtopologie aufgebaut. Der Ring kann hierin bis zu 64 Steuergeräte bzw. Komponenten vernetzen. Hilfreich ist die Fähigkeit des MOST zum Plug-and-Play.

Der MOST-Bus benötigt einen Timing Master, den eine Komponente übernimmt. Die anderen Busteilnehmer nehmen daraufhin die Rolle eines Timing Slaves ein. Die Synchronisierung der Teilnehmer nutzt die synchrone Datenübertragung des MOST.

Für weitere Details empfehlen sich:

Website der MOST Cooperation: www.mostcooperation.com

W. Zimmermann, R. Schmidgall: Bussysteme in der Fahrzeugtechnik, Protokolle, Standards und Softwarearchitektur. Springer Vieweg, 5. Auflage, 2014, ISBN 978-3-658-02418-5. [52]

5.3.5 Ethernet

Das Automotive Ethernet ist ein Bussystem, basierend auf dem Standard IEEE 802, bei dem die Adressierung, das Format der Nachrichten und die Zugriffssteuerung festgelegt sind [35], für schnellen Flash- und Diagnosezugang und für Gesamtfahrzeugvernetzung als Ergänzung zu den Standardbussystemen. Die Datenübertragung ist prinzipiell in verschiedenen Medien möglich, z. B. Kabel (LAN), Funk (WLAN, WiFi) oder Glasfaser. In Automobilanwendungen werden voraussichtlich verdrillte Zweidrahtleitungen zur Anwendung kommen. Als Übertragungsgeschwindigkeit werden 10 MBit/s und für die Weiterentwicklung 10 GBit/s anvisiert.

Eine Besonderheit von Ethernet ist die Übertragung von Daten und Versorgungsstrom über ein einziges Kabel [54]. Power-over-Ethernet (PoE) wurde ursprünglich für IP-Telefone entwickelt, kann mit den Standard-Ethernet-Kabeln CAT5/6 aufgebaut werden und erlaubt heute mit dem Standard IEEE 802.3bt eine Ausgangsleistung von 90 W an der Stromversorgung, um andere Geräte über das Ethernet-Kabel zu versorgen. Diese Besonderheit kann zukünftig im Automobil von größerer Bedeutung sein, da die Versorgungsspannung von PoE in der Größenordnung von 48 V liegt.

5.4 Hinweise, Tools und Technik

Für die genannten Datenbusse existiert eine die Vielzahl von Anwendungen, v. a. im Bereich der Messung und Analyse, Tools. Der Anwender sollte zu seinen spezifischen Anforderungen jeweils die hierfür geeigneten Testsysteme auswählen. Beispielhaft sei hier zum Einstieg auf die Toollandschaft und die Lerneinheiten der Fa. Vector verwiesen: www.vector.com.

Weiterhin ist im Bereich des Service, also beispielsweise bei Diagnose- und Programmierstationen in den Werkstätten und im Vertrieb der Produkte, die Nutzung der Datenbusse etabliert.

Für die drahtlose Übertragung gilt allgemein der Standard IEEE 802.11 im Kontext der Standardisierung lokaler Netze IEEE 802.

5.5 Zusammenfassung

In diesem Kapitel wurden die wichtigsten Grundlagen zum Verständnis der Datenübertragung in einem Kraftfahrzeug erläutert. Zur Vertiefung der einzelnen und im speziellen Anwendungsfall verwendeten Datenbussysteme sei an dieser Stelle auf die entsprechenden Normen und Standards bzw. Fachliteratur verwiesen. Diese vertiefen die Technologie der jeweiligen Datenübertragungssysteme bzw. Datenbusse. Darüber hinaus existieren firmen- und herstellerspezifische Umfänge der zu übertragenden Daten, also interne Spezifikationen und Lasten- bzw. Pflichtenhefte. Hierin legt jeder Hersteller seine Daten und deren Übertragung fest.

Zusammen mit den Grundlagen, Normen und Standards, dem spezifischen Wissen bei einem Hersteller sowie der notwendigen fallspezifischen Vertiefung und Tools entsteht eine gute Basis für das Themengebiet Datenbusse im Kraftfahrzeug.

6 Energiebordnetz

Das Energiebordnetz im Fahrzeug ist ein Gleichspannungssystem und dient der Versorgung nahezu aller elektrisch betriebenen Funktionen im Fahrzeug. Es besteht im klassischen, verbrennungsmotorischen Fahrzeug aus einem Generator zur Energieerzeugung, im Normalfall aus einer Batterie und den elektrischen Geräten als Verbraucher sowie einem Starter, siehe Bild 6.1 [35]. Im Hybrid- und Elektrofahrzeug wird das Energiebordnetz anstelle des Generators über einen DC/DC-Wandler aus einem auf einer höheren Spannung betriebenen zweiten Bordnetz gespeist. Die Stromversorgung im Basisbordnetz erfolgt in allen Fahrzeugen nach dem gleichen Prinzip. Der Pluspol wird über Stromverteiler und Leitungen den Verbrauchern und Komponenten zugeführt, zum Teil als Dauerplus über die Klemme 30 und zum Teil geschaltet über die Klemme 15, die durch den Fahrschalter aktiviert wird. Bei einigen Fahrzeugherstellern wurden weitere zusätzliche Klemmen eingeführt. Der Minuspol wird größtenteils über die Karosserie und ab sogenannten im Fahrzeug verteilten Massekämmen leitungsgebunden bis zu den Verbrauchern geführt.

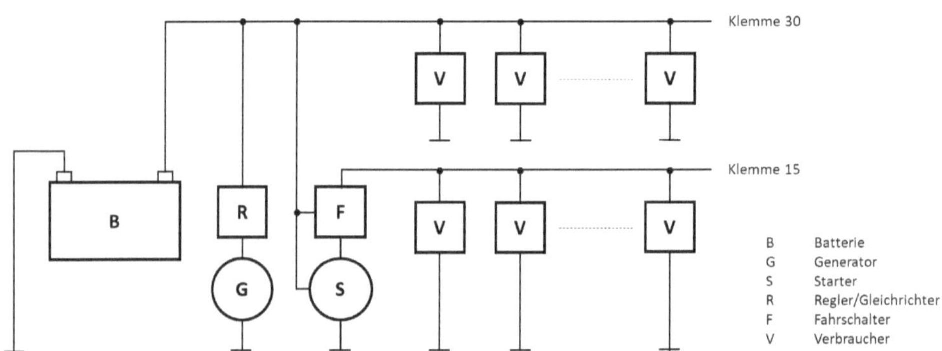

Bild 6.1: Schematische Darstellung des Energiebordnetzes [35]

Von der simplen Stromerzeugung durch die Lichtmaschine, wie der Generator häufig bezeichnet wurde, vor 50 Jahren bis zum Bordnetz heute hat sich viel verändert. Bild 6.2 zeigt die Entwicklung des Energiebordnetzes am Beispiel der BMW 7er-Reihe von 1968 bis 2008 [55]. Anhand der Kenngrößen für die Batteriekapazität, den Generatorstrom und den Strombedarf der Verbraucher lässt sich die Entwicklung des Bordnetzes zu einem komplexen System deutlich aufzeigen. Die Batteriegröße stieg schrittweise von 55 Ah auf 110 Ah an, wobei zu bemerken ist, dass anstatt einer herkömmlichen Blei-Säure-Batterie ab 2003 eine Absorbent-Glass-Matt-Batterie (AGM) zum Einsatz kam. Der maximale Generatorstrom ist im genannten Zeitraum um den Faktor 5 von 45 A auf 230 A angestiegen, d. h. wesentlich stärker im Vergleich zur Batteriekapazität. Dies zeigt, dass der Anteil des Generatorstroms, der zur Versorgung der elektrischen und elektronischen Komponenten benötigt wird, immer größer wird im Vergleich zum Anteil, der für das Laden der Batterie anfällt. Hierzu wird eine Verbraucherkennzahl zur Abschätzung des Strombedarfs der Verbraucher ermittelt, die 10 % der Summe aller Nennströme aller im Fahrzeug verbauten Sicherungen entspricht. Die Verbraucherkennzahl hat sich von 1968 bis 2008 um den Faktor 28 erhöht. Neben dem stationären Strombedarf hat sich auch der dynamische Strombedarf im Bordnetz wesentlich erhöht und damit die Anforderung nach einer stabilen Versorgungsspannung in allen Betriebsbedingungen. Diese Herausforderung wird durch die weitere Zunahme an elektrischen Verbrauchern und Innovationen noch weiter steigen.

Ein Großteil der Innovationen in modernen Fahrzeugen wird erst durch Elektronik möglich. Dabei werden die Innovationszyklen immer kürzer. Mit dem Energiebordnetz steht und fällt die Qualität und Stabilität für bis zu über 200 E/E-Komponenten und E/E-Funktionen. Das Energiebordnetz muss alle diese elektrischen Verbraucher möglichst unauffällig, effizient, sicher und mit hoher Verfügbarkeit versorgen, so dass alle Funktionen des Fahrzeugs gewährleistet sind.

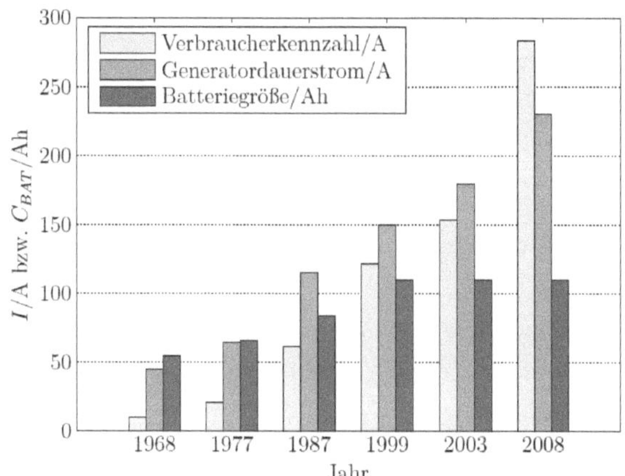

Bild 6.2: Entwicklung des Energiebordnetzes am Beispiel der BMW 7er-Reihe [55]

Die Bordnetze verschiedener Fahrzeugkonzepte unterscheiden sich je nach den gestellten Anforderungen erheblich.

Das Bordnetz eines konventionellen Fahrzeugs hat im Wesentlichen die Aufgabe, die elektrischen Verbraucher sicher und effizient zu versorgen. Das Bordnetz eines Fahrzeugs mit Start-Stopp-System oder Microhybrid ist einem konventionellen sehr ähnlich und muss zusätzlich einen sicheren und komfortablen Verbrennungsmotorstart – gegebenenfalls auch während der Fahrt – gewährleisten. Das gesamte Bordnetz ist auf 12 V konzipiert.

Bordnetze für Mild- oder Voll-Hybrid-Antriebe hingegen verfügen zusätzlich über eine zweite, höhere Spannungsebene mit größerer Leistung und unterscheiden sich damit deutlich vom Bordnetz eines konventionellen Fahrzeugs. Die Aufgaben des zweiten

Bordnetzes umfassen die Speicherung von elektrischer Energie aus dem Antriebsstrang bei Rekuperation und eine Betriebspunktverschiebung des Verbrennungsmotors, die Abgabe elektrischer Energie an den Antriebsstrang beim Boosten oder Fahren mit abgelegtem Verbrennungsmotor sowie die Versorgung der elektrischen Verbraucher im Basisbordnetz auf 12 V über einen DC/DC-Wandler.

Im Gegensatz zur Einteilung der Stromversorgungsnetze gemäß VDE-Normung in Systeme mit Schutzkleinspannung (unter 60 V Gleichspannung und 50 V Wechselspannung), Niederspannungssysteme bis 1000 V, Mittelspannungssysteme bis 16 kV und Hochspannungssysteme wird in der Fahrzeugtechnik von „Systemen mit niedrigen Spannungen“ gesprochen, wenn man Bordnetze unter 60 V Gleichspannung bzw. 50 V Wechselspannung, also das 12 V-, 24 V- oder 48 V-System meint und von „Systemen mit hohen Spannungen“ bei Spannungen von 50 bis 1000 V Wechselspannung bzw. 60 bis 1500 V Gleichspannung. Das Bordnetz mit der hohen Spannung wird häufig auch als Traktionsnetz oder Hochvolt-Bordnetz (HV-Bordnetz) bezeichnet.

Zusammenfassend lässt sich festhalten, dass das Energiebordnetz eines Kraftfahrzeugs das elektrische Versorgungsnetz des Fahrzeugs ist und aus Erzeugern, Speichern, Wandlern und Verbrauchern besteht. Mit der stetig fortschreitenden Elektrifizierung hat es sich von einem Ein-Spannungs-System auf 12 V und überschaubarer Struktur zu einem Mehr-Spannungs-System mit hoher Komplexität und einer vielschichtigen Baumstruktur gewandelt.

6.1 Eigenschaften im Niedervolt-Energiebordnetz

Das Niedervolt-Energiebordnetz hat eine Schlüsselrolle in allen Fahrzeugkonzepten, sowohl in verbrennungsmotorischen als auch in allen elektrifizierten Fahrzeugen. Die Energiebordnetz-Eigenschaften gemäß Tabelle 6.1 haben sich etabliert und sind in den nachfolgenden Unterkapiteln näher erläutert.

Eigenschaft	**ICE/MHEV**	**HEV/PHEV**	**BEV**	**Anmerkung**
Startfähigkeit	X	X	-	Kaltstart
Ladebilanz	X	X	X	Stop&Go
Speicherbelastung	X	X	X	Standfunktionen
Bordnetzstabilität	X	X	X	Manöver
El. Leistungsbedarf	X	X	X	WLTP
Sichere Energieversorgung	X	X	X	FuSi, ASIL
Robustheit	X	X	X	Fail Safe, Fail Operational

Tabelle 6.1: Wesentliche Eigenschaften im Niedervolt-Energiebordnetz

6.1.1 Startfähigkeit

Für die Inbetriebnahme eines abgestellten Fahrzeugs mit Verbrennungsmotor ist es notwendig, einerseits den Starter zu bestromen und andererseits die für den Start notwendigen Steuergeräte, Sensoren und Aktuatoren zu versorgen. Alle weiteren Komponenten, die nicht zum Start beitragen, sind während dieses Vorgangs deaktiviert. Der Vorgang wird allgemein als Kaltstart bezeichnet. Den sehr hohen Strom für diesen Vorgang muss primär die Batterie des Niedervolt-Bordnetzes zur Verfügung stellen. Daher ist bei der Auslegung der Batterie darauf zu achten, dass sie nach einer längeren Abstellzeit (bis zu 6 Wochen) und bei sehr tiefen Temperaturen noch ausreichend Energie und vor allem Leistungsfähigkeit hat, um den Startvorgang sicher durchführen zu können.

Durch den sehr hohen Laststrom des Starters, der in herkömmlichen Fahrzeugsystemen auf 12 V betrieben wird, wird das Niedervolt-Bordnetz mit einem signifikanten Spannungseinbruch beaufschlagt, was zu äußerst niedrigen Spannungsniveaus von unter 6 V führen kann.

Diese Anforderung wird in einem elektrifizierten Fahrzeugsystem deutlich entschärft, falls dieser Kalt- oder Erststart nicht mehr aus dem 12 V-Bordnetz erfolgt oder gänzlich entfällt. Dann verbleibt als resultierende Anforderung nur der Inbetriebnahmestrom aller am Niedervolt-Energiebordnetz angeschlossenen Systeme.

6.1.2 Ladebilanz

Nach jeder beliebigen Fahrt sowohl unter Heißland- als auch unter Kaltlandbedingungen muss die Batterie so konditioniert sein, dass das Fahrzeug problemlos wieder in Betrieb genommen werden kann. Hierfür ist ein ausreichend hoher Ladezustand der Batterie zu erreichen, auch unter den Gesichtspunkten des Gesundheitszustands und der Alterung der Batterie. Besonders kritische Fahrsituationen sind für die Ladebilanz der Stop&Go-Verkehr innerorts über längere Zeiträume.

Vor allem unter extremen Temperaturbedingungen kann die Batterie zu Beginn einer Fahrt stark entladen werden, um alle gewünschten Funktionen ausführen zu können. Sie muss dann schnellstmöglich wieder in den Ladezustand zurückgeführt werden, so dass jederzeit das Fahrzeug wieder abgestellt werden kann. Hierfür spielen auch die Auslegung und Dimensionierung des Erzeugers oder Generators in verbrennungsmotorischen Fahrzeugen bzw. des DC/DC-Wandler zwischen Hochvolt- und Niedervolt-Bordnetz in Hybrid- oder Elektrofahrzeugen eine maßgebliche Rolle. Der dadurch bereitgestellte Strom muss so groß sein, dass alle Funktionen gespeist werden können und zusätzlich ein ausreichender Ladestrom für die Niedervolt-Batterie zur Verfügung steht.

6.1.3 Speicherbelastung

Die Speicherbelastung ist primär durch den Energiedurchsatz in der Batterie geprägt. Je höher die Zyklisierung der Batterie ist, desto schneller altert sie und degradiert hinsichtlich ihres Gesundheitszustands. War die Speicherbelastung in der Vergangenheit durch Standfunktionen geprägt, so erhöht sie sich mit Einführung der Motor-Stopp-Start-Funktion erheblich. Kommen weitere Funktionen wie z. B. Segeln hinzu, steigt sie noch weiter an. Unter der Effizienzfunktion „Segeln" versteht man das fahren mit abgelegtem Motor für beispielsweise das Ausrollen vor einer Kreuzung um Kraftstoff zu sparen.

Für eine Maßgröße für die Lebensdauer von Batterien im Kraftfahrzeug hat sich die Anzahl der sog. Vollzyklen etabliert. Ein Vollzyklus ist definiert durch Laden / Entladen mit der Nenn-Energiemenge. Diese kann einfach mit dem Integral über den Ladestrom bestimmt werden. Für Blei-Nass-Batterien liegt diese Anzahl der Vollzyklen bei ca. 100, bei Blei-AGM-Technologie bei ca. 300 und bei Li-Ionen-Technologie deutlich darüber.

6.1.4 Spannungsstabilität

Zur Sicherstellung der korrekten Funktionsausführung in allen Steuergeräten und deren Lasten ist die Einhaltung von bestimmten Spannungsgrenzen erforderlich. Es wird zwischen statischen und dynamischen Spannungsgrenzen unterschieden. Es ist die Aufgabe des Energiebordnetzes, dies in allen Betriebssituationen sicherzustellen.

Allgemein erstreckt sich der statische Spannungsbereich für das 12 V-Bordnetz von 10,5 V bis 16 V gemäß ISO 16750 [56]. Darunter finden sich weitere fein abgestufte statische Spannungsfenster bis auf 6 V, siehe Tabelle 6.2. In jedem dieser Spannungsfenster werden die Anforderungen an den Funktionszustand der in vier Funktionsklassen eingeteilten Funktionen stufenweise reduziert, um so die wichtigsten Funktionen versorgen zu können. Die dynamischen Spannungsgrenzen gehen darüber hinaus, sind aber zeitlich begrenzt.

Funktionsklasse	Minimale Versorgungsspannung	Maximale Versorgungsspannung
A	6 V	16 V
B	8 V	16 V
C	9 V	16 V
D	10,5 V	16 V

Tabelle 6.2: Betriebsspannungsbereiche nach ISO 16750

Eine Komponente darf im für ihre Funktionsklasse ausgewiesenen Betriebsspannungsbereich keinerlei Funktionseinschränkungen aufweisen. Es ist zu beachten, dass hier die Spannung an den Klemmen der Komponente entscheidend ist. Deshalb spielt die elektrische Anbindung der Komponente eine wesentliche Rolle. An verschiedenen Punkten im Energiebordnetz stellen sich aufgrund der Impedanzen in den Leitungen und in der Masserückleitung unterschiedliche Spannungen ein [55]. Besonders deutlich wird dies in Situationen mit transienten Leistungsspitzen, die z. B. während eines Fahrmanövers auftreten können. In Bild 6.4 sind die Strom- und Spannungsverläufe von elektrischer Lenkkraftunterstützung, Bremsregelsystem und einer elektrischen Hinterradlenkung dargestellt.

Die Stromspitzen der Lenkkraftunterstützung erreichen bis zu 120 A, die des Bremsregelsystems bis zu 100 A und die der Hinterradlenkung bis 50 A. Die Überlagerung dieser Stromspitzen, die je nach zeitlichem Aufeinandertreffen zwischen 200 A und 300 A liegen kann, führt zu einer erheblichen Belastung der Quellen im Energiebordnetz, was zu einem kurzzeitigen Absinken der Spannung am zentralen Stromverteiler führt und darüber hinaus Spannungseinbrüche an den Klemmen dieser 3 Komponenten zur Folge hat. Obwohl am Generator Spannungen zwischen 13 V und 15,5 V gemessen werden, sinken die Spannungen an den 3 Komponenten kurzzeitig auf deutlich niedrigere Werte ab. Dies zeigt, dass für die Bordnetzstabilität und damit für die Spannungen an den Klemmen der Komponenten oder Verbraucher die Einflüsse des physischen Bordnetzes und der Masserückleitung von immenser Bedeutung sind [55].

6.1.5 Elektrischer Leistungsbedarf

Für normale Betriebssituationen mit typischen Einschaltprofilen der elektrischen Verbraucherkollektive müssen Generatoren bzw. DC/DC-Wandler grundsätzlich so ausgelegt werden, dass die im Niedervolt-Bordnetz benötigte statische elektrische Leistung bereitgestellt werden kann, ohne den Niedervolt-Speicher zu belasten. Kurze bis sehr kurze Spitzenbelastungen dürfen von einem Speicher bereitgestellt werden. Diese treten v. a. bei sportlichen Fahrszenarien oder bei Fahrsituationen mit einem Eingriff der Fahrwerksregelsysteme auf. Die aufgrund der Fahrdynamik notwendigen dynamischen Eingriffe benötigen kurze aber durchaus hohe Leistungen.

In Bild 6.3 sind die gemessenen Stromverläufe vom Bremsregelsystem (DSC), Lenkkraftunterstützung (ESP) und Hinterradlenkung (HSR) während eines dynamischen Fahrmanövers aufgetragen. Einzelne Leistungsspitzen der 3 unabhängig agierenden Systeme zeigen Ausschläge von 60 A bis 120 A. Die dazu korrespondierenden Spannungsverläufe sind in Bild 6.4 dargestellt, die in zu einigen Zeitpunkten Spannungseinbrüche bis unter 11 V haben.

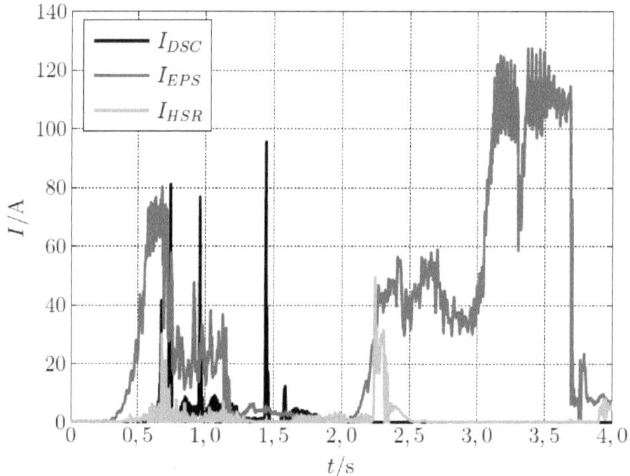

Bild 6.3: Stromverläufe von Lenkkraftunterstützung (EPS), Bremsregelsystem (DSC) und einer elektrischen Hinterradlenkung (HSR) während eines dynamischen Fahrmanövers [55]

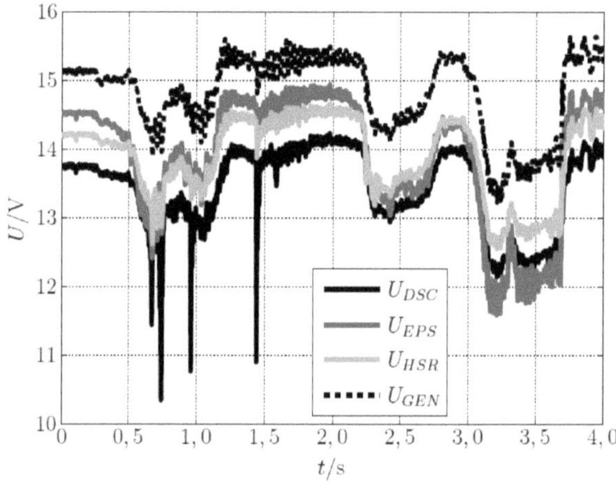

Bild 6.4: Spannungsverläufe von Lenkkraftunterstützung (EPS), Bremsregelsystem (DSC) und einer elektrischen Hinterradlenkung (HSR) während eines dynamischen Fahrmanövers [55]

6.1.6 Sichere Energieversorgung

Sicherheitsrelevante Komponenten mit Funktionen wie z. B. Licht, Sicht, Lenken, Bremsen und Insassenschutz stellen spezifische Anforderungen hinsichtlich ihrer elektrischen Versorgung an das Energiebordnetz. Komfort-Funktionen und andere nicht-sicherheitsrelevante Funktionen müssen ihre Stromaufnahme rechtzeitig reduzieren, wenn das Energiebordnetz stärker belastet wird. Dies äußert sich meistens in einem Absinken der Bordnetzspannung. Jeder Verbraucher hat festgelegte Schwellen für seine Klemmenspannungen, bei deren Eintreten er die Stromaufnahme gemäß den Vorgaben anpassen muss. Darüber hinaus kann ein Energiemanagement jedem Verbraucher situativ bedingte Vorgaben machen, z. B. durch eine Prädiktion.

6.1.7 Robustheit

Mit Robustheit wird die Erhaltung der Funktionsfähigkeit trotz ungünstiger Bedingungen bezeichnet. In anderen Worten die Fähigkeit der Aufrechterhaltung der Funktion in einer definierten Zeit durch Systemanpassung an veränderbare Randbedingungen.

6.2 Energieerzeugung

Die Erzeugung elektrischer Energie im Fahrzeug hängt in erster Linie von der Art des Antriebs ab. Handelt es sich um ein verbrennungsmotorisches Fahrzeug, so wird über den Riementrieb des Verbrennungsmotors ein Generator im Basisbordnetz angetrieben. Ein Hybridfahrzeug verfügt über eine elektrische Maschine auf einer höheren Spannungsebene, die elektrische Energie einem elektrischen Speicher in dieser Spannungsebene zuführt, aus dem wiederum das Bordnetz und die Hybridfunktionen versorgt werden. In einem Elektrofahrzeug ist der elektrische Energiespeicher die Quelle, aus der während der Fahrt alle elektrischen Systeme gespeist werden.

6.2.1 Generatoren

Im klassischen Fahrzeug war ein 12 V-Generator (bzw. 24 V in Nutzkraftfahrzeugen) mit passiver Gleichrichtung im Riementrieb am Verbrennungsmotor über lange Zeit die bevorzugte Lösung zur Erzeugung der im Fahrzeug benötigten elektrischen Leistung. Wesentliche Vorteile dieses Generators sind sein hoher Verbreitungsgrad und die damit verbundene hohe Kostenoptimierung. Nachteilig sind der Wirkungsgrad, die Leistungsgrenze und die eingeschränkte Schnittstelle sowie die hohe Welligkeit der geregelten Ausgangsspannung. Zum Großteil handelt es sich bei den technischen Umsetzungen um fremderregte Synchronmaschinen in Form von Klauenpolmaschinen.

Durch die Weiterentwicklung auf 5- oder 6-phasige Generatoren und die Einführung einer aktiven Gleichrichtung konnten der Wirkungsgrad, die Leistungsgrenze und auch die Welligkeit deutlich verbessert werden, so dass diese Generatoren bis heute eine hohe Marktdurchdringung genießen, siehe Bild 6.5.

Bild 6.5: 12 V-Generator, nach [58]

6.2.2 Starter-Generatoren

In Mild Hybrid Systemen wird die Erzeugung elektrischer Energie mittels 48 V-Starter-Generatoren im Riementrieb oder integriert im Getriebe realisiert. Diese Elektromotoren können sowohl Strom erzeugen als auch als Elektromotor fungieren. Die höhere Spannung ermöglicht auch eine effiziente elektromotorische Funktion, die mit einem 12 V-Starter-Generator nicht zu erreichen ist. Deshalb sind diverse Versuche, Starter-Generatoren auf der 12 V-Ebene zu implementieren, gescheitert.

In 48 V lässt sich bei gleicher Bauform mit dem gleichen Drahtdurchmesser ein Generator mit bis zu vierfacher Leistung realisieren, der auch als Motor betrieben, ein ausreichend hohes mechanisches Moment aufbringen kann. Somit können Leistungen von 12 kW bis nahezu 20 kW dargestellt werden. Mit höherer Stromtragfähigkeit können durchaus Leistungen bis 30 kW erreicht werden [57].

In Bild 6.6 ist eine 48 V-Elektromaschine dargestellt, die als Hochleistungs-Starter-Generator eingesetzt werden kann. Derart leistungsfähige Starter-Generatoren werden hauptsächlich in Getriebe an P1, P2 oder P3 integriert oder sogar als Achs-/Radantrieb P4 verwendet, siehe Kap. 1.1.2.

Bild 6.6: 48 V-Hochleistungs-Starter-Generator für Spitzenleistungen bis 30 kW [57]

6.2.3 Elektromaschinen

Mit der Einführung von Elektromaschinen bei höheren Spannungen in Hybridfahrzeugen bietet sich ein deutlich größeres Potential für die Erzeugung von elektrischer Leistung im Bordnetz, unabhängig von der Art und Weise des Fahrzeugkonzepts und des Hybridantriebs. Die Elektromaschine verfügt hier im generatorischen Betrieb über eine Leistungsfähigkeit, die die Leistungsaufnahme der Batterie bei Weitem übertrifft. Heute liegen die Leistungen solcher Elektromaschinen im Bereich von 50 kW bis 200 kW. Die Spannungsklassen für die Hochvolt-Systeme sind Kap. 10.3 zu entnehmen. Teils noch stärkere Elektromaschinen werden in den Elektrofahrzeugen eingesetzt.

Die in Bild 6.7 dargestellte Elektromaschine stammt aus einem Elektromotorenbaukasten mit Durchmessern von 160 mm bis 280 mm, womit maximale Leistungen von 500 kW und Drehmomente bis 1000 Nm in einem weiten Spannungsbereich von 400 V bis 850 V umgesetzt werden können. Der aktuelle Trend geht hier von 400 V zu 800 V, vor allem bei Elektrofahrzeugen mit hohen Fahrleistungen im Premium- und Luxussegment.

Einen anderen Ansatz verfolgen vielphasige und vielpolige Elektromaschinen, die mit 48 V Gleichspannung gespeist werden können [59]. Ein vielphasiger Umrichter, der direkt am Stator integriert ist, ermöglicht eine ideale elektrische Verbindung zwischen Leistungselektronik und Maschinenphasen ohne hohen Verkabelungsaufwand, siehe auch Bild 6.8. Mit solchen Elektromaschinen können durchaus vergleichbare Leistungen im Bereich von 150 kW wie in Systemen mit hohen Spannungen erzielt werden.

Wesentliche Vorteile dieser Technologie sind höhere Wirkungsgrade um bis zu 25 % im Vergleich zu Elektroantrieben mit Asynchronmaschinen mit herkömmlichen Kupferwicklungen und Wechselrichtern für 400 V bis 800 V sowie Verbesserungen im

Überlastbereich und die Vermeidung von Maßnahmen zur Hochvolt-Sicherheit [60]. Vor allem sind höhere Wirkungsgrade im Teillastbereich zu erzielen [61].

Bild 6.7: Elektromaschine [62]

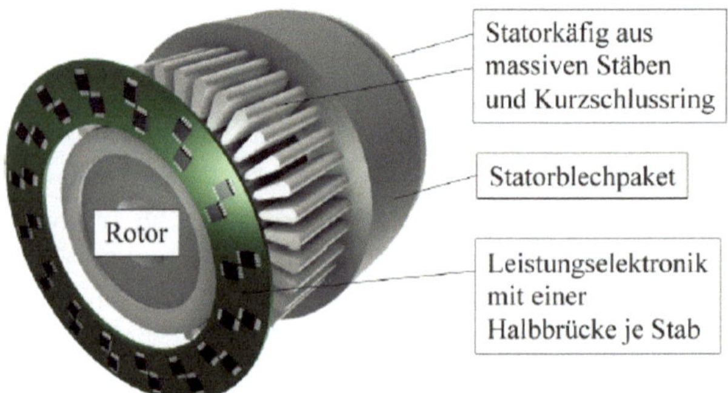

Bild 6.8: Vielphasige 48 V-Elektromaschine in vereinfachter Darstellung [59]

6.3 Energiespeicherung

Ein elektrischer Energiespeicher muss neben der Speicherung elektrischer Energie ebenso die elektrische Leistung in geeignetem Maße aufnehmen und abgeben können sowie eine ausreichende Pufferung transienter Vorgänge bieten. Die Anforderungen sind je nach Fahrzeugart und Bordnetz unterschiedlich.

Für die Speicherung elektrischer Energie im Basisbordnetz werden als Stand der Technik Batterien verwendet, siehe Bild 6.9. bzw. Bild 6.10. Vorzugsweise handelt es sich um Bleibatterien, die ursprünglich als Starterbatterien dienten, aber im Laufe der Zeit immer mehr Anforderungen erfüllen mussten.

Von der Einführung des elektrischen Starters 1912 bis in die früheren 1970er-Jahre musste die Starterbatterie vorwiegend den hohen Strom für den Startvorgang im Fahrzeug liefern, um den Verbrennungsmotor in Betrieb zu nehmen. Die Spannungsstabilität im Bordnetz während des Startvorgangs war sekundär, da keine weiteren elektrischen Funktionen außer der Zündung versorgt werden mussten. Hohe Kaltstartleistungen, insbesondere bei tiefen Temperaturen, für Dieselmotoren und großvolumige Benzinmotoren stellen hohe Anforderungen an die Starterbatterie. Eine weitere Anforderung besteht für den Zeitraum, in dem ein Fahrzeug abgestellt ist und ein Ruhestrom von typisch 3 bis 30 mA [35] über einige Tage bis hin zu 6 Wochen aus der Starterbatterie entnommen wird. Dazu addiert sich die Anforderung für den Nachlaufstromverbrauch, wenn nach dem Abschalten des Verbrennungsmotors Motorlüfter, Pumpen und weitere elektronische Komponenten (z. B. Licht, Unterhaltungs- und Komfortfunktionen) bzw. Standheizung oder Standlüften für eine gewisse Dauer weiter betrieben werden. Die Batterie muss den Motor nach langen Standzeiten sicher starten können.

In den 1960er-Jahren wurde die Spannungslage der Starterbatterien in Personenkraftwagen von 6 V auf 12 V angehoben, um größere Verbrennungsmotoren starten zu können. Licht, Starter und Zündung waren die einzigen elektrischen Verbraucher im elektrischen Bordnetz. Daher war eine Umstellung sowohl in technischer als auch in betriebswirtschaftlicher Hinsicht unproblematisch.

Erst mit dem Einsatz der ersten elektronischen Steuerungen erhöhten sich die Anforderungen an eine gewisse Spannungsstabilität, um die Steuergeräte und vor allem die Motorelektronik im geforderten Betriebsspannungsbereich zu versorgen. Ab den 1980er-Jahren setzte eine rasante Entwicklung ein, und es wurden sukzessive immer mehr elektronische Funktionen in die Fahrzeuge integriert, was zu einer deutlichen Zunahme der Anforderungen an die Bordnetzbatterie hinsichtlich Leistungsfähigkeit zur Stützung der Spannungsstabilität führte. Zusätzlich nutzen neue Betriebsstrategien zur Reduzierung des Kraftstoffverbrauchs und Emissionen die Batterie [35].

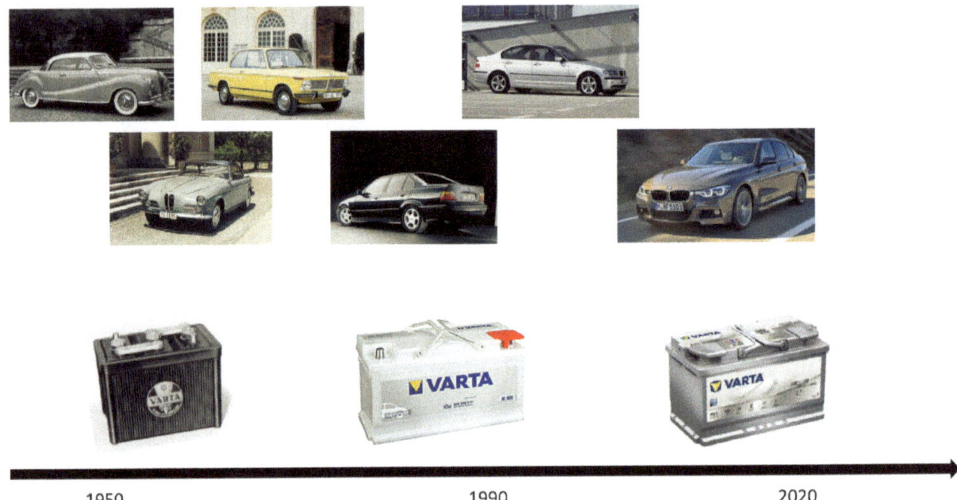

Bild 6.9: Fahrzeuge und deren Batterien im Laufe der Zeit [63]

Mit aktiver Generatorregelung wird die Batterie gezielt im teilgeladenen Zustand betrieben, um einerseits den Verbrennungsmotor in bestimmten Betriebszuständen vom Generator zu entlasten und das Bordnetz vorübergehend aus der Batterie zu speisen und andererseits in Schubphasen des Fahrzeugs die Batterie durch maximale Generatorleistung wieder geladen wird. Diese Funktionalität wird teilweise als Bremsenergierückgewinnung bezeichnet. Diese Betriebsstrategie erhöht die Zyklisierung der Batterie deutlich, was sich in kürzeren Lebensdauern von herkömmlichen Blei-Säure-Batterien bemerkbar machte.

Die Blei-Säure-Technologie wurde im Laufe der Zeit weiter verbessert. AGM (Absorbent Glas Mat), EFB (Enhanced Flooded Battery) oder Blei-Wickel-Technologie haben deutliche Verbesserungen im Hinblick auf die Zyklisierbarkeit von Bleibatterien gebracht.

Mit der Einführung von Start-Stopp-Funktionen wurde die Zyklisierung der Batterie so massiv erhöht, um das Bordnetz und damit die Fahrzeugfunktionen während der Phase, in der der Generator aufgrund Motor-Aus keinen Strom liefert, zu versorgen. Der Strombedarf des Fahrzeugs liegt in solchen Phasen im Bereich von 25 A bis 70 A [35], die die Batterie bereitstellen und anschließend noch den Wiederstart des Verbrennungsmotors sicher gewährleisten muss. Vorzugsweise kommen dort AGM- oder EFB-Batterien zu Einsatz.

Weitere Technologien wie z. B. Nickel-Metall-Hydrid (NiMH) oder Li-Ionen-Technologien bieten sich als Alternativen für den Einsatz im Automobil an. Die unterschiedlichen Eigenschaften hinsichtlich Energie- und Leistungsdichte – siehe Bild 6.10 – sowie die Kosten spielen dabei allerdings eine große Rolle.

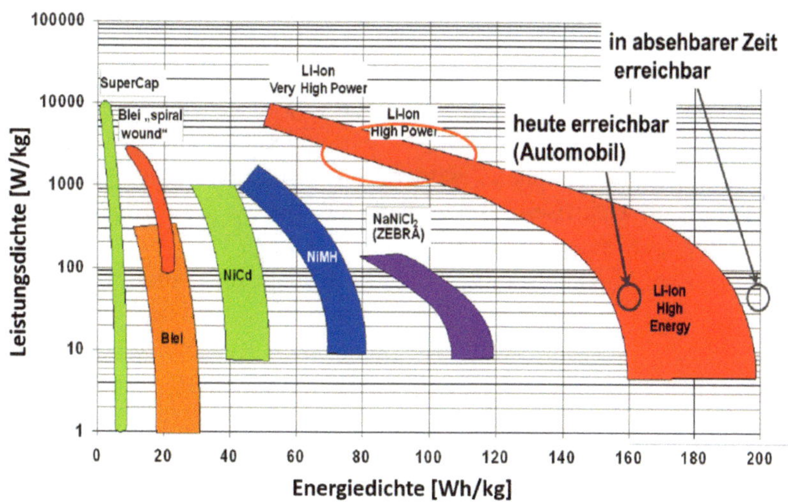

Bild 6.10: Batterietechnologien im Vergleich [64]

6.3.1 Bleibatterien

Aufgrund des hohen Industrialisierungsgrads, des bestehenden technischen Verständnisses, ihrer Robustheit, der Verfügbarkeit am Markt und der sehr geringen Kosten ist die Bleibatterie heute Stand der Technik. Ihre wesentlichen Eigenschaften sind in Tabelle 6.3 aufgeführt. Große Nachteile sind das hohe Gewicht, die quaderförmige Bauform und die geringe Ladeakzeptanz. Dank der Ausnahmeregelung für Fahrzeugbatterien vom Bleiverbot (EU) durch ein ausgeklügeltes Recycling-Konzept finden Bleibatterien immer noch Anwendung in hohen Stückzahlen. Mit der angekündigten Beendigung dieser Sonderregelung in der EU – erwartet nicht vor 2025 – müssen Alternativen gefunden und entwickelt werden.

Eigenschaft	**Wert**
Energiedichte gravimetrisch	20 ... 45 Wh/kg
Energiedichte volumetrisch	60 ... 95 Wh/l
Leistungsdichte	300 W/kg
Selbstentladung	3%/Monat
Temperaturbereich Laden	-10 ... 85 °C
Temperaturbereich Entladen	-40 ... 85 °C

Tabelle 6.3: Wesentliche Eigenschaften von Bleibatterien [64]

6.3.2 Lithium-Ionen-Batterien

Die bereits für Antriebsbatterien verwendeten Lithium-Ionen-Batterien sind eine Alternative für Bleibatterien im Niedervoltbereich, um einerseits der angekündigten Beendigung der Sonderregelung in der EU und andererseits der geringen Ladeakzeptanz für Anwendungen mit hohen Rekuperationsleistungen zu begegnen. Im Gegensatz zur Anwendung in elektrisch angetriebenen Fahrzeugen sollen diese Batterien in den kurzen Rekuperationsphasen sehr schnell geladen werden und geben dann die gespeicherte elektrische Energie vergleichsweise langsam wieder ab.

Für Lithium-Ionen-Batterien sind die Technologieauswahl und deren Kombination sehr groß. Je nach Anforderungen werden verschiedene chemische Zusammensetzungen für die Zellen ausgewählt.

- NMC: Lithium mit Mischoxiden aus Nickel, Mangan und Kobalt
- LFP: Lithium mit Eisenphosphat
- LTO: Lithium mit Titanat

Tabelle 6.4 zeigt wichtige Kennzahlen verschiedener Lithium-Ionen-Zelltechnologien und der daraus resultierenden Anzahl von Zellen für eine Realisierung als 12 V-Bordnetzbatterie. Aus Sicht des Temperaturbereichs sind hier die Kombinationen der Zelltechnologien NMC/LTO und LFP/LTO vorzuziehen, auch wenn die größeren Zellanzahlen höhere Kosten sowie gegebenenfalls mehr Gewicht und Bauraum bedeuten.

Anode / Kathode Material	**NMC / LTO**	**LFP / Soft-Carbon**	**LFP / Graphit**	**LFP / LTO**
Nominalspannung Zelle	2,2 V – 2,4 V	2,7 V – 2,8 V	3,2 V – 3,3 V	1,7 V – 1,8 V
Anzahl Zellen für 12 V-Batterie	6	5	4	7 (8)
Nominalspannung 12 V-Batterie	13,2 V – 14,4, V	13,5 V – 14,0 V	12,8 V – 13,2 V	11,9 V – 12,6 V (13,6 V – 14,4 V)
Temperaturbereich: Betrieb Lagerung	-30 °C – 60 °C -40 °C – 80 °C	-20 °C – 45 °C -40 °C – 50 °C	-20 °C – 45 °C -40 °C – 50 °C	-30 °C – 60 °C -40 °C – 80 °C

Tabelle 6.4: Kennzahlen verschiedener Lithium-Ionen-Zelltechnologien [64]

In Tabelle 6.5 sind die wesentlichen Eigenschaften verschiedener Materialkombinationen in Lithium-Ionen-Zelltechnologien qualitativ bewertet. Materialkombinationen mit LTO (Lithiumtitanat) weisen große Vorteile hinsichtlich Hochstromfähigkeit, Verhalten bei tiefen Temperaturen und Sicherheit sowie bei der Lebensdauer auf, fordern aber Eingeständnisse bei Gewicht, Bauraum und Diagnose ab.

Anode	**NMC**			**LFP**		
Kathode	Graphit	Soft-Carbon	LTO	Graphit	Soft-Carbon	LTO
Energiedichte gravimetrisch	+++	++	-	++	+	---
Energiedichte volumetrisch	+++	++	+	+	-	---
Hochstromfähigkeit (Laden/Entladen)	+/+	++/++	+++/+++	-/-	+/+	++ / ++
Tieftemperatur-verhalten (Laden/Entladen)	---/-	--/+	++/++	---/-	--/+	++/++
Sicherheit (Nageltest)	---	--	++	-	+	+++
Sicherheit (Überladung)	---	--	-	++	+	+++
Lebensdauer (kalenda-risch/zyklisiert)	-/-	-/-	+/++	++/+	++/+	+++/+++
Diagnose (SOC)	++	+++	+	-	+	---

Tabelle 6.5: Übersicht Zelltechnologien im Vergleich [64]

Da in Niedervoltanwendungen vermehrt Lithium-Ionen-Batterien in bestehende Fahrzeugarchitekturen eingebunden werden, müssen die machbaren Temperaturbereiche bei der Festlegung der Einbauorte berücksichtigt werden. Eine Degradation der Leistung aufgrund des Temperaturbereichs ist nur bedingt möglich, wenn dies nicht zu Sicherheits- oder Komforteinbußen führt. Eine teure Anpassung der Fahrzeugarchitekturen ist oft ausgeschlossen, da aktive Kühlung oder Erwärmung für Bleibatterien ursprünglich nicht vorgehalten war. Darüber hinaus ergeben sich Anforderungen an die im Speicher verbauten Zellen durch die Verortung in Crashzonen, z. B. im Heck- oder Frontbereich, v. a. in Bezug auf eine Gefährdungseinstufung.

Für den Einsatz von Lithium-Ionen-Batterien als Bordnetzbatterie bietet sich eine Vielzahl von Materialkombinationen für Anode und Kathode an. Um die Anzahl der Zellen und damit die Kosten für eine Batterie möglichst gering zu halten, sind höhere Zellspannungen anzustreben. Allerdings spielt auch die Abhängigkeit der Zellspannung vom Ladezustand (SOC) eine wichtige Rolle bei der Auswahl der Technologie, siehe Bild 6.11.

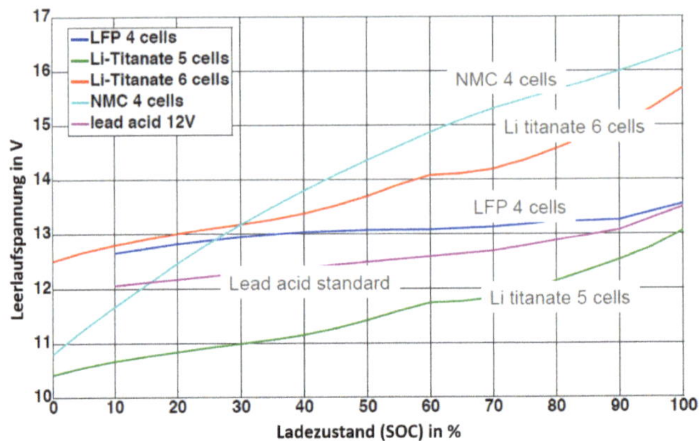

Bild 6.11: Verschiedene Li-Ion-Technologien im Vergleich zur Bleisäurebatterie-Technologie [64]

6.3.3 Batterie-Sensoren für Bleibatterien

Der intelligente Batterie-Sensor (IBS) misst Strom, Spannung und Temperatur direkt an der Bleibatterie. Es werden Ladezustand (SoC), Gesundheitszustand (SoH) und Funktionszustand (SoF) berechnet bzw. damit erfasst und an das Energiemanagement weitergegeben. Dabei wird der durch den Sensor fließende Strom durch den Spannungsabfall über einen sehr niederohmigen Shunt-Widerstand ermittelt. Bild 6.12 zeigt die industrialisierte Lösung eines intelligenten Batteriesensors an einer Batterieklemme. Die verwendeten Algorithmen zur Berechnung von Strom, Spannung und Temperatur sind Know-how der Anbieter und können sich im Detail stark unterscheiden.

Der Sensor kann auch dazu beitragen, die Gefahr eines Betriebsausfalls aufgrund einer schwachen Batterie erheblich zu verringern.

Bild 6.12: Intelligenter Batteriesensor mit Batterieklemme, nach [65]

6.3.4 Batterie-Management für Lithium-Ionen-Batterien

Das Batterie-Managementsystem erfasst alle relevanten Daten des Batteriesystems von Lithium-Ionen-Batterien und überwacht den Status der Batterie. Dazu kommuniziert das Batterie-Management mit dem Energiemanagement des Fahrzeugs und leitet in kritischen Batteriezuständen selbstständig Maßnahmen ein. In den meisten Ausprägungen ist das Batterie-Management mit einer Zellüberwachungs- und einer Ladungsausgleichsfunktion ausgestattet.

6.4 Energiewandlung

Die Kopplung zwischen Spannungsebenen oder Bordnetzzweigen ist eine weitere zentrale Aufgabe, um die Energie- und Leistungsflüsse innerhalb des Energiebordnetzes im Fahrzeug zu gewährleisten. Typischerweise wird die Kopplung mittels DC/DC-Wandlern dargestellt. DC/DC-Wandler haben die Aufgabe, elektrische Leistung von einem Bordnetzzweig in einen anderen zu transferieren. Aus einer Eingangsgleichspannung wird bei geforderter Leistung durch die interne Schaltung des Wandlers auf eine höhere oder niedrigere Ausgangsgleichspannung geregelt. Zu diesem Zweck muss das Gleichsignal am Eingang in ein Wechselsignal verwandelt werden, das Wechselsignal wird anschließend hoch- oder tiefgesetzt und dann wieder in ein Gleichsignal am Ausgang umgewandelt.

Die Anforderungen an die DC/DC-Wandler und deren Auslegung hängen von der jeweiligen Anwendung ab. Hohe Effizienz und stationäre sowie transiente Leistungsfähigkeit sind wesentliche Merkmale.

Erste DC/DC-Wandler wurden mit dem Einsatz von Hybridantrieben in Fahrzeugen notwendig. Der DC/DC-Wandler ersetzt in diesen Bordnetzen die Funktion des herkömmlichen Generators und speist das 12 V-Bordnetz aus dem Hochvolt-System.

Auch in Nutzfahrzeugen mit 24 V dienen sie seit geraumer Zeit dazu, kostengünstigere 12 V-Komponenten aus dem Pkw-Bereich v. a. für Fahrinformations-, Karosserie- und Komfortsysteme einzusetzen. Hierzu wandelt ein DC/DC-Wandler aus dem 24 V-Bordnetz, das hauptsächlich für Antriebs- und Fahrwerksysteme verwendet wird, in das 12 V-Bordnetz.

Mit der Einführung der Motor-Stopp-Start-Funktion in Fahrzeugen mit Verbrennungsmotoren ergab sich die Anforderung, spannungssensitive Fahrinformations-, Karosserie- und Komfortsysteme vom Spannungseinbruch im Warmstart temporär zu entkoppeln. Sogenannte Voltage Stability Units (Spannungsstabilisatoren) in der Leistungsklasse von 100 W bis 200 W wurden vorübergehend in den Versorgungspfad dieser Systeme eingebaut, bis die Systeme im Rahmen von Weiter- oder Neuentwicklungen die notwendige Robustheit gegenüber Spannungseinbrüchen erreichen.

Mild-Hybrid-Systeme auf 48 V, die sich durch eine hohe Rekuperation sowie Assist-/ und Boost-Funktionen für den Verbrennungsmotor auszeichnen, finden seit 2017 eine immer breitere Anwendung. Zwischen dem 48 V-Bordnetz für die

Mild-Hybrid-Funktionen und dem Basisbordnetz auf 12 V ist ein leistungsfähiger DC/DC-Wandler erforderlich.

6.4.1 Kategorisierung von DC/DC-Wandlern

Gleichspannungswandler oder auch DC/DC-Wandler genannt haben die Aufgabe eine Gleichspannung in eine andere zu transformieren. Sie lassen sich nach den folgenden Merkmalen [66] kategorisieren:

- nicht-isoliert od. isoliert
- unidirektional od. bidirektional
- spannungs- oder stromgespeist
- hart geschaltet od. soft switching
- Non-Minimum-Phase oder Minimum-Phase

Weitere Kategorien sind in [66] detailliert erläutert.

6.4.2 Schaltungstopologien für DC/DC-Wandler

Für die in Kap. 6.4.1 genannten Kategorien sind unterschiedliche Schaltungstopologien erforderlich [67]. Die geläufigsten Schaltungstopologien sind in Bild 6.13 bis Bild 6.16 dargestellt [68], [69].

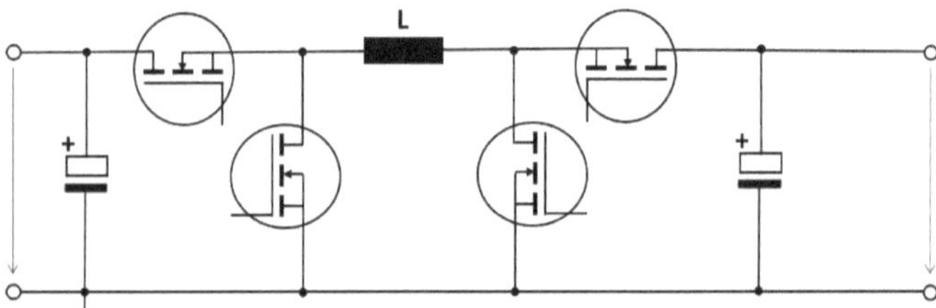

Bild 6.13: Voll bidirektionaler Buck/Boost-Wandler [67]

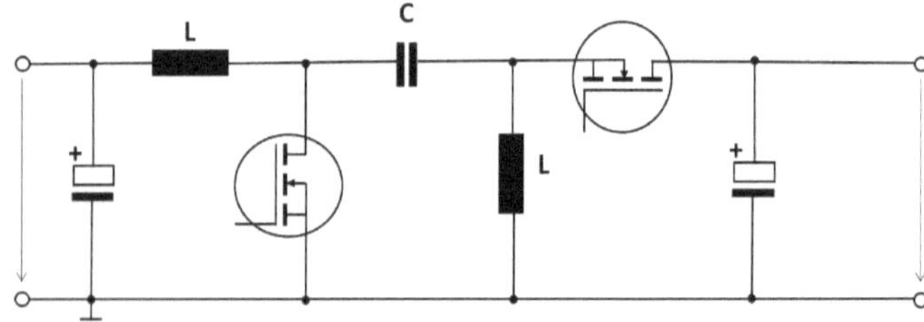

Bild 6.14: Wandler in Sepic/Zeta-Topologie [67]

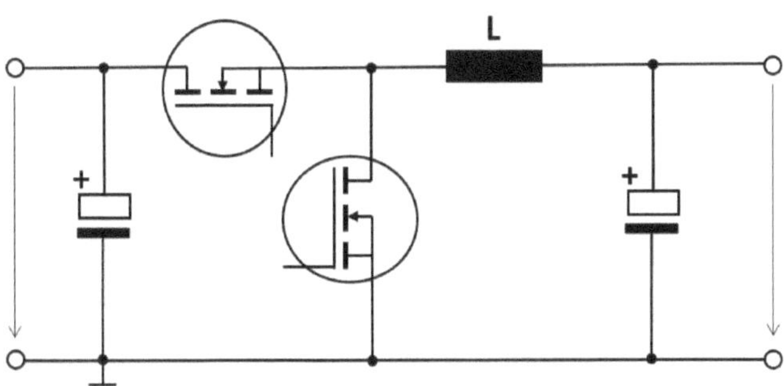

Bild 6.15: Half Bi-directional Buck/Boost [67]

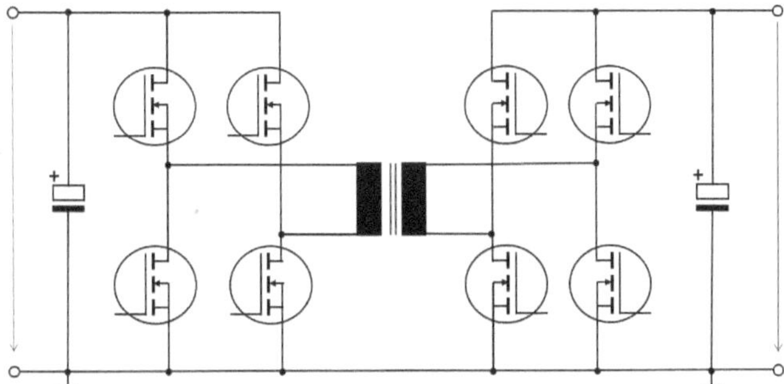

Bild 6.16: Vollbrücke mit Transformator [67]

6.4.3 Galvanisch gekoppelte DC/DC-Wandler

Eine gemeinsame Masse ist die grundsätzliche Eigenschaft nicht-isolierter oder galvanisch gekoppelter DC/DC-Wandler. Daher sind sie nur dort einsetzbar, wo ein gemeinsamer Massebezug von Teilbordnetzen erlaubt ist. Das ist vor allem in 12 V-Bordnetzen mit mehreren Zweigen und in 2-Spannungs-Bordnetzen mit 48 V oder 24 V und 12 V der Fall. Es eignen sich alle Wandlertopologien mit durchgängiger Masse.

6.4.4 Galvanisch getrennte DC/DC-Wandler

Eine strikte Trennung zwischen den Teilbordnetzen ist zwingend erforderlich für alle Fälle, in denen eine Bordnetzspannung größer als 60 V Gleichspannung mit einer Bordnetzspannung kleiner als 60 V gekoppelt werden soll. Hier können nur isolierte oder galvanisch getrennte DC/DC-Wandler eingesetzt werden. Die Auswahl einer Schaltungstopologie erfolgt aufgrund der Anforderungen.

6.4.5 Regelung von DC/DC-Wandlern

Die Regelung von DC/DC-Wandlern in Mehrspannungsbordnetzen ist eine sehr komplexe Aufgabenstellung und bedarf mehrerer überlagerter Regler. Daher ist eine angepasste Modellierungsmethode für DC/DC-Wandler notwendig, um Simulation als entwicklungsbegleitendes Werkzeug verwenden zu können [68]. Das Entwicklungsvorgehen basiert auf unterschiedlichen Abstraktionsebenen, in denen jeweils ein eingeschränkter Frequenzbereich betrachtet wird. Dadurch werden in jeder Ebene unterschiedliche nicht relevante Effekte ausgeblendet, was zu einer reduzierten Komplexität bei der Entwicklung führt. Die Auslegung des Leistungsteils wird in der Schaltungsebene, die Entwicklung der Regelung und die Integration von Betriebsstrategien in der Systemebene betrachtet. Angelehnt an das Entwicklungsvorgehen wird anschließend eine hierarchische Reglerstruktur abgeleitet.

6.4.6 Wirkungsgrad

Unabhängig von Kategorie, Topologie und Reglung ist das Ziel jedes DC/DC-Wandlers ein möglichst hoher Wirkungsgrad über den gesamten Betriebsbereich. Neben einer Berücksichtigung der Effizienz der Energiewandlung bei der Dimensionierung der Bauteile und der zugehörigen Betriebsstrategie des Wandlers werden verstärkt auch neue Technologien wie Gallium-Arsenid-Leistungshalbleiter (GaN) als auch die Verschaltung verteilter DC/DC-Wandlersysteme verwendet. Die Dimensionierung der Bauteile ist meist ein Kompromiss zwischen Wirkungsgrad und Bauraum-Volumen. Die GaN bzw. III-V-Halbleiter erlauben höhere Schaltfrequenzen zur Erreichung höherer Wirkungsgrade und/oder zur Verringerung der Komponenten wie beispielsweise Drosseln. Siehe auch [70].

6.4.7 Fehlertoleranz

Wenn ein DC/DC-Wandler als zentrales Element einer Energiebordnetzarchitektur eingesetzt wird, kann ein Ausfall durch einen willkürlichen Fehler eines Bauelements schwerwiegende Folgen haben und zu einem Zusammenbruch des gesamten Fahrzeugbordnetzes führen. Für sicherheitsrelevante Funktionen wie z. B. Lenkung, Bremse oder Licht ist eine zuverlässige Versorgung erforderlich. Hochautomatisiertes oder autonomes Fahren erhöhen diese Anforderungen noch. Durch Redundanz innerhalb des DC/DC-Wandlers kann eine Fehlertoleranz erreicht werden, so dass ein Einzelfehler eines Bauelements nicht mehr zum Totalausfall des Wandlers führt. Eine Möglichkeit zur Erreichung dieses Ziels ist der Einsatz von Multilevel-Prinzips aus der Wechselrichtertechnik anzuwenden [71], [72].

Der Stand der Technik nicht-isolierter DC/DC-Wandler in Kraftfahrzeugen sind zweistufige Mehrphasensysteme mit verschachtelter Umschaltung [71], [72]. Sie bieten Modularität und erlauben eine Reduzierung des Filteraufwands. Durch die Phasenabschaltung auf Ein- und Ausgangsseite der einzelnen Phasen kann außerdem ein höherer Wirkungsgrad bei Teillast erreicht werden. Dieses Prinzip bietet zwar eine Fehlertoleranz im Fall einer Unterbrechung eines Halbleiterschalters in einer Phase, aber die Kurzschlussfälle werden damit nicht abgedeckt. Um diese Fehlerfälle zu beherrschen, sind zusätzlich Schalter erforderlich, wie in Bild 6.17 dargestellt.

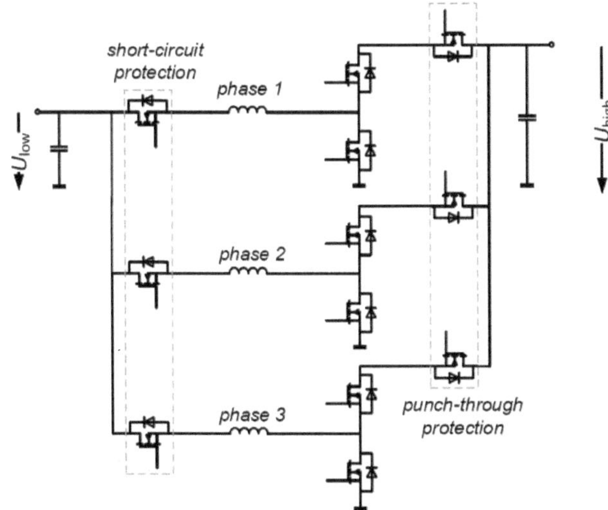

Bild 6.17: Nicht-isolierter 3-phasiger Wandler mit Schutzschaltern [71]

Werden die Schalter in gleicher Anzahl nur anders angeordnet, so kann ein 3-phasiger 3-Level-DC/DC-Wandler wie z. B. in Bild 6.18 dargestellt werden, der die Anforderung nach Fehlertoleranz erfüllt.

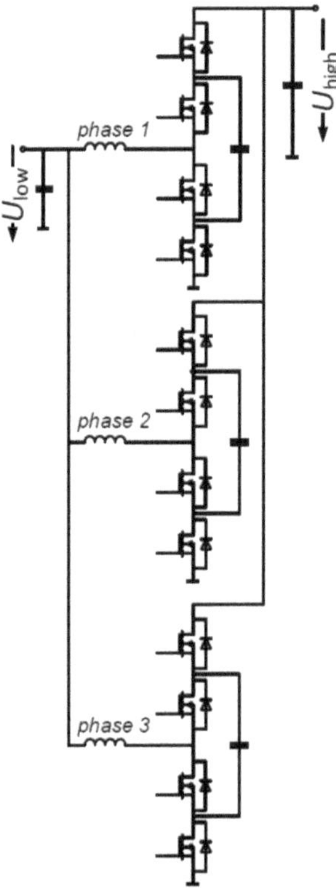

Bild 6.18: Nicht-isolierter 3-phasiger Wandler mit 3-Level-Konzept [71]

Sowohl Multiphase- als auch Multilevel-DC/DC-Wandler können Bauteilausfälle kompensieren und bleiben im Falle von Einfachfehlern mit degradierter Funktion in Betrieb. Multiphase eignet sich besser für Unterbrechungen in den Bauteilen, während Multilevel Vorteile bei kurzgeschlossenen Bauteilen bietet. Eine Kombination der beiden Konzepte kann beide Bauteilfehlerfälle abdecken [73].

6.5 Elektrische Verbraucher

Auch die Verbraucher in Form von elektrischen Lasten und die dazugehörigen Steuergeräte sind als Teil des Energiebordnetzes zu verstehen [74]. Seit Mitte der 1990er Jahre hat sich der Energie- und Leistungsbedarf überproportional wachsend erhöht. Neue E/E-Kundenfunktionalitäten führten zusammen mit der fortschreitenden Elektrifizierung von Antriebsfunktionen und Nebenaggregaten – zur Erreichung der angespannten CO_2-Ziele – das elektrische Energiebordnetz an die Grenzen seiner Belastbarkeit. Durch das elektrische Verhalten haben die Verbraucher ihrerseits einen großen Einfluss auf Anforderungen hinsichtlich Energieinhalt, Leistungsfähigkeit und Speicherbelastbarkeit im Energiebordnetz.

Die breite Palette an elektrischen Verbrauchern und Steuergeräten (siehe Kap. 8), die sich im Zusammenhang mit der Zunahme an elektrifizierten und elektronischen Funktionen im Fahrzeug entwickelt haben, wurden zwangsläufig im bestehenden 12 V-Bordnetz angesiedelt. Die Integration von neuen Funktionen wurde zunächst über die Dimensionierung von Generator, Bleibatterie, Kabelbaum und Stromverteiler umgesetzt. Dieses Vorgehen war allerdings begrenzt, da vor allem der Generator und die Bleibatterie nicht beliebig „vergrößert" werden konnten, auch nicht durch technologische Verbesserungen. Es mussten auf Seiten der elektrischen Verbraucher Maßnahmen zur Reduzierung des elektrischen Verbrauchs erarbeitet und implementiert werden.

6.6 Klemmen

Klemmenbezeichnungen dienten ursprünglich dem fehlerfreien Anschließen an den Geräten, vor allem bei Reparaturen und Ersatzteileinbauten und sind nicht mit Leitungsbezeichnungen gleichzusetzen. Siehe auch Tabelle 6.6. Das Schalten von Klemmen wurde im Zündschloss vorgenommen. In der Zündschlossposition AUS liegt die Versorgungsspannung nur an Klemme 30 an, in der Schalterposition R die Klemme 75 für Radio und/oder Zigarettenanzünder, bei Klemme 15 (Ausgang Zündschalter) ist die Zündung versorgt und mit Klemme 50 wird der Starter betätigt und das Fahrzeug in Fahrbereitschaft versetzt.

Die Bedeutung der Klemmenbezeichnungen sind in der DIN 72552-2 beschrieben und kann dort im Bedarfsfall nachgelesen werden [75].

Klemme	Bedeutung
30	Eingangsklemme direkt von Batterie-Plus, nur wenn Schalter im Motor eingebaut
31	für Rückleitung direkt zu Batterie-Minus oder Masse
15	Ausgangsklemme am Zündschalter (Fahrtschalter), Lichtzündschalter (für Zündung und Tagverbraucher)
50	Ausgangsklemme am Glüh- und Zündanlassschalter (Fahrtschalter), Eingangsklemme am Starter für Startersteuerung, auch Eingangsklemme am Batterie-Umschalter zu dessen Betätigung bei 12/24 V-Anlagen
40	Eingangsklemme direkt von 48 V Batterie-Plus
41	Klemme für Rückleitung zu 48 V Batterie-Minus oder Masse

Tabelle 6.6: Einige Beispiele für Klemmenbezeichnungen

Im Laufe der Zeit entwickelte sich ein klemmenbasiertes Versorgungskonzept, das in der Grafik gemäß Bild 6.19 schematisch dargestellt ist.

Das elektrische Energiebordnetzsystem lässt sich als Zusammenspiel von Generator, Batterie und den elektrischen Verbrauchern darstellen. Der Generator wird über den Keilriemen von der Kurbelwelle angetrieben und wandelt die mechanische Leistung in elektrische Leistung um. Der im Generator enthaltene Regler begrenzt die abgegebene Leistung so, dass die dem Regler vorgegebene Sollspannung nicht überschritten wird. Bei abgezogenem Zündschlüssel werden nur noch wenige Verbraucher mit Spannung versorgt, z. B. Diebstahlwarnanlage, Autoradio, Standheizung. Der Anschluss, über den diese Verbraucher versorgt werden, wird als „Klemme 30" (Dauerplus) bezeichnet. Die übrigen Verbraucher sind an „Klemme 15" angeschlossen. Nur in Fahrtschalterstellung „Zündung ein" werden diese Verbraucher versorgt. Durch die Einführung der „Klemmen 30b, 30f" kann die Zahl der Verbraucher, die an Dauerplus angeschlossen sind, erhöht werden. Im Fehlerfall wird der dafür eingebaute Schalter geöffnet.

Die elektromechanische Schaltfunktion des Zündschlosses ist durch die Umstellung auf Keyless Go mit dem Start-Stopp-Taster (schlüssellose Fahrzeuginbetriebnahme) entfallen. Das Schalten der Klemmen erfolgt heute in einem zentralen Steuergerät für Karosserieelektronik, in der Regel durch Relais. Die Befehle und Informationen zum Klemmenstatus werden über Bussignale übertragen. Die hierfür benötigten Leitungen für diese Analogsignale wurden eingespart.

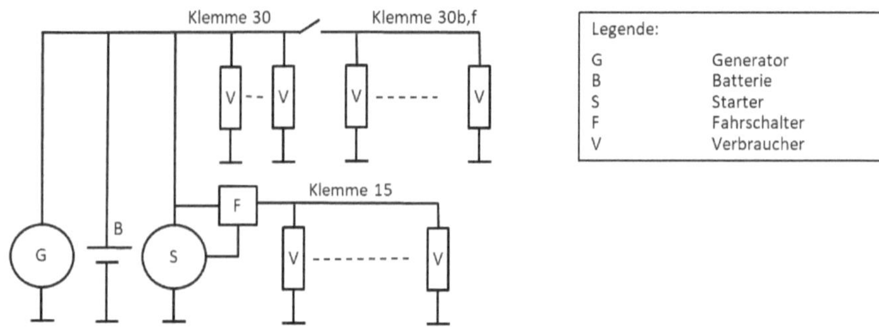

Bild 6.19: Schematische Darstellung des Energiebordnetzes [35]

6.7 Energiebordnetz-Architekturen

Die Energiebordnetz-Architektur charakterisiert seine grundsätzliche Konzeption, d. h. den Baustil, und die Anordnung von Generator, Batterie und weiteren Komponenten, was als Topologie bezeichnet wird.

Das elektrische Energiebordnetz im Fahrzeug hat über einen sehr langen Zeitraum einen erheblichen Anstieg der Anforderungen erfahren, jedoch ohne grundlegende Veränderung in Architektur und Topologie. Die Integration neuer Funktionen wurde dabei stets über die Dimensionierungen von Generator, Batterie, Kabelbaum und Stromverteiler im klassischen 12 V-Bordnetz (siehe auch Bild 6.20) umgesetzt, was auf einen Mehrbedarf an

- elektrischer Energie durch stationäre Stromverbraucher (z. B. Heizsysteme, Motorlüfter),
- elektrischer Leistung durch transiente Stromverbraucher (z. B. Lenkkraftunterstützung,
  Fahrwerksregelsysteme, Warmstart) und
- Speicherzyklisierung durch Energiedurchsatz (z. B. Bremsenergierückgewinnung, Vor-/Nachlauf, Versorgung in der Motorstopphase)

zurückzuführen ist.

Durch ständige Optimierungen und Verbesserungen sowohl bei der Generierung als auch bei der Speicherung von elektrischer Energie konnte die Leistungsfähigkeit dieser Bordnetzarchitektur weiter gesteigert werden. Dies geschah auch durch die Einführung von Effizienzmaßnahmen, die den Stromverbrauch von Funktionen, Systemen und Aggregaten reduzieren, und somit indirekt die Energie- und Leistungsverfügbarkeit erhöhen. Ein anstehender Architektursprung, wie z. B. die Einführung eines Zwei-Spannungs-Bordnetzes, konnte so hinausgezögert werden.

Auch durch die kontinuierliche Einführung von Maßnahmen zur Reduzierung des elektrischen Verbrauchs bestehender Funktionen [8], wie in Bild 6.21 dargestellt, konnte Freiraum zur Einführung neuer Funktionen geschaffen werden. Je höher die Reduzierung zu einem bestimmten Zeitpunkt ist, desto höher ist das Potenzial für die Einführung neuer Funktionen. Wird allerdings durch den hohen Leistungsbedarf einer oder mehrerer neuen Funktionen diese Schwelle überschritten, so kann der Architektursprung nicht länger vermieden werden. Da Architektursprünge mit erheblichen Kosten verbunden sind, sollten sie über kundenwerte Funktionsmehrungen legitimiert werden.

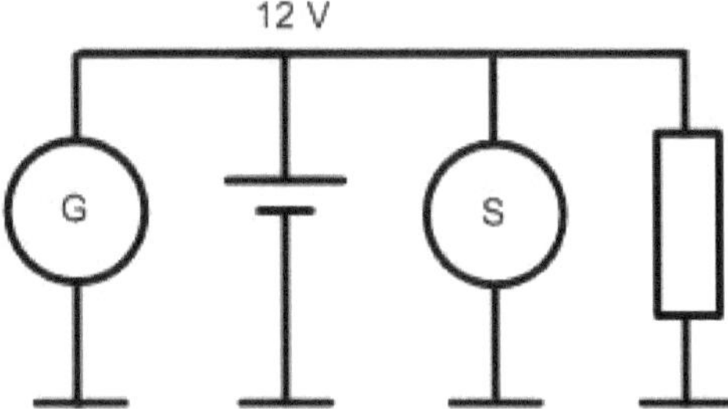

Bild 6.20: Schematische Darstellung der heutigen Energiebordnetzarchitektur

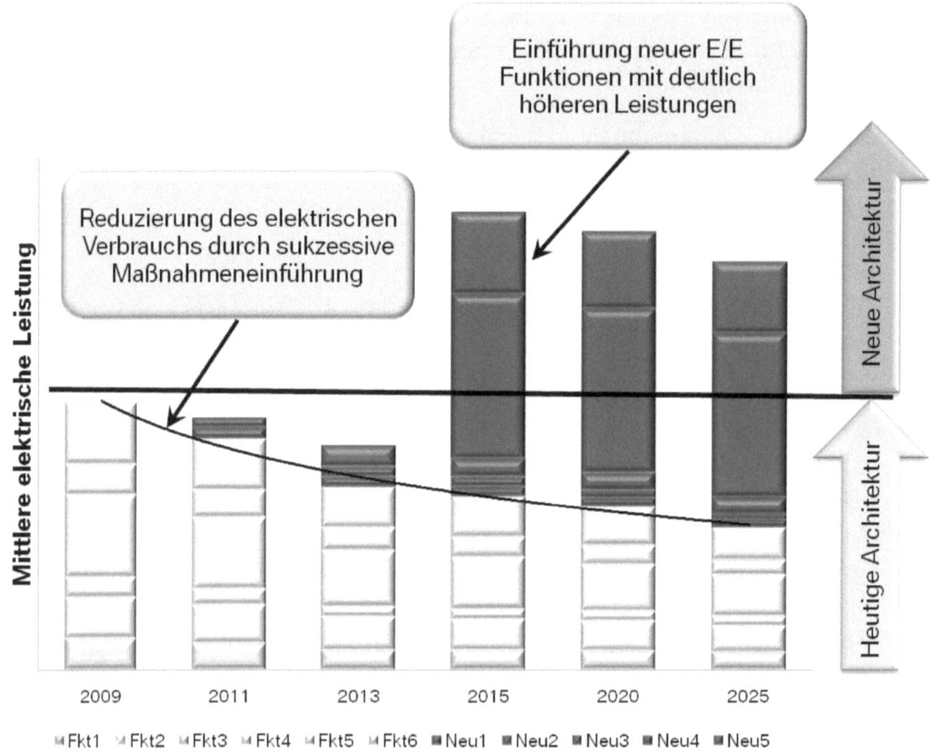

Bild 6.21: Reduzierung elektrischen Verbrauch und Architektursprung

Aufbauend auf die einleitend diskutierte und in Bild 6.20 dargestellte klassische Energiebordnetz-Architektur bieten sich 3 verschiedene Architekturerweiterungen, die in Abhängigkeit von den neuen Anforderungen auszuwählen sind:

- verbraucherseitige Erweiterungen
- generatorseitige Erweiterungen
- speicherseitige Erweiterungen

Bei Überschreitung der stationären und dynamischen Leistungsgrenzen des 12 V-Bordnetzes bietet sich die Integration einer oder mehrerer Funktionen in Form einer verbraucherseitigen Erweiterung auf eine andere Spannungsebene an. Bild 6.22 zeigt das Prinzip einer verbraucherseitigen Erweiterung, die vor allem zur Stützung von Hochleistungsverbrauchern auf ein entkoppeltes Teilbordnetz zurückgreift.

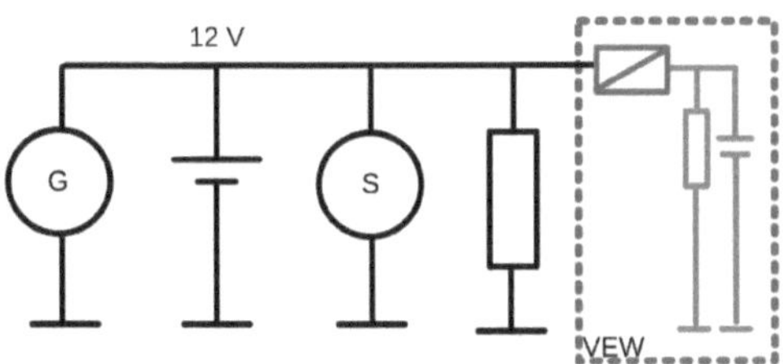

Bild 6.22: Architekturprinzip der verbraucherseitigen Erweiterung (VEW) [76]

Die verbraucherseitige Erweiterung ist jeweils mit oder ohne Energiespeicher ausführbar, je nach Energie- oder Leistungsbedarf der versorgten Funktionen. Verbraucherseitige Erweiterungen ohne Speicher sind für stationäre Verbraucher, die eine höhere Betriebsspannung benötigen (z. B. auf Beschichtung basierende Frontscheibenheizung) geeignet, sofern die Leistungsabnahme die Belastung der 12 V-Seite nicht überschreitet. Für dynamische Kurzzeitverbraucher wie z. B. Lenk- oder Fahrwerksysteme werden vorzugsweise Doppelschichtkondensatoren mit hoher Leistungsfähigkeit und Zyklisierbarkeit eingesetzt.

Stationär erhöhte Energiebedarfe wie z. B. Klima- und Heizfunktionen oder Anforderungen nach Rekuperation mit Spitzenleistungen deutlich über 5 kW sollten vorzugsweise über die in Bild 6.23 gezeigte generatorseitige Erweiterungen bedient werden. In dieser Leistungsklasse bietet sich zudem ein elektromotorischer Betrieb an, der über die Boost-Funktion CO_2-günstige Lastpunktverschiebungen des Verbrennungsmotors ermöglicht. Außer dem Energiebordnetz für Mild-Hybride sind auch die Energiebordnetze aller Hybrid- und Elektrofahrzeuge sind dem Prinzip der generatorseitigen Erweiterung zuzuordnen.

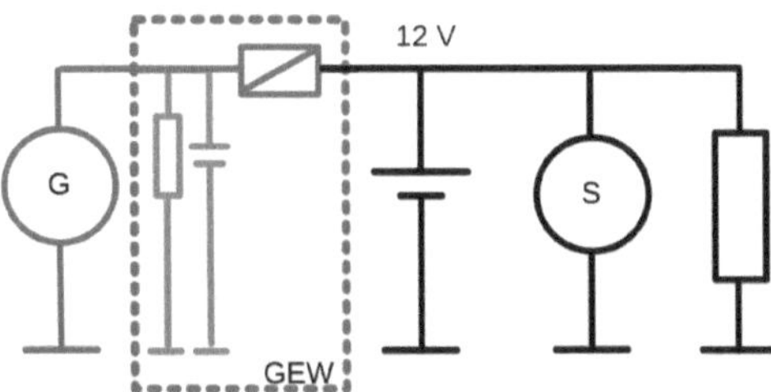

Bild 6.23: Architekturprinzip der generatorseitigen Erweiterung (GEW) [76]

In einer speicherseitigen Erweiterung in Bild 6.24 wird ein zusätzlicher Speicher, z. B. Doppelschichtkondensator, für eine kurze Zeit in den Masseanschluss der Batterie geschaltet, um die Spannung im Energiebordnetz vorübergehend anzuheben, um ein Einbrechen der Spannung unter einen kritischen Wert zu verhindern.

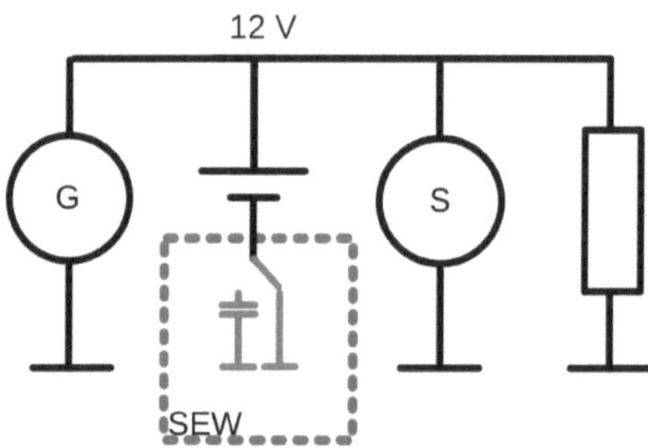

Bild 6.24: Architekturprinzip der speicherseitigen Erweiterung (SEW) [76]

6.7.1 Ein-Spannungs-Bordnetz

Ein klassisches Fahrzeug mit Verbrennungsmotor ist mit einem 12 V-Energiebordnetz ausgestattet und erreicht damit maximal die Funktionalität Motor-Start-Stopp, siehe Bild 6.25. In diesen Fahrzeugen wird der Verbrennungsmotor mithilfe der in der Batterie gespeicherten elektrischen Energie über den Starter gestartet, dann übernimmt der Generator die Versorgung aller elektrischen Verbraucher und das Laden der Batterie. Während einer Motor-Aus-Phase übernimmt die Batterie die Versorgung aller elektrischen Funktionen, bis der Verbrennungsmotor wieder läuft. Für diese funktionale Ausprägung bieten sich auch Starter-Generatoren an, die die Funktionen von Starter und Generator in einer Komponente integrieren. Das Verbraucherkollektiv V_1 bis V_n ist in 2 Kategorien aufgeteilt, wobei die eine Kategorie (V_1 bis V_i) mit zwingend erforderlichen oder sicherheitsrelevanten Funktionen direkt an Klemme 30 angeschlossen sind und die andere Kategorie (V_j bis V_n) über ein geeignetes Power Distribution System selektiv degradiert oder abgeschaltet werden kann.

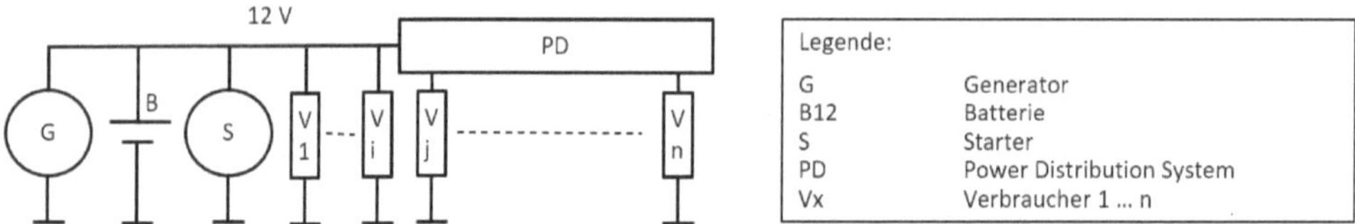

Bild 6.25: 12 V-Energiebordnetz für Motor-Start-Stopp-Funktion [77]

6.7.2 Zwei-Spannungs-Bordnetz

In Mild Hybrid Fahrzeugen ist eine Energiebordnetzarchitektur mit einem Ein-Spannungs-Bordnetz nicht mehr ausreichend. Ein Zwei-Spannungs-Bordnetz mit 48 V und 12 V kann die Anforderungen erfüllen, siehe Bild 6.26. Eine elektrische Maschine auf 48 V übernimmt die Funktionen von Generator und Starter und bietet außerdem eine funktionale Mehrung in Richtung Verbrauchsreduzierung und Emissionsverhalten sowie die Dynamik des Fahrzeugs. Im einfachsten Fall ist diese Maschine als Starter-Generator im Riementrieb ausgeführt und wird konstruktiv anstelle des Generators unter Berücksichtigung einiger mechanischer Randbedingungen (P0) eingebaut. Eine Integration der elektrischen Maschine im Getriebe (P1, P2) eröffnet weitere funktionale Verbesserungen sowie eine Steigerung der elektrischen Leistungskenngrößen. Eine 48 V-Batterie, mit heutigem Stand der Technik in Li-Ion-Technologie, nimmt die von der elektrischen Maschine erzeugte Energie auf und versorgt damit das System während der Phasen, in denen die elektrische Maschine nicht generiert. In der einfachsten Ausführung wird das System noch durch einen DC/DC-Wandler zwischen 48 V und 12 V, der die Versorgung der auf 12 V befindlichen Verbraucher übernimmt, ergänzt. Einige Verbraucher sind bereits auf 48 V vorhanden und es ist zu erwarten, dass ständig mehr Verbraucher von 12 V dorthin migriert werden. Neue Verbraucher, die aufgrund ihrer hohen Leistungsklasse in 12 V nicht umsetzbar sind, werden ausschließlich in 48 V realisiert werden.

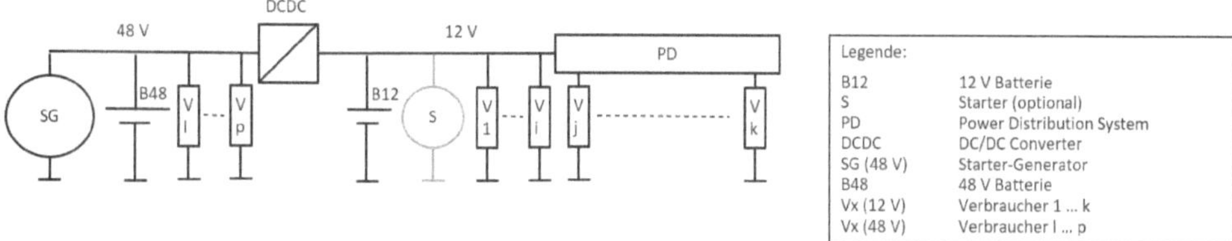

Bild 6.26: Zweispannungs-Energiebordnetz für Mild Hybrid-Systeme

Ähnlich wie in Mild Hybrid-Fahrzeugen stellt sich das Energiebordnetz von Hybrid-, Plug-In-Hybrid- und Elektrofahrzeugen dar, siehe beispielsweise Bild 6.27. Die elektrische Maschine, die primär als Antriebsaggregat vorgesehen ist, übernimmt die Funktion des Generators, sofern der Fahrzeugtyp noch über eine Primärenergie z. B. in Form von Kraftstoff verfügt. Die Hochvoltbatterie mit ihrem hohen Energieinhalt, der in Fahrzeugen mit Anschlussmöglichkeit an Ladeeinrichtungen von extern nachgeladen werden kann, übernimmt die Funktion eines Energiespeichers und ist im Elektrofahrzeug sogar die einzige Energiequelle für das Fahrzeug.

Die Anzahl der Hochvoltverbraucher ist überschaubar. Kältemittelverdichter und elektrischer Zuheizer sind die einzigen derzeit bekannten Komponenten. Einer Ausweitung der Verbraucherlandschaft auf Hochvolt stehen die Risiken für Hochvoltsicherheit und die damit verbundene geringere Verfügbarkeit des Systems entgegen.

Die Ähnlichkeit der Energiebordnetzarchitekturen auf der 12 V-Seite von Mild-Hybrid-Fahrzeugen und von Hybrid-, Plug-In-Hybrid- und Elektrofahrzeugen ist vordergründig klar erkennbar. Nur die Migration von leistungsstarken Verbrauchern oder die Einführung neuer leistungsstarker Verbraucher stellt bei Energiebordnetzen für Vollhybrid-, Plug-In-Hybrid- und Elektrofahrzeuge eine deutlich höhere Herausforderung dar.

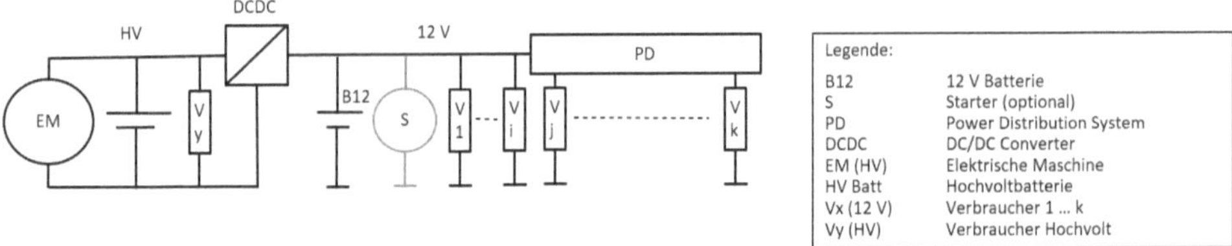

Bild 6.27: Zweispannungs-Energiebordnetz für Vollhybrid-, Plug-In-Hybrid- und Elektrofahrzeuge

6.8 Spannungsebenen

12 V ist die in der Automobilindustrie am häufigsten vorkommende Spannungsebene und hat sich in mehr als einem halben Jahrhundert zu einem Quasi-Standard entwickelt. Vor allem in Personenkraftwagen wurde und wird diese Spannungsebene verwendet, nachdem sie Ende der 50er Jahre des letzten Jahrhunderts 6 V abgelöst hatte. In Nutzkraftfahrzeugen wird partiell 24 V eingesetzt, vor allem in Motor- und Getriebesystemen. Für nicht nutzfahrzeugspezifische Applikationen wie z. B. Radio, Navigation und Komfortsysteme werden die 12 V-Systeme aus dem Pkw-Sektor verwendet.

Trotz teils großer Anstrengungen in der Automobilindustrie ist es bis heute nicht gelungen, die fahrzeug-herstellerspezifischen Spezifikationen zu diese Spannungsebene in einen Standard zu überführen. Kleine Unterschiede zwischen den verschiedenen Hausnormen haben letztendlich immer wieder dazu geführt, dass die angestrebte Harmonisierung der Spezifikationen gescheitert ist. Im weitesten Sinne lassen sich die Betriebsspannungsbereiche gemäß Tabelle 6.7 als einheitlich definiert betrachten.

Bereich	U_{Bmin}	U_{Bmax}	Beschreibung
a	6 V	16 V	für Funktionen, die während des Startvorgangs erhalten bleiben müssen
b	8 V	16 V	für Funktionen, die während des Startvorgangs nicht erhalten bleiben müssen Hinweis: Diese Kodierung ist nur zu verwenden, wenn sich eine Komponente nicht in die Kodierung a, c oder d einordnen lässt.
c	9 V	16 V	für Funktionen, die bei "Motor AUS" erhalten bleiben müssen
d	9,8 V	16 V	für Funktionen, die bei Motorbetrieb vorhanden sein müssen

Tabelle 6.7: Betriebsspannungsbereiche für die 12 V-Spannungsebene [78]

Mit der Markteinführung der ersten Hybridfahrzeuge, z. B. Toyota Prius, kamen Spannungen mit mehreren 100 V Gleichspannung in Fahrzeuge. Erstmals wurde die Berührschutzgrenze für Spannungen damit überschritten, und Hochvoltsicherheitsfunktionen mussten im Fahrzeug etabliert werden, um Personen vor diesen Gefahren zu schützen. Die Vielfalt der Spannungsebenen, die primär durch die Anzahl der Batteriezellen und deren Zellspannung bestimmt wurden, war und ist deutlich größer als im Niedervoltbereich. Der Spannungsbereich der Anwendungen wurde hauptsächlich durch die Sperrspannung der bevorzugt verwendeten Halbleiterbauelemente (IGBTs) auf maximal 450 V DC begrenzt. Dank der Bemühungen einiger Fahrzeughersteller wurde eine Klassifizierung der Hochvoltspannungsbereiche eingeführt, um diese Vielfalt einzuschränken – ISO PAS 19295 und ISO DIS 21498 (Nachfolge LV123), siehe auch Kap. 10.3.

Die Rahmenbedingungen bei der Einführung von 48 V als neue Spannungsebene im Kraftfahrzeug waren hinsichtlich Standardisierung deutlich besser. Eine kleine Arbeitsgruppe arbeitete die Spezifikation des Spannungsbereichs und der Prüfungen mit ausreichend großem zeitlichem Vorlauf vor den ersten Markteinführungen von Fahrzeugen aus und veröffentlichte sie 2013 in Form der VDA-320 als Empfehlung und zur Orientierung. Im Herbst 2020 wurde auf Basis der VDA-320 die ISO 21780 als gültige Norm für die 48 V-Spannungsebene eingeführt.

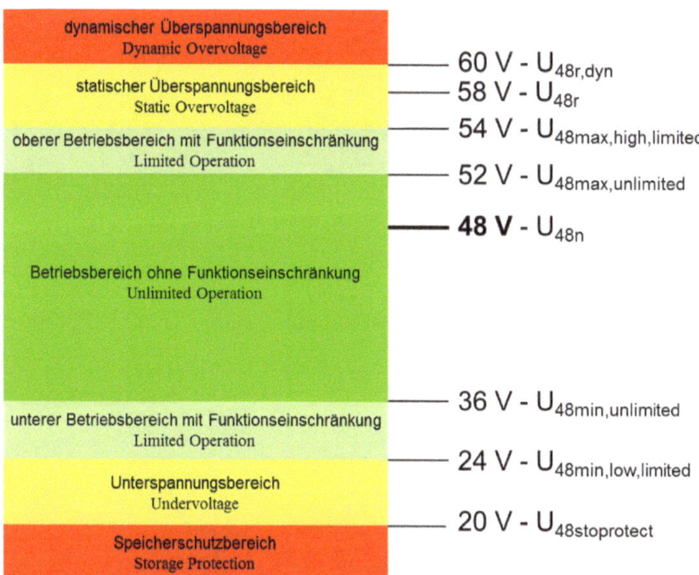

Bild 6.28: Definitionen der Spannungsbereiche, Auszug aus VDA-320 August 2014 [79]

Nachfolgend werden die spezifizierten Spannungsbereiche gemäß Bild 6.28 bzw. Tabelle 6.8 erläutert:

Dynamischer Überspannungsbereich
Spannungen oberhalb $U_{48r,dyn}$.

Statischer Überspannungsbereich
Zwischen $U_{48max,high,limited}$ und U_{48r} liegt der Überspannungsbereich inkl. aller Toleranzen. Der Bereich zwischen U_{48r} und $U_{48r,dyn}$ beinhaltet die Toleranz.

Oberer Betriebsspannungsbereich mit Funktionseinschränkung
Der Bereich zwischen $U_{48max,unlimited}$ und $U_{48max,high,limited}$ ist für die Kalibrierung des Speichers und die Aufnahme von Rückspeiseenergie vorgesehen.

Betriebsspannungsbereich ohne Funktionseinschränkung
Der Bereich zwischen $U_{48min,unlimited}$ und $U_{48max,unlimited}$ lässt den Betrieb der Komponenten ohne Funktionseinschränkung zu.

Unterer Betriebsspannungsbereich mit Funktionseinschränkung
Der Betrieb im Bereich von $U_{48min,low,limited}$ bis $U_{48min,unlimited}$ ist nur temporär zulässig. Gegenmaßnahmen sind zu ergreifen, um in den Betriebsspannungsbereich ohne Funktionseinschränkung zurückzukehren.

Unterspannungsbereich
Alle Spannungen unter $U_{48min,low,limited}$ sind als Unterspannung definiert. Bei $U_{48stoprotect}$ befindet sich die Speicherschutzspannung.

Speicherschutzbereich
Alle Spannungen unter $U_{48stoprotect.}$

Abkürzung	Bezeichnung	Wert
$U_{48r,dyn}$	Untere Spannungsgrenze des dynamischen Überspannungsbereichs	60 V
U_{48r}	Untere Spannungsgrenze der 2 V Toleranz zum dynamischen Überspannungsbereich	58 V
$U_{48max,high,limited}$	Maximale Spannung des oberen Betriebsbereichs mit Funktionseinschränkung	54 V
$U_{48max,unlimited}$	Maximale Spannung des Betriebsbereichs ohne Funktionseinschränkung	52 V
U_{48n}	BN48-Nennspannung	48 V
$U_{48min,unlimited}$	Minimale Spannung des Betriebsbereichs ohne Funktionseinschränkung	36 V
$U_{48min,low,limited}$	Minimale Spannung des unteren Betriebsbereichs mit Funktionseinschränkung	24 V
$U_{48stoprotect}$	Speicherschutzspannung	20 V
U_{48pp}	Spitze-Spitze-Spannung	
U_{48rms}	Effektivwert einer Spannung	
U_{48max}	Maximalspannung, die während einer Prüfung auftreten kann	
U_{48min}	Minimalspannung, die während einer Prüfung auftreten kann	
U_{48test}	BN48-Prüfspannung	

Abkürzung	Bezeichnung	Wert
U_{12test}	BN12-Prüfspannung	14 V
U_{24test}	BN24-Prüfspannung	28 V

Tabelle 6.8: Abkürzungen zu Spannungen und Strömen [79]

6.9 Neue Herausforderungen in einem Zwei-Spannungs-Bordnetz

Im Gegensatz zu einem Zwei-Spannungs-Bordnetz mit einer Spannungsebene größer als 60 V, die durch galvanische Isolation und IT-Netz-Struktur über eine strikte Trennung verfügen, bringt die Einführung einer zweiten Spannungsebene unter 60 V, aber größer als 12 V, eine Vielzahl an neuen Herausforderungen an die elektrischen Komponenten und deren Integration mit sich [74]. Einige dieser Anforderungen, die sich als besonders wichtig und systemrelevant herauskristallisiert haben, sollen im Folgenden näher erläutert werden.

Weitere Themen, die hier nicht weiter erörtert werden, sind z. B. Crash-Abschaltung, Zuverlässigkeit von elektrischen Kontakten und Bordnetzstabilität im Falle transienter Hochleistungsverbraucher sowie die Relevanz hinsichtlich funktionaler Sicherheit und der Umgang in Produktion, Montage, Transport und Service.

6.9.1 Elektrisches Energie- und Leistungsmanagement

Die Herausforderung an das flexible Management von elektrischer Energie und Leistung besteht einerseits im Management der Teilbordnetze mit 12 V und 48 V und andererseits in der Koordination der Teilbordnetze unter prädiktiven Aspekten mittels einer Umweltkopplung, wie schematisch in Bild 6.29 dargestellt.

Bei einem Ein-Spannungs-Bordnetz besteht die Aufgabe des flexiblen Energie- und Leistungsmanagements darin, sowohl die Zustände von Energiehaushalt, -reserve, und -tendenz als auch die Zustände von Leistungshaushalt, -reserve, und -tendenz in einem stabilen Arbeitsbereich zu halten [80]. Werden zwei Ein-Spannungs-Bordnetze gekoppelt, so gelten diese Aufgaben gleichermaßen für beide Teilbordnetze. Eine ergänzende Aufgabe ergibt sich jedoch aus der Koordination der Teilbordnetze [81]. Diese besteht darin, die beiden Bordnetze in einem ausgeglichenen Zustand zueinander zu halten. Der Ausgleich muss gleichermaßen für Energie und Leistung unter Berücksichtigung von Stabilität und Effizienz erfolgen.

Unter Berücksichtigung von Informationen aus der Systemumwelt, wie beispielsweise einer Navigationskopplung, kann dieses Gleichgewicht situationsgerecht modifiziert werden [82]. Es muss aus Sicht der koordinierenden Betriebsstrategie entschieden werden, ob beispielsweise für eine Rekuperationsphase zunächst prädiktiv eine Konditionierung, d. h. Absenkung des Speicherladezustands, für ein oder beide

Teilbordnetze erfolgen sollte, um anschließend den einen oder beide elektrischen Speicher rekuperativ zu befüllen. Dabei muss für beide Teilbordnetze die Stabilität der Betriebsspannung zu jedem Zeitpunkt gewährleistet sein. Das Managementsystem muss weiterhin die oben gezeigten Architekturvarianten optimal bedienen können. Dabei ist eine standardisierte Anbindung der Komponenten [82] einerseits von wirtschaftlicher Bedeutung und andererseits von technischem Vorteil hinsichtlich der Austauschbarkeit und Migrationsfähigkeit innerhalb des architektonischen Lösungsraumes. Die Betriebsstrategie muss dabei den hinsichtlich Effizienz optimalen Einsatz der verwendeten elektrischen Komponenten als Gesamtsystem mit dem Ziel der bestmöglichen Stabilität der einzelnen Systemspannungen sicherstellen. Ebenso ist der Einsatz des DC/DC-Wandlers innerhalb seiner Leistungsgrenzen aber auch möglichst lange im Bereich seiner maximalen Effizienz sicherzustellen.

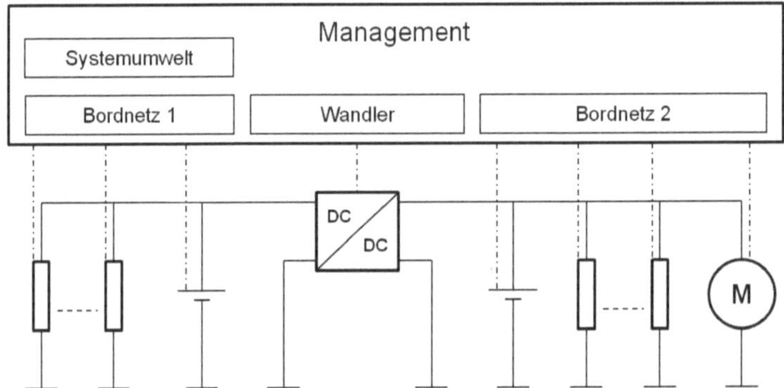

Bild 6.29: Architektur eines Zwei-Spannungs-Bordnetzes und der zugehörigen Managementstruktur

Hierzu bieten sich die Möglichkeiten der Erhöhung des Angebots und der Degradation der Verbraucher in beiden Teilnetzen an. Eine Prädiktion der Erzeugungs- und Verbrauchssituation mittels Umweltkopplung unterstützt dabei die Entscheidungen der Betriebsstrategie hinsichtlich der Steuerung des Energie- und Leistungstransfers des Wandlers. Ein weiterer Aspekt ist die Behandlung von Fehlern. In Kap. 9 werden Grundlagen und Details zum Energiemanagement ausführlich beschrieben.

6.9.2 Lichtbögen

Bereits bei Bordnetzspannungen über 12 V können stabile Störlichtbögen entstehen. Daher muss dieses Phänomen bei allen Spannungsklassen unter 60 V genau analysiert werden. Sowohl in Personenkraftwagen mit 12 V als auch in Nutzkraftfahrzeugen mit 24 V tritt das Phänomen heute sporadisch auf und wird akzeptiert. Mit der Einführung von 48 V kommt die bereits bei 42 V geführte Diskussion erneut auf. Die physikalischen Zusammenhänge in Abhängigkeit von verwendeten Leitungsmaterialien und anliegenden Spannungen sowie weiteren Parametern sind in [83] ausführlich erläutert.

Für die weiteren Betrachtungen wird zwischen parallelen und seriellen Lichtbögen unterschieden.

6.9.2.1 Parallele Lichtbögen

Parallele Lichtbögen können durch Berührung zwischen einer spannungsführenden 48 V-Leitung und Masse hervorgerufen werden. Fehler dieser Art sind konstruktiv, z. B. durch Leitungsverlegung und Auswahl geeigneter Isolation, zu vermeiden.

6.9.2.2 Serielle Lichtbögen

Das Trennen unter Last, hervorgerufen durch Abziehen oder Aufstecken des Steckers oder durch Leitungsabriss, kann zur Bildung eines Lichtbogens führen. Einflussfaktoren sind hier Spannung, Stromstärke und Trenngeschwindigkeit. Da der Lichtbogen-Mindeststrom sehr klein ist, kann sich auch bei Spannungsquellen geringer Leistung bei Überschreiten der Mindestspannung (je nach Leitermaterial, z. B. Kupfer 13 V) ein stabiler Lichtbogen entwickeln. Der minimal notwendige Haltestrom für Lichtbögen liegt bei 0,4 A [83].

Durch den Einsatz eines ausreichend großen Zwischenkreiskondensators am 48 V-Eingang eines Verbrauchers kann die Bildung von seriellen Lichtbögen unter normalen Bedingungen verhindert werden. Dazu muss der Kondensator so dimensioniert werden, dass bei einer Trennung von der elektrischen Versorgung die Spannungsdifferenz an der Trennstelle 12 V nicht überschreitet. Dies gilt innerhalb der Zeitdauer, die eine typische Trennung benötigt, um einen ausreichenden Abstand von 0,02 mm zu erreichen. Die Dimensionierung des Kondensators hängt von der Größe des Laststroms ab und ist über folgenden Zusammenhang zu ermitteln:

$$\tau = C \bullet R \bullet ln\frac{U0}{U1}$$

τ: *Zeitkonstante*
C: *Kapazität des ZK – Kondensators*
R: *resultierender Widerstand der Last*
$U1$: *Endwert* Eingangsspannung
$U0$: *Startwert* Eingangsspannung

Ist die sich einstellende Distanz in der Trennstelle innerhalb der Zeitdauer größer oder gleich 0,02 mm, so tritt anschließend bei Zunahme der Spannungsdifferenz über der Trennstelle kein Lichtbogen mehr auf, da die kritische Feldstärke für die Ionisation von Luft (30 kV/cm) nicht mehr erreicht werden kann.

6.9.3 Kurzschlüsse zwischen den Spannungsebenen

In einem Zwei-Spannungs-Bordnetz gelten die gleichen Anforderungen hinsichtlich Kurzschlüsse wie im 12 V-Bordnetz. Kurzschlüsse nach Masse von 48 V nach Masse müssen genauso sicher erkannt und abgeschaltet werden.

Der Kurzschluss von 48 V nach 12 V ist ein neuer Fehlerfall, der zu einer Zerstörung von 12 V-Komponenten führen kann. Er ist durch geeignete konstruktive Maßnahmen, z. B. Leitungsverlegung und Isolation, auszuschließen.

6.9.4 Kommunikation in gemischten Netzwerken

Die Herausforderungen für Kommunikationssysteme in gemischten Netzwerken liegen vor allem in Signalintegrität und Robustheit [31].

Auch wenn in diesen Bordnetzen die elektrischen Massen beider Spannungsebenen elektrisch miteinander verbunden sind, stellt sich die Frage, welche Auswirkungen dies auf die Fahrzeugkommunikationsnetzwerke hat, die diese beiden Spannungswelten logisch verbinden. Im Beitrag [31] werden im Detail die zu erwartenden Systemkonstellationen bei der Verwendung verschiedener Bussysteme erörtert. Gezeigt werden dort denkbare Systemzustände und deren Auswirkungen. In Kommunikationssystemen, basierend auf CAN oder FlexRay, die eine differentielle Übertragung nutzen, haben die Bus-Transceiver trotzdem einen gemeinsamen Massebezug.

Im Falle eines Masseverlusts eines 48 V-Busteilnehmers treten bei nur 2 Busteilnehmern, die identische Bustransceiver einsetzen, folgende Spannungsdifferenzen an den Transceiver-Eingängen auf: Am mit Masse verbundenen Transceiver fallen $U_{Bat48}/2$ ab, und am nicht mit Masse verbundenen Transceiver liegt eine Spannungsdifferenz von $-U_{Bat48}/2$ an. Je mehr Transceiver im gleichen Netzwerk noch eine Masse haben, desto größer wird die Spannungsdifferenz zum Transceiver ohne Masse bis nahe an $-U_{Bat48}$. Wenn der Masseabriss während der aktiven Kommunikation stattfindet, kann auch der masselose Transceiver noch eine gewisse Zeit weiterhin senden und Pegel bis nahe an U_{Bat48} auf den Bus einprägen.

Daraus leiten sich folgende Anforderungen an die verwendeten Transceiver ab [31]:

- In 48 V-Komponenten eingesetzte Transceiver müssen robust für negative Spannungen bis +/-58 V sein.
- In 12 V-Komponenten eingesetzte Transceiver müssen eine Spannungsfestigkeit bis 58 V aufweisen.
- Harte Kurzschlüsse zwischen 48 V und einer der Busleitungen müssen durch konstruktive Maßnahmen verhindert werden.

In Komponenten mit beiden Versorgungsspannungen muss die Anforderung „Querstrom kleiner 1 μA“ (gem. LV 148 Test E48-20) erfüllt werden.

6.9.5 Power-Up und Power-Down

Für die Inbetriebnahme und die Beendigung des Betriebs von 48 V-Systemen sind folgende Randbedingungen zu beachten.

Inbetriebnahme: Der 48 V-Speicher ist im abgestellten Zustand einpolig abgeschaltet. Vor dem Schließen des Schalters müssen die Zwischenkreise der 48 V-Komponenten vorgeladen werden, damit wegen der entladenen Kapazitäten keine hohen Ladeströme fließen. Die Inbetriebnahme muss innerhalb der Aufstartsequenz des Gesamtfahrzeugs so frühzeitig erfolgen, dass es zu keinem Fehlverhalten in den Kommunikationsabläufen der Netzwerke kommt.

Beendigung: Nach einer in Abhängigkeit von Nachlauffunktionen zu definierenden Zeit ist der Schalter des 48 V-Speichers zu öffnen und die Zwischenkreise sind auf einen definierten Spannungswert zu entladen. Vorher müssen die relevanten Kommunikationsabläufe definiert beendet werden.

6.9.6 Elektromagnetische Verträglichkeit

Die elektromagnetische Verträglichkeit (EMV) spielt bei der Zulassung neuer Fahrzeuge eine wichtige Rolle. Elektromagnetische Störungen, die durch das 48 V-System erzeugt werden, müssen den gleichen Richtlinien und Grenzwerten genügen, die für herkömmliche Fahrzeugkonzepte mit 12 V gelten [84]. Diese Anforderungen sind bereits beim Entwurf der elektrischen Architektur des Fahrzeugs und der Komponenten zu berücksichtigen, um das System EMV-technisch ordnungsgemäß zu gestalten. Die hohen Spannungs- und Stromgradienten du/dt und di/dt erfordern eine entsprechende Berücksichtigung bei der Auswahl der Topologie und geeignete Filtermaßnahmen in den Komponenten. Hier bedarf es bereits in frühester Phase einer intensiven Zusammenarbeit zwischen Fahrzeughersteller und Komponentenlieferanten, um ein Optimum zwischen Filtermaßnahmen und Bordnetzgestaltung zu finden.

6.9.7 Umgang mit Spannungen < 60 V

Der Spannungsbereich wurde gezielt so spezifiziert, dass ein Überschreiten der Berührungsschutzgrenze von 60 V Gleichspannung ausgeschlossen ist. In der ISO 21780 [85] ist folgende Prämisse postuliert:

Es ist kein Berührungsschutz für Gleichspannungen ≤ 60 V erforderlich. Dies gilt für Gleichspannungen bis zu einer Bordnetzwelligkeit von maximal 10 % RMS.

Bei Wechselspannung bis $U_{eff} \leq 30$ V ist kein Berührungsschutz notwendig (ISO 6469-3).

Ferner gilt die ECE-R100. Ein entsprechender Änderungsantrag zur ECE-R100 wurde 2013 in die entsprechenden Gremien eingesteuert und dort akzeptiert.

6.9.8 Literaturhinweise

O. Sirch, G. Immel, H. Pröbstle, R. Neudecker, J. Fröschl, Zukunft Energiebordnetz – Von der energetischen Optimierung zum neuen Gesamtkonzept, VDI 14. Internationaler Kongress Elektronik im Kraftfahrzeug, Baden-Baden, Oktober 2009 [8].

H. Pröbstle, R. Neudecker, O. Sirch, Power Supply in Future Start-Stopp-Systems, Energiemanagement und Bordnetze IV, München, März 2011 [77].

T. Dörsam, Daimler AG, Böblingen, D. Grohmann, Daimler AG, Sindelfingen, S. Kehl, Porsche AG, Weissach, A. Klinkig, Volkswagen AG, Wolfsburg, A. Mai, BMW Group, München, O. Sirch, BMW Group, München, A. Radon, Audi AG, Ingolstadt, J. Winkler, Audi AG, Ingolstadt, Die neue Spannungsebene 48 V, VDI 15. Internationaler Kongress Elektronik im Kraftfahrzeug, Baden-Baden, Oktober 2011 [86].

J. Fröschl, T. Kohler, A. Thanheiser, H.-G. Herzog, Intelligente Bordnetzkopplung am Beispiel Zweispannungsbordnetze mit 12 V und 48 V, Elektrik/Elektronik in Hybrid- und Elektrofahrzeugen und Elektrisches Energiemanagement, Miesbach, April 2012 [81].

M. Timmann, M. Renz, O. Vollrath, Herausforderungen und Potenziale von 48-V-Startsystemen, ATZ, März 2013 [87].

P. Meckler, Störlichtbögen in Automotive-Bordnetzen, Fahrzeugelektronik 6/2012 [83].

J. Bast, M. Kilger, W. Galli, A. Eiser, H.-W. Vaßen, I. Kutschera, Die Chancen des Antriebsstrangs durch das 48V-Bordnetz, 34. Internationales Wiener Motorensymposium 2013 [88].

F. Briault, S. Benhassine, M. Klingler, M. Maher, N. Rezkalla, EMC Simulation Approach for 48V Systems Integration, EEHE 2013 [84].

M. Muth, Bus Systems within 48V Vehicle Networks – New Challenges for the Physical Layer, EEHE 2013 [31].

P. Boucharel, A. Nuss, T. Knorr, T. Galli, Reduction of CO_2 in a Low-Voltage Mild Hybrid Vehicle – Conditions, Challenges, and Realization, Electric & Electronic Systems in Hybrid and Electric Vehicles and Electrical Energy Management, Bamberg, April 2013 [89].

J. Fröschl, D. Ilsanker, H.-G. Herzog, Investigation of a State Triggered Energy Management System, Electric & Electronic Systems in Hybrid and Electric Vehicles and Electrical Energy Management, Bamberg, April 2013 [80].

T. P. Kohler, J. Fröschl, H.-G. Herzog, Systemansatz für ein hierarchisches, umweltgekoppeltes Powermanagement, Elektrik/Elektronik in Hybrid und Elektrofahrzeugen, München, März 2010 [82].

7 Physisches Bordnetz

Das physische Bordnetz stellt das physikalisch greifbare Netzwerk des Bordnetzes dar und besteht aus Leitungen, Steckverbindungen den Stromverteilern sowie Durchführungen durch Karosserieteile. Die Leitungen werden bevorzugt in Leitungsbündeln zusammengefasst und diese in sogenannten Kabelbäumen konfektioniert. Mit den daran angeschlagenen Steckverbindungen können sie an den Verbrauchern, Erzeugern, Speichern, Wandlern und Stromverteilern sowie den notwendigen Durchführungen angeschlossen werden, die mit den entsprechenden Gegenstücken versehen sind. Die Stromverteiler dienen der Verteilung der elektrischen Leistung im Netzwerk und sind zum Schutz von Leitungen mit Schmelzsicherungen ausgestattet. Die Durchführungen ermöglichen die Überwindung von geometrischen Barrieren im Fahrzeug, wie z. B. die Stirnwand, eine dichte und mechanisch stabile Trennwand zwischen Motor- und Innenraum.

Das Versorgungsnetz ist unipolar konzipiert, d. h. die positive Versorgungsspannung wird in Leitungen verteilt, während die Masse (negativer Pol) über die Fahrzeugkarosserie geführt wird. Somit erfolgt die Rückleitung des Stroms zu Generator oder Batterie über die Karosseriestruktur, die zu diesem Zweck mit Massebolzen ausgestattet ist [55]. Im Falle von nichtleitenden Karosserieteilen muss dort eine gesonderte Masseleitung lokal verbaut werden.

Ein entscheidendes Kriterium für das physische Bordnetz ist die Spannung an den Klemmen der Verbraucher. Diese muss innerhalb spezifizierter Grenzen liegen und darf innerhalb dieser Grenzen nur bestimmte Schwankungen aufweisen. Daher spielen die Anbindung der Verbraucher an die Versorgungsspannung über das physische Bordnetz und die Masserückleitung über die Karosserie eine maßgebliche Rolle in Bezug auf das Spannungsverhalten an der Komponente [55].

In einem Mittelklasse-Pkw mit mittlerer Ausstattung werden heute ca. 750 Leitungen mit einer Gesamtlänge von rund 1500 Meter verlegt [35]. In Fahrzeugen der Oberklasse, die meist von Grund auf eine höhere Ausstattung haben, steigen diese Werte bis auf das Doppelte. Dies hat zur Folge, dass das Gewicht und die Kosten des physischen Bordnetzes einen erheblichen Anteil im Gesamtfahrzeug darstellen. Darüber hinaus hat das physische Bordnetz einen großen Einfluss auf die Qualität und Zuverlässigkeit des Fahrzeugs. Die Integrität der Steckverbindungen und Kontakte und die Unversehrtheit der Leitungen, Stromverteiler und Durchführungen bestimmen häufig die Ausfallwahrscheinlichkeit des gesamten E/E-Systems, liegen aber nicht zwingend im Fokus beim Entwurf der E/E-Architektur. Der Fokus in der E/E-Architektur-Gestaltung liegt meist mehr auf den technologischen Themen wie Software und Funktion, logische Vernetzung und digitale Schnittstellen. In Anbetracht der Bedeutung des physischen Bordnetzes hinsichtlich seines Gewichts, Volumens und seiner Kosten muss es in zukünftigen E/E- und Gesamtfahrzeug-Architekturentwicklungen mehr Aufmerksamkeit bekommen und mit der Gestaltung des Energiebordnetzes und der geometrischen Verteilung der Steuergeräte und Verbraucher in Einklang gebracht werden.

7.1 Anforderungen

Die erforderliche Einbindung der Experten für das physische Bordnetz mit allen seinen Aspekten in der frühen Phase der Gesamtfahrzeugentwicklung ist zur Erfüllung der nachfolgend genannten Anforderungen der Entwicklung des physischen Bordnetzes von großer Bedeutung.

- Dichtheit gegen Feuchtigkeit, Staub und andere Medien
- Korrosionsbeständigkeit
- Temperatur und Wärmehaushalt
- Vibrationsbelastungen im Betrieb
- Mechanische Beschädigung
- Belüftung
- Verbindungen und Kontaktierungen
- Elektrische Belastung
- Elektromagnetische Verträglichkeit (EMV)

Die Dimensionierung und die Auswahl der Werkstoffe für das physische Bordnetz spielen eine sehr wichtige Rolle. Die Länge und der Querschnitt einer Leitung sowie das gewählte Material bestimmen die elektrischen und physikalischen Leitungseigenschaften, aber auch das Gewicht, Volumen und die Kosten. Bei der Werkstoffauswahl muss zwischen verschiedenen Zielsetzungen abgewogen werden. Die Auswahl der Steckverbinder richtet sich primär nach dem Einbauort, d. h. nach den dort herrschenden Umweltbedingungen, aber auch die Vermeidung von Vertauschung, Sicherheit der Kontaktierung und Schutz vor Verpolung spielen eine wichtige Rolle.

Die geometrische Gestaltung der Leitungen bzw. der Leitungsbündel muss Umgebungstemperaturen, Vibrationen und EMV-Einflüsse berücksichtigen und die Verlegbarkeit und Montagefreundlichkeit im Rahmen der Produktionsschritte in der Fahrzeugmontage beachten.

Weitere mechanische Teile, die zum physischen Bordnetz gezählt werden, sind Halterungen, Abstützungen, Schutzrohre, Ummantelungen und Zugentlastungen, die keine elektrische Funktion haben. Eine Sonderrolle fällt hier den Schirmungen zu, die bei Bedarf eingesetzt werden müssen, um die elektromagnetische Verträglichkeit zu gewährleisten, aber keinen direkten Einfluss auf die digitalen und analogen Nutzsignale haben.

Der Stand der Technik stellt sich heute so dar, dass es sich beim physischen Bordnetz um ein gewachsenes und stetig weiterwachsendes System handelt. Es bedient sich teils alter, aber vor allem bewährter und kostengünstiger Technologien, die inzwischen allerdings immer mehr Nachteile mit sich bringen. Diese Nachteile können in zukünftigen Fahrzeugarchitekturen nicht länger ignoriert werden. Die Konfektion der Kabelbäume mit immer höheren Variantenanzahlen erhöhen die Komplexität und die Kosten in Entwicklung und Fahrzeugproduktion erheblich. Die Stromverteiler müssen aus Gründen der Zugänglichkeit zum Tausch von Sicherungen an Stellen im Fahrzeug verortet werden, die einerseits für andere Fahrzeugkomponenten wertvoller Bauraum wären, der nicht genutzt werden kann, und andererseits wegen der größeren Wegstrecken zu längeren Leitungen führen. Aufgrund der sehr hohen Toleranzen der Schmelzsicherungen und der damit verbundenen zeitlichen Unschärfe bei der Auslösung der Sicherung muss für eine Leitung ein Querschnitt gewählt werden, der den möglichen Kurzschlussstrom sicher tragen kann, ohne dass es zu einer Überhitzung der Leitung kommt, bis die Sicherung letztendlich ausgelöst hat. Die meist in Stanzgittertechnik ausgeführten Stromverteiler müssen ebenfalls so dimensioniert werden, dass jegliche Überlastung durch etwaige Kurzschlussströme zu keinerlei Schädigung oder Beeinträchtigung der stromführenden Stanzgitter führt. Daraus resultiert ein gewisser Overhead an Gewicht, Volumen und letztlich Kosten.

Die Irreversibilität der Auslösung einer Schmelzsicherung wird durch eine Substitution mittels Halbleiterschalter mit Sicherungsfunktion eliminiert. Durch den Einsatz solcher elektronischen Sicherungen kann die Toleranz der Sicherungsfunktion deutlich reduziert werden, was wiederum eine signifikante Auswirkung auf die Dimensionierung der abzusichernden Leitung und deren Überwachung hat.

7.2 Kabelbaum

Der Kabelbaum stellt die Leistungs- und Signalverteilung im Kraftfahrzeug dar und ist inzwischen als gesamthafte Komponente betrachtet nach dem Motor die zweitschwerste Komponente im Fahrzeug. Kabelbäume werden von darauf spezialisierten Zulieferern in größtenteils manueller Fertigung als maßgeschneiderte Teilkabelbäume für z. B. Motorraum, Cockpit, Türen, Innenraum und Dach geliefert [35]. Auf Montagebrettern werden alle Leitungen für einen Teilkabelbaum entsprechend dem Schaltplan aufgezogen und abgelängt, die Steckverbindungen werden angeschlagen, und abschließend wird der Teilkabelbaum und alle seine Äste mit den Schutzmaßnahmen und Befestigungselementen versehen. In den vom Fahrzeughersteller vorgegebenen Verpackungen wird der Kabelbaum angeliefert und in der Fahrzeugmontage teils aufgrund seines Gewichtes mit Hilfe eines Roboterarms in die Karossiere gehoben und dort von den Montagearbeitern verlegt, befestigt und angesteckt.

Durch die inzwischen sehr komplexe E/E-Architektur und die Platzierung der Steuergeräte dort, wo gesteuert oder geregelt wird, werden die Kabelbäume, die die Verbindungen zwischen den Steuergeräten und zu den Stromverteilern herstellen, nicht nur sehr komplex, sondern auch schwer und kostenintensiv. Ein anschauliches Beispiel zeigt Bild 7.1. Die Einzelleitungen komplexer Kabelbaumsysteme können dabei in Summe bis zu zwei Kilometer lang werden. Die Herstellung ist überaus zeitaufwendig, denn sie werden bis heute meist manuell gefertigt. Das kann bis zu 50 Prozent der Herstellkosten ausmachen, trotz der Fertigung in Billiglohnländern. Das führt dazu, dass der Kostenanteil der Kabelbaumsysteme bereits zu den TOP 5 der Gesamtkosten im Fahrzeugbau gehört.

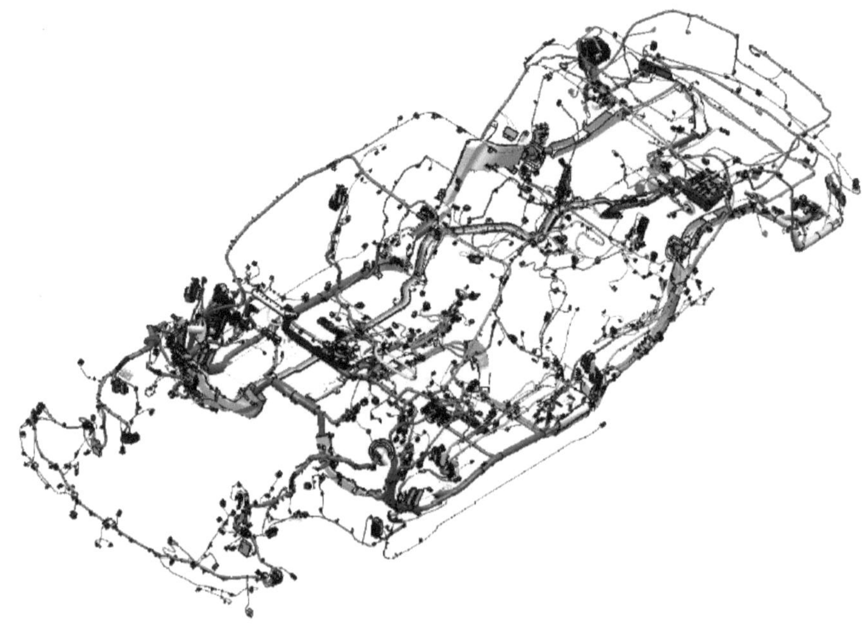

Bild 7.1: Kabelbaum eines BMW 7er Modelljahr 2008 [55]

Der Leitungsquerschnitt ergibt sich meist aus dem zulässigen Spannungsverlust entlang der Leitung und der damit verbundenen Verlustleistung auf der Leitung. Da die Leitungslänge aufgrund der geometrischen Lage der anzuschließenden Komponenten und dem möglichen Verlegeweg vorgegeben ist, kann als nur der Leitungsquerschnitt dimensioniert werden, sofern das Leitungsmaterial feststeht. Aufgrund seiner hohen Leitfähigkeit wird bevorzugt Kupfer eingesetzt, das auch in der Elektroinstallation angewendet wird und dort als Standardmaterial erprobt ist. In jüngster Zeit kommt auch zunehmend Aluminium für Leitungen mit größeren Querschnitten, vorwiegend Versorgungsleitungen, zum Einsatz, wenn damit deutliche Gewichts- und Kostenvorteile zu erreichen sind. Besonders häufig ist dies bei den sogenannten B+-Leitungen zu beobachten, die von der Bordnetzbatterie im Heck zum zentralen Anschlusspunkt im Vorderwagen führt. Einen Vergleich der wichtigsten Eigenschaften von Kupfer und Aluminium zeigt die Tabelle 7.1.

Als Isolationswerkstoffe der Leitungen werden Thermoplaste (z. B. PE, PA, PVC), Fluorpolymere (z. B. ETFE, PEP) und Elastomere (z. B. CSM, SIR) eingesetzt [35]. Die Auswahl erfolgt in Abhängigkeit von der Umgebungstemperatur der Leitung, d. h. den Bauraumbedingungen.

Bei der Leitungsverlegung, d. h. der Entwicklung des Kabelbaums, ist darauf zu achten, dass Beschädigungen und Leitungsbruch vermieden werden. Dies wird durch Befestigungen und Abstützungen der Kabelbaumäste erreicht [35]. Schwingungsbelastungen auf Kontakte und Steckverbindungen werden durch Befestigungen möglichst nahe am Kontakt oder Stecker reduziert, und Zugentlastungen sorgen für einen unbeeinträchtigten Kontakt.

Material/Werkstoff	**Kupfer**	**Aluminium**
Querschnitt [mm2]	10	17
Gewicht pro Längeneinheit [g/m]	108	74
Verlustleistung pro Längeneinheit [W/m]	4,5	3,8

Tabelle 7.1: Werkstoffe für Leitungen und deren wesentliche Eigenschaften

Zur Vermeidung von EMV-Problemen empfiehlt es sich, bei der Zusammenstellung der Leitungsbündel darauf zu achten, empfindliche Leitungen (z. B. Antennen- und Videosignale) von Leitungen mit steilen Schaltflanken getrennt voneinander zu verlegen, sofern dies möglich ist. Ansonsten muss häufig eine Schirmung der empfindlichen Leitungen vorgenommen werden, was die Konfektion des Leitungsbündels aufwändig macht und damit teuer ist. Um die Schirmung elektrisch wirksam zu machen, muss sie außerdem noch geerdet werden, d. h. sie wird an die Masse des Fahrzeugs angeschlossen. Bei paarweisen Leitungen, die entgegengesetzte Signale führen wie z. B. CAN-Leitungen, kann ein Verdrillen der Leitungen ausreichend sein, so dass auf eine explizite Schirmung verzichtet werden kann.

Die Kabelbäume werden mit Tape- oder Klebebändern umwickelt, um sie einerseits für Anlieferung und Montage zusammenzuhalten und andererseits im Fahrzeug gegen Scheuern und Beschädigungen durch scharfe Kanten oder heiße Flächen zu schützen. In besonders gefährdeten Einbausituationen kommen auch Rohre oder Schläuche als Leitungsschutz zum Einsatz. Den optimalen Schutz bieten Kabelkanäle, wie sie in der Installation verwendet werden. Aus Kostengründen kommen sie allerdings in Personenkraftwagen selten zum Einsatz, sondern eher in Nutzkraftfahrzeugen, deren Anforderungen an die Laufleistung und Betriebsdauer höher sind.

7.3 Leitungen

Fahrzeugleitungen sind größtenteils einadrige Leitungen, die als Litzenkabel ausgeführt sind und einen Querschnitt von mindestens 0,17 mm^2 aufweisen. Als Werkstoff der Leitungen wird hauptsächlich Kupfer oder Aluminium eingesetzt. Darüber hinaus gibt es verschiedene Kupferlegierungen, kupferkaschierten Stahl und Aluminium für spezielle Anwendungen. Kupfer wird als sauerstoffhaltiges Cu-ETP1 (E-Cu) oder als sauerstofffreies Cu-OF1 (OF-Cu) verwendet [90]. Bei den Kupferlegierungen werden Silber, Mangan oder Zinn beigemischt, was die Zugfestigkeit erhöht, aber die Leitfähigkeit reduziert.

Aluminium kommt zum Einsatz, wenn das Leitungsgewicht eine große Rolle spielt, da die Dichte von Aluminium mit 2,7 g/cm³ im Vergleich zu Kupfer mit 8,9 g/cm³ bei rund einem Drittel liegt. Wegen der geringeren Leitfähigkeit von Aluminium im Vergleich zu Kupfer ist der vergleichbare Leitungsquerschnitt größer. Jedoch überwiegt der Einfluss des spezifische Gewichts, so dass Leitungen in Aluminium-Ausführung dennoch leichter sind als Kupferleitungen bezogen auf den jeweiligen Anwendungsfall.

Die Leitungen sind mit einer geeigneten Isolation umhüllt und meist in den bevorzugten Farben für Fahrzeugleitungen – weiß, gelb, grau, grün, violett, braun, blau, schwarz, orange – ausgeführt (DIN 72551-7 bzw. DIN IEC 304) [90]. Eine große Vielfalt von Isolationsmaterialien erlaubt die anforderungsgerechte Ausführung der Kabel. Die Tabelle 7.2 zeigt beispielhaft die Vielfalt an Standardleitungen.

Bezeichnung	**Leiterwerkstoff**	**Querschnitt**	**Isolation**	**Dicke Isolation**	**Temperaturbereich**
FLY	Cu-ETP1	0,5 – 120 mm²	Weich-PVC	0,60 – 1,60 mm	-40 °C – 105 °C
FLYW	Cu-ETP1	0,5 – 25 mm²	Weich-PVC	0,60 – 1,30 mm	-40 °C – 125 °C
FLYK	Cu-ETP1	0,5 – 25 mm²	Weich-PVC	0,60 – 1,20 mm	-50 °C – 105 °C
FLRYK	Cu-ETP1	0,5 – 2,5 mm²	Weich-PVC	0,22 – 0,70 mm	-50 °C – 105 °C
FLRY Typ A	Cu-ETP1	0,22 – 2,5 mm²	Weich-PVC	0,20 – 0,28 mm	-40 °C – 105 °C
FLRY Typ B	Cu-ETP1	0,35 – 25 mm²	Weich-PVC	0,20 – 0,52 mm	-40 °C – 105 °C
FLRYW	Cu-ETP1	0,35 – 25 mm²	Weich-PVC	0,20 – 0,52 mm	-40 °C – 125 °C
FLR4Y	Cu-ETP1	0,35 – 4 mm²	PA	0,20 – 0,32 mm	-40 °C – 105 °C
FLRYH	Cu-ETP1	0,35 – 35 mm²	Weich-PVC	0,20 – 0,80 mm	-40 °C – 105 °C

Tabelle 7.2: Übersicht Standardleitungen mit Kupferlitzen, nach [91]

Darüber hinaus gibt es eine Vielzahl an weiteren Leitungen mit den genannten Leiterwerkstoffen und den unterschiedlichen Isolationsmaterialen für spezifische Anwendungsfälle wie z. B. Heizleitungen im Motorraum oder im Innenraum.

Zugrundeliegende Internationale Normen sind

- ISO 6722-1 Fahrzeugleitungen, 60 V und 600 V, einadrig
- ISO 6722-2 Fahrzeugleitungen mit Aluminium, 60 V und 600 V, einadrig
- ISO 14572 Fahrzeugleitungen, rund und ungeschirmt, 60 V und 600 V, mehradrige Leitungen

sowie in Amerika die SAE J 1128 und in Japan die JASO D 611:2009.

Die Leitungen werden gemäß folgenden Gesichtspunkten ausgewählt und spezifiziert:

Leitungsfunktion	Art des Signals, Strombelastung, Spannungsbereich
Leitungslänge	Optimaler Verlegeweg, kürzeste Verbindung
Leitungsquerschnitt	Maximale Strombelastung, zulässiger Spannungsabfall
Werkstoffauswahl	Leiterwerkstoff, Isolationsmaterial
Einbauort	Umgebungstemperatur, mechanische Belastungen, EMV
Montage	Prozessabfolge Fahrzeugherstellung, Vorrichtungen

Bei näherer Betrachtung lassen sich die Leitungen in Signal- und Versorgungsleitungen unterteilen. Digitale und analoge Signalleitungen haben typischerweise einen geringen Querschnitt von 0,17 mm^2 bis 0,5 mm^2. Die hohe Anzahl an Signalleitungen in einem Fahrzeug führt jedoch zu einem beachtlichen Gewichtsanteil am Gesamtkabelbaum. Die Versorgungsleitungen, zu denen auch die Masseleitungen gezählt werden, sind zahlenmäßig geringer, haben aber durch die größeren Querschnitte und teils großen Längen einen erheblichen Anteil am Gewicht des Kabelbaums. In einem Oberklassefahrzeug mit hoher Ausstattung (ohne Elektrifizierung) können durchaus 50 – 60 Versorgungsleitungen mit Querschnitten von 2,5 mm^2 bis 35 mm^2 zu einem Leitungsgewicht von 12 – 13 kg führen, wobei der Kupferanteil dieses Leitungsgewichts bei ca. 10 kg liegt.

Die Vorgehensweise bei der Auslegung einer Leitung mit größerem Querschnitt wird in Kap. 7.6 detailliert erläutert.

7.4 Steckverbindungen

Elektrische Steckverbindungen müssen eine zuverlässige Verbindung zwischen den verschiedenen Systemkomponenten schaffen und damit eine sichere Funktion der Systeme unter allen Einsatzbedingungen gewährleisten [35]. Sie sind so zu gestalten, dass sie den vielfältigen Belastungen während der gesamten Lebensdauer des Fahrzeugs gewachsen sind und jegliche Vertauschung oder Verpolung ausgeschlossen sind.

Typische Belastungen sind mechanische Schwingungen, Temperaturschwankungen, minimale und maximale Temperaturen, Feuchte, Schwallwasser, aggressive Flüssigkeiten und Gase und Mikrobewegungen der Kontaktstellen mit der daraus resultierenden Reibkorrosion. Diese Belastungen können die Übergangswiderstände der Kontakte erhöhen bis hin zur totalen Unterbrechung. Auch die Isolation kann Schaden nehmen und zu Kurzschlüssen zwischen benachbarten Kontakten führen. Hier sind z. B. Verschmutzung und Feuchtigkeit als erste Ursache zu nennen. In Tabelle 7.3 sind die Anforderungen zusammengefasst.

Das elektrische Kontaktsystem im Inneren einer Steckverbindung wird in der Regel durch einen Buchsenkontakt auf der Steckerseite und einen Kontaktstift (Pin, Flachmesser) auf der Komponentenseite gebildet [55], siehe Bild 7.2. An das Leitungsende ist ein Kontaktteil mit Stift angeschlagen, der seinerseits in das Kontaktteil der Buchse gesteckt ist. Der Gesamtwiderstand des Kontaktsystems ergibt sich aus den Widerstandsanteilen durch das Anschlagen der Leitung (R_{A1} und R_{A2}), den Widerstandsanteilen des Stifts (R_S) und der Buchse (R_B) sowie den Übergangswiderstand (R_K) zwischen Stift und Buchse.

Neben dem beidseitigen Anschlagen der Leitungen ist auch die Materialauswahl der Materialien von entscheidender Bedeutung für den Widerstand sowie die Qualität und Zuverlässigkeit des Kontaktsystems. Das stromführende Innenteil wird häufig aus einer hochwertigen Kupferlegierung gestanzt, durch eine Stahlfeder geschützt, die mittels eines nach innen wirkenden Federelements die Kontaktkräfte verstärkt [35]. Je nach Anforderung werden die Kontakte mit Zinn, Silber oder Gold beschichtet. Neben den Beschichtungen verbessern auch verschiedene Bauformen das Verschleißverhalten. Zur Entkopplung der Kabelschwingungen zum Kontaktpunkt werden verschiedene Entkopplungsmechanismen, wie z. B. eine mäanderförmige Geometrie, in das Kontaktteil integriert. Die Kontaktierung zur Leitung wird durch eine Crimp-Verbindung realisiert, die mit einer Handzange oder einer vollautomatischen prozessüberwachten Crimp-Presse ausgeführt werden kann.

Niederpolige Steckverbindungen haben 1 bis 10 Einzelkontakte und benötigen keine Fügekraftunterstützung [35]. Sie werden hauptsächlich bei Aktuatoren und Sensoren verwendet. Eine Radialdichtung übernimmt die Abdichtung zur Schnittstelle. Auf der Kabelseite kommen Einzeladerabdichtungen zum Einsatz [35].

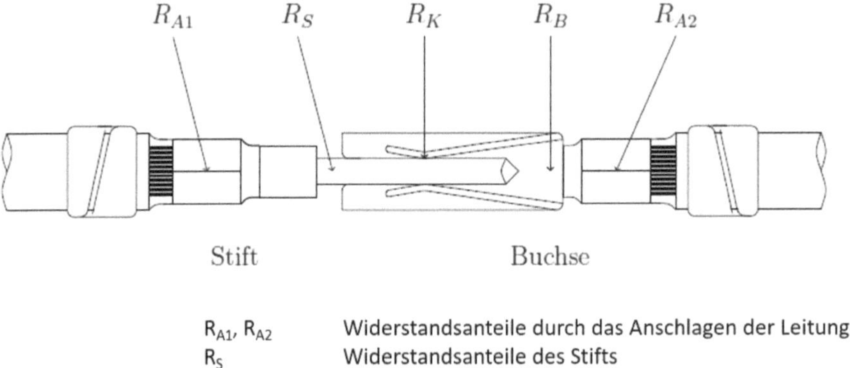

R_{A1}, R_{A2}	Widerstandsanteile durch das Anschlagen der Leitungen
R_S	Widerstandsanteile des Stifts
R_K	Übergangswiderstand zwischen Stift und Buchse
R_B	Widerstandsanteile der Buchse

Bild 7.2: Prinzipieller Aufbau eines elektrischen Kontaktsystems [55]

Physikalische Eigenschaften	Geringe Übergangswiderstände der stromführenden Teile
	Hohe Isolationsfestigkeit zwischen den stromführenden Teilen
	Hohe Dichtheit gegen Wasser, Feuchte und Salznebel
Zusätzliche Anforderungen	Leichte, fehlerfreie Handhabung in der Fahrzeugmontage
	Sichere Vermeidung von Vertauschen oder Verdrehen (Verpolung)
	Sichere und spürbare Verriegelung sowie leichte Entriegelung
	Robustheit und Automatenfähigkeit bei Fertigung und Transport

Tabelle 7.3: Anforderungen an elektrische Steckverbindungen [35]

Hochpolige Steckverbindungen verfügen über 10 bis 300 Einzelkontakte und benötigen zwingend eine Fügekraftunterstützung durch Schieber und Hebel [35]. Sie werden vorwiegend für die Anschlüsse von Steuergeräten verwendet. In [35] wird auf Seite 1382 der typische Aufbau einer hochpoligen Steckverbindung gezeigt. Eine umlaufende Radialdichtung mit mehreren Dichtlippen im Steckergehäuse dichtet die gesamte Steckverbindung ab. Eine Dichtplatte, durch die die Kontakte mit angeschlagener Leitung (Crimp) geführt werden, schützt die Kontaktstelle gegen eindringende Feuchtigkeit entlang der Kabel. Sie wird aus Silikongel oder Silikon hergestellt. Für größere Kontakte und Leitungen werden auch Einzeladerabdichtungen wie bei der niederpoligen Steckverbindung eingesetzt. Bei der Montage des Steckers werden die an den Leitungen angeschlagenen Kontakte durch die im Stecker vormontierte Dichtplatte geschoben, bis die Kontakte in ihre Endpositionen im Kontaktträger geglitten sind. Die Kontakte verriegeln sich automatisch mittels einer Rastfeder, die in einem Hinterschnitt im Kunststoffgehäuse des Steckers Halt findet. Sind alle Kontakte in ihrer Endposition, wird eine Sekundärverriegelung eingeschoben. Dies ist eine zusätzliche Sicherung und erhöht die Haltekraft des Kontakts in der Steckverbindung.

Ein Beispiel für ein Gegenstück auf Steuergeräteseite ist in Kapitel 8, Bild 8.3, dargestellt. Die hochpoligen Messerleisten (Pins) werden in die Platine des Steuergeräts eingelötet oder eingepresst und von einem Steckerkragen aus Kunststoff mit angespritzten Bolzen umschlossen. Die Bolzen dienen als Ansatzpunkte für die auf der Steckerseite befindlichen Schiebermechanismus und Hebel, damit die Steckverbindung mit einer beherrschbaren Bedienkraft geschlossen werden kann.

Die häufigste Ausfallursache einer Steckverbindung ist der durch Vibrationen oder Temperaturwechsel verursachte Verschleiß an der Kontaktstelle. Dies äußert sich in Form von Oxidation an der Kontaktstelle, was zu einer Zunahme des Kontaktwiderstands führt.

7.5 Stromverteiler

Die aktuellen Stromverteiler sind typischerweise als Sicherungskästen in Stanzgittertechnik ausgeführt. Sie sind mit Schmelzsicherungen bestückt und müssen deshalb gut zugänglich im Fahrzeug verbaut werden. Die Steckplätze für die Sicherungen sind standardisiert, ebenso wie die Sicherungen.

Die bisherige Stromverteilungsarchitektur basierend auf Schmelzsicherungen ist als Baumstruktur (siehe Bild 7.3) aufgebaut und beruht auf der Absicherung der Leitungen gegen mögliche Überlastungen. Jeglicher ausreichend hohe, evtl. auch temporäre Kurzschluss im abgesicherten Pfad führt zu einer Auslösung der Sicherung. Diese Sicherungsfunktion ist irreversibel.

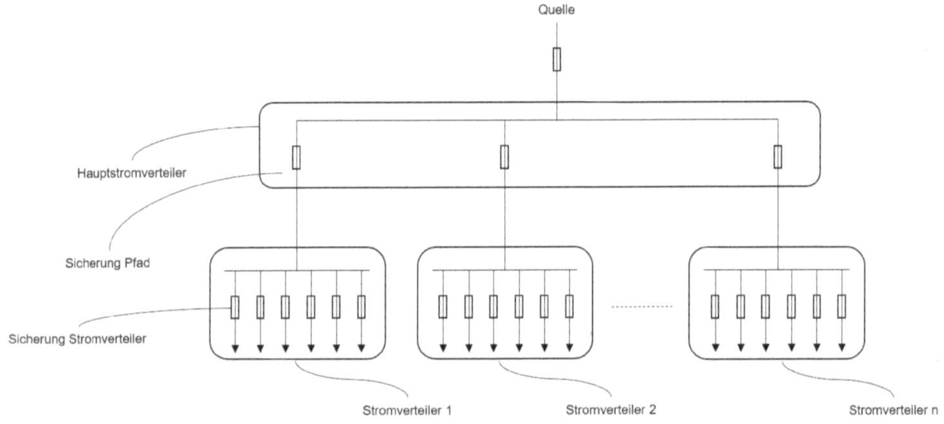

Bild 7.3: Schematische Darstellung der Stromverteilung als Baumstruktur mit Schmelzsicherungen

7.6 Sicherungen

Sicherungen dienen primär dem Leitungsschutz für Versorgungsleitungen und müssen vor allem eine längere elektrische Überlastung der Versorgungsleitung verhindern. Die heute in der Automobiltechnik eingesetzte Technologie ist der Schmelzleiter, auch Schmelzsicherung genannt. Die einfachste Form des Schmelzleiters ist ein Draht, der bei Erreichen seiner Schmelztemperatur aufschmilzt und den Stromfluss unterbricht. Um die definierte Zeit-Strom Charakteristik einer Sicherung zu realisieren, muss die Schmelztemperatur des Schmelzleiters in einer vorgegebenen Zeit erreicht werden [92]. Es gilt nach dem Joule-Lenz-Gesetz (Stromwärmegesetz):

$$\Delta T = \frac{I^2 \cdot R \cdot t}{C_T}$$

ΔT: Temperaturdifferenz im Schmelzleiter
I: Stromstärke durch den Schmelzleiter
R: ohmscher Widerstand des Schmelzleiters
T: Belastungszeit

Da die materialspezifischen Parameter des Schmelzleiterdrahtes (z. B. Widerstand, Wärmekapazität und Wärmeleitfähigkeit) temperaturabhängig sind, handelt es sich um komplexe Vorgänge innerhalb einer Sicherung bei Stromfluss. Die Zeit-Strom-Kennlinie in Bild 7.4 stellt dar, in welchen Bereichen diese und weitere Parameter auf den Verlauf der Kennlinie vornehmlich Einfluss nehmen.

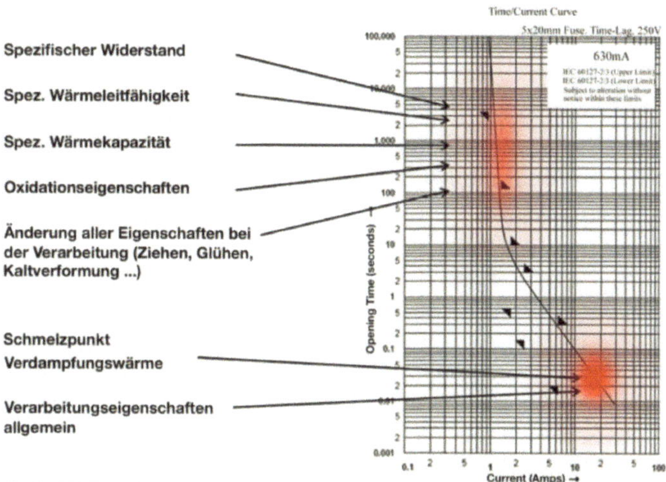

Bild 7.4: Einfluss Schmelzleiterparameter auf die Zeit-Strom-Kennlinie einer Sicherung [92]

Die Zeit-Strom-Kennlinie (t-I-Kennlinie) gemäß Bild 7.5 ist eine wichtige, zentrale Information über das Schaltverhalten einer Schmelzsicherung [93]. Sie gibt Auskunft darüber, wann das Schmelzelement des Sicherheitsbauteils einen, für die Applikation gefährlichen, Überstrom unterbricht. Der Zusammenhang von Schaltzeit und Strom wird in Datenblättern durch punktuelle Zeit-Strom-Werte [P(t,I)] angegeben. Diese werden übersichtlich in der Form eines Zeit-Strom-Diagramms grafisch dargestellt. Je nach Bedarf wird dabei auf der X-Achse das Verhältnis Belastungsstrom zu einem bekannten Nennstrom (I/IN) oder der Belastungsstrom I in Ampere angegeben. Die Y-Achse definiert die Schaltzeit, allgemein in Sekunden skaliert. Beide Achsen werden wegen des großen Wertebereichs log. unterteilt.

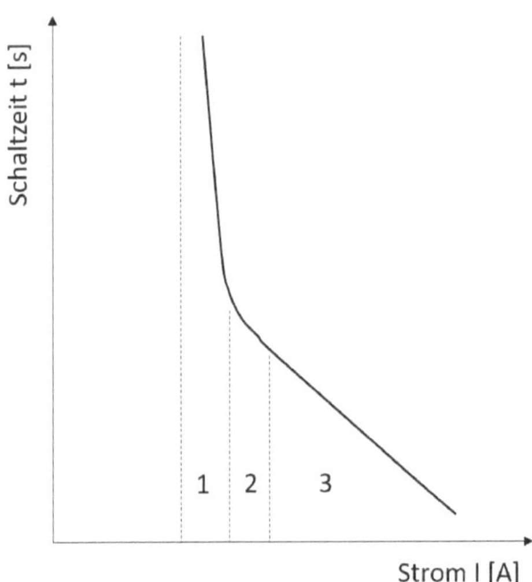

Bild 7.5: Zeit-Strom-Kennlinienbereiche einer Sicherung, nach [94]

In der Regel werden Sicherungen für eine bestimmte Charakteristik des gewählten Standards entwickelt. Es kann allgemein in drei standardisierte Abschaltverhalten unterteilt werden: F (Flink), M (Mittelträge), und T (Träge) [93]. Zusätzlich existieren die Charakteristiken FF (superflink) und TT (superträge) sowie für kundenspezifische Anwendungen Sondercharakteristiken.

Das Abschalten einer Sicherung ist ein relativ komplexer Vorgang. Grundsätzlich lässt sich eine Zeit-Strom-Kennlinie in drei unterschiedliche Bereiche gliedern.

Bereich 3 nach [94]:

Dieser Kennlinienabschnitt markiert den „adiabatischen“ Bereich des Abschaltvorgangs. Als adiabatisch wird eine Zustandsänderung bezeichnet, bei der keine Wärme an die Umgebung abgegeben wird. Das bedeutet, dass die, durch den Strom erzeugte Wärme vollständig zum Schmelzen des Schmelzleiters wirksam ist.

Bezogen auf eine träge Charakteristik betrifft das z. B. alle Abschaltzeiten in diesem Bereich unterhalb von etwa $t < 10$ ms Die Schmelzenergie (I^2t-Wert) ist konstant und ausschließlich vom Material und der Abmessung des Schmelzelementes bestimmt.

Bereich 2 nach [94]:

In diesem Kennlinienteil machen sich erste Wärmeverluste bemerkbar. Die erzeugte Stromwärme wird teilweise in Umgebung, Kontakte und Halter abgegeben. Das führt zu einer Verlängerung der Abschaltzeiten, da die verbleibende Stromwärme erst bis zur Schmelzwärme akkumuliert werden muss. Der zusätzliche Zeitbedarf wird umso größer, je mehr sich Stromwärme und Wärmeverluste annähern.

Bereich 1 nach [94]:

Der Abstand zwischen Stromwärme und Wärmeverlusten wird deutlich geringer und die Abschaltzeiten damit länger. Mit einer abnehmend erzeugten Stromwärme wird schließlich ein Wärmegleichgewicht erreicht. Der Belastungsstrom im Wärmegleichgewicht wird als „Grenzstrom“ bezeichnet. Der Grenzstrom markiert die Trennung der Bereiche zwischen aktiver Wärmeakkumulation bis zum Schmelzen des Schmelzelementes.

Auch wenn unterhalb des Grenzstromes kein unmittelbares Schmelzen des Schmelzelementes zu erwarten ist, bewirkt die entstehende Wärme eine, je nach Wärmemenge, signifikante Alterung des Schmelzleiters bzw. der Sicherung. Das trifft besonders auf alle Schmelzleiter zu, die aus mehreren, unterschiedlichen Metallen bestehen (z. B. bei Sicherungen mit „träger“ Charakteristik).

Der Vorgang der Alterung folgt dabei einer anderen Gesetzmäßigkeit als der Schmelzprozess. Die Vorgehensweise bei der Auslegung einer Sicherung wird in Kap. 7.7 detailliert erläutert.

7.7 Auslegung von Leitungen und Sicherungen

Die Auslegung einer Versorgungsleitung und der dazu gehörigen Sicherung ist eine komplexe Aufgabestellung. Es muss für jede Versorgungsleitung anhand ihres Stromlastprofils die mittlere Strombelastung und auch die maximal auftretenden Stromspitzen ermittelt werden. Ein Beispiel ist in Bild 7.6 dargestellt [95]. Es zeigt einen sehr dynamischen Verlauf mit Stromspitzen bis zu 70 A und stationären Phasen im Bereich von 10 A bis 20 A.

Das Stromlastprofil wird in ein Lastspektrum übertragen, in dem die Pulsdauer über der Pulsstärke doppelt logarithmisch dargestellt wird. Das dort eingetragene Worst-Case Lastspektrum muss in allen Betriebssituationen unterhalb der Isothermen der Leitung liegen.

Ausgehend von der Stromtragfähigkeit könnte im Beispiel von Bild 7.6 eine Kupferleitung mit 4 mm^2 Leitungsquerschnitt eingesetzt werden. Die 30 °C-Isotherme dazu ist in Schwarz eingezeichnet.

Zur Absicherung der Leitung kann eine 60 A Midi Sicherung gewählt werden. Die hellgrüne Linie in Bild 7.7 zeigt die Auslösecharakteristik dieser Sicherung, die im Neuzustand deutlich über 60 A Dauerstrom liegt. Somit wird die 100 °C-Isotherme der 4 mm^2-Leitung erreicht, was bedeutet, dass sich ein Zustand einstellen kann, in dem die Leitung thermisch überlastet werden kann und das Risiko eines Leitungsbrands eintritt. Um dies zu vermeiden, muss eine Leitung mit 10 mm^2 Querschnitt gewählt werden.

Eine Standardleitung FLY mit Nennquerschnitt 4 mm^2 und PVC-Isolierung wiegt 49 g/m und eine entsprechende mit 10 mm^2 113 g/m [90]. Das bedeutet eine Verdoppelung des Gewichts der Leitung und auch eine erhebliche Zunahme der Kosten, wobei hier noch nicht die daraus resultierenden Änderungen für die Steckverbindung berücksichtigt sind.

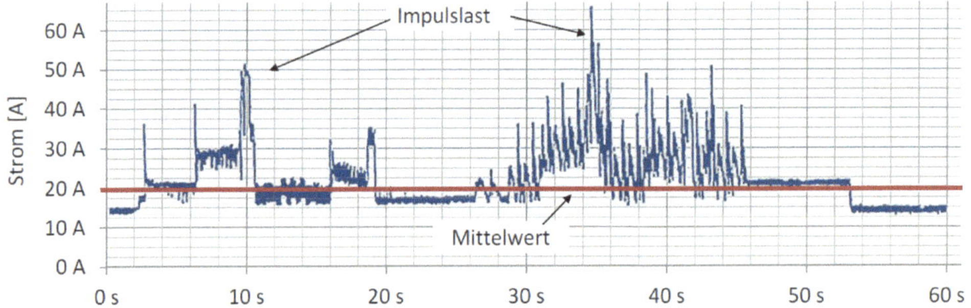

Bild 7.6: Stromprofil einer Versorgungsleitung am Stromverteiler I-Tafel [95]

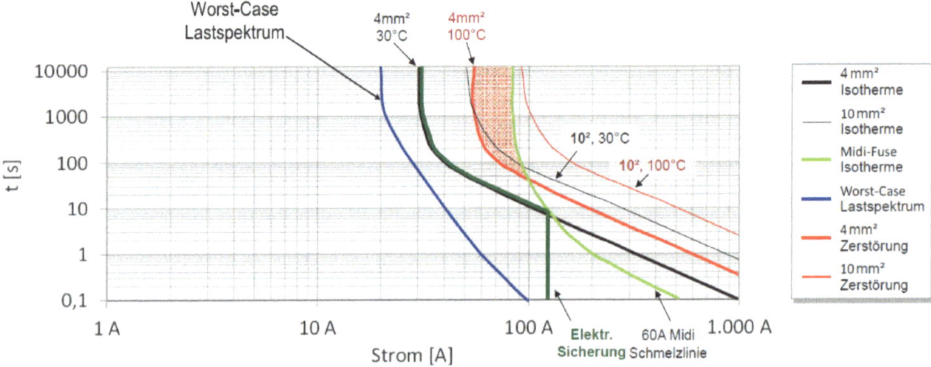

Bild 7.7: Lastspektrum und Leitungsisothermen der Beispielauslegung [95]

7.8 Trends im Physischen Bordnetz

Das physische Bordnetz hat sich aus Architektursicht in den letzten Jahrzehnten wenig geändert. Die Baumstruktur bestehend aus Kabelbäumen und Stromverteilern oder Sicherungskästen hat sukzessiv an Komplexität zugenommen, die geometrische Anordnung v. a. der Sicherungsboxen aufgrund der geforderten Zugänglichkeit ist unverändert geblieben, und die Verlegewege der Kabelbaumstränge in einem Fahrzeug haben sich bis zu einem gewissen Grad etabliert. Die Fertigung der Kabelbäume mit den hohen manuellen Anteilen wurde Schritt für Schritt in sog. Niedriglohnländer verlagert, um der Kostensteigerung entgegenzuwirken, die durch das stetige Wachstum des Bordnetzes verursacht wird. Der Hauptkabelbaum mit seinem hohen Gewicht und seiner Komplexität erfordert ständig mehr besondere Maßnahmen in der Fahrzeugmontage und Handhabung in der Fertigung.

Technologische Veränderungen haben nur auf Detailebene stattgefunden. Alternative Werkstoffe wie z. B. Aluminium statt Kupfer oder spezifische Verbesserungen bei Isolierungen, Steckverbindungen, Abdichtungen und mechanischen Eigenschaften haben Fortschritte bei Qualität und Zuverlässigkeit gebracht, aber keine strukturellen Veränderungen. Vor allem das Prinzip der Schmelzsicherung als äußerst kostengünstige Lösung zur elektrischen Absicherung von Leitungen und Lasten hat bisher allen Versuchen widerstanden, dieses mit hohen Toleranzen behaftete und irreversible Element und den vorher beschriebenen Konsequenzen für Leitungsquerschnitte und Leitungslängen durch einen präziseren und reversiblen Ansatz zu ersetzen. Die Zugänglichkeit der Stromverteiler oder Sicherungskästen muss unter allen Umständen gewährleistet bleiben, was wertvolle Bauräume besetzt.

7.8.1 Elektronische Sicherungen

Um zukünftig größere Leitungsquerschnitte und Leitungslängen und damit Gewicht und Kosten im Fahrzeug zu vermeiden, muss die konventionelle Absicherung von Leitungen mit Schmelzsicherungen durch ein elektronisches Absicherungskonzept ersetzt werden [95]. In diesem Absicherungskonzept wird die Batterieplusleitung von der Bordnetzbatterie im Kofferraum zum Vorderwagen durch einen Flachleiter im Innenraum ersetzt und die konventionelle Sicherungsbox in der I-Tafel durch kleine elektronische Sicherungsmodule, die direkt auf dem Flachleiter und möglichst nahe am Verbraucher montiert werden. Die Absicherung der Leitungen geschieht nicht mehr durch den jeweiligen Maximalstrom, sondern durch eine Berechnung oder Modellierung der Leitungstemperatur. Je nach Fahrzeug kann mit einer Gewichtsersparnis von mehreren Kilogramm gerechnet werden, wenn aufgrund der präziseren Leitungsabsicherung dünnere Leitungen eingesetzt und die Leitungslängen durch die günstigere Lage der Sicherungsmodule optimiert werden können.

Wie in Bild 7.8 dargestellt, wird als elektronische Sicherung ein intelligenter Halbleiterschalter, der über diverse Eigenschutzmechanismen und eine Strommessung verfügt, in Kombination mit einem Microcontroller zur Ansteuerung und Auswertung eingesetzt [95]. Durch die Verwendung eines elektronischen Schalters wird die Sicherungsfunktion reversibel und kann beliebig oft geschaltet werden.

Eine grobe Abschätzung mit der Annahme, dass im Falle von elektronischer Absicherung der nächstkleinere Leitungsquerschnitt verwendet werden kann, verglichen mit dem Prinzip der Schmelzsicherung, zeigt bei gleichen Leitungslängen eine mögliche Gewichtsreduktion der in Kap. 7.2 betrachteten Versorgungsleitungen um ca. ein Drittel.

Die aufgrund von konventionellen Sicherungen großzügig dimensionierten Leitungsquerschnitte und die Leitungslängen aufgrund der vorgegebenen Positionen der Sicherungskästen wegen der Erreichbarkeit zum Sicherungstausch verursachen ein höheres Gewicht und höhere Kosten des Leitungsstrangs [95]. Die Sicherungskästen werden durch mehrere kleine elektronische Sicherungsmodule, die direkt auf einem Flachleiter und möglichst nahe am Verbraucher montiert werden, ersetzt. Der Flachleiter wird anstelle einer Unterflur-Batterieplusleitung eingesetzt, und die

Leitungsabsicherung geschieht durch eine errechnete Leitungstemperatur anstelle einer bei Maximalstrom auslösenden toleranzbehafteten Schmelzsicherung.

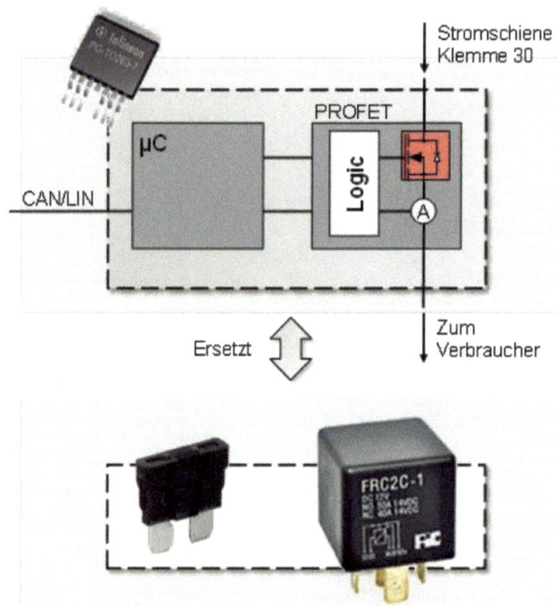

Bild 7.8: Funktionsprinzip einer elektronischen Sicherung [95]

7.8.1.1 Smart Fuse

Als konkrete Umsetzung elektronischer Sicherungen bieten sich Halbleiter an. Das Grundprinzip intelligenter High Side Schalter, siehe Kap. 2.3.3.5.6, eignet sich für den Einsatz als elektronische Sicherung oder sogenannte Smart Fuse. Allerdings ist die in solchen Schaltern implementierte Überstromabschaltung, die den Schalter vor Überlastung schützen soll, für den Einsatz als elektronische Sicherung nicht ausreichend. Mit einer zusätzlichen konfigurierbaren I^2t-Schutzfunktion kann auch die Leitung geschützt werden. Durch die Konfigurierbarkeit ist die Schutzfunktion an die gewählte Leitung anpassbar und kann während des Betriebs per Software adaptiert werden.

Einige Halbleiterhersteller haben bereits hat erste Datenblätter für diese neuen Schlüsselbauelemente herausgegeben, z. B. STMicroelectronics mit VNF7000 [96] und VN14800 [97]. Beim VNF7000 handelt es sich um einen intelligenten High Side-Treiber für Anwendungen im 12 V-Bordnetz, der mit 1,5 mΩ Einschaltwiderstand und einem extrem weiten Betriebsspannungsbereich von 4 V bis 28 V aufwartet, um auch bei Kaltstart von Verbrennungsmotoren gem. den OEM-spezifischen Normen zu funktionieren.

Die Strombegrenzung liegt bei ca. 200 A und durch Diagnose- und Schutzfunktionen sowie eine programmierbare Strom-Zeit-Kennlinie ist das Bauelement für den Einsatz als intelligente Sicherung geeignet. Ähnliche Eigenschaften weist auch VN14800 auf, allerdings für Anwendungen im 48 V-Bordnetz. Entsprechend liegt der Betriebsspannungsbereich von 30 V bis 56 V, wobei auch kurzzeitige Spannungseinbrüche bis 24 V abgedeckt sind. Der Einschaltwiderstand liegt ebenfalls bei 1,5 mΩ und die Strombegrenzung bei 120 A.

7.8.2 Intelligente Leistungsverteiler

Trends wie beispielsweise das Automatisierte Fahren oder die weitere Elektrifizierung der Fahrzeuge gehen mit weiterhin steigenden Ansprüchen an das Bordnetz der Zukunft einher [98]. Um diese Anforderungen an die funktionale Sicherheit erfüllen zu können, benötigt es neben einer grundlegend optimierten Bordnetzarchitektur eine absolut zuverlässige Energieversorgung.

Mit den steigenden Anforderungen an das Bordnetz steigt auch dessen Komplexität. Zahlreiche Sensoren, Aktuatoren sowie sicherheitsrelevante Fahrfunktionen und andere Elektroniksysteme müssen permanent mit elektrischer Energie versorgt werden, auch bei Spannungsschwankungen, Kurzschlüssen oder Teilausfällen, um fatale Folgen zu verhindern. Eine so hohe Sicherheit des Energiebordnetzes ist nur mit einem zuverlässigen Energiemanagement zu realisieren [98].

Intelligente Schalter und der intelligente Stromverteiler verhindern einen möglichen Gesamtausfall des Bordnetzes, unter anderem durch aktives Zu- oder Abschalten von Teilbordnetzen oder einzelnen Kanälen. Zahlreiche weitere Funktionen stellen die Funktionalität des Gesamtbordnetzes sicher, wie beispielsweise diverse Schutz- und Diagnosefunktionen angeschlossener Leitungen und der integrierte Unterspannungsschutz des Bordnetzes [98].

7.8.3 Zonenkabelbäume

Die Einführung einer zonalen E/E-Architektur und zugleich der Einsatz von elektronischen Sicherungen in Zonen-Steuergeräten ermöglicht eine signifikante Änderung der Bordnetzarchitektur und eine Reduzierung von Leitungslängen sowie die Chance auf automatisierte Fertigung von sognannten Zonenkabelbäumen. In der Forschung und Vorentwicklung vieler Automobilhersteller und Zulieferer wird an diesem Thema derzeit intensiv gearbeitet.

7.9 Literaturhinweise

T. C. Müller, C. Junge, F. Kühnlenz, Prof. Dr. T. Form, Volkswagen AG: Dezentrale elektronische Absicherung im 12V-Bordnetz, Proceedings AME 2013, Dortmund [95]

Data Sheet VNF7000AY, ST Microelectronics Homepage [96]
Data Sheet VN14800AQ, ST Microelectronics Homepage [97]
LEONI-Fahrzeugleitungen einadrig, Ausgabe Oktober 2012 [90]
M. Rupalla, D. Thauer, Elektronik Praxis, 21.10.2019: Wie der Schmelzleiter das Verhalten einer Geräteschutzsicherung in der Praxis beeinflusst, Elschukom GmbH [92]

8 Elektrische Verbraucher

Die überwiegende Mehrzahl der E/E-Komponenten – neben Erzeugern, Wandlern, Speichern und Stromverteilern sowie dem Kabelbaum – sind die elektrischen Verbraucher.

Das Kollektiv der Energieverbraucher wird durch sämtliche elektrische Lasten und deren für die Ansteuerung und Regelung notwendigen Steuergeräte im Fahrzeug dargestellt. Hierbei kann eine weitere Unterteilung der Energieverbraucher anhand verschiedener Kriterien erfolgen, beispielsweise auf einer funktionalen Ebene (z. B. Motorsteuerung, Fahrwerks-Regelung, Komfort-Funktionen, Infotainment etc.). Ebenfalls denkbar ist eine Kategorisierung basierend auf der durchschnittlichen Einschaltdauer. Einerseits existieren in einem Fahrzeugbordnetz Kurzzeit-Verbraucher wie Blinker, Fensterheber oder Schiebedach, andererseits sind auch Langzeit- und Dauerverbraucher wie Sitzheizungen, Beleuchtungseinrichtungen oder Radio vorhanden. Als dritte Möglichkeit können die Verbraucher auch auf Basis ihres typischen Leistungsbedarfs eingeteilt werden. Die Bandbreite zwischen Verbrauchern mit Stromaufnahmen im Bereich einiger mA (z. B. Steuergeräte, Leuchtdioden) und Spitzen-Stromaufnahmen von mehr als 100 A (z. B. elektrische Servolenkung, Starter) kann dabei mehrere Größenordnungen betragen.

Die Tabelle 8.1 gibt eine Übersicht über die Leistungsanforderungen einiger ausgewählter Verbraucher eines Oberklassefahrzeugs. Anhand der Tabelle können die Verbraucher in Spitzenlastverbraucher, wie die elektrohydraulische Bremse oder die elektrische Lenkung und in Dauerlastverbraucher, wie die Motorsteuerung oder die Kraftstoffpumpe aufgeteilt werden. Komponenten mit sehr schnellen Stromanstiegsgeschwindigkeiten und einem sehr großen Verhältnis von Spitzen- zu Dauerlast, wie die genannten Spitzenlastverbraucher, können vom Generator nur im Mittel versorgt werden. Hier muss die Batterie die Pufferfunktion für auftretende Leistungsspitzen übernehmen. Dies gilt auch, falls der Verbrennungsmotor gerade mit geringer Drehzahl betrieben wird und der Generator somit nur eine geringe Leistung abgeben kann und gleichzeitig viele Verbraucher aktiv sind. In einer anderen Betriebsphase muss der Generator dann bezogen auf den Bordnetzbedarf mit Energieüberschuss betrieben werden, um die Ladebilanz der Batterie wieder auszugleichen.

Aufgrund des Ziels, Kraftstoff einzusparen – 100 W elektrische Last erhöhen den Verbrauch um ungefähr 0,1 l Kraftstoff auf 100 km – muss auch beim konventionellen Fahrzeug der Wirkungsgrad im Bordnetz erhöht und der elektrische Leistungsbedarf reduziert werden. Um die Sicherheit und den Komfort eines Fahrzeugs zu steigern, erhöht sich jedoch die Anzahl der elektrischen Verbraucher. Um diesen Zielkonflikt aufzulösen oder zumindest zu mildern, kann mit einer Elektrifizierung der Nebenaggregate des Verbrennungsmotors und einer bedarfsgerechten Ansteuerung derselben der Kraftstoffverbrauch des Fahrzeugs trotz steigender Bordnetzlast gesenkt werden.

Generell ist daher zu erwarten, dass die Bordnetzleistung in Zukunft nicht mehr so stark zunehmen wird wie in der Vergangenheit, aber dennoch kontinuierlich steigen wird.

Verbraucher	**Spitzenleistung in Watt**	**Mittlere Leistung in Watt**
Elektrohydraulische Bremse	1700	20
Elektrische Lenkung (abh. vom Fzg.)	1500 – 2000	< 20
Kühlerlüfter	800	80
Motorsteuerung	300	230
Kraftstoffpumpe	100	100
Abblendlicht	120	20
Fernlicht	140	3
Sitzheizung (pro Sitz)	130	5
Frontscheibenwischer	150	10
Heckscheibenheizung	400	10

Tabelle 8.1: Übersicht über die Leistungsanforderungen einiger ausgewählter Verbraucher

8.1 Elektronische Steuergeräte

Elektronische Steuergeräte, oft als ECU (Electronic Control Unit) bezeichnet, sind klassischerweise spezifischen Funktionen im Fahrzeug zugeordnet und werden meist in Domänen eingeordnet. In der Regel stellt ein Steuergerät die Regeleinrichtung eines elektronischen Systems dar. Es erfasst über Sensoren und Signale die aktuellen Betriebsbedingungen, verarbeitet diese und steuert die Aktuatoren oder Stellglieder an. Die Signalverarbeitung findet im Rechnerkern des Steuergeräts statt.

Die Digitaltechnik mit programmierbaren Steuerungen hat die Fahrzeugtechnik revolutioniert. Mit ihrer Hilfe konnten vielfältige Funktionen realisiert werden, die mit klassischen Methoden der Fahrzeugtechnik nicht umsetzbar waren. Dadurch können viele Einflussgrößen für die Steuerung der im Fahrzeug vorhandenen Systeme berücksichtigt werden. Das Arbeitsprinzip aller Steuergeräte ist sehr ähnlich. Ein Steuergerät erfasst digitale und analoge Signale, wertet vorhandene Sensoren und Bedienelemente aus und steuert oder regelt die Aktuatoren. Zusätzlich verfügt es über Schnittstellen zu anderen Systemen und eine Diagnoseschnittstelle. Der Funktionsumfang der Steuergeräte nimmt ständig weiter zu.

Neben den ständig steigenden funktionalen Anforderungen sind die grundsätzlichen Anforderungen an die Steuergeräte sehr hoch. Je nach Einbauort sind sie unterschiedlich hohen Belastungen und Randbedingungen ausgesetzt. Im Motorraum, am Fahrwerk oder im Außenbereich sind die Umgebungsbedingungen deutlich angespannter als im Innen- oder Gepäckraum. Hohe Robustheit gegen Spannungsschwankungen im Bordnetz und elektromagnetische Verträglichkeit sind gefordert.

8.1.1 Grundlagen Elektronische Steuergeräte

Den Aufbau eines klassischen Steuergeräts im Kraftfahrzeug zeigt Bild 8.1. In klassischen Steuergeräten ist meist eine Platine verbaut, die von einem Gehäuse umschlossen ist. Die Kontakte zur elektrischen Anbindung sind in Form eines Steckers dargestellt. Steuergeräte werden größtenteils von den Automobilzulieferern entwickelt und produziert. In Einzelfällen beteiligen sich die Fahrzeughersteller dann an der Definition und Entwicklung von Steuergeräten, wenn diese eine besondere Innovation darstellen oder ein spezifisches Know How beinhalten.

Die elektronischen Schaltungen klassischer Steuergeräte bestehen heute typischerweise aus Logik- und Leistungsanteilen und haben eine Komplexität mittleren bis hohen Grades erreicht.

Bild 8.1: Typische Automobilsteuergeräte [99]

Der generische Aufbau von automobilen Steuergeräten setzt sich aus in Tabelle 8.2 beschriebenen Bauteilen zusammen.

Bauteil	Beschreibung	Material	Randbedingungen
Gehäuse	2- oder mehrteilig	Kunststoff, Aluminiumdruckguss, geformte Blechkavität	Dichtigkeit, thermische Anforderungen, Kühlung, Montage
Stecker	Niederpolige (1 – 10) od. hochpolige Stiftleisten mit Steckerkragen und Dichtung sowie Sonderstecker	Kunststoff für Steckerkragen, Pins aus Kupferlegierungen mit Beschichtung, Dichtungen aus Silikon od. Weichplastik	Übergangswiderstand, Dichtigkeit, Vibration, Temperaturbereich, Isolation, Montage, mechanische Kodierung, Verriegelung
Platine	Bestückt mit elektronischen und elektromechanischen Bauteilen	Leiterplatte (FR4), passive Bauteile, Halbleiter	Elektronische Schaltung, bestehend aus Hardware und Software

Tabelle 8.2: Übersicht generischer Aufbau von automobilen Steuergeräten

In Bild 8.2 wird das generische Blockschaltbild eines Steuergeräts, bzgl. typischer Halbleiterbauelemente siehe auch Kap. 2.3.3.5, skizziert.

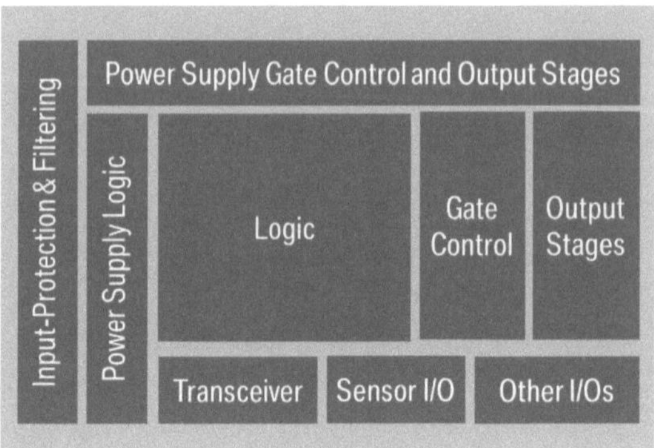

Bild 8.2: Generisches Blockschaltbild eines Steuergeräts

8.1.2 Antriebselektronik

8.1.2.1 Motorsteuergerät

Das Motorsteuergerät ist die zentrale Steuerung und das Herzstück des Motormanagementsystems, siehe z. B. Bild 8.3. Es regelt die Kraftstoffversorgung, Luftsystem, Kraftstoffeinspritzung und Zündung auf Basis der aktuellen Fahrpedalstellung. Aufgrund der Skalierbarkeit seiner Leistung ist das Steuergerät auch in der Lage, sowohl die Abgasanlage zu regeln als auch weitere Getriebe- und Fahrzeugfunktionen zu integrieren. Bei aktuellen Verbrennungsmotoren werden mit dem Motorsteuergerät die Verbrennungsabläufe im Motor so gesteuert und kontrolliert, dass das gewünschte Fahrverhalten erreicht und die gültige Abgasnorm eingehalten wird (z. B. Lambdaregelung). Hierzu muss das Motorsteuergerät synchron zum innermotorischen Prozess alle Stellsignale berechnen und ausgeben. Das gilt besonders für die Luftfüllung des Brennraums, die Kraftstoffeinspritzung und die Steuerung des Zündzeitpunkts bis zur Regeneration/Reinigung der Abgasanlage. Motorsteuergeräte können über 200 Anschlüsse (analoge und digitale I/O-Schnittstellen) aufweisen. Bei großen Verbrennungsmotoren können darüber hinaus auch mehrere Motorsteuergeräte nach dem Master-Slave Prinzip eingesetzt werden. Hierbei wird der erheblich größeren Anzahl an Sensoren und Aktuatoren Rechnung getragen (z. B. für Einspritz- und Zündsystem pro Zylinder aber auch Luft- und Lambdasensoren bei mehrflutigen Systemen).

Typische Eingangssignale der Motorsteuerung sind:

- Kurbelwellensensor und Nockenwellensensor für die Synchronisation von Verbrennungsmotor und Motorsteuergerät
- Luftdrucksensor, Luftmassensensor und Elektrische Drosselklappe für die Berechnung der Ladeluftmasse
- Ladedruck bei Aufladung (Turbolader)
- Zündzeitpunkt (bei fremdgezündeten Verbrennungsmotoren)
- Lambdasonde für das Gemischverhältnis und die katalytische Abgasreinigung sowie die Abgasrückführung
- variabler Ventiltrieb die Öffnungs- und Schließ(kurbelwellen)winkel der Ein- und Auslassventile
- Klopfsensor
- barometrischer Umgebungs-Luftdruck
- Kraftstoffdrucksignal
- Temperatur der angesaugten Luft
- Temperatur der Motorkühlflüssigkeit
- Temperatur und Druck des Motoröls

Weitere Eingangssignale werden durch den Fahrer erzeugt, zum Beispiel:

- Gaspedalwinkel/-weg (Fahrpedalweg)
- Kupplungspedal-Schalter
- Bremssignal-Schalter
- Fahrgeschwindigkeits-Regelungssystem (Tempomat)

Typische Ausgangssignale der Motorsteuerung sind:

- Ansteuerung der Einspritzventile
- Aktivierung der Zündung
- Ansteuerung des Drosselklappenstellers
- Ansteuerung des Abgasrückführungsventils
- Ansteuerung des Turboladers (Waste Gate oder VTG)
- Nockenwellenverstellung
- Kraftstoffpumpe

Moderne Motorsteuerungen werden überwiegend mit sehr leistungsfähigen Mikrocontrollern realisiert, siehe Bild 8.3. Sie verfügen über ausreichend Rechenleistung, um die in Echtzeit benötigten Rechenoperationen genügend schnell und genau zu verarbeiten. Der Mikrocontroller hat Zugriff auf internen oder externen Speicher (RAM, ROM und Flash-Speicher). Bei den üblichen Stückzahlen verwendet man zusätzlich auch ASICs um den Mikrocontroller zu entlasten. Vorteilhaft kann aber auch sein, Motorsteuerungen mit FPGAs zu ergänzen, da diese einige digitale Funktionen schneller ausführen können als der Mikrocontroller. Gleichzeitig sind FPGAs in ihrer Anwendung flexibel und können durch die Software neu konfiguriert werden. Sie sind aber nicht kostenneutral und darum bei geringen Stückzahlen sinnvoll einsetzbar. Das Motorsteuergerät weist die Besonderheit auf, dass die darauf zyklisch ablaufenden Programme nicht alle zu festen Zeitintervallen ablaufen, sondern einige auch synchron zur Motordrehzahl, zum Beispiel zur Berechnung des Zündzeitpunkts.

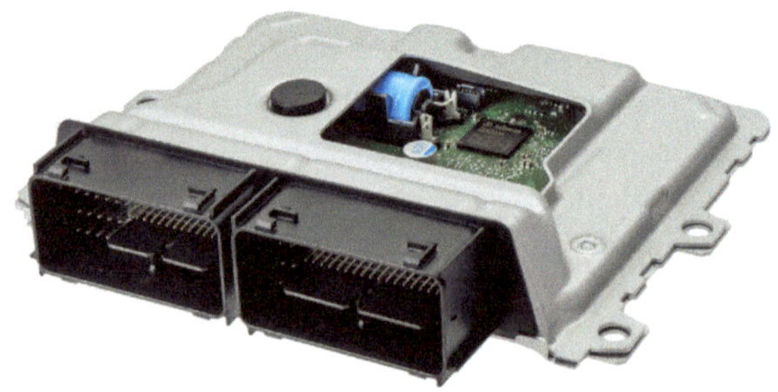

Bild 8.3: Beispiel Motorsteuergerät [100]

Die ECU steuert alle Arten von Antriebssträngen und Topologien wie Benzin, Diesel, CNG, Ethanol und auch Hybrid- und Brennstoffzellensysteme.

Das Motorsteuergerät sammelt alle Anforderungen an den Motor, priorisiert sie und setzt sie dann um. Das Drehmoment dient als Schlüsselkriterium für die Umsetzung aller Anforderungen. Das Luft-Kraftstoff-Verhältnis ist so geregelt, dass das Drehmoment so effizient wie möglich bereitgestellt wird. Neben den verbrennungsrelevanten Funktionen beinhaltet das elektronische Steuergerät auch Sicherheits- und Diagnosefunktionen.

Bild 8.4 zeigt das generische Blockschaltbild einer Motorsteuerung für Benzinmotoren, die skalierbar für die Zylinderanzahl des Verbrennungsmotors ist. Das Steuergerät wird aus dem 12 V-Bordnetz versorgt. Über eine Schutz- und Filterschaltung werden sowohl die Spannungsregler (Power Supply) für Logik und Sensoren als auch die direkt mit 12 V betriebenen Schaltungsblöcke Einspritztreiber (Injection Pre-Driver), Zündendstufen (Ignition Pre-Driver) und weitere Endstufen für 12 V-Lasten versorgt. Die Endstufen für die Ansteuerung der Einspritzventile sind MOSFETs mit geeigneter Spannungsklasse, und zur Ansteuerung der Zündkerzen werden IGBTs angewendet. Das Herzstück der Motorsteuerung bildet ein Microcontroller (MCU) mit meist internem Flash-Programmspeicher und einem evtl. zusätzlichen externen Datenspeicher (EEPROM). Über ein Sensor-Interface werden die am Motor befindlichen Sensoren angeschlossen, und zur Kommunikation mit anderen Systemen sind Transceiver für CAN, FlexRay und LIN verbaut.

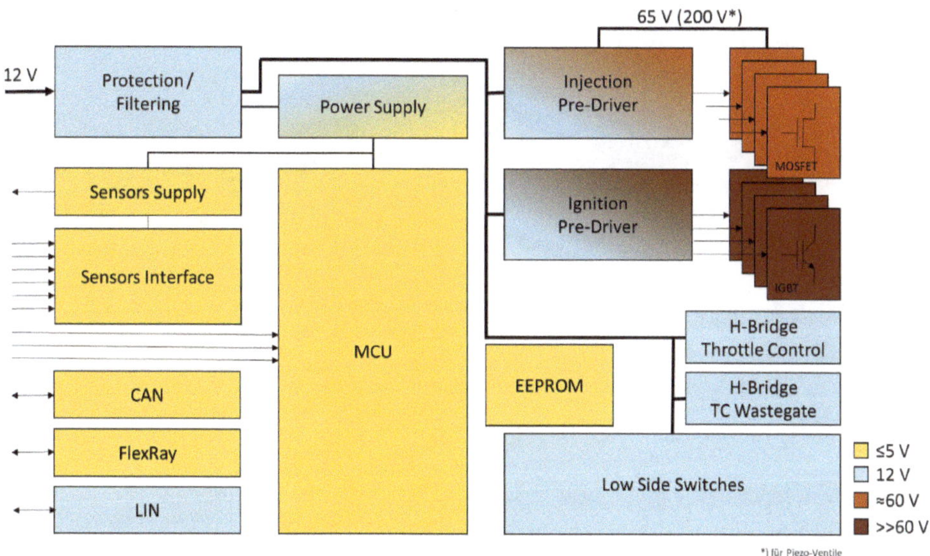

Bild 8.4: Generisches Blockschaltbild für Motorsteuerung

8.1.2.2 Getriebesteuerung

Bei vielen Getrieben erfolgt der Gangwechsel mithilfe einer hydraulischen Steuerung, die von einem Getriebesteuergerät betätigt wird. Eine intelligente Steuerungssoftware passt das Schaltverhalten des Automatikgetriebes optimal an die aktuelle Fahrsituation an. Das Getriebesteuergerät ermöglicht durch die Ansteuerung der elektrohydraulischen oder elektromechanischen Getriebesteller ein komfortables, dynamisches Fahrverhalten. Zudem führt es die Diagnose des Automatikgetriebes und seiner Komponenten durch.

Das Getriebesteuergerät wertet die relevanten Sensorsignale aus und setzt sie mithilfe der Software in Steuerbefehle für die Getriebesteller um. Das Getriebesteuergerät enthält einen Mikrocontroller, optimierte applikationsspezifische integrierte Schaltkreise (ASICs), Eingänge für die Sensoren sowie Endstufen für die Ansteuerung der Aktuatoren. Eine modulare Software-Architektur ermöglicht variable Software-Sharing-Modelle.

Wie in Bild 8.5 zu sehen, wird die Getriebesteuerelektronik direkt in das Getriebe integriert, z. B. in Form eines Elektronikmoduls. Damit kann die Verkabelung zwischen Getriebe und Getriebesteuerung vermieden werden.

Bild 8.5: Elektronikmodule für Integrierte Getriebesteuerungen [62]

8.1.2.3 Elektrifizierter Antriebsstrang

Hybride Antriebe – eine beliebige Verkopplung von Verbrennungsmotor und Elektromotor – sind die Einstiegsform in die Elektrifizierung und erfordern eine Integration des Elektromotors in den Antriebsstrang. Dazu bietet sich das Getriebe in den Positionen P1/P2 und P3 an. Sowohl in klassischen Automatik- als auch Doppelkupplungsgetrieben lassen sich Elektromotor und Wechselrichter integrieren. Siehe auch Bild 8.6.

Bild 8.6: Modulares 8 Gang Automatikgetriebe für verschiedene Elektrifizierungsstufen z. B. PHEV und MHEV [101]

Ein Batteriemanagementsystem, wie beispielsweise in Bild 8.7 gezeigt, ist ein weiteres wesentliches Steuergerät im elektrifizierten Antriebsstrang und hat die Aufgabe, alle relevanten Daten des Batteriesystems in Elektro- und Hybridfahrzeugen zu erfassen und den Status der Batterie zu überwachen. Dazu ermittelt das Batteriemanagementsystem Ladezustand (SoC), Gesundheitszustand (SoH) und Funktionszustand (SoF) der Batterie. Im Falle eines kritischen Batteriezustands leitet es entsprechende Maßnahmen ein. Subsysteme des Systems können zusätzlich für einen Ladungsausgleich zwischen den Zellen der Batterie sorgen, Spannungen und Temperaturen innerhalb der Batterie messen, den Gesamtstrom der Batterie über einen Messwiderstand bestimmen und Hochvolt-Sicherheitsfunktionen übernehmen.

Bild 8.7: Batteriemanagementsystem [102]

Der Wechselrichter für die Ansteuerung und Regelung des elektrischen Antriebsmotors, wie beispielsweise in Bild 8.8 oder Bild 8.9 gezeigt, hat die Aufgabe, aus dem von der Batterie bereitgestellten Gleichstrom bei der momentan anliegenden Spannung die für den Betrieb des Elektromotors notwendigen Wechselströme je nach Anzahl der Phasen und der vorliegenden Anforderungen nach Drehzahl und Drehmoment zu regeln.

Es etablieren sich immer mehr am Elektromotor integrierte Wechselrichter. Elektromotor und Wechselrichter werden in eine komplette Antriebseinheit integriert und können so als eine Komponente im Fahrzeug montiert werden.

Den Aufbau der SiC-Module unter der Leiterplatte ist in Bild 8.10 gut erkennbar. Es handelt sich um einzelne Leistungsmodule, die auf dem Aluminiumgehäuse so aufgebracht sind, dass eine sehr gute Wärmeleitfähigkeit erreicht wird.

Bild 8.8: Hochvolt-Wechselrichter für 3-phasigen Elektromotor [100]

Bild 8.9: Integrierter Wechselrichter auf Basis SiC-Module für Tesla Model 3 (eigenes Bild)

Bild 8.10: Schnitt durch Gehäuse und SiC-Module des Wechselrichters Tesla Model 3 (eigenes Bild)

Der DC/DC-Wandler zwischen Hochvolt und Niedervolt, wie beispielsweise in Bild 8.11 gezeigt, hat die primäre Aufgabe, die Versorgung des Niedervoltbordnetzes in allen Betriebszuständen des Fahrzeugs zu gewährleisten. Das Erreichen des maximal möglichen Wirkungsgrads der Wandlung in allen Betriebspunkten und eine hohe Verfügbarkeit und Zuverlässigkeit sind dabei von immenser Bedeutung, vor allem im Hinblick auf autonome Fahrzeugfunktionen oder die Umsetzung von Funktionen ohne mechanische Rückfallebene.

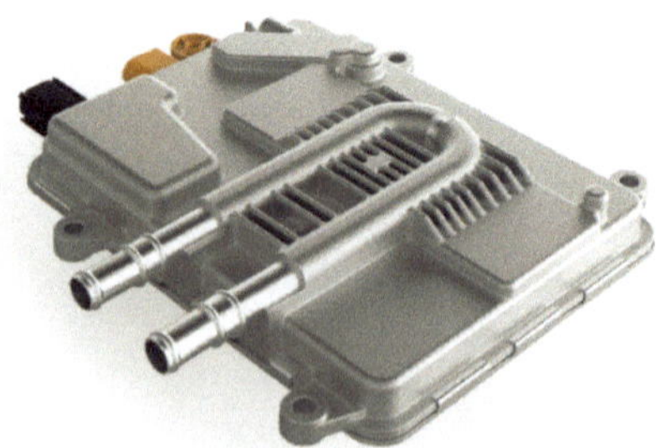

Bild 8.11: DC/DC-Wandler Hochvolt – Niedervolt [100]

An die Stelle der Motorsteuerung kann in Fahrzeugen mit elektrifizierten Antrieben ein Master Controller gemäß Bild 8.12 treten, der den Fahrerwunsch, der dem Fahrzeug durch die Fahrpedalstellung vorgegeben wird, in die notwendigen Anforderungen an das elektrifizierte Antriebssystem übersetzt.

Bild 8.12: Master Controller [100]

8.1.3 Fahrwerkselektronik

8.1.3.1 Lenkung

Lenken erforderte vom Fahrer bei niedrigen Geschwindigkeiten und beim Rangieren oder Parkieren einen gewissen Kraftaufwand, den nicht jede Fahrerin oder jeder Fahrer für jede Fahrzeugklasse in jeder Situation aufbringen konnte. Daher wurde eine Lenkkraftunterstützung als Komfortfunktion, vor allem in größeren und schwereren Fahrzeugen, etabliert.

Die Lenkkraftunterstützung, häufig auch als Servolenkung bezeichnet, wurde ursprünglich als hydraulisches System ausgeführt. Eine über den Riementrieb des Verbrennungsmotors ständig angetriebene Hydraulikpumpe versorgte das System mit dem notwendigen hydraulischen Druck, um bei Lenkbewegungen den Fahrer zu entlasten. Dieses System stellte bei laufendem Verbrennungsmotor einen nicht vernachlässigbaren Dauerverbraucher dar, der den Kraftstoffverbrauch erhöhte und somit CO2-relevant war. Die Anforderung nach einer bedarfsgerechten Lenkkraftunterstützung führte zur Elektrifizierung des Systems, entweder in Form einer elektrohydraulischen oder einer voll elektrischen Lenkkraftunterstützung. Im Pkw-Bereich sind fast ausschließlich voll elektrische Systeme eingesetzt.

Elektromotor und Elektronik sind heute größtenteils als eine mechatronische Einheit ausgeführt, an die Lenkungsmechanik angebaut und leiten dort die Lenkkraftunterstützung in Form eines Moments in das Lenkgetriebe ein, siehe auch Bild 8.13.

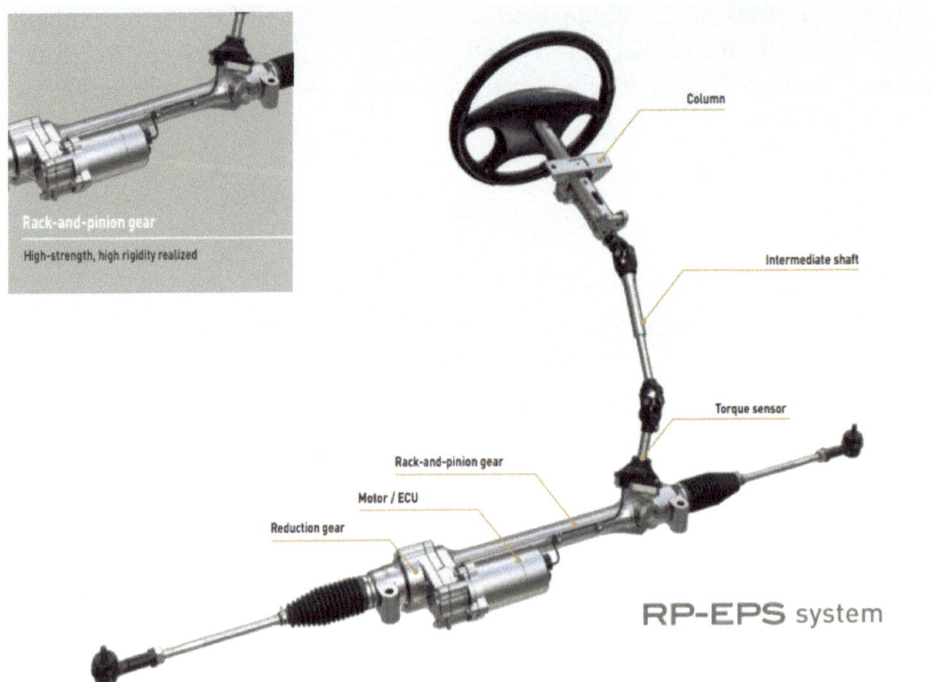

Bild 8.13: Beispiel einer mechatronischen Lenksystem-Einheit [62]

In den neuen Generationen sind Steuergerät und Elektromotor integriert und bilden die Grundlage für Fahrerassistenzfunktionen sowie automatisiertes Fahren. Bild 8.14 zeigt die mechatronische Komponente Steering Control Unit [62].

Bild 8.14: Mechatronische Komponente Steering Control Unit [62]

Auf Basis des vom Drehmomentsensor erfassten Lenksignals errechnet das elektronische Steuergerät die optimale Lenkunterstützung und regelt mit dieser Information den Elektromotor, der die benötigte Kraft bereitstellt. In der Steering Control Unit erfolgt die Berechnung der Lenkkraftunterstützung nicht nur abhängig vom Lenkmoment am

Lenkrad, sondern es werden auch viele zusätzliche Fahrzeugparameter berücksichtigt. Das Lenkungssteuergerät ist dabei die Schnittstelle zu weiteren Steuergeräten des Fahrzeugs.

Bild 8.15 zeigt das generische einer elektrischen Lenkkraftunterstützung (EPS). Die Elektronik wird aus dem 12 V-Bordnetz versorgt. Über eine Schutz- und Filterschaltung werden sowohl die Spannungsregler (Power Supply) für Logik und Sensoren als auch die direkt mit 12 V betriebenen Endstufen in Form einer B6-Brücke aus MOSFETs, ein oder mehrere Brückentreiber und die Sicherheitsschalter inkl. dem dafür notwendigen Gate-Treiber versorgt. Ein Zwischenkreiskondensator (DC Link) puffert die Spannung an den Endstufen. Das Herzstück der elektrischen Lenkkraftunterstützung bildet ein Microcontroller (MCU) mit internem Flash-Programmspeicher und einem evtl. zusätzlichen externen Datenspeicher (EEPROM). Über ein Sensor-Interface werden die an der Lenkung befindlichen Sensoren angeschlossen, und zur Kommunikation mit anderen Systemen sind Transceiver für CAN und FlexRay verbaut. Ein Watchdog überwacht den korrekten Programmablauf im Microcontroller.

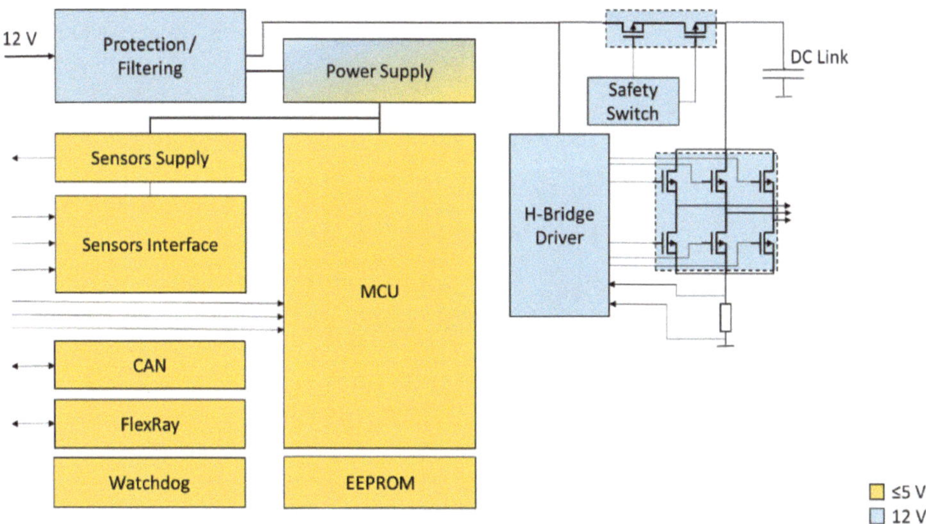

Bild 8.15: Generisches Blockschaltbild einer elektrischen Lenkkraftunterstützung (EPS)

8.1.3.2 Bremsregelsysteme

Jeder Autofahrer kommt früher oder später in die Situation, eine Vollbremsung machen zu müssen. Bei Vollbremsungen und beim Bremsen auf nasser oder glatter Fahrbahn können die Räder des Fahrzeugs blockieren. Blockierende Räder reduzieren die Übertragung der gewünschten Bremskraft und machen das Fahrzeug unlenkbar.

Das Antiblockiersystem (ABS) beispielsweise von Bosch verhindert das Blockieren der Räder und ermöglicht sicheres Bremsen. Siehe Bild 8.16.

Die Weiterentwicklung zum elektronischen Stabilitäts-Programm (ESP®) unterstützt den Fahrer in nahezu allen kritischen Fahrsituationen. Es umfasst die Funktionen des Antiblockiersystems (ABS) und der Antriebsschlupfregelung (ASR), kann aber noch deutlich mehr. Es erkennt auch Schleuderbewegungen des Fahrzeugs und wirkt diesen aktiv entgegen. Dadurch erhöht es die Fahrsicherheit wesentlich.

Aus dem Lenkwinkel erkennt das System die gewünschte Fahrtrichtung. Drehzahlsensoren an allen Rädern messen die Radgeschwindigkeiten. Parallel dazu erfassen Sensoren die Drehbewegung des Fahrzeugs um die Hochachse sowie seitliche Beschleunigungen (Querbeschleunigungen). Daraus errechnet das Steuergerät die tatsächliche Bewegung des Fahrzeugs und vergleicht diese 25 mal pro Sekunde mit der gewünschten Fahrtrichtung. Stimmen die Werte nicht überein, reagiert das System blitzschnell ohne Zutun des Fahrers. Es reduziert die Motorkraft, um die Stabilität des Fahrzeugs wieder herzustellen. Reicht dies nicht aus, bremst es zusätzlich einzelne Räder ab. Die dadurch entstehende Drehbewegung des Fahrzeugs wirkt der Schleuderbewegung entgegen – innerhalb der Grenzen der Physik bleibt das Fahrzeug so sicher in der gewünschten Spur.

Bild 8.16: ABS-Steuergerät [62]

Bild 8.17 zeigt das Blockschaltbild einer Elektronischen Stabilitätskontrolle (ESP®). Die Elektronik wird über zwei unabhängige Versorgungspfade aus dem 12 V-Bordnetz versorgt, um eine gewisse Redundanz der Versorgung zu gewährleisten. Über eine Schutz- und Filterschaltung werden sowohl die Spannungsregler (Power Supply) für Logik und Sensoren als auch die direkt mit 12 V betriebenen Endstufen in Form einer B6-Brücke aus MOSFETs mit einem B6-Brückentreiber, einer Vollbrücke aus MOSFETs mit einem Vollbrückentreiber (EPB Control), dem Ventiltreiberblock und die Sicherheitsschalter inkl. dem dafür notwendigen Gate-Treiber versorgt. Ein Zwischenkreiskondensator (DC Link) puffert die Spannung an der B6-Brücke. Das Herzstück der elektronischen Stabilitätskontrolle bildet ein Microcontroller (MCU) mit internem Flash-Programmspeicher und einem evtl. zusätzlichen externen Datenspeicher (EEPROM). Über ein Sensor-Interface werden die an der Lenkung befindlichen Sensoren angeschlossen, und zur Kommunikation mit anderen Systemen sind Transceiver für CAN und FlexRay verbaut. Ein Watchdog überwacht den korrekten Programmablauf im Microcontroller.

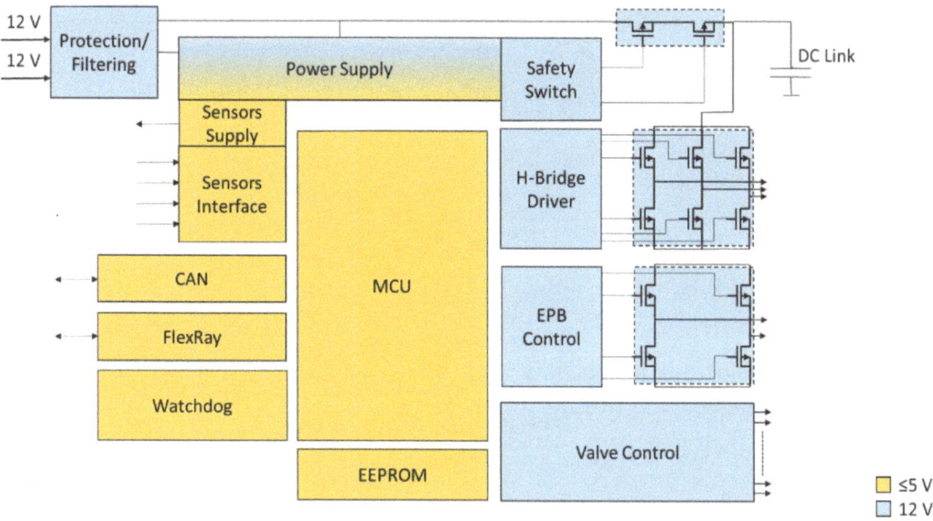

Bild 8.17: Generisches Blockschaltbild einer elektronischen Stabilitätskontrolle

Effizientere Verbrennungsmotoren, Hybridantriebe oder rein elektrisches Fahren, sowie moderne Fahrassistenzfunktionen erfordern modulare und skalierbare, vakuum-unabhängige Lösungen für das Bremssystem. Mit dem iBooster, gemäß dem Bild 8.18, hat Bosch einen vakuum-unabhängigen, elektromechanischen Bremskraftverstärker entwickelt, der diese Anforderungen erfüllt.

Bild 8.18: iBooster [62]

8.1.3.3 Vertikaldynamiksysteme

Ein weites Feld an Anwendungen stellt die Vertikaldynamik dar. Von einer Höhenstandkontrolle bis zum aktiven Fahrwerk wird eine Vielzahl von Funktionen angeboten, die unterschiedlichste funktionsspezifische Steuergeräte erfordern.

Folgende Funktionen werden als Vertikaldynamiksysteme bezeichnet:

- Höhenstandkontrolle
- Dämpferkontrolle
- Luftfeder
- Federratenverstellung
- Wankstabilisierung
- Aktives Fahrwerk

Der Aufbau der Elektronik in den Steuergeräten ist mit den generischen Blockschaltbildern der elektrischen Lenkkraftunterstützung und den Bremsregelsystemen prinzipiell vergleichbar und stellt je nach Anwendung eine Kombination dieser Schaltungen dar.

8.1.4 Komfort- und Karosserieelektronik

Im Bereich der Komfortsysteme ist die Klimatisierung des Fahrgastinnenraums eine sehr wichtige Funktion, die aus einem Heiz- und Klimagerät und einem Klimabedienteil besteht [35]. Die Elektronik zur Regelung des Heiz- und Klimageräts mit elektrischen Klappen und Lüftermotoren sowie einem optionalen PTC-Zuheizer findet im Klimabedienteil statt. Das Klimabedienteil beinhaltet die Anzeige und die Bedienoberfläche für den Nutzer.

Türsteuergeräte mit Zentralverriegelung, elektrischen Fensterhebern und Außenspiegelfunktionen, Dachsteuergeräte für die Steuerung eines Schiebe- und Hebedachs sowie der Beleuchtung im Fahrgastinnenraum sind der Karosserieelektronik zuzuordnen [35]. Ein Zentralsteuergerät koordiniert über Bussignale diese und weitere ausgelagerten Funktionen und hat zusätzlich noch die Funktion eines zentralen Gateways. Elektrische Sitzfunktionen, Lenkradverstellung und auch sicherheitsrelevante Funktionen wie die Ansteuerung der Front- und Heckleuchten, Scheibenwischer und Heckscheibenheizung sind häufig in diesem Zentralsteuergerät untergebracht.

8.1.5 Insassenschutz-Elektronik

Zum Schutz der Fahrzeuginsassen sind heute in allen Fahrzeugen Airbags, Sicherheitsgurte mit Gurtstraffern und Gurtschlosserkennung verbaut. Diese Umfänge werden zwar als passive Sicherheit bezeichnet, basieren allerdings auf einem komplexen Elektroniksystem, bestehend aus einem Airbag-Steuergerät und diversen elektronischen Satelliten.

Das Airbag-Steuergerät stellt die Zentrale der passiven Sicherheit dar. Es erfasst eine Vielzahl von Informationen, z. B. Geschwindigkeit, Sitzbelegungen, Sitzpositionen, Gurtschlosszustände und Kindersitzerkennung, und wertet diese während der Fahrt ständig aus [22]. Über Inertialsensoren für Beschleunigungen und Drehraten in alle drei Raumrichtungen werden die Schwere und die Art des Unfalls erkannt und entsprechende Maßnahmen eingeleitet, wenn eine Unfallvermeidung durch vorher aktive Fahrerassistenzsysteme nicht mehr möglich ist. Unfallrelevante Daten werden gespeichert, ein automatischer Notruf wird abgesetzt und weitere Maßnahmen eingeleitet.

Bild 8.19 zeigt das Blockschaltbild eines Airbagsystems mit dem Airbag-Steuergerät und seiner Peripherie. Die Elektronik im Airbag-Steuergerät (in Bild 8.19 grau unterlegt) besteht aus einem anwendungsspezifischen Power Supply IC (PMIC) mit Safety Watchdog und den anwendungsspezifischen Zündkreis-ICs (Squib Driver) sowie einem Microcontroller, Transceivern, einem F-RAM (nicht-flüchtiger ferroelektrischer Speicher) und Schnittstellen zu den Sensorsatelliten und dem Schalter für die Warnlampen [103]. Außerdem beinhaltet das Steuergerät die Inertialsensoren und eine große Kondensatorbank als Energiereserve für die Autarkiezeit des Steuergeräts während des Unfalls.

In den Satelliten sind Druck- oder Beschleunigungssensoren verbaut, um einen Seitenaufprall zu detektieren.

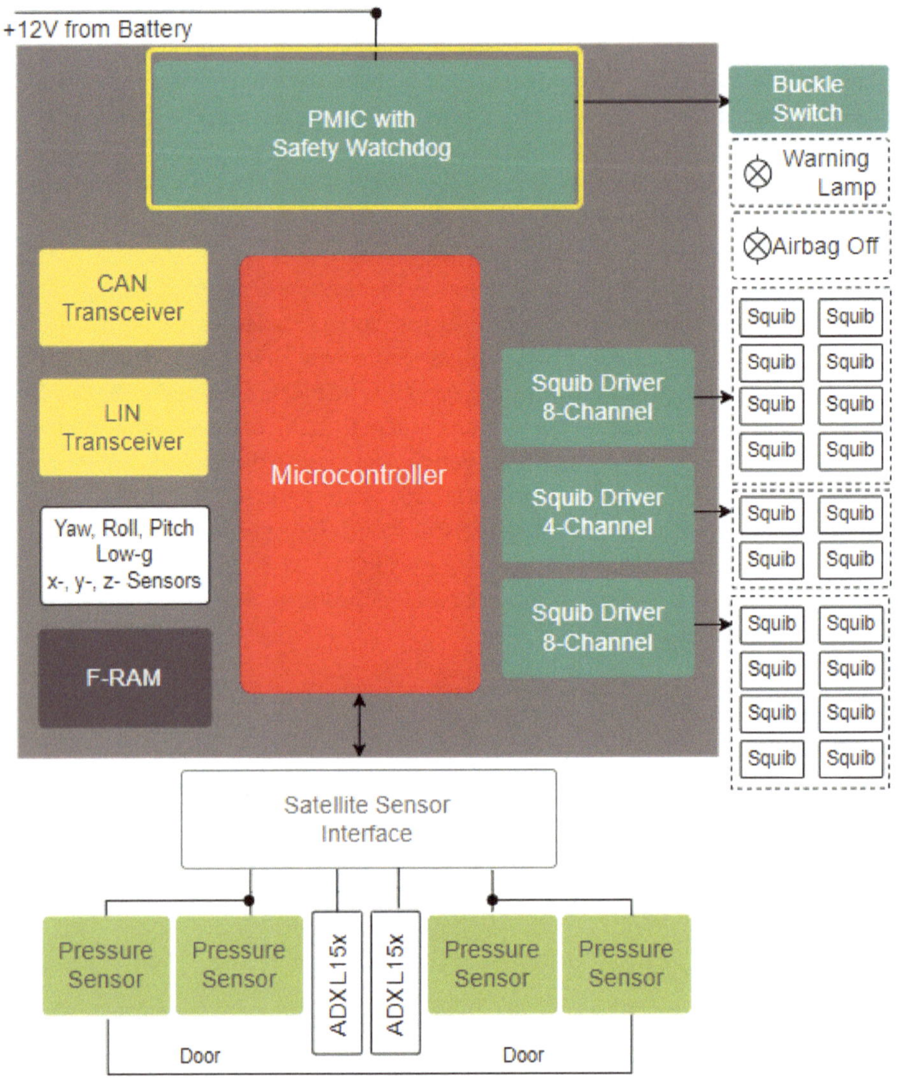

Bild 8.19: Blockschaltbild eines Airbagsystems [103]

8.1.6 Informations- und Unterhaltungselektronik

Im Fahrzeug gibt es vier Informations- und Kommunikationsbereiche mit unterschiedlichen Schwerpunkten [35]:

- Kombiinstrument — für den Fahrer
- Windschutzscheibe — für den Fahrer
- Mittelkonsole — für den Fahrer und den Beifahrer
- für Fahrer und Beifahrer — für die Fondpassagiere

Das Informationsangebot ist heute so groß, dass die für den jeweiligen Insassen notwendige, zweckmäßige oder gewünschte Information bis zu einem gewissen Grad ausgewählt werden kann [35].

Im Kombiinstrument sind Fahrzeuggeschwindigkeit und einige Überwachungsfunktionen für den Fahrer unerlässlich. Kontrollanzeigen und Warnungen werden ebenfalls mit einer gewissen Priorität angezeigt. Die restliche Darstellung kann der Fahrer individuell konfigurieren.

Das Head-up-Display in der Windschutzscheibe kann dem Fahrer wesentliche Informationen für die Fahrt einblenden, damit der Fahrer die Augen nicht von der Straße abwenden muss. Dazu gehören meist Geschwindigkeit und Informationen aus Navigation und Fahrerassistenz.

Über das zentrale Anzeige- und Bediengerät mit dem großen Display in der Mittelkonsole stehen Fahrer und Beifahrer die Funktionen Radio, Telefon, Internet, Navigation, Klimabedienung, Fahrzeugeinstellungen sowie eine Vielzahl weiterer Funktionen zur Auswahl.

Ein Teil dieser Funktionen ist über entsprechende Multimedia-Geräte mit Displays im Fahrzeugfond für die Passagiere auf den hinteren Sitzen verfügbar.

8.1.7 Zentral-Rechenplattformen

Schlüsselkomponenten für fahrzeugzentralisierte E/E-Architekturen, siehe Kap. 3.3.3, sind Zentral-Rechenplattformen, deren Funktionen und Aufgaben detailliert in Kap. 3.5.1 beschrieben sind. Diese Zentralrechenplattformen beinhalten Hochleistungsrechner mit mehreren Rechenkernen und die hochkomplexe Software sowie die Konnektivität der Fahrzeuge für externe Dienste.

In Bild 8.20 ist eine solche Zentralrechenplattform als Beispiel dargestellt. Die Anforderungen an eine solche Einheit sind hohe Rechenleistungen bis 1.000 Tera-OPS, künstliche Intelligenz, Datenfusion aller verfügbaren Sensor- und Umgebungsmessdaten, hohe Belastbarkeit und Zuverlässigkeit auch unter extremen Bedingungen ausgelegt und aktuelle Sicherheitsmechanismen gegen Cyber-Bedrohungen sowie die Integration von Software des Fahrzeugherstellers oder von Drittanbietern.

Bild 8.20: Zentralrechenplattform, geeignet für automatisiertes Fahrens von Level 2 bis 5 [101]

8.2 Aktuatoren

Im Zuge der Kontrollierbarkeit oder Regelbarkeit von mechanischen Systemen mittels Elektronik müssen die dort eingesetzten Aktuatoren elektrisch betrieben werden können. Dafür eignen sich in erster Linie Elektromotoren und Magnetventile. Darüber hinaus werden Elemente eingesetzt, die elektrische Leistung in Licht, Ton oder Wärme umsetzen.

8.2.1 Elektromotoren

Die Grundlagen zu elektrischen Maschinen sind in Kap. 2.1.8 zu entnehmen. Hauptsächlich werden in der Fahrzeugtechnik bürstenbehaftete und bürstenlose Gleichstrommotoren eingesetzt.

In Fensterhebern, Schiebe-/Hebedächern, elektrischen Sitzverstellungen, Scheibenwischern und vielen andere sporadisch betriebenen Funktionen finden sich bürstenbehaftete Gleichstrommotoren. Diese sind einfach anzusteuern, günstig und robust, allerdings sind Wirkungsgrad und durch Bürstenfeuer verursachter Verschleiß nachteilig.

Für andere Anwendungen wie z. B. Motorlüfter, Klimagebläse oder elektrische Lenkkraftunterstützung werden heute bürstenlose Gleichstrommotoren eingesetzt. Mit der teils integrierten Leistungselektronik können sie besser geregelt werden und kommen auch auf höhere Wirkungsgrade.

Die elektrischen Antriebe nutzen permanenterregte oder fremderregte Synchronmaschinen oder Asynchronmaschinen sowie weitere Arten von Elektromaschinen.

8.2.2 Pumpen

Zum Betreiben von Medienkreisläufen werden Pumpen eingesetzt. Wasser als Kühlmittel für Verbrennungsmotoren und auch für Elektromaschinen, Öl für Verbrennungsmotoren und Getriebe und Kältemittel für die Klimatisierung müssen durch die Pumpen in Umlauf gebracht werden und den gewünschten Druck im Kreislauf erzeugen. Auch das Bremsregelsystem verfügt über eine Pumpe, die den notwendigen Druck im Bremskreislauf regelt.

Wasserpumpen gibt es in verschiedenen Leistungsklassen, von 15 W bis 50 W als kleine Zusatzwasserpumpen und vom 100 W bis ca. 1000 W als Hauptwasserpumpen [104]. Alle diese Pumpen sind auf Basis bürstenloser Gleichstrommotoren, meist mit integrierter Leistungselektronik, verfügbar.

8.2.3 Magnetventile

Magnetische Ventile dienen zur Steuerung oder Regelungen von flüssigen oder gasförmigen Medien und können als Schalt- oder Regelventile elektrisch angesteuert werden.

Schaltventile öffnen oder sperren einen Medienfluss. Mit Regel- oder Proportionalventilen kann der Durchfluss des Mediums stufenlos eingestellt werden.

Das elektrische Verhalten eines Magnetventils entspricht dem einer Spule bzw. Induktivität. Durch die Ansteuerung über eine geeignete Ventiltreiberelektronik kann das Ventil mittels Pulsweitenmodulation so betrieben werden, dass nach einer kurzen Phase mit höherem Strom das Ventil anzieht und dann durch einen deutlich geringeren Strom gehalten wird. Bild 8.21 zeigt einen typischen Stromverlauf, gemessen an einem ABS-Ventil [105].

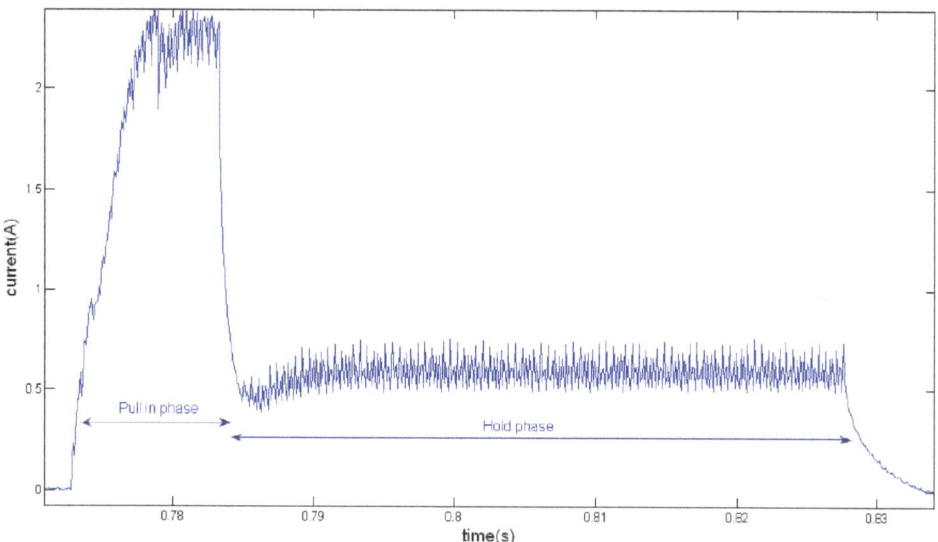

Bild 8.21: Typischer Stromverlauf durch ein ABS-Ventil [105]

8.3 Sensoren

Die Vielfalt von Sensoren ist sehr groß. Temperaturen, Drehzahlen, Positionen, Druck und viele weitere physikalische Größen müssen ein einem Automobil erfasst werden. Wie in Kap. 8.1.5 beschrieben, werden auch Beschleunigungen und Drehraten gemessen. Darüber hinaus erfassen komplexe Sensorsysteme wie Kameras und Radare das Umfeld und auch den Innenraum eines modernen Automobils.

Viele dieser Sensoren sind bereits so intelligent aufgebaut, dass sie mit einer geeigneten Stromversorgung von einem Mastersteuergerät versorgt werden und die Rohdaten intern aufbereiten und in geeigneter per Buskommunikation an das Mastersteuergerät senden.

8.4 Zusammenfassung

Betrachtet man die Vielfalt der elektrischen Verbraucher bzw. in Summe der im Bordnetz vereinten Komponenten, so ergibt sich daraus ein äußerst komplexes System mit einer nicht zu unterschätzenden Anzahl an Anforderungen u. a. an die elektrische Energieversorgung im Fahrzeug. Vor allem das ordnungsgemäße Zusammenwirken der Komponenten während des Betriebs des Fahrzeugs, aber auch im Stand, bildet die Grundlage für eine hohe Produktqualität und die daraus resultierende Kundenzufriedenheit.

9 Elektrisches Energiemanagement

Mit der Zunahme von elektrischen und elektronischen Systemen im Fahrzeug und der damit verbundenen höheren Ausnutzung der Energiebordnetzkomponenten, v. a. von Generator und Batterie, wurde die Einführung einer Steuerung oder der Energie- und Leistungsflüsse notwendig, um im Falle von Überbeanspruchung die Verbraucher zu begrenzen und die Entladung der Batterie während der Fahrt zu vermeiden. Auch eine Batteriediagnose führte zu einer Verbesserung und fand schnell Anwendung bei vielen Automobilherstellern.

Der Begriff Energiemanagement oder auch Powermanagement umfasst eine Vielfalt an Teilaspekten. Zwei wesentliche Schwerpunkte sind die Dimensionierung bzw. Auslegung eines Energiebordnetzes sowie die Überwachung und Regelung der Energie- und Leistungsflüsse. In anderen Worten ergibt es Sinn, das Zusammenspiel der Komponenten des Energiebordnetzes zu koordinieren. Für dieses Management stehen die Methoden der Regelungstechnik und der Kybernetik zur Verfügung. In diesem Kapitel wird das Management der Energie- und Leistungsflüsse im elektrischen Energiebordnetz erläutert.

9.1 Einleitende Grundlagen

In einem Basisbordnetz (Niedervolt 12 V bzw. 48 V) eines Kraftfahrzeugs befinden sich i. d. R. Komponenten wie eine Quelle, ein Speicher und eine Vielzahl an Verbrauchern. Je nachdem um welche Antriebsart es sich handelt, ist die Quelle entweder ein Generator im Riementrieb oder direkt auf der Kurbelwelle eines Verbrennungsmotors oder ein Gleichspannungswandler (DC/DC-Wandler). Die Generatoren für ein 12 V Bordnetz haben Leistungen bis ca. 3 KW. Die Leistung ist meist durch die Belastbarkeit des Riementriebs begrenzt. Befindet sich die E-Maschine direkt an der Kurbelwelle werden Leistungen bis ca. 25 KW und eine höhere Spannungslage, d. h. 48 V oder Hochvolt (mindestens 60 V und bis 800 V), verwendet. Weitere Möglichkeiten ergeben sich beim Verbau der E-Maschine im Getriebe. Der Begriff E-Maschine bedeutet in den beiden letztgenannten Fällen, dass es sich hierbei nicht nur um den generatorischen Betrieb, sondern auch um den motorischen Betrieb handelt. Somit ist der Übergang zum sog. Hybridantrieb (Mild Hybrid bis Full Hybrid, abhängig von Bauart und Leistung) fließend.

Alle Fälle haben jedoch gemeinsam, dass die Energie- und Leistungsflüsse geregelt werden müssen. Neben der Einhaltung der Spannungsgrenzen ist auch die Auswirkung des benötigten, bzw. gelieferten Drehmoments auf den Verbrennungsmotor von großer Bedeutung. Während ersteres im Wesentlichen die Funktion der angeschlossenen Verbrauchersysteme sicherstellen muss, ist letzteres für den ordnungsgemäßen, komfortbezogenen Betrieb des Verbrennungsmotors wichtig. Ein zu großes Drehmoment im generatorischen Betrieb kann beispielsweise im Leerlauf bzw. Leerlauf nahen Betrieb des Verbrennungsmotors zum sog. „Abwürgen“ des Motors führen. Ein ausgehender Motor kann weitreichende Folgen haben. Auch der motorische Betrieb, selbst im Leistungsbereich von wenigen KW und v. a. bei sprunghaften Drehmomentverläufen kann eine Komforteinbuße, wie Ruckeln, zur Folge haben.

Beim elektrischen Speicher wird in der Spannungslage 12 V meist noch ein Bleiakkumulator bzw. eine Bleibatterie verwendet. Ein Übergang zur Li-Ionen-Technologie ist momentan nur in einigen Fahrzeugen, v. a. mit Blick auf Gewicht und Leistungsfähigkeit der Batterie vorhanden. Eine Änderung könnte hier das seit längerem diskutierte Bleiverbot nach sich ziehen. Bei 48 V wird bereits heute die Li-Ionen-Technologie eingesetzt.

Die meisten Verbrauchersysteme benötigen 12 V, wenige 48 V.

Kommen zum Basisbordnetz weitere Teilbordnetze hinzu, beispielsweise für eine redundante Versorgung für Systeme des automatisierten Fahrens oder der x-by-wire Funktionen (steer-by-wire oder brake-by-wire), so müssen auch diese koordiniert werden. In diesem Fall ist auch eine Managementinstanz nötig, die die Teilnetze zueinander koordiniert. Hier bietet sich eine hierarchische Organisation der unterschiedlichen Managementinstanzen an, um die entstehende Komplexität des Managementsystems zu beherrschen.

Letztlich bildet jede Komponente in einem Bordnetz ein System, das sowohl Grenzen hat als auch mittels Zuständen beschrieben werden kann. Sind diese für die Aufgaben richtig dimensioniert, sorgt das Managementsystem für einen robusten und effizienten Betrieb des Gesamtsystems. Jede dieser Komponenten muss informell an das Managementsystem angebunden sein. Hierfür ist eine datentechnische Schnittstelle zwischen der Komponente und dem Managementsystem notwendig.

Nachfolgend wird ein auf kybernetischen Prinzipien aufbauendes Energie- und Leistungsmanagement beschrieben. Siehe auch [106], [107], [108].

9.2 Anforderungen und Aufgaben eines Energie- und Leistungs-Managements

Die zentrale Anforderung an ein Energie- und Leistungsmanagement ist die Sicherstellung des Betriebs der elektrischen Energieversorgung innerhalb definierter Grenzen. Diese sind eine korrekte Bordnetzspannung mit einer minimalen und maximalen Grenze. Ebenso sollte die Auslastung der Quelle, also z. B. des Generators, in moderaten Bereichen liegen. V.a. die Einhaltung eines ausreichenden Ladezustands der Fahrzeugbatterie stellt den Betrieb des Bordnetzes und zusätzlich die Lebensdauer der Batterie sicher. Neben dem Normalbetrieb können auch Ausfälle und Fehler zu einem eingeschränkten Betrieb führen. Je nach Grad des Fehlers im System erfolgt der Wechsel in einen sog. Notbetrieb. Dieser stellt zumindest sicher, dass das Fahrzeug im Sinne eines „fail safe"-Betriebs die Fahrt beenden kann. Mit Hilfe von Steuergrößen lässt sich das System Energieversorgung sowohl im Normalbetrieb als auch im Notbetrieb betreiben. Die Vorgabe der Steuergrößen erfolgt durch die Betriebsstrategie. Hierzu müssen Daten von den Komponenten eingelesen und vorab verarbeitet werden. Die Betriebsstrategie beispielsweise implementiert als Algorithmus oder als Regelwerk repräsentiert die Steuerung des Verhaltens des Systems. Die berechneten Steuergrößen werden als Vorgaben an die Komponenten weitergeleitet.

Allerdings kann ein Managementsystem das Energiebordnetz nur in erlaubten Grenzen im Normalbetrieb halten, falls die Komponenten wie Quelle bzw. Generator, DC/DC-Wandler oder Batterie richtig ausgelegt bzw. dimensioniert sind. Ebenso sind im Falle einer nicht erlaubten Betriebsweise, wie das Betreiben von zusätzlich angeschlossenen elektrischen Geräten mit einem sehr hohen Leistungs- und Energiebedarf dem Energie- und Leistungsmanagement Grenzen gesetzt.

Ein korrekter Energiehaushalt im Bordnetz sorgt zu jeder Zeit für eine ausreichende Versorgung der Verbraucher mit elektrischer Energie. Das Leistungsmanagement hingegen hat die Aufgabe kurze bis sehr kurze Belastungen mit hoher elektrischer Leistung, auch „Peak"-Leistung genannt, koordiniert zu erlauben. Die Betriebsstrategie für die Energiekoordination bewegt sich zeitlich im Bereich vieler Sekunden bis Minuten und Stunden. Ein Beispiel hierfür ist das Laden der Batterie nach einer längeren Standzeit. Die Leistungskoordination bezieht sich auf Zeiten im Bereich von Millisekunden bis wenige Sekunden. Beispielsweise wird ein Ausweichmanöver in einem Fahrzeug mit einer elektrischen Lenkung hohe kurzzeitige Leistungsbeaufschlagungen bis zu einem Kilowatt zur Folge haben.

Zusammengefasst sorgt ein Energie- und Leistungsmanagement in Kombination mit ausreichend dimensionierten Komponenten für ein stabiles Bordnetz. Da ein Bordnetz in einem modernen Kraftfahrzeug mit einem hohen Ausrüstungsstand deutlich über 100 Komponenten, Steuergeräte, Sensoren und Aktuatoren enthält bezeichnet man dieses System u. a. auch wegen der vielfältigen Wechselwirkungen als ein hoch-komplexes System.

9.3 Eigenschaften eines Energie- und Leistungs-Managements

Durch Managementsysteme, die ein derart hoch komplexes System koordinieren sollen, sind allgemeine und spezifische Eigenschaften zu erfüllen. Die allgemeinen Eigenschaften eines elektrischen Energiebordnetzes sind die

- Energiebereitstellung,
- Energiespeicherung,
- Energieverteilung,
- Stabilität,
- Robustheit,
- Verfügbarkeit.

Mit der Energiebereitstellung wird im praktischen Einsatz meist ein Generator in Verbindung mit einem Verbrennungsmotor oder ein Gleichspannungswandler bei Hybrid- oder Elektrofahrzeugen verbunden. Die Speicherung elektrischer Energie erfolgt i. d. R. mit Batterien (z. B. in Blei-AGM- bzw. in Li-Ionen-Technologie). Die physikalische Energieverteilung übernimmt der Kabelbaum mit seinen Leitungen, Kontakten und Stromverteilersystemen. Bereitstellung, Speicherung und Verteilung von elektrischer Energie sind Grundeigenschaften. Die Stabilität, Robustheit und Verfügbarkeit werden den Verhaltenseigenschaften zugeordnet. In [107] auf Seite 209 finden sich hierzu folgende Definitionen:

<u>Robustheit</u>
Mit Robustheit wird die Erhaltung der Funktionsfähigkeit trotz ungünstiger Bedingungen bezeichnet. In anderen Worten die Fähigkeit der Aufrechterhaltung der Funktion in einer definierten Zeit durch Systemanpassung an veränderbare Randbedingungen.

<u>Stabilität</u>
Mit Stabilität wird die Erhaltung eines Systemzustands trotz Störungen von außen bezeichnet.

<u>Funktionsfähigkeit und Verfügbarkeit</u>
Mit Funktionsfähigkeit wird der Gesamtzustand bezeichnet, bei dem sich alle Systemzustände in einem handlungsfähigen Zustandsbereich befinden und damit die Verfügbarkeit der Funktionen gewährleistet ist.

Die speziellen Eigenschaften eines elektrischen Energiebordnetzes fokussieren vor allen Dingen auf die Stabilität des Versorgungssystems. Für ein Energie- und Leistungsmanagement eines Fahrzeugs müssen diese derart gestaltet sein, dass die in [107] auf Seite 173f genannten Stabilitätskriterien erfüllt sind. Dies sind:

<u>Energiebereitstellung</u>
Ein System ist stabil, falls die gewünschte Energiemenge bereitgestellt werden kann.

<u>Systemlebensdauer</u>
Ein System ist stabil, falls die Energiebereitstellung über die vorgegebene Lebensdauererwartung (z. B. Gewährleistungszeitraum der Batterie, Gewährleistung bei Verschleißteilen) gewährleistet werden kann.

<u>Fließgleichgewicht</u>
Ein System ist stabil, falls die zugeführte Energiemenge gleich der abgeführten Energiemenge ist.

<u>Energiefluss-Stabilität</u>
Ein System ist stabil, falls die zur Verfügung stehende mittlere Leistung nicht überschritten bzw. noch gepuffert werden kann.

Arbeitspunkt-Stabilität

Ein System ist stabil, falls es die notwendigen Führungsgrößen in einem stabilen Arbeitspunkt bzw. stabilen Arbeitsbereich halten kann.

Arbeitspunkt-Tendenz-Stabilität

Ein System ist stabil, falls es um einen stabilen Arbeitspunkt Tendenzen zu diesem Arbeitspunkt gibt, d. h. das System besitzt um diesen Arbeitspunkt einen ausreichenden Stabilitätsbereich.

Arbeitsbereich-Stabilität

Ein System ist stabil, falls es um einen stabilen Arbeitsbereich Tendenzen zu diesem Arbeitsbereich gibt, d. h. das System besitzt um diesen Arbeitsbereich einen ausreichenden Stabilitätsbereich.

Stabilität der Regelung

Ein System ist stabil, falls die zu lenkenden Regelkreise eine ausreichende Regelreserve für den jeweiligen Arbeitsbereich besitzen.

Stabilität der Regelfrequenz

Ein System ist stabil, falls es die Einhaltung der Stabilitätsgrenzen mit einer Mindestperiodendauer, d. h. mit einer begrenzten Frequenz sicherstellen kann.

Ultrastabilität

Ein System ist stabil, falls es durch einen Lenkungseingriff nicht in einen instabilen Zustand getrieben werden kann, d. h. es besitzt die Fähigkeit den Lenkungseingriff außerhalb des stabilen Bereichs zu ignorieren.

Stabilität der Modifikation

Ein System ist stabil, falls das betriebsstrategische Verhalten einen ausreichenden Handlungsspielraum, d. h. Modifikationsspielraum um den Arbeitspunkt bzw. -bereich zulässt.

Stabilität durch Adaption

Ein System ist stabil, falls es das betriebsstrategische Verhalten und dessen Handlungsspielraum an den aktuellen Arbeitspunkt bzw. -bereich anpassen kann, d. h. das System besitzt die Fähigkeit zur Anpassung des Verhaltens.

Stabilität bei Prädiktion und Eintreten des Ereignisses

Ein System ist stabil, falls es die Auswirkung von prädizierten Einflussgrößen durch Konditionierung der Arbeitsgrößen unterhalb einer Reaktionsschwelle halten kann.

Stabilität bei Prädiktion und Nicht-Eintreten des Ereignisses

Ein System ist stabil, falls es die Auswirkungen bei Nichteintreffen der prädizierten Einflussgrößen durch Konditionierung der Arbeitsgrößen unterhalb einer Reaktionsschwelle halten kann.

Werden die Stabilitätskriterien durch Zustände des Systems repräsentiert, so werden die Stabilität und Zugleich das Risiko innerhalb der elektrischen Energieversorgung sichtbar. Die Stabilität ist damit vergleichbar einer Kugel in einer Schale, gezeigt in Bild 9.1. Eine Erweiterung der Eigenschaften Stabilität, Robustheit und Verfügbarkeit folgt aus den Anforderungen durch Systeme wie autonomes Fahren, Brake by wire oder Steer by wire. Hierfür wird eine sog. sichere Energieversorgung erforderlich. Die Grundlage für ein derartiges Versorgungssystem bildet der Standard ISO 26262.

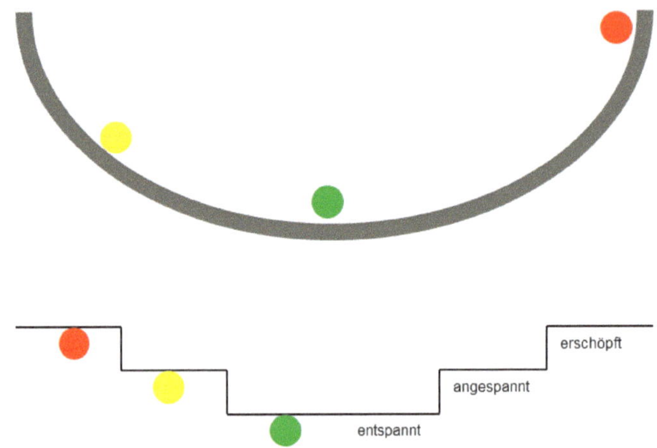

Bild 9.1: Visualisierung der Stabilität als Schalen- oder Treppenmodell

Durch die Einbeziehung der Ausfallraten und die Verwendung von redundanten Versorgungspfaden sowie einer Notversorgung für eine definierte Zeitdauer im Falle eines Fehlers im Versorgungssystem ist eine ausreichende Verfügbarkeit für die genannten Funktionen erfüllt. Neben der etablierten Versorgungskategorie QM (fail safe) mit Qualitätsanforderungen zur Erreichung eines sicheren Systemzustands werden abhängig von der darzustellenden Funktion, v. a. zur Erreichung eines sicheren Fahrzustandes (Funktionale Sicherheit, fail operational) weitere Kategorien, genannt ASIL A bis D eingeführt. ASIL steht für Automotive Safety Integrity Levels. Die Sicherheitseinstufung Automotive Safety Integrity Level ASIL ist in der Norm ISO 26262 – 3, Kap. 6.4.3 definiert. Bild 9.2 skizziert die Vorgehensweise der Normung.

Letztlich wird eine funktional aktive Steuerung bzw. Regelung der Energieversorgung durch das Managementsystem für den Notbetrieb in einem Fahrzeug damit erforderlich.

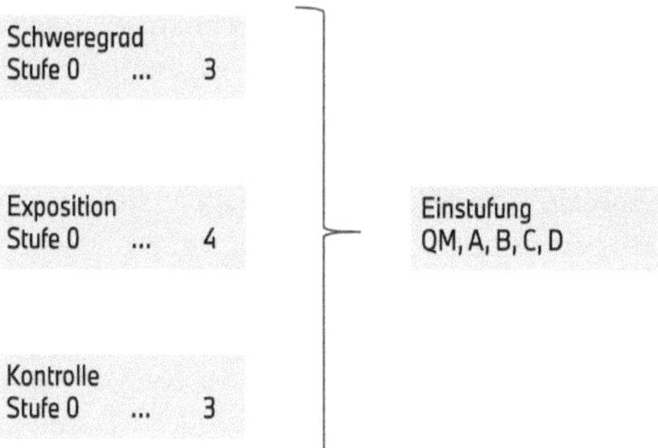

Bild 9.2: ASIL - Automotive Safety Integrity Level skizziert nach ISO 26262 - 3, Kap. 6.4.3

9.4 Struktur des Managementsystems

Der Begriff Management bzw. Managementsystem im technischen Gebrauch bezeichnet ein System, das die Verknüpfung externer und interner Informationen nutzt, um für die zugehörigen Regler die nötigen Sollgrößen zu berechnen. Das Grundprinzip eines Energie- und Leistungsmanagements für ein Ein-Spannungs-Bordnetz mit einem Generator, einer Batterie und vielen Verbrauchern in einem Fahrzeug mit Verbrennungsmotor zeigt Bild 9.3.

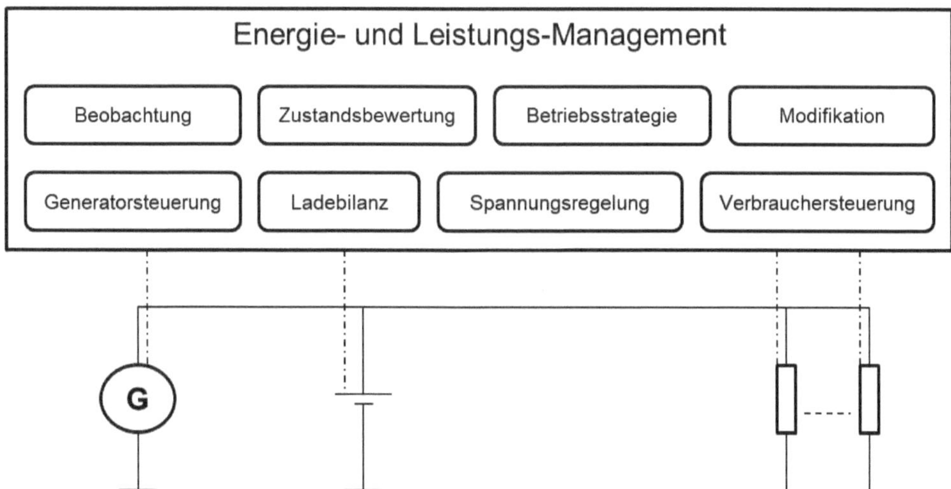

Bild 9.3: Grundprinzip eines Energie- und Leistungsmanagements

Hierin sind die wichtigsten Aufgaben wie Generatorsteuerung, Ladebilanz der Batterie, Regelung einer stabilen Spannung und Steuerung der Energieverfügbarkeit für die angeschlossenen Verbraucher aufgeführt. Weiterhin zeigt dieses Bild das Kernprinzip eines Managementsystems. Es besteht aus der technischen Beobachtung des Systems mit seinen Komponenten, der Bewertung und Berechnung des Systemzustands bzw. Systemzustände, dem operativen Verhalten, genannt Betriebsstrategie, und der Ausgabe von Stellgrößen, genannt Modifikation.

Für diese Art der Berechnung der Sollgrößen eignet sich ein kybernetisches Modell [43]. Das Managementsystem setzt sich somit aus kybernetischen und regelungstechnischen Teilen zusammen. Diese zusammengesetzten Systeme zeichnen sich oft durch eine hohe Komplexität und Feedbackstrukturen aus. Einerseits soll mit Hilfe der Regelungstechnik, d. h. mit modellierten Regelstrecken und geschlossenen Regelkreisen mit kontinuierlichem Feedback, ein Sollwert möglichst exakt mit hoher Regelgüte eingestellt werden. Andererseits verfolgt die Kybernetik einen Beobachteransatz. Ein Eingriff wird nur bei gewünschter Verhaltensanpassung ausgeführt. In technischen Systemen hat sich dafür der Begriff Betriebsstrategie etabliert.

Die Kybernetik hat ihren Ursprung in der Biologie, genauer gesagt in der Analyse und Modellierung biologischer Systeme. Für die Struktur eines Managementsystems zur Verhaltenssteuerung stand die Modellierung des Nervensystems von Säugetieren Pate [106] [107] [108]. Das Energiebordnetz in einem Fahrzeug wird als ein System betrachtet. Die Komponenten des Systems werden auch als Energiewandler gesehen. Sie bilden die Grenze eines Systems, liefern einerseits Daten und Informationen sowie physikalische Größen und andererseits empfangen sie Steuergrößen aus der Betriebsstrategie des Managementsystems.

Das Design kybernetischer Managementsysteme beruht auf wenigen Prinzipien und Eigenschaften, die nachfolgend kurz erläutert werden.

Die Beherrschung der Komplexität eines Energiebordnetzes erfordert einen hohen Grad an Strukturierung, einer Einteilung in kleinere Teilsysteme und die Nutzung von Abstrahierung und Hierarchisierung. Mit Abstrahierung wird eine Verdichtung der Information aus den Komponenten bezeichnet, so dass das technische Verhalten auf die wesentlichen Informationsbestandteile aufgesetzt werden kann. Die wesentlichen Informationsbestandteile ergeben sich aus einer technischen Bewertung der physikalischen Daten, also der Systemgrößen und der daraus berechneten Kennzahlen. Für die technische Bewertung ist das Wissen über die technischen Zusammenhänge erforderlich. Das Ergebnis der Bewertung ist eine überschaubare Anzahl an Zuständen in einem Teilsystem. Ein Zustand kann gut, grenzwertig oder schlecht sein bzw. entspannt, angespannt oder erschöpft sein. Die Hierarchisierung bedeutet eine Einteilung der Teilsysteme in vertikaler Richtung. Das bedeutet, dass es beispielsweise ein Teil-Managementsystem für die Energiebereitstellung, -speicherung und -verteilung gibt, die wiederum durch ein weiteres Teilsystem zueinander koordiniert, also im Gleichgewicht gehalten werden. Haben die jeweiligen Teil-Managementsysteme eine gleiche Struktur, so spricht man von einer rekursiven Struktur. Die Teilsysteme sind so gewählt, dass die Anzahl der zu koordinierenden Elemente und Größen möglichst klein gehalten wird. Hierzu gehört auch die Nutzung lokaler, autonomer Betriebsstrategien in den Teilsystemen. Dies wird auch als Prinzip der Subsidiarität bezeichnet. Kommunikationsaufwände werden hierdurch verringert. Somit ist es möglich, dass die oben genannten Stabilitätskriterien an unterschiedlichen Stellen innerhalb des Managementsystems durch technische Lösungen erfüllt werden. Beispielsweise muss das Management-Teilsystem, welches das Gleichgewicht zwischen Energiebereitstellung, -speicherung und -verteilung an die Verbrauchersysteme regelt, darauf achten, dass immer ausreichend Energie für die Steuergeräte, Sensoren und Aktuatoren zur Verfügung steht, ohne dass dabei die Batterie übermäßig strapaziert wird. Eine hohe Stabilität bedeutet gleichzeitig, dass das Risiko eines Fehlverhaltens durch beispielsweise ein Defizit an elektrischer Energie oder durch eine zu geringe Spannung im Bordnetz gering ist.

Letztlich hat sich das Managementsystem so zu verhalten, dass sich immer ein stabiles Gleichgewicht im elektrischen Energiebordnetz einstellt. Im technischen Sinne wird dieses Verhalten als Betriebsstrategie bezeichnet. Ein gutes Managementsystem verfügt wie ein biologisches System über zwei unterschiedliche Arten einer Betriebsstrategie. Dies sind das Reflexverhalten und das bewusste Verhalten. In einem technischen System wird das Reflexverhalten dahingehend verwendet, dass im Falle eines erschöpften Zustands die Sollgrößen derart eingestellt werden damit das System wieder in einen entspannten Betriebsbereich zurückgeführt wird. Das bewusste Verhalten eines technischen Systems hingegen versucht einerseits das System ebenso in einem entspannten Betriebsbereich zu halten und andererseits aber auch dieses sozusagen bewusst zu verlassen. Ein Beispiel für letzteres Verhalten ist folgende Situation. Das Managementsystem weiß aufgrund der Information der Navigation, dass in Kürze eine längere Gefällestrecke gefahren wird. Es ist deshalb gut, am Beginn der Gefällestrecke möglichst wenig Energie im Speicher zu haben, um mit Hilfe der freiwerdenden Energie beim Durchfahren des Gefälles die Batterie im Fahrzeug aufladen zu können und nicht als Wärme in den Bremsscheiben zu verlieren. Diese Art der Effizienzsteigerung des Betriebs eines Fahrzeugs nennt man Rekuperation.

Sowohl der Reflex als auch die bewusste Betriebsstrategie stellen Regelkreise dar. Darüber hinaus gibt es weitere Regelkreise wie beispielsweise die Regelung der Bordnetzspannung durch den Regler am Generator. Dieser Regler bekommt vom Managementsystem eine Sollgröße der Spannung vorgegeben, z. B. 13,8 V. Er wird als lokaler Regler diese Spannung so lange einregeln, bis eine andere Sollvorgabe eine andere Spannung vorgibt.

Zur Erfüllung der genannten Prinzipien und Eigenschaften eignet sich die in Bild 9.4 skizzierte Struktur eines Managementsystems, letztlich abgeleitet aus der biologischen Struktur des Nervensystems von Säugetieren. In dieser Grundstruktur wird jede Komponente mittels einer Datenschnittstelle an die Systemebene 1 angebunden. Somit sind die Komponenten und die Eingangsinstanz des Managementsystems isomorph. Beispiele für die zu übertragenden Systemgrößen und Stellgrößen werden in Kapitel 9.5 aufgeführt. Neben der Summe aller Systemgrößen werden in der sog. Systemebene 2 daraus Kennzahlen gebildet. Ein Beispiel ist die Leistungen im System, die sich aus dem

Produkt aus Spannung und Strom berechnen und bezogen auf die Zeit als Kurzzeit- oder Dauerleistung Verwendung finden.

Werden die Systemgrößen oder Kennzahlen nach ihrem Zeitverlauf, mathematisch gesehen nach der ersten Ableitung, betrachtet, so entsteht ein Datenpaket, das die Tendenz des Systems widerspiegelt. Nimmt beispielsweise der Ladezustand der Batterie ab, so besagt die Tendenz an dieser Stelle, dass das System elektrisches Bordnetz instabiler wird und ggf. auch ausfallen kann. In der Systemebene 3 werden die Systemgrößen, Kennzahlen und Tendenzen mit Auswerteschwellen bewertet, so ergibt sich daraus eine repräsentative Anzahl an Systemzuständen. Entsprechend dem jeweiligen Zustand muss ggf. eine Reflex-Betriebsstrategie initiiert werden, um das System wieder zu stabilisieren. Im Normalfall jedoch werden in der Systemebene 4 weitere Informationen aus der Systemumwelt, also Informationen von außerhalb der Energieversorgung im Fahrzeug und auch Informationen aus der Fehlerüberwachung bzw. Diagnose hinzugezogen. Die Summe dieser Informationen und Zustände wird in der Systemebene 5 mittels der Betriebsstrategie zu Stellgrößen verarbeitet. Die Stellgrößen werden an die Komponenten übertragen.

Zusammengefasst lässt sich bereits mit der Grundstruktur ein einfaches Energiemanagementsystem erstellen. In der Regel reicht ein einfaches System in modernen Fahrzeugen mit einer Vielzahl an Ausstattungen nicht mehr aus. Ein Energie- und Leistungsmanagementsystem für derartige, deutlich komplexere Fahrzeugbordnetze wird in Kapitel 9.9 beschrieben.

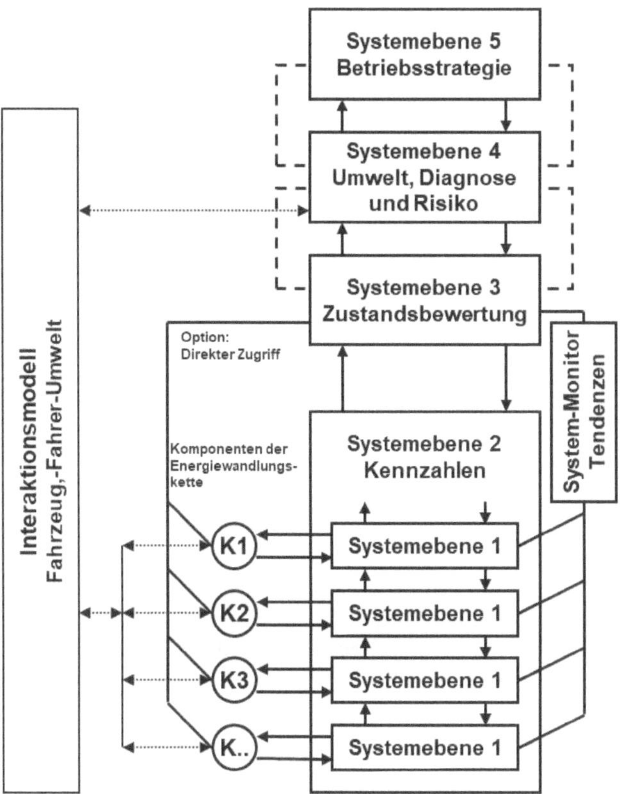

Bild 9.4: Grundstruktur kybernetisches Managementsystem nach [107]

9.5 Schnittstellen Komponente - Management

Um die Komponenten an das Managementsystem, genauer an dessen Systemebene 1 anzubinden sind Datenschnittstellen notwendig. Dafür eignen sich die Datenbussysteme gemäß Kapitel 5.

Tabelle 9.1, Tabelle 9.2 und Tabelle 9.3, in Anlehnung an [107], Seite 183f, zeigen jeweils ein Beispiel für die Schnittstelle der Energiebereitstellung mit einem Generator, der Energiespeicherung mit einer Bleibatterie und der Energieabgabe an die Verbraucher, d. h. Komponenten zur Realisierung der gewünschten Funktionen.

Label	Wertebereich	Einheit	Beschreibung
Auslastung	0 .. 100	Prozent	Grad der Auslastung
Nennstrom	0 .. 255	Ampere	Angabe Nennstrom
Maximalstrom	0 .. 255	Ampere	Maximal möglicher Strom
Aktueller Strom	0 .. 255	Ampere	Aktuell eingespeister Strom
Aktuelle Spannung	9 .. 16	Volt	Aktuell gemessene Spannung
Sollspannung	9 .. 16	Volt	Sollvorgabe an den Generator

Tabelle 9.1: Schnittstelle Generator – Energiemanagementsystem

Label	Wertebereich	Einheit	Beschreibung
Aktuelle Spannung	9 .. 16	Volt	Aktuelle Batteriespannung
Aktueller Strom	-1000 .. +1000	Ampere	Aktueller Batteriestrom
Aktuelle Temperatur	-40 .. +85	Grad C	Aktuelle Batterietemperatur
SoC	0 .. 100	Prozent	Aktueller Ladezustand (State of Charge)
SoH	0 .. 100	Prozent	Aktueller Alterungszustand (State of Health)
Nennkapazität	0 .. 105	Ah	Batterie Nennkapazität gespeicherte Energie
Aktuelle Kapazität	0 .. 105	Ah	Batterie Ist-Kapazität gespeicherte Energie
Maximalspannung	9 .. 16	Volt	Maximale Batteriespannung
Minimalspannung	9 .. 16	Volt	Minimale Batteriespannung
Maximaler Ladestrom	0 .. 1000	Ampere	Maximaler Ladestrom
Maximaler Entladestrom	0 .. 1000	Ampere	Maximaler Entladestrom

Tabelle 9.2: Schnittstelle Speicher – Energiemanagementsystem

Label	Wertebereich	Einheit	Beschreibung
Spannung verfügbar	0 .. 16	Volt	Aktuelle Verbraucherspannung
Spannung maximal	0 .. 16	Volt	Maximale Verbraucherspannung
Spannung minimal	0 .. 16	Volt	Minimale Verbraucherspannung
Energie verfügbar	0 .. 100	Prozent	Vorgabe aktuelle Energieverfügbarkeit

Tabelle 9.3: Schnittstelle Verbraucher – Energiemanagementsystem

Zu beachten ist bei dieser Datenverbindung, dass Signale zeitdiskret, also in bestimmten Zeitabständen übertragen werden. Dies hängt von der Übertragungsgeschwindigkeit des verwendeten Bussystems ab, beispielsweise sind das 100 ms bei einem LIN-Bus oder 10 ms bei einem CAN-Bus.

Zusammengefasst sind mit diesen Schnittstellen die Komponenten informell an das Managementsystem sowohl für die Informationen aus der Komponente als auch für Steuergrößen vom Managementsystem angebunden.

9.6 Betriebsstrategie mit einem Energie- und Leistungs-Management

Mit Betriebsstrategie wird das operative, technische Verhalten des Systems bezeichnet. Sie hat ein Haupt- und ein Nebenziel zu erfüllen.

Die Hauptaufgabe der Betriebsstrategie ist die Einhaltung der Eigenschaften und der Stabilitätskriterien gemäß Kapitel 9.3 sicherzustellen. Hierzu müssen die Zustände des Systems in einem maximal-stabilen Wertebereich gehalten werden. Im Falle einer Auslenkung, beispielsweise durch einen zeitweisen sehr hohen Energiebedarf muss die Betriebsstrategie eine Rückführung in einen maximal-stabilen Wertebereich durchführen. Somit ist das Hauptziel der Betriebsstrategie ein stabiles Bordnetz zu erhalten.

Ein Nebenziel ist die Konditionierung auf eine bevorstehende Fahrsituation, also ein prädiktives Verhalten. Es ist beispielsweise sinnvoll, vor einer längeren Bergabfahrt die Batterie etwas zu entladen, so dass diese die durch Rekuperation zur Verfügung gestellte Energie aufnehmen kann. Dabei ist darauf zu achten, dass das Bordnetz immer in einem stabilen Zustand bleibt. Das bedeutet in dem genannten Beispiel, dass die Bordnetzbatterie nicht zu stark entladen werden darf, obwohl es die rekuperierte Energiemenge erlauben würde. Somit ist für dieses Nebenziel die Einführung einer Risikogrenze sinnvoll und notwendig. Dies ist in dem genannten Beispiel die Einhaltung eines Mindestladezustands der Bordnetzbatterie. In anderen Worten wird mit der Einführung von Risikogrenzen eine Übersteuerung durch das Energie- und Leistungsmanagement verhindert.

Ein weiteres Nebenziel ist die unmittelbare Zurückführung in einen stabilen Gesamtzustand, falls das System Energieversorgung instabil wird. Das bedeutet beispielsweise nach einem Notstart bei entladener Batterie, dass der Generator maximal angesteuert wird, inkl. einer Leerlauf-Drehzahlanhebung bei einem verbrennungsmotorischen Antrieb und dass Verbraucher degradiert werden, um schnellstmöglich die Batterie aufgeladen wird. Die Degradierung der Verbraucher hat einen Komfortverlust zur Folge, der in dieser Notsituation aber temporär akzeptiert werden muss.

Für die Implementierung der Betriebsstrategie gibt es mehrere technische Lösungsansätze:

- Kennlinie, Kennfeld
- Algorithmus, Berechnungsvorschrift
- Regelwerk
- Entscheidungssystem
- Künstliche Intelligenz

Die einfachste Variante ist die Erzeugung einer Steuergröße durch eine Kennlinie oder bei mindestens zwei Eingangsgrößen durch ein Kennfeld. Die Stützstellenwerte der Kennlinie bzw. des Kennfelds sind dabei vom Entwickler zu applizieren. Die Applikation erfolgt meist simulationsgestützt oder im Fahrversuch. Bild 9.5 zeigt ein Beispiel dafür.

Kann eine oder mehrere Steuergrößen mit einem mathematischen Verfahren berechnet werden, wie beispielsweise einer Berechnungsformel oder einem Gleichungssystem, so ist die Betriebsstrategie als Algorithmus implementierbar. Dies skizziert Bild 9.6.

Lässt sich das Verhalten mit Hilfe von Wenn-dann-Regeln beschreiben, so spricht man von einer Betriebsstrategie-Implementierung mit einem Regelwerk. Ein einfaches Beispiel hierzu zeigt Bild 9.7.

Eine andere Möglichkeit der Implementierung der Betriebsstrategie ist die explizite Formulierung einer Entscheidung. Entsprechend der Entscheidungstheorie geschieht dies mit sog. Entscheidungsmatrizen [110]. Hierin erfolgt die Entscheidung nach dem Erwartungswert des Nutzens. In anderen Worten werden Alternativen aus der Anzahl an wahrscheinlichkeitsbehafteten Situationen nach dem Gesamtnutzen ausgewählt. Der Nutzen berechnet sich hierin aus der Summe der, mit der Wahrscheinlichkeit multiplizierten Einzelnutzen je Situation. Das Grundprinzip zeigt Bild 9.8.

Die Implementierung einer Entscheidungsmatrix für ein elektrisches Energie- und Leistungsmanagement zeigt Bild 9.9 [107]. Hierin wird die Entscheidung sowohl nach unterschiedlichen Zeitaspekten, nach dem Risiko einer instabilen Situation als auch für prädiktive und diagnostisch-fehlerindizierte Situationen gezeigt. Der Nutzen bezieht sich auf die Änderung der Stabilität. Im Normalfall wird die Stabilität erhöht. Um einer zu erwartenden Situation gerecht zu werden kann die Stabilität auch temporär gesenkt werden. Ein Beispiel ist die Entladung der Batterie vor einer zu erwartenden längeren Rekuperationsphase.

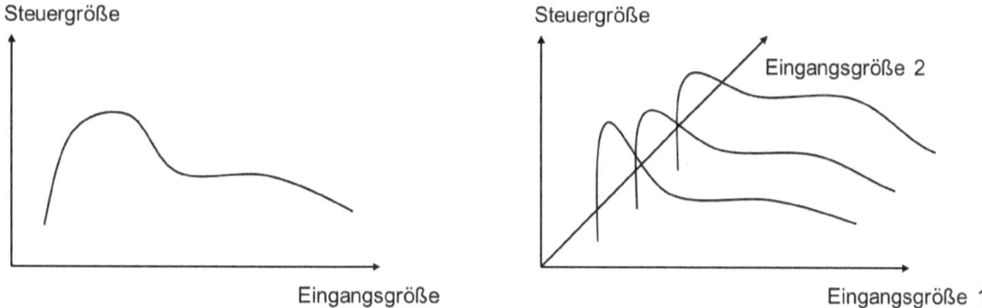

Bild 9.5: Beispiel einer Betriebsstrategie-Implementierung mit einer Kennlinie oder einem Kennfeld

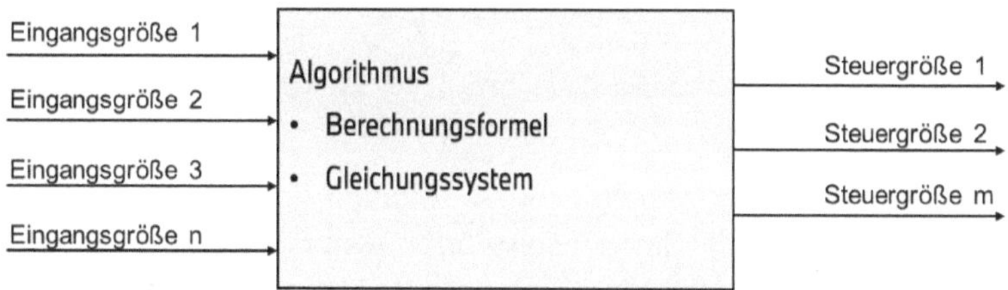

Bild 9.6: Beispiel einer Betriebsstrategie-Implementierung mit einem Algorithmus

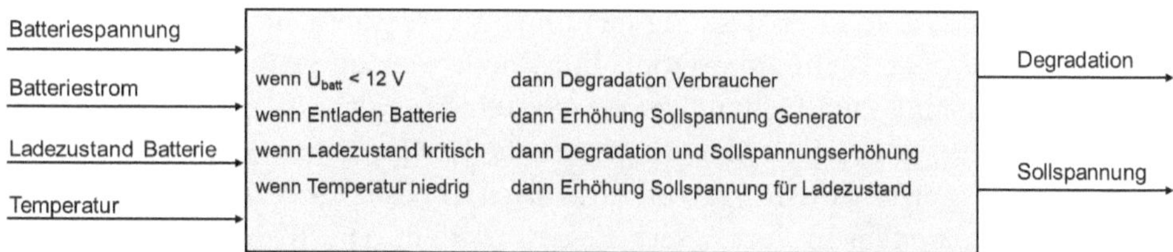

Bild 9.7: Beispiel einer Betriebsstrategie-Implementierung mit einem Regelwerk

	S_1 $w(S_1)$	S_m $w(S_m)$	Erwartungswert des Nutzens
A_1	$U(x_{11})$		$E(U) = Summe_{s=1...m}\,[w(S)\,U(x_{1s})]$
A_n			

Legende

A_n Alternativen der Handlung
S_m Situationen (Umwelt)
$w(S_m)$ Wahrscheinlichkeiten der Situationen
$U(x_{nm})$ Erwarteter Nutzen mit Nutzenfunktion

Beispiel: Entscheidung nach maximalem Erwartungswert des Nutzens

Bild 9.8: Grundprinzip einer Entscheidungsmatrix nach [110]

Steigt die Anzahl der zu berücksichtigenden Situation deutlich an, so empfiehlt sich die Verwendung einer Entscheidungsinstanz mit künstlicher Intelligenz. Im Gegensatz zu den genannten deterministischen Entscheidungssystemen muss die KI-basierte Entscheidungsinstanz trainiert werden. Das Training bedeutet, dass die getroffenen Entscheidungen eines Eingriffs in das elektrische Energiebordnetz bewertet werden müssen. Ist die Entscheidung zielführend, so wird das neuronale Netz der KI-basierten Entscheidungsinstanz angepasst. Der Prozess des Trainings läuft so lange, bis die Entscheidungen sich in ihrer Wirkung nicht mehr wesentlich unterscheiden. Hierbei spricht man von der sog. Pareto-Front. Ein Problem beim Training besteht darin, dass eine ungünstige Entscheidung ggf. das System Energiebordnetz instabil werden lässt. Zur Beseitigung dieses Mangels wurde in [108] der sog. Reflex-Augmented Reinforcement Learning (RARL) Ansatz entworfen. Im Falle einer instabilen Situation greift ein Reflexsystem in Form eines Regelwerks ein. Die KI-Instanz wird dabei temporär deaktiviert und das System Energiebordnetz mit Hilfe der Regeln wieder stabilisiert. Bild 9.10 zeigt das Prinzip des RARL-Ansatzes als sichere Implementierung einer KI-basierten Betriebsstrategie für ein Energie- und Leistungsmanagement für ein Fahrzeug [111].

Ausgangslage			$\vec{S}_E$	$\vec{S}_P$	$\vec{S}_{E,pred}$	$\vec{S}_{P,pred}$	$\vec{S}_{E,diag}$	$\vec{S}_{P,diag}$
	Der Nutzenwert der Modifikation ist die Änderung des Risikomaßes bedingt durch einen Modifikatorsprung.		$\vec{RM}_E = \begin{pmatrix} RM_H \\ RM_R \\ RM_T \end{pmatrix}$	$\vec{RM}_P = \begin{pmatrix} RM_H \\ RM_R \\ RM_T \end{pmatrix}$	$\vec{RM}_{E,Ziel} = \begin{pmatrix} RM_H \\ RM_R \\ RM_T \end{pmatrix}$	$\vec{RM}_{P,Ziel} = \begin{pmatrix} RM_H \\ RM_R \\ RM_T \end{pmatrix}$	$\vec{RM}_{E,Ziel} = \begin{pmatrix} RM_H \\ RM_R \\ RM_T \end{pmatrix}$	$\vec{RM}_{P,Ziel} = \begin{pmatrix} RM_H \\ RM_R \\ RM_T \end{pmatrix}$
	Ein Modifikatorsprung wird in Einzelschritten ausgeführt.		nur bei $S \neq$ erschöpft und $w = 1$ wobei die Wahrscheinlichkeit bei internen Zuständen immer gleich maximal ist		nur bei $S \neq$ erschöpft und $w \geq$ Schwelle wobei Schwelle= f(Prädiktionsgüte)		nur bei $S \neq$ erschöpft und $w \geq$ Schwelle wobei Schwelle= f(Fehlererkennung)	
	Schichtenmodell	Priorität P		niedrig		mittel		hoch
	$Prio_E < Prio_P$	Priorität E	niedrig		mittel		hoch	
	Risikomaß		Rückführung in den Neutralzustand $RM_1 = Wert_S - 120$		Zielführung in den Zielzustand $RM_1 = Wert_S - Wert_{S,Ziel}$			
Modifikatorklasse	Modifikatoralternativen	Zeithorizont t_{hor}	Nutzenwert der Modifikation					
Strom (Energiehaushalt, Ladebilanz)	laden nullstrom entladen	$t_{hor} \geq 100s$			NW_E^1			
Strom (Energiefluß, Rekuperation)	stark laden laden nullstrom entladen stark entladen	$t_{hor} < 100s$ und $t_{hor} \geq 10s$	NW_E^2		NW_E^2		NW_E^2	
Spannung (Arbeitspunkt)	Spannungsvorgabe	$t_{hor} < 10s$ und $t_{hor} \geq 1s$		NW_P^1		NW_P^1		NW_P^1
Energieangebot (Quelle)	stark erhöhen erhöhen leicht erhöhen		NW_E^3		NW_E^3		NW_E^3	
Energieverfügbarkeit (Senke)	stark erhöhen erhöhen leicht erhöhen keine Modifikation leicht reduzieren reduzieren stark reduzieren		NW_E^4		NW_E^4		NW_E^4	
Stabilität (Leistungsresilienz)	Aktivierung autonome Stabilisierung	$t_{hor} < 1s$		NW_P^2		NW_P^2		NW_P^2
Leistungsverfügbarkeit	reduzieren keine Modifikation			NW_P^3		NW_P^3		NW_P^3

Bild 9.9: Beispiel eines Betriebsstrategie-Entscheidungssystems nach [107]

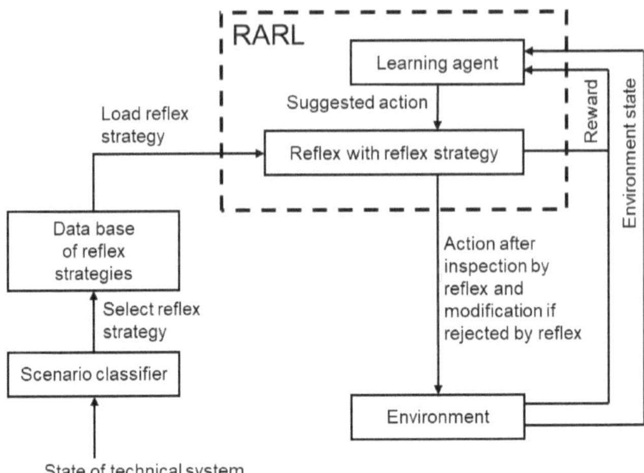

Bild 9.10: Beispiel Betriebsstrategie-Implementierung mit künstlicher Intelligenz KI nach [111]

Zusammengefasst stehen damit dem Entwickler unterschiedliche Arten der Realisierung der Betriebsstrategie, also der Realisierung des technischen Verhaltens, zur Verfügung. Abhängig von Art und Komplexität des Verhaltensproblems kann eine entsprechend angemessene Variante gewählt werden. Ebenso erscheint ggf. eine Kombination der gezeigten Varianten für kombinierte Problemstellungen sinnvoll.

9.7 Implementierungsprinzipien für ein Energie- und Leistungs-Management

Die Implementierung des Energie- und Leistungsmanagements auf einem Steuergerät, d. h. Embedded System, kann in unterschiedlicher Weise erfolgen. Der Entwickler kann hier u. a. wählen zwischen:

- EVA-Prinzip
- Observe-Control-Prinzip
- Cybernetic-Prinzip
- Cyber Organic System Model

Das EVA Prinzip besagt, dass die Eingangsgrößen (E) in einer Verarbeitungsinstanz (V) verarbeitet werden. Hierzu eignen sich besonders Kennlinien, Kennfelder, Algorithmen, Berechnungsvorschriften oder Regelwerke. Die Ergebnisse daraus wirken in Form von Ausgabegrößen (A) als Steuergrößen im System. Dies zeigt Bild 9.11.

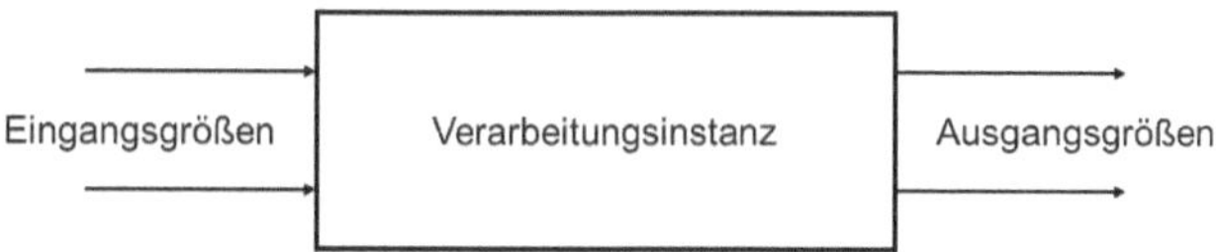

Bild 9.11: Das EVA-Prinzip

Das Observe-Control-Prinzip stellt gewissermaßen eine Erweiterung des EVA-Prinzips dar. Es entstammt der Initiative des Organic Computing, siehe hierzu [112]. Eingangs- und Ausgangsgrößen entsprechen direkt dem EVA-Prinzip. Bei der Verarbeitungsinstanz besteht jedoch ein Unterschied. Es wird hier eine logische Zweiteilung vorgeschlagen. Die Observe-Einheit beobachtet sozusagen die Eingangsgrößen, man kann auch Beobachtungsinstanz dazu sagen. Die Beobachtung hat die Aufgabe, die Größen derart vor zu verarbeiten, dass die nachfolgende Instanz nur die wesentliche Information weiterverarbeiten muss. Die nachfolgende Controller-Einheit erzeugt mit der Information der Observe-Einheit die Steuergrößen für das System. Dies zeigt Bild 9.12.

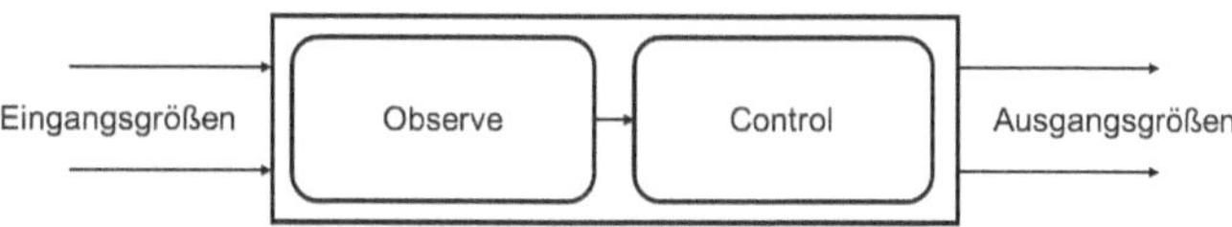

Bild 9.12: Das Observe-Control-Prinzip

Die Organic Computing Initiative hat das Observe-Control-Prinzip in dem Organic Computing Model verwendet. Dieses Modell sieht 5 Layer vor. Zuunterst in der Hierarchie der Layer ist der physical layer, der die Umgebung, die Sensoren und die Aktuatoren enthält. Zusammen mit dem reflex-layer, der als Schutz mit schneller Reaktionsfähigkeit wirkt, bilden sie die executive levels. Zur Darstellung kognitiver Fähigkeiten enthält der cognitive level den AI layer (Artificial Intelligence) mit Verfahren der künstlichen Intelligenz und den EA layer (Evolutionary Algorithm) mit Langzeit Strategien und evolutionären Ansätzen wie Selektion, Mutation und Rekombination. Das oberste Level Com level enthält die Kommunikation zu anderen Komponenten. Bild 9.13 skizziert das Organic Computing Model.

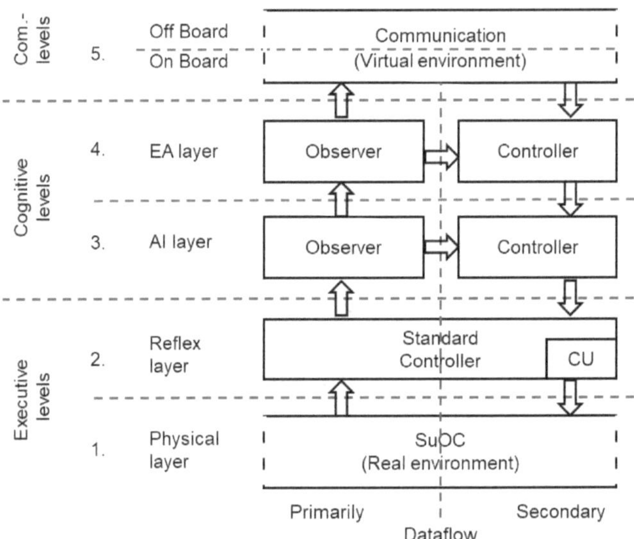

Bild 9.13: Das Organic Computing Model nach [112]

Das Cybernetic-Prinzip des fEPM [107] beruht auf dem Viable System Model von Stafford Beer [109]. In System level 1 werden die sog. Objekte, also die Komponenten des elektrischen Energiebordnetzes an die SW des Managementsystems mittels Datenschnittstellen angebunden, in system level 2 verdichtet und in system level 3 mit hinterlegtem Wissen (z. B. des Entwicklers) bewertet. Ein Reflex aufgrund der bewerteten Information aus den Komponenten stabilisiert ggf. das System der Energieversorgung. In system level 4 werden Informationen aus der systemischen Umwelt der Energieversorgung und Diagnoseinformationen aus der fahrzeug-interner Fehlerüberwachung hinzugefügt. System level 5 enthält die Betriebsstrategie. Das Cybernetic-Prinzip enthält somit zwei Regelkreise, den Reflex und das technische Verhalten der Betriebsstrategie. Bild 9.14 skizziert das Cybernetic Prinzip des fEPM nach [107].

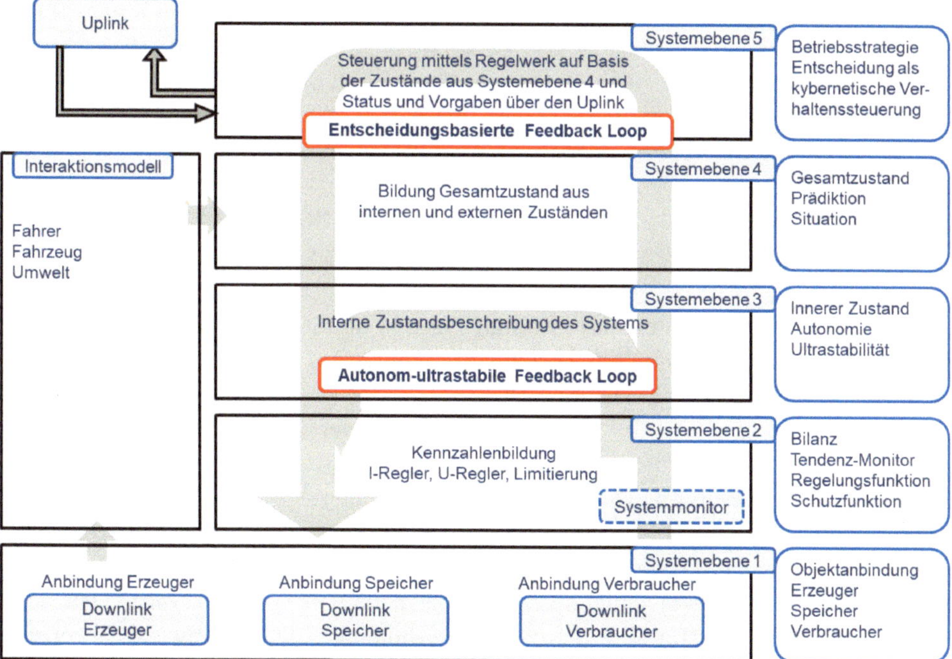

Bild 9.14: Das Cybernetic-Prinzip nach [107]

Eine Zusammenführung des Cybernetic-Prinzips und des Cyber organic Computing Modells wurde in [115] diskutiert. Es vereint die Aspekte beider System-Modelle. Dies sind die Reduktion der Komplexität, den Anteil an Autonomen Funktionen und die Anpassungsfähigkeit. Bild 9.15 skizziert das Cyber Organic System Model [115].

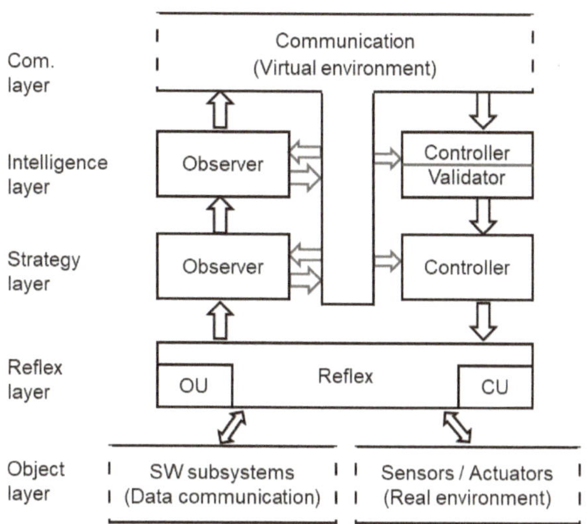

Bild 9.15: Das Cyber Organic System Model gemäß [115]

Zusammengefasst stehen dem Entwickler unterschiedliche Arten der Implementierungsmodelle des Energie- und Leistungsmanagements zur Verfügung. Abhängig von Art und Komplexität des zu lösenden technischen Managementproblems kann ein geeignetes Modell herangezogen werden.

9.8 Diagnose und Überwachung mit einem Energie- und Leistungs-Management

Ein wesentlicher Bestandteil eines Energie- und Leistungsmanagements ist auch die Diagnose und Überwachung des Systems Energieversorgung im Fahrzeug. Folgende Arten der Überwachung sind gebräuchlich.

Systemgrößen bzw. Signale haben i. d. R. definierte Wertebereiche. Es sind Absolutwerte, die beispielsweise die Spannung an einer Komponente oder den Wertebereich für eine Winkelmessung wie den Pedalwinkel an Fahr- oder Bremspedal repräsentieren. Am oberen oder unteren Ende des Wertebereichs sind schmale Wertebänder getrennt durch einen Schwellwert freigehalten. Wird eine Schwelle über- oder unterschritten, so ist von einem Fehler auszugehen. Um Schwingungen zu vermeiden, wird üblicherweise eine Hysterese um die Schwelle implementiert. Ebenso ist, neben der Filterung der Eingangsgrößen mit einem Tiefpass, eine zeitliche Filterung, wie z. B. ein gleitender Mittelwert, zu verwenden, um nicht auf einen Störimpuls fälschlicherweise zu reagieren.

Neben einem Absolutwert ist oft auch die Änderungsrate von Bedeutung. Ändert sich ein Wert zu stark bzw. zu schnell, so ist möglicherweise ebenso ein Fehler vorhanden.

Zunächst ist es jedoch nicht oder schwer möglich, außer bei einem Kurzschluss einer Leitung nach Masse oder Versorgung, einen direkten Fehlerort zu erkennen. In so einem Fall ist auch üblich den Signalwert mit einem anderen Signalwert zu plausibilisieren. Die Plausibilitätsprüfung kann beispielsweise die interpretierten Werte zweier unterschiedlicher Sensoren vergleichen. Liefern die Werte ein unterschiedliches Ergebnis, so ist von einem Fehler auf einem der Sensoren auszugehen. Ein Spezialfall ist die Auswertung von drei Sensoren. Haben mindestens zwei von den drei Sensoren einen vergleichbaren Messwert, so kann das System mit einer gewissen Einschränkung weiter betrieben werden.

Neben der Erkennung von Fehlern ist auch die Dokumentation wichtig. In einem sog. Fehlerspeicher werden die Ergebnisse der Überwachung elektronisch dokumentiert. Wichtige Werte sind:

- Fehlermesswerte
- Auftretenszeitpunkt
- Kilometerstand
- Umweltbedingungen wie Temperatur, Helligkeit, etc.

Sie helfen bei der Suche nach der Ursache des Ausfalls. Tritt ein Fehler auf, so wird dies im Fahrzeug mit Warnlampen und / oder ergänzend mit Schriftzügen inkl. einer Handlungsanweisung angezeigt. Meist gibt die Farbe der Warnlampe und das Leuchtmuster (dauernd, blinkend) die Kritikalität wieder.

Der Service in der Werkstatt kann die Einträge in dem Fehlerspeicher – es wird hier der Speicherplatz für eine Liste an Fehlern vorgehalten – mit einem Testgerät auslesen. Üblich ist auch die Übertragung von Fehlerinformationen direkt aus dem Fahrzeug in die Servicewerkstatt mit Hilfe der Datenübertragung. Dies spart Zeit und Kosten.

Neben der Fehlererkennung und der Fehlersuche in der Werkstatt ist es u. U. notwendig betriebsstrategisch einzugreifen. Beispielsweise ist bei Ausfall des Generators der Energieverbrauch im Bordnetz bestmöglich zu reduzieren, damit das Fahrzeug aus eigener Kraft noch in die nächste Werkstatt oder auf einen Parkplatz fahren kann. Hierfür ist seitens des Energie- und Leistungsmanagements eine fallspezifische Betriebsstrategie vorzusehen.

9.9 Systementwurf eines Energie- und Leistungs-Managements

Ein Fahrzeugbordnetz ist v. a. bei hoch ausgestatteten Fahrzeugen ein äußerst komplexes System. Somit muss auch das Energie- und Leistungsmanagement ein äußerst komplexes System beherrschen.

Die Grundregeln für komplexitätsbeherrschendes Management ergeben sich aus den Überlegungen der Kybernetik. Zur Reduktion der Datenflut muss durch Abstraktionsverfahren die wesentliche Information für die Betriebsstrategie herausgefiltert werden. Die untergeordneten (Teil-)Systeme müssen Aufgaben selbstständig im Sinne einer Teilautonomie erfüllen können. Die Regelung sollte einen möglichst hohen Grad an Selbstregulation bereitstellen und auch ein Reflexverhalten sowie ein bewusstes betriebsstrategisches Verhalten enthalten. Um ein adaptives und prädiktives Verhalten zu erzeugen, muss sich das Managementsystem an seine systemische Umwelt anpassen können. Letztlich ist ein Managementsystem ein sog. ultrastabiles System, falls alle Teilsysteme in der Lage sind einem stabilen Zustand zustreben zu können.

Betrachtet man die oben gezeigte Struktur eines Managementsystems, so erfüllt es diese Grundregeln. Bei größeren elektrischen Versorgungssystemen ist jedoch ein, über die Grundstruktur hinausgehendes Managementsystem erforderlich. Einen wesentlichen Beitrag hierzu liefert eine Hierarchisierung der Grundstruktur im Sinne einer rekursiven Verwendung dieser Struktur. Die so entstehende Gesamtstruktur sollte auch möglichst viele Funktionen dezentralisieren. Nachfolgend soll beispielhaft die Struktur eines Energie- und Leistungsmanagements für ein Zweispannungsbordnetz entworfen werden.

Sowohl das erste Teilbordnetz, beispielhaft mit einer Spannungslage von 12 V als auch das zweite Teilbordnetz mit einer beispielhaften Spannungslage von 48 V haben Erzeuger, Speicher und Verbraucher. Während jeweils meist nur ein Erzeuger und Speicher verbaut wird, sind es viele Verbrauchersysteme zur Darstellung der kundenrelevanten Funktionen in einem Fahrzeug. Die informelle Anbindung der Komponenten erfolgt mit den gezeigten Daten-Schnittstellen. Die unterste Ebene hat somit die Aufgabe, die Komponenten, also Erzeuger, Speicher und Verbraucher, zu repräsentieren. In isomorpher Weise wird deshalb jeder Komponente eine Instanz bzw. ein Objekt innerhalb des Managementsystems zugeordnet. Hierin werden die dezentralisierten Aufgaben wie beispielsweise die Regelung der Bordnetzspannung in einem Generatorregler oder die Überwachung einer Li-Ionen Bordnetzbatterie implementiert. Aufgrund der Vielzahl an Verbrauchern ist es ratsam, die Verbraucher, d. h. die angebundenen Komponenten zu einer Gruppe zusammenzuführen. Somit entsteht für die Verbrauchergruppe eine eigene Hierarchieinstanz. Die nächst höhere Instanz im Sinne eines hierarchischen Managements hat die Aufgabe das jeweilige Teilbordnetz zu koordinieren. In dem genannten Beispiel sind dies ein (Teil-)Managementsystem für die Spannungslage 12 V und 48 V. Die Koordinationsaufgabe ist beispielsweise die Einhaltung der erlaubten Spannungsgrenzen in einem Teilbordnetz. Üblicherweise sind die beiden genannten Teilbordnetze mit einem Gleichspannungswandler elektrisch gekoppelt. Aus diesem Grunde muss eine weitere hierarchische Instanz zur Koordination der beiden Teilbordnetze zueinander und zur Ansteuerung des Gleichspannungswandlers implementiert werden.

Bild 9.16 zeigt die für dieses Beispiel entstandene Managementstruktur mit vier Hierarchielevel und jeweils einer Grundstruktur mit fünf Systemebenen.

In vergleichbarer Weise lassen sich mit dieser Methode des isomorphen, rekursiven Entwurfs zusammengesetzter Grundstrukturen nahezu beliebig umfangreiche und damit komplexe elektrische Versorgungssysteme in einem Fahrzeug mit einem Energie- und Leistungsmanagementsystem betriebsstrategisch koordinieren.

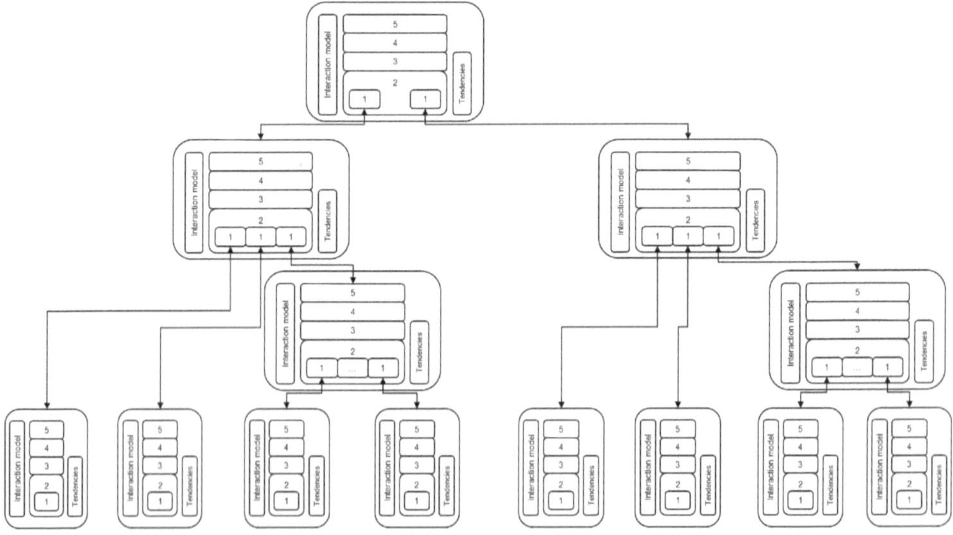

Bild 9.16: Die Managementstruktur eines Zweispannungsbordnetzes

9.10 Zusammenfassung

In diesem Kapitel wurde das Aufgabengebiet des Energie- und Leistungsmanagements gezeigt. Aus den erfassten Daten und Informationen muss mit Hilfe der Betriebsstrategie das Verhalten des Systems elektrische Energieversorgung im Fahrzeug gesteuert bzw. geregelt werden. Das Ziel der Betriebsstrategie ist die Erhaltung bzw. Wiederherstellung der Systemstabilität. Dies geschieht mit Hilfe einer Reflexstrategie und dem bewussten technischen Verhalten. Für die Implementierung stehen eine Reihe an Möglichkeiten zur Verfügung, je nach Komplexität der Managementaufgabe. Durch die Struktur des Energie- und Leistungsmanagementsystems wird ein hohes Maß an Flexibilität und Anpassungsfähigkeit erreicht. Es können in der Struktur Anteile hinzugefügt, aber auch entfernt oder geändert werden, ohne dass das ganze System eine tiefgreifende Änderung erfährt.

Jedoch sind dem Energie- und Leistungsmanagement Grenzen gesetzt. Sollte die Dimensionierung der Komponenten zur Sicherstellung der Energie- und Leistungsflüsse im Bordnetz nicht ausreichend erfolgt sein, so kann zwar die Grenzüberschreitung zur Instabilität eingeschränkt, aber nicht verhindert werden. Benötigen die Verbraucher mehr Energie als die Erzeuger bereitstellen können, so wird letztlich die Batterie entladen werden und das System ausfallen.

Ein stabiles, risikoarmes elektrisches Bordnetz zeichnet sich durch ein definiertes Zusammenwirken ausreichend dimensionierter Komponenten mit Hilfe eines Komplexitäts-beherrschenden Managementsystems aus.

9.11 Weiterführende Literatur

H. Laux, R. M. Gillenkirch, H. Y. Schenk-Mathes: *Entscheidungstheorie.* 8. Auflage. Berlin, Heidelberg: Springer Gabler, 2012. ISBN: 978-3-642-23510-8 [110].

C. Mueller-Schloer, H. Schmeck, and T. Ungerer, Organic Computing -A Paradigm Shift for Complex Systems. Springer, Apr. 2011, ISBN: 978-3-0348-0130-0 [112].

S. Beer, Brain of the Firm. Chichester, England; New York: John Wiley & Sons, Jun. 1995, ISBN: 978-0-4719-4839-1 [109].

E. Schrüfer, L. Reindl, B. Zagar: *Elektrische Messtechnik.* 12. Auflage. München: Carl Hanser, 2018. ISBN: 978-3-446-45654-9 [47].

E. Schrüfer: *Zuverlässigkeit von Mess- und Automatisierungseinrichtungen.* München: Carl Hanser, 1984. ISBN: 3-446-14190-1 [113].

E. Schrüfer: *Signalverarbeitung – Numerische Verarbeitung digitaler Signale.* 2. Auflage. München: Carl Hanser, 1992. ISBN: 3-446-16563-0 [114].

A. Heimrath, J. Fröschl, U. Baumgarten, Reflex Augmented Reinforcement L earning for Electrical Energy Management in Vehicles, Tagungsbeitrag ICAI 2018 [111].

D. Adam: „Konzept einer bionischen E/E-Architektur für Fahrzeuge nach dem Vorbild des menschlichen Körpers“. Dissertation. Technische Universität München, 2016 [115].

R. Gehring: „Beitrag zur Untersuchung und Erhöhung der Spannungsstabilität des elektrischen Energiebordnetzes in Kraftfahrzeugen". Dissertation. Technische Universität München, 2013 [55].

T. P. Kohler: „Prädiktives Leistungsmanagement in Fahrzeugbordnetzen". Dissertation. Technische Universität München, 2013. ISBN: 978-3-658-05011-5 [106].

J. Fröschl: „Kybernetisches Energiemanagement elektrischer Energiewandlung in Kraftfahrzeugen". Dissertation. Technische Universität München, 2020. ISBN: 978-3-8439-4526-4 [107].

A. Heimrath: „An approach to a machine learning-based operating strategy in automotive electrical energy management". Dissertation. Technische Universität München, 2021. ISBN: 978-3-8439-4942-2 [108].

10 Normen und Standards für das Bordnetz

Für das Bordnetz haben sich Normen und Standards etabliert. In diesen Dokumenten sind die Spannungs- und Temperaturbereiche spezifiziert und die Anforderungen, Prüfungen und Prüfbedingungen für alle in einem Spannungsbereich eingesetzten Elektrik-/Elektronik-Komponenten festgelegt. Die Nominal- oder Nennspannung des jeweiligen Spannungsbereichs ist dort definiert sowie die maximalen und minimalen stationären und dynamischen Spannungen, die Anstiegs- und Abfallzeiten, Prüfdauern und Rahmenbedingungen.

Zusätzlich sind dort die Funktionszustände, die die Komponenten in den Prüfungen erfüllen müssen, und die anzuwendenden Betriebsarten beschrieben. Eine gegebenenfalls vorhandene Einteilung in Funktionsklassen erlaubt differenzierte Anforderungen hinsichtlich Energieversorgung beim Start, Sicherheitsrelevanz, Fahrbetrieb oder Komfort.

Zusätzlich sind die Normen und Standards für das physische Bordnetz zu berücksichtigen. Für Kfz-Sicherungen, Fahrzeugleitungen für die Energieversorgung, elektrische Steckverbinder und Schraubverbindungen sowie nicht lösbare Verbindungen existieren diverse Normen und Standards sowie technische Leitfäden [116].

10.1 Normen für 12 V

Seit dem Umstieg von 6 V auf 12 V um 1960 haben sich die 12 V-Bordnetze bei den Fahrzeugherstellern stetig weiterentwickelt. Mit der steigenden Anzahl an elektrischen Verbrauchern und dem Einzug der ersten elektronischen Steuergeräte wurde eine Norm als Orientierung und Vorgabe für die vielen Zulieferer unumgänglich. Allerdings entstanden in den einzelnen Häusern spezifische Hausnormen, die trotz der gleichen Nominalspannung 12 V teils gewisse Unterschiede aufwiesen und eine nachträgliche Standardisierung schwierig machten. Eine herstellerübergreifende Norm wurde bis heute nicht geschaffen.

Versuche der Harmonisierung waren nicht erfolgreich. In einem Arbeitskreis der deutschen Automobilhersteller wurde 2009 die Liefervorschrift LV124:2009-10 „Elektrische und elektronische Komponenten in Kraftfahrzeugen bis 3,5 t; Allgemeine Anforderungen, Prüfbedingungen und Prüfungen" als Grundlage für OEM-spezifische Normen herausgegeben und anschließend von den beteiligten Häusern übernommen. Seit Beendigung der Arbeitskreise um 2015 wurden die Normen in den einzelnen Häusern unabhängig voneinander weiterentwickelt, so dass sich heute die Unterschiede in den aktuellen Normen wieder stärker bemerkbar machen.

Die Normenreihe ISO 16750 [56] spezifiziert die elektrischen, mechanischen, klimatischen und chemischen Anforderungen an Komponenten für 12 V und auch für 24 V und stellt hinsichtlich elektrischer Prüfungen eine Art kleinsten gemeinsamen Nenner dar. Die Hausnormen der Fahrzeughersteller übertreffen die elektrischen Prüfungen zum Teil mit schärferen Anforderungen und vor allem durch zusätzliche Prüfungen. In der nachfolgenden Tabelle 10.1 ist ein grober Vergleich der Prüfungen zwischen ISO 16750 und LV124 dargestellt.

Konzept der Prüfung	**ISO 16750-2**	**LV124**
Test bei minimaler und maximaler Versorgungsspannung	Direct current supply voltage	nicht enthalten
Statische Überspannung	Overvoltage 18 V für 60 min	Langzeit Überspannung 17 V für 60 min
Transiente Überspannung	nicht enthalten	Transiente Überspannung 18 V für 400 ms
Transiente Unterspannung	nicht enthalten	Transiente Unterspannung 9 V für 500 ms
Fremdstart durch ein Nutzkraftfahrzeug	nicht enthalten	Jump Start 26 V für 60 s
Auslösen einer Sicherung in einem anderen Stromkreis	Discontinuities in supply voltage: Momentary drop in supply voltage	nicht enthalten
Überspannungspuls durch Lastabwurf	Discontinuities in supply voltage: Load Dump	Load Dump 27 V für 300 ms
Überlagerte Wechselspannung	Superimposed alternating voltage	Überlagerte Wechselspannung 15 Hz – 30 kHz, mit 2 V und 6 V Spitze-Spitze
Langsame Entlade- und Ladevorgänge der Bordnetzbatterie	Slow decrease and increase of supply voltage	Langsames Absenken und Anheben der Versorgungsspannung
Vollständiges Entladen der Bordnetzbatterie und schlagartiges Anlegen einer externen Quelle	nicht enthalten	Langsames Absenken, schnelles Erhöhen der Versorgungsspannung
Reset-Verhalten	Discontinuities in supply voltage: Reset behavior at voltage drop	Reset-Verhalten von U_{Bmin} bis 6 V in 0,5 V-Schritten und darunter in 0,2 V-Schritten für jeweils 100 ms und 5 s
Intermittierende Kontakte	nicht enthalten	Kurze Unterbrechungen bei 11 V Unterbrechungen von 10 µs bis 100 ms
Kalt- und Warmstart	Discontinuities in supply voltage: Starting profile	Startimpulse Differenzierung nach startrelevanten und nicht-startrelevanten Komponenten mit Minimalspannungen

Konzept der Prüfung	ISO 16750-2	LV124
		von 4,5 V oder 3,2 V für Kaltstart und 7 V für Warmstart
Verhalten des Bordnetzes bei Einsatz von intelligent geregelten Generatoren	nicht enthalten	Spannungsverlauf mit intelligenter Generatorregelung Schwankungen zwischen 11,8 V und 14,8 V mit Anstiegs- und Abfallzeiten von 300 ms
Wackelkontakt	Open Circuit tests Single line interruption	Unterbrechung Pin Dauer 1 µs bis 10 s
Leitungsunterbrechung von Steckern	Open Circuit tests Multiple line interruption	Unterbrechung Stecker für 10 s
Verpolung bei Fremdstarthilfe	Reversed voltage	Verpolung -14 V bzw. -4 V für 60 s
Masseversatz	Ground reference and supply offset	Masseversatz +/-1 V
Kurzschlüsse an Ein- und Ausgängen	Short circuit protection	Kurzschluss Signalleitung und Lastkreis jeder Pin für 60 s auf Masse und Versorgung
Durchschlagfestigkeit	Withstand voltage	Durchschlagfestigkeit 500 V AC, 50 Hz für 60 s Steckerpins, Relais, Wicklungen und Leitungen
Isolationswiderstand	Insulation resistance	Isolationswiderstand nur für Bauteile mit galvanischer Trennung 500 V DC für 60 s
Ruhestromaufnahme	nicht enthalten	Ruhestrom 0,1 mA bis 40 °C
Rückspeisungen an weckfähigen Klemmen	nicht enthalten	Rückspeisungen für Komponenten an Klemme 15 bzw. anderen weckfähigen Klemmen dürfen die Spannung an der Klemme nicht mehr als 1 V anheben
Überstromfähigkeit mechanischen Schaltern, elektronischen Ausgängen und Kontakten	nicht enthalten	Überströme für Nennströme unter 10 A bis zu 3facher Nennstrom für Nennströme über 10 A bis zu 2facher Nennstrom Belastungsdauer 30 min

Tabelle 10.1: Vergleich ISO 16750-2 Electrical Loads [56] vs. LV124 Elektrische und elektronische Komponenten in Kraftfahrzeugen bis 3,5 t

In aktuelleren Hausnormen treten wieder größere Unterschiede zwischen den einzelnen Häusern auf. So hat z. B. BMW seinen Group Standard für 12 V in 2021 erneuert und dort die Teile „Allgemeine Anforderungen“ und „Elektrische Anforderungen und Prüfungen in 12 V-Energiebordnetzen“ signifikant überarbeitet, so dass eine Vergleichbarkeit mit LV124 nicht mehr gegeben ist.

10.2 Norm für 48 V

Basierend auf den Vorarbeiten einer Arbeitsgruppe der deutschen Fahrzeughersteller [86] und [117] entstand 2014 die VDA-Empfehlung VDA-320 [79] weit vor den ersten Markteinführungen von Fahrzeugen mit 48 V. Die einer Norm entsprechende Empfehlung enthielt die Definition des Spannungsbereichs und die Anforderungen, Prüfungen und Prüfbedingungen sowie die maximalen und minimalen stationären und dynamischen Spannungen, die Anstiegs- und Abfallzeiten, Prüfdauern und Rahmenbedingungen. Als äußerst vorteilhaft erwies sich, dass die Spezifikation vor den ersten Anwendungen entstand und somit keine differenzierenden Hausnormen entstanden. Des Weiteren übernahmen europäische Fahrzeughersteller die VDA-320 als vorläufige Referenz und förderten die Entstehung einer internationalen Norm, die 2020 als ISO 21780 [85], siehe auch Tabelle 10.2, in starker Anlehnung an die bestehende VDA-320 herausgegeben wurde.

Prüfung	Zweck	Minimum	Maximum	Bedingungen
Test-01	Nominaler Spannungsbereich	36 V	52 V	für jeweils 60 s, mit 50 ms Anstiegs- und Abfallzeit
Test-02	Transiente Unter- und Überspannung	31 V	54 V	Unterspannung für 2 s, mit 10 ms Anstiegs- und Abfallzeit Überspannung für 120 s, mit 4 ms Anstiegs- und Abfallzeit
Test-03	Kurzzeitige Überspannung	58 V	70 V	70 V für 40 ms, 58 V für 600 ms
Test-04	Load Dump	52 V	Schalter öffnet	70 V für 40 ms, 58 V für 600 ms
Test-05	Startprofil	24 V	36 V	24 V für 10 s, 36 V für 60 s, mit 5 ms Anstiegs- und Abfallzeit
Test-06	Langzeit-Überspannung	52 V	60 V	Für 60 s, mit 100 ms Anstiegs- und Abfallzeit
Test-07	Überspannung durch rückspeisende Komponente	54 V	58 V	für 300 ms, mit 2 Testsets

Prüfung	Zweck	Minimum	Maximum	Bedingungen
Test-08	Absenken und Anheben der Versorgungsspannung	0 V	44 V	mit 21 s Anstiegs- und Abfallzeit
Test-09	Spannungs-Welligkeit	31 V	54 V	mit 8 V, 6 V und 2 V Spitze-Spitze, in Frequenzbereichen von 10 Hz – 1 kHz, 1 kHz – 30 kHz und 30 kHz – 200 kHz, Strombegrenzungen 80 A, 15 A und 10 A
Test-10	Reset-Verhalten	24 V	36 V	in 2 V- bzw. 0,5 V-Schritten
Test-11	Kurze Unterbrechungen	48 V		Unterbrechungen von 100 µs bis 2 s
Test-12	Masseverlust	48 V		Masseverlust im 48 V- und im 12 V-Bordnetz
Test-13	Fehlerstrom	70 V		für 10 min bleibt der Strom zwischen der 48 V- und der 12(24) V-Seite der Komponente unter 10 µA
Test-14	Masseversatz	36 V	52 V	+1/-1 V
Test-15	Kurzschluss	36 V	52 V	Impedanz 0,02 Ω
Test-16	Ruhestrom	48 V		Ruhestrom unter 0,1 mA

Tabelle 10.2: Liste der Prüfungen in der ISO 21780

10.3 Norm für Hochvolt-Systeme

Die Standardisierung für die Elektromobilität spielt eine ähnlich wichtige Rolle wie für die strategischen Technologien 5G und KI. Normen ermöglichen es, die Interoperabilität von Technologien voranzutreiben und damit einen Mehrwert zu erzielen. In 6 Arbeitsgruppen unter ISO/TC 22/SC 37 werden die Sicherheitsaspekte und Terminologie, Leistung und Energieverbrauch, wiederaufladbare Energiespeicher, Systeme und Komponenten am elektrischen Antriebssystem, Anforderungen an Energietransfer und Leistung von Ladesystemen bearbeitet [118].

Basierend auf der Norm ISO/PAS 19295, freigegeben in 2016, in der erstmals Hochvolt-Spannungsunterklassen spezifiziert worden sind, wurde in 2021 die aktuell gültige Norm ISO 21498 herausgegeben. Sie gilt für alle elektrischen Antriebssysteme und elektrischen Nebenaggregate der Spannungsklasse B in elektrisch angetriebenen Fahrzeugen sowie für die elektrische Schaltungen und Komponenten in diesen Systemen [119].

Spannungsunterklasse	Obere Spannungsgrenze	Halbleitertechnologie Beispiel
B_220	≤ 220 V DC	MOSFET 300 V
B_420	≤ 420 V DC	IGBT od. MOSFET 600 V
B_470	≤ 470 V DC	IGBT 700 V
B_750	≤ 750 V DC	IGBT 1200 V
B_850	≤ 850 V DC	IGBT 1200 V
B_1250	≤ 1250 V DC	IGBT 1700 V

Tabelle 10.3: Spannungsunterklassen gem. ISO 21498 [119]

In ISO 21498 Part 2 [120], siehe auch Tabelle 10.3, sind elektrische Prüfungen und deren Prüfbedingungen für alle elektrischen Komponenten in der Spannungsklasse B und deren Unterklassen spezifiziert.

- Variation der DC-Versorgungsspannung innerhalb des Betriebsspannungsbereichs
- Erzeugung von Spannungsflanken
- Unempfindlichkeit gegen Spannungsflanken
- Erzeugung von Spannungswelligkeit
- Unempfindlichkeit gegen Spannungswelligkeit
- Überspannung
- Unterspannung
- Offset-Spannung
- Erzeugung von Load Dump
- Unempfindlichkeit gegen Load Dump

Zusätzlich bestehen für elektrische Sicherheit, die für alle Fahrzeugsysteme mit Gleichspannungen größer 60 V und Wechselspannungen größer 30 V ausgestattet sind, die Normen ISO 17409 und ISO 6469.

10.4 Norm für Klemmenbezeichnungen

Die in der Norm DIN 72552 festgelegten Klemmenbezeichnungen sollen ein fehlerfreies Anschließen aller Leitungen an den elektrischen und elektronischen Komponenten, vor allem auch bei Reparaturen und Einbauten, ermöglichen [35]. Die Klemmenbezeichnungen entsprechen nicht den Leitungsbezeichnungen, da an beiden Enden einer Leitung Komponenten mit unterschiedlicher Klemmenbezeichnung angeschlossen sein können und werden infolgedessen nicht auf den Leitungen angebracht.

Die Normenreihe DIN 72552 wurde vom deutschen Normungsgremium NA 052-01-03 AA „elektrische- und elektronische Ausrüstungen“ des Normenausschusses Automobiltechnik erarbeitet [75].

DIN 72552-1	Klemmenbezeichnungen in Kraftfahrzeugen; Zweck, Grundsätze, Anforderungen
DIN 72552-2	Klemmenbezeichnungen in Kraftfahrzeugen; Bedeutung
DIN 72552-3	Klemmenbezeichnungen in Kraftfahrzeugen; Anwendungsbeispiele in Anschlussplänen
DIN 72552-4	Klemmenbezeichnungen in Kraftfahrzeugen; Übersicht

10.5 Normen für elektromagnetische Verträglichkeit

Die Elektromagnetische Verträglichkeit (EMV) hat die allgemeine Zielsetzung, dass sich elektrotechnische Geräte und moderne Technologien (z. B. Funk, Radar) nicht durch elektrische, magnetische oder elektromagnetische Effekte ungewollt gegenseitig beeinflussen [35]. In der Automobilelektronik kommt der elektromagnetischen Verträglichkeit eine sehr hohe Bedeutung zu, da aufgrund der ständig steigenden Anzahl von elektronischen Systemen im Fahrzeug, vorangetrieben durch Elektrifizierung, Digitalisierung und Automatisierung, die Komplexität im Fahrzeug immer weiter zunimmt und störende Wechselwirkungen zwischen den Systemen sicher ausgeschlossen werden müssen. Dazu müssen eine entsprechende Störfestigkeit von außen, Störaussendungen von innen und auch Störungen im Bordnetz in Normen definierte Grenzwerte einhalten.

In jedem Gleichspannungsbordnetz befinden sich Störquellen. Der gleichgerichtete Strom aus jedem Generator besitzt trotz einer im Bordnetz befindlichen Batterie eine Restwelligkeit. Zusätzlich wird eine gewisse Welligkeit im Bordnetz durch die sich ständig ändernden Leistungsbedarfe der elektrischen Verbraucher erzeugt. Beim Schalten von Lasten entstehen Spannungsimpulse auf den Versorgungsleitungen, die sich leitungsgebunden ausbreiten oder über kapazitive oder induktive Einkopplung auf andere Leitungen als störend auswirken können. Die hohen Spannungen und Ströme in Hybrid- und Elektrofahrzeugen führen zu neuen Anforderungen, da in den Elektromotoren, Wechselrichtern, Gleichspannungswandlern, Ladeeinrichtungen und allen weiteren für diese Fahrzeuge notwendigen elektrischen Komponenten große Störsignale entstehen können.

Neben der niederfrequenten Bordnetzwelligkeit und den Bordnetzimpulsen entstehen in vielen elektromechanischen, mechatronischen und elektronischen Komponenten durch Schaltvorgänge hochfrequente Schwingungen, die sich ebenfalls im Bordnetz mehr oder weniger bedämpft als Störsignale ausbreiten können.

Daher hat die elektromagnetische Verträglichkeit für die Gestaltung des Bordnetzes eine sehr große Bedeutung und ist für die Typgenehmigung von Fahrzeugen neben anderen Vorgaben (z. B. Bremsen, Licht, Abgas) relevant. Die Anforderungen an die Störfestigkeit gegenüber elektromagnetischen Feldern und an die maximale Störaussendung (Funkentstörung) müssen erfüllt werden. Die gültige Richtlinie ist zum Zeitpunkt der Drucklegung die UNECE R10 Revision 5.

Folgende internationale Normen gemäß der Tabelle 10.4 sind für Kraftfahrzeuge und deren Komponenten gültig [35]:

Störfestigkeit	ISO 7637	Electrical disturbances from conduction and coupling
	ISO 11451	Vehicle test methods for electrical disturbances from narrowband radiated electromagnetic energy
	ISO 11452	Component test methods for electrical disturbances from narrowband radiated electromagnetic energy
	ISO 10605	Electrostatic discharge
Störaussendung	IEC/CISPR 12	Radio disturbance characteristics – Limits and methods of measurement for the protection of off-board receivers
	IEC/CISPR 25	Limits and methods of measurement for the protection on-board receivers

Tabelle 10.4: Internationale Normen für elektromagnetische Verträglichkeit

10.6 ISO 26262

Die Norm ISO 26262 wurde für den Entwurf von sicherheitsrelevanten elektrischen und elektronischen Systemen in Kraftfahrzeugen eingeführt [35]. Sie umfasst die Anforderungen an das Produkt, d. h. an Hardware und Software, und an den Entwicklungsprozess. Es sind alle Phasen des sogenannten „gesamten Sicherheitslebenszyklus“ eingeschlossen: Konzept, Planung, Entwicklung, Realisierung, Inbetriebnahme, Instandhaltung, Modifikation, Außerbetriebnahme und Deinstallation [35]. Die Produkte und Funktionen werden in Sicherheitsanforderungsstufen (Automotive Safety Integrity Level) ASIL A bis ASIL D eingeteilt, korrespondierend zu SIL 1 bis SIL 4 gemäß ISO 61508.

11 Zuverlässigkeit und Funktionale Sicherheit im Energiebordnetz

Qualität und Zuverlässigkeit im Energiebordnetz spielen in der Fahrzeugtechnik eine große Rolle und tragen maßgeblich zur Kundenzufriedenheit und Vermeidung von Ausfällen bis hin zu Liegenbleibern bei. Denn ohne intaktes Energiebordnetz und damit eine funktionierende Stromversorgung können die elektronischen und elektrischen Systeme im Fahrzeug nicht arbeiten. Mit Qualitätsmaßnahmen an Einzelkomponenten sowie Diagnose und Felddatenerfassung konnte die Zuverlässigkeit des Energiebordnetzes gesteigert werden, allerdings sind erreichbare Verbesserungen nicht für alle zukünftigen Herausforderungen ausreichend. Ein flankierendes Powermanagement zur Überwachung und Kontrolle des Energiebordnetzes leistet einen weiteren wesentlichen Beitrag zur Verbesserung des Gesamtsystems Energiebordnetz.

Als mittlere Nutzungsdauer für einen Personenkraftwagen werden allgemein 15 Jahre bzw. 131.400 Stunden angesetzt, wovon für die Betriebsdauer im aktiven Fahrbetrieb ca. 8.000 Stunden beträgt und weitere 30.000 Stunden für den stationären Betrieb gerechnet werden, falls die elektrischen und elektronischen Komponenten über Klemmen abgeschaltet werden können. Alle elektrischen und elektronischen Komponenten, die an Klemme 30 angeschlossen sind, stehen dagegen ständig unter Spannung.

Mit der Einführung von Fahrerassistenzsystemen und weiteren sicherheitsrelevanten Funktionen wird das Energiebordnetz mit den Anforderungen für funktionale Sicherheit konfrontiert.

11.1 Qualität und Zuverlässigkeit im Bordnetz

Die Qualität der einzelnen Komponenten eines Systems und etablierte Qualitätsprozesse für diese Komponenten sind eine wichtige Grundlage, um zuverlässige Produkte zu entwickeln und herzustellen [116]. Für die Abschätzung der Zuverlässigkeit sind die Qualitätsmaßnahmen ein wichtiger Indikator, aber eine direkte Umrechnung von den Qualitätszahlen in eine Zuverlässigkeits- oder Ausfallrate ist nicht möglich, da Qualitätszahlen nur einen kleinen zeitlichen Abschnitt betrachten, während eine Ausfallrate einen großen Zeitraum zugrunde legt, eine Ausfallrate auf eine Zeitspanne normiert und mit einer Aussage zur Konfidenz verknüpft.

$$\lambda = \frac{c}{\Delta t \bullet n}$$

λ: Ausfallrate in fit (failure-in-time)
c: Anzahl der im Zeitraum Δt ausgefallenen Objekte
n: insgesamt beobachtete Zahl der Objekte
Δt: Beobachtungszeitraum

Um die Ausfallrate zu bestimmen, muss eine hinreichend große Anzahl von Objekten, die unter den Bedingungen gemäß ihrem regelmäßigen Betrieb betrieben werden, über einen hinreichend langen Zeitraum beobachtet und die Anzahl der Ausfälle festgestellt werden.

Die physikalische Bestimmung der Ausfallrate einer Energiebordnetz-Komponente, die aus einer Vielzahl unterschiedlicher Bauteile aus verschiedensten Technologien besteht, ist aufgrund der oft geringen statistischen Aussagekraft nur mit zeitraffenden Methoden möglich, die im Labor mit erhöhter Belastung oder beschleunigter Alterung durchgeführt werden [116]. Typische Methoden sind erhöhte Belastungszeit, Änderung von Belastungsparametern innerhalb oder außerhalb des zulässigen Betriebsbereichs, jedoch innerhalb der zulässigen Grenzen der in der Komponente verwendeten Materialien.

Die Ermittlung und Berechnung der Ausfallrate eines Gesamtsystems, wie es das Energiebordnetz darstellt, ist fast ausschließlich auf die Felddatenerfassung und deren statistische Auswertung angewiesen. Labortests auf Systemebene oder am Gesamtfahrzeug sind aufgrund des Aufwands und der Kosten nicht sinnvoll, ebenso wie bei anderen komplexen Produkten, z. B. Flugzeuge oder Industrieanlagen.

Die Fahrzeugtechnik setzte beim Energiebordnetz und auch beim Physischen Bordnetz lange Zeit auf Robustheit in Form von einfachen elektrischen Komponenten mit geringer Komplexität, wenig Elektronik und „einfache physikalische" Zusammenhänge. Die Hauptkomponenten waren der etablierte Klauenpolgenerator mit passiver Gleichrichtung, die Blei-Säure-Batterie und die Schmelzsicherungen.

Die häufigste Ausfallursache des Energiebordnetzes ist die Batterie. Im Jahr 2010 ging jede dritte Panne auf eine entladene oder defekte Batterie zurück. Der Batterieausfall wirkt sich meist so aus, dass das Fahrzeug nicht mehr zu starten ist. Die Blei-Säure-Batterie wurde mit einem intelligenten Batteriesensor ausgestattet, so dass Zyklisierung und Ladezustand diagnostiziert werden konnten. Der Übergang zu AGM-Batterien konnte die Pannenanfälligkeit auf ein gewisses Maß reduzieren.

Eine weitere maßgebliche Ausfallursache sind Qualität und Zuverlässigkeit im Physischen Bordnetz, vor allem die Ausfälle von elektrischen Leitungen, Kontaktierungssystemen und elektrischen Sicherungen [116]. Die durch diese Ausfälle verursachten Fehler äußern sich meist mit Fehlern in den einzelnen Steuergeräten, deren Fehlfunktion von korrespondierenden Steuergeräten erkannt werden können, falls z. B.

das Fehlen von Signalen aus dem fehlerhaften Steuergerät erfasst wird und zu einem Fehlerspeichereintrag führt.

Das heute gültige Grundprinzip aller elektrischen Funktionen ist Fail-Safe, d. h. der stromlose Zustand ist der sichere Zustand. Im Falle des Ausfalls der Stromversorgung eines oder mehrerer Steuergeräte muss die grundlegende Funktion, z. B. Lenkung oder Bremse, auch ohne elektrische Unterstützung verfügbar sein und vom Fahrer ausgeführt werden können. Eine mechanische oder hydraulische Rückfallebene, die durch den Fahrer als direkter Durchgriff genutzt werden kann, kann diese Anforderung erfüllen. In Bild 11.1 ist das Wirkprinzip für ein Fahrerassistenzsystem mit einer mechanischen Rückfallebene grafisch dargestellt.

Die Bedienbarkeit der Rückfallebene muss Mindestanforderungen hinsichtlich der Sicherheit dieser Systeme erfüllen, d. h. z. B. bei der Bremse muss eine Mindestverzögerung erreicht werden oder das Fahrzeug mit einer Mindestkraft am Lenkrad lenkbar sein.

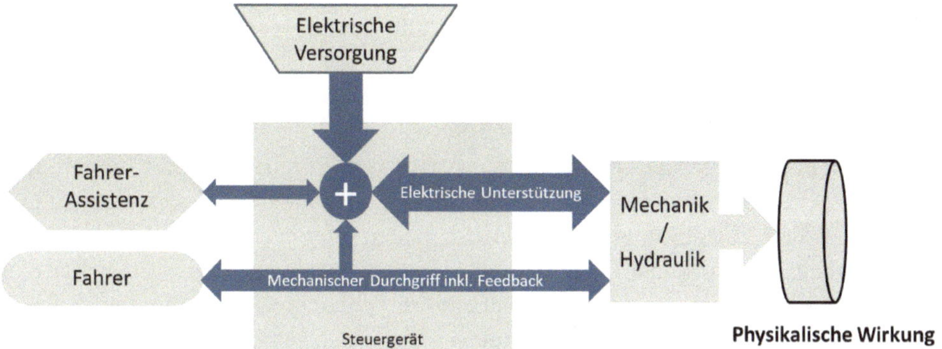

Bild 11.1: Wirkprinzip für ein Fahrerassistenzsystem mit einer mechanischen Rückfallebene

11.2 Funktionale Sicherheit im Bordnetz

Die Funktionen Lenkung, Bremse, Licht und Sicht werden mittlerweile als sicherheitsrelevant eingestuft und müssen deshalb erhöhte Anforderungen hinsichtlich ihrer Verfügbarkeit erfüllen. Die Entwicklung der Funktionen und ihrer Komponenten muss nach ISO 26262 erfolgen. Außerdem müssen die entsprechenden Anforderungen für die elektrische Energieversorgung dieser Funktionen und Komponenten nach ASIL A bis ASIL D erfüllt werden, je nach Einstufung der Funktion.

Auch für das Bremssystem ist eine Mindestverzögerung bei einer definierten Pedalkraft durch den Fahrer und einer Mindestgeschwindigkeit des Fahrzeugs festgelegt. Diese muss von der elektrischen Bremskraftverstärkung und damit auch von Energiebordnetzseite in Form eines Mindeststroms an einer definierten Untergrenze der Bordnetzspannung garantiert werden. Bei einem plötzlichen Spannungseinbruch im Energiebordnetz müssen zur Stabilisierung möglichst viele Komponenten ihre Stromaufnahme reduzieren oder aktiv begrenzen und somit eine Relaxation der Bordnetzspannung unterstützen. Für die letztendliche ASIL-Einstufung spielen natürlich auch einige Fahrzeugparameter wie z. B. das Gewicht oder die mechanische Konstruktion des jeweiligen Systems eine Rolle. Die Anforderungen für das System und seine Energieversorgung resultieren für das Bremssystem aus der ECE R13H und für das Lenksystem aus der ECE R79.

Die hier geschilderten Systemausprägungen für sicherheitsrelevante Funktionen können aber noch nicht die Anforderungen für höhere Automatisierungsgrade erfüllen. Ab der Stufe drei, welche auch als hochautomatisierter Fahrbetrieb bezeichnet wird, ist eine dauerhafte Überwachung des Fahrbetriebs durch den Fahrer nicht mehr sichergestellt, so dass dieser in spezifischen Anwendungsfällen und für bestimmte Zeitabschnitte nicht mehr in die Fahrzeugführung eingebunden ist [121]. Die Durchführung einer Gefahren- und Risikoanalyse gemäß ISO 26262 ist durchzuführen und kann Sicherheitsanforderungen mit bis zu ASIL D ergeben [35]. Diese vererbt sich insbesondere auch auf die elektrische Energieversorgung respektive das Energiebordnetz, wobei das Sicherheitsziel, unter Berücksichtigung des spezifizierten Spannungsbereichs, im Allgemeinen lautet: Verhindere Über- und Unterspannung bei der Versorgung sicherheitsrelevanter Systeme. Für die elektrische Versorgung dieser Systeme bedeutet dies ein sehr hohes Maß an Verfügbarkeit bzw. Vermeidung zufälliger Fehler. Systematische Fehler müssen konzeptionell vermieden werden und ihre potenziellen Auswirkungen sind auszuschließen oder gering zu halten.

Die Berücksichtigung der Funktionalen Sicherheit zeigt, dass zum Erreichen der Sicherheitsziele in hoch- und vollautomatisierten Fahrzeugen ein redundantes Energiebordnetz zielführend ist. Der Fahrzeugtyp mit seinen spezifischen Parametern und die Ausstattungsmerkmale geben maßgeblich vor, welche Ausprägungsformen einer redundanten Architektur in Frage kommen. Bei einem Fahrzeug, das nur über ein Niedervoltbordnetz verfügt, scheint der Einsatz eines zusätzlichen Batteriespeichers unvermeidbar. Bei Fahrzeugen mit einem zusätzlichen 48 V- oder Hochvolt-Bordnetz bietet sich die Verwendung des 48 V- bzw. Hochvoltspeichers an. Dabei sollte jedoch konzeptionell eine möglichst umfassende Entkopplung von miteinander vernetzten Systemen vorgenommen werden, die Einfluss auf die Verfügbarkeit und das elektrische Verhalten des Speichers nehmen können [121].

Automatisierungsgrade ab der Stufe drei erfordern einen Umstieg auf sogenannte „fail-operational"-Konzepte, d. h. im Falle eines Fehlers muss die Komponente ihre Funktion trotzdem sicher ausführen. Das Wirkprinzip zeigt Bild 11.2 Die Vererbung von Fehlern zwischen den redundanten Versorgungspfaden muss sicher verhindert werden. Im Fehlerfall kann die Isolation der redundanten Zweige gegeneinander entweder inhärent, z. B. durch Einsatz eines geeigneten DC/DC-Wandlers, oder reaktiv durch ein Sicherheitsschaltelement vorgenommen werden. Die inhärente Sicherheit eines DC/DC-Wandlers muss durch Effizienzverlust und Bauraum erkauft werden, während ein Ausfall eines reaktiven Schaltelements im Fehlerfall das übergeordnete Sicherheitsziel gefährdet. Ein zuverlässiges Diagnosekonzept zur Überwachung des

Energiebordnetzes ist unumgänglich und muss die Identifikation von Fehlerzuständen sicherstellen.

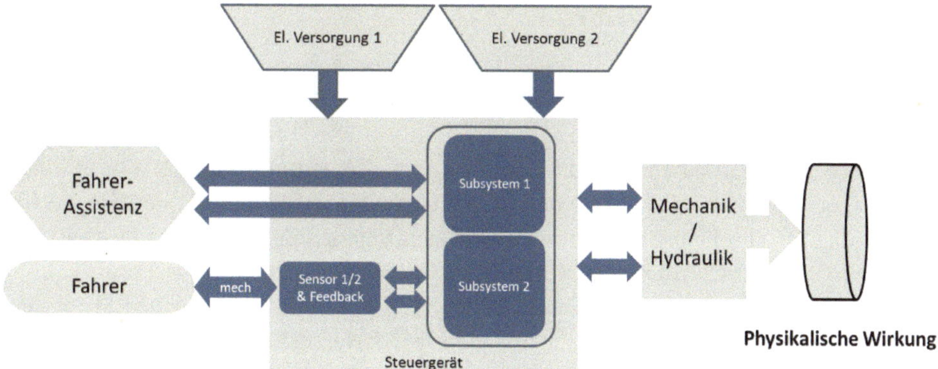

Bild 11.2: Wirkprinzip für ein „fail-operational" Fahrerassistenzsystem ohne mechanische Rückfallebene

Um fehlertolerante Systeme bis hin zum autonomen Fahren in ASIL D realisieren zu können, müssen redundante und unabhängige Komponenten verwendet werden. Die elektrische Versorgung und die Kommunikation müssen jeweils redundant ausgeführt sein und voneinander unabhängig. Um etwaige Common-Cause-Fehler mit ASIL D vermeiden zu können, dürfen auf Hardware-Ebene keine gleichen Bauteile für die redundanten Subsysteme verwendet werden.

12 Systementwurf Energiebordnetz

Fahrzeuge sind mechatronische Gesamtsysteme, deren Komplexität vorangetrieben wird durch die ständig zunehmende Elektrifizierung, Digitalisierung und Automatisierung. Jede physikalische Ausführung einer Funktion wird entweder durch elektrisch angetriebene Ventile, Pumpen und Motoren in eine Bewegung umgesetzt oder durch einen Widerstand oder ein Heizelement in Wärme oder mittels LEDs oder Displays in Licht bzw. grafische Darstellungen umgewandelt. Die große Anzahl an elektrischen Funktionen und elektronischen Steuergeräten für die Kontrolle und Regelung all dieser Funktionen sind in einem sehr hohen Maß abhängig von der elektrischen Stromversorgung, d. h. dem Energiebordnetz und dem physischen Bordnetz als gesamthafte technische Architektur. Ohne Stromversorgung funktionieren weder Steuergeräte noch Software oder Datenschnittstellen. Jedoch kann ein stromversorgtes Steuergerät bei Ausfall seiner Datenschnittstellen autark mit lokaler Software arbeiten und eine Art Notbetrieb mit Annahmen und Default-Parametern durchführen. Dieser Zusammenhang ist für die Konzeption zukünftiger E/E-Architekturen von fundamentaler Bedeutung und muss als grundlegende Basisfunktionalität berücksichtigt werden.

Die Betrachtung der aktuell im Einsatz befindlichen E/E-Architekturen und insbesondere derer in Premiumfahrzeugen und hochausgestatteten Fahrzeugen der Mittel- und Oberklasse zeigt, dass alle diese Architekturen technisch und wirtschaftlich lokal und proprietär optimiert sind und eine synergetische Gesamtoptimierung mit Berücksichtigung aller Architekturaspekte nur teilweise ausgeführt ist. Aus Gründen einer bestmöglichen Kompatibilität zu vorangegangenen Architekturen werden oft Kompromisse eingegangen, die sich zu einem späteren Zeitpunkt als Hemmnisse für den Übergang in eine zukunftsfähige Architektur erweisen. Synergiepotentiale und die daraus resultierenden Standardisierungen müssen geklärt werden, um Industriebaukästen zu schaffen [122].

Die Komplexität in den E/E-Architekturen wird weiter zunehmen, der Grundstrombedarf wird mit der Anzahl der Steuergeräte und deren Vernetzung steigen und somit auch der daraus resultierende elektrische Leistungsbedarf der Funktionen nicht in allen Betriebszuständen und Betriebsbedingungen zu erfüllen sein.

Die zukünftige Energiebordnetz-Architektur muss die Konzepte von Integrationsplattformen, Rolling Chassis und Zonalisierung mit zukunftsfähigen Technologien, innovationsfördernden Strukturen und höherer Effizienz unterstützen. Beispiele neuer Ansätze sind:

- 48 V als singuläres Niedervolt-Versorgungsnetz
- Versorgungsschiene in die Fahrzeugstruktur integriert
- Digital Power Distribution mit intelligenten Stromverteilern
- Effizienzsteigerung aller E/E-Funktionen in Software und Betriebsstrategie

- Minimierung der elektrischen Komponenten wie beispielsweise Bordnetzspeicher in Anzahl und Größe

Grundsätzlich wird die E/E-Architektur von der Energieversorgung, der Datenvernetzung und der Informationsvernetzung geprägt.

12.1 Architekturansatz

Der Entwurf der E/E-Architektur folgt einem gesamthaften Ansatz für logische und technische Architektur. Die logische Architektur repräsentiert die Daten- und Informationsvernetzung für das Zusammenwirken der einzelnen Funktionen. Die technische Architektur liefert die Infrastruktur, um die vernetzten Funktionen in Betrieb zu setzen.

Primär werden bei einem aktuell typischen Architekturentwurf die Komponenten und deren Vernetzung mittels Datenbussystemen herangezogen. Ergänzend hierzu werden Schaltpläne zur Visualisierung der elektrischen Vernetzung angefertigt. Konstruktionszeichnungen repräsentieren den Verbau der Komponenten in der Karosserie.

Nachfolgend sind die wesentlichen Teilaspekte für einen Architekturansatz aufgelistet:

- Informationsvernetzung
- Datenaufkommen (Zeitanforderung, Volumen...)
- Funktionen und verteilte Funktionen
- Steuergeräte, Aktuatoren, Sensoren
- Elektrische Energieversorgung
- Kühlung bzw. Entwärmung
- Verbauort
- Verkabelung, Verlegewege und deren Charakteristika, Befestigungen und Karosseriedurchführungen

Um eine Architektur zu bewerten und um unterschiedliche Ansätze zu bewerten, bedient man sich typischerweise einer abstrakten Beschreibung mittels Kennzahlen (engl. KPI, Key Performance Indicator). Nachfolgend sind Beispiele hierfür aufgelistet:

- Anzahl Datenbusse gegliedert nach Art, Datenvolumen und Geschwindigkeit
- Fahrzeugzustände abgeleitet aus dem Kunden- und Funktionswunsch
- Leitungslängen, Material und Querschnitt, Isolation
- Verbindungen nach Art und Anzahl
- Anzahl Halterungen und Befestigungen
- Teilgewichte und Gesamtgewicht Kabelbaum
- Volumen der Teileinheiten und Fertigung (von Hand versus automatisiert)
  - Volumen der Teileinheiten
  - Handfertigung oder automatisierte Fertigung der Teileinheiten
- Kosten der Entwicklung, Herstellung und Fertigung

Die Auswahl der Teilaspekte und der Kennzahlen erfolgt individuell in den verschiedenen Firmen passend zu der festgelegten Unternehmensstrategie.

Die meisten Fahrzeugarchitekturen haben eine Baumstruktur. Ein vielversprechender fahrzeugzentralisierter E/E-Architekturentwurf folgt dem Prinzip der zonalen Aufteilung. Zonensteuergeräte sollen Kommunikationssicht, z. B. als Gateways, und energetische Sicht, z. B. Stromverteiler, vereinen. Sie fungieren somit als versorgende Elemente für die Sensorik und Aktuatorik. Dieser Ansatz erweist sich aus mehreren Gründen als zukunftsfähig:

- Bündelung von Rechenleistung und fahrzeugspezifischen Funktionen auf einigen wenigen Zentralsteuergeräten/Integrationsplattformen bzw. „Motherboards"
- Intelligente und bedarfsgerecht geregelte Aktuatoren und Sensoren
- Energieeffizienter Betrieb der Funktionen passend zur augenblicklichen Fahrzeugsituation und dem korrespondierenden Kundenwunsch
- Diagnosefähigkeit und An-/Abschaltbarkeit aller Versorgungspfade durch intelligente Stromverteilung
- Verlustarme Bereitstellung der elektrischen Leistung für alle Funktionen in Quellen, Leitungen und Verbrauchern
- Management der Energie- und Leistungsversorgung inklusive der zugehörigen Pfade

12.2 Architekturelemente der Energieversorgung im Fahrzeug

Angelehnt an den zonalen Ansatz einer Bordnetzarchitektur werden in diesem Kapitel die wichtigsten Elemente der Energieversorgungsarchitektur und deren zukünftige Nutzungsmöglichkeiten skizziert.

12.2.1 Intelligente Stromverteilung

Während bei der heute üblichen und etablierten Baumstruktur in der Regel Stromverteiler mit Schmelzsicherungen verwendet werden, ist bei einer Zonenarchitektur die Einführung von Halbleiterschaltern als Sicherungsfunktion nahezu unvermeidlich und aus folgenden Gründen sinnvoll:

- Die Absicherung der Leitungen erfolgt mit höherer Genauigkeit und Zuverlässigkeit als mit Schmelzsicherungen
- Reduzierung von Leitungsquerschnitten
- Verbau des Stromverteilers an weniger zugänglichen Orten
- Diagnose der Leitung
- Energiemanagementfunktionen im Stromverteiler möglich
- Unterbrechungsfreies Schalten von Lasten

Die Sicherung dient weiterhin ausschließlich dem Schutz der Leitung. Fehlerströme im Wertebereich von Betriebsströmen, Leckagen und Unterbrechungen können nicht erkannt werden.

Ist der Stromverteiler mit einem Embedded Controller vergleichbar einem Steuergerät ausgestattet, ergeben sich weitere Möglichkeiten. Stromverteiler mit dieser Bauart werden als sogenannte intelligente Stromverteiler bezeichnet und können folgende Anforderungen [123] erfüllen:

- Adaptationsfähigkeit an verschiedene Nominalströme
- Sperrfähigkeit in beide Richtungen
- Vorladefunktion
- Überspannungsschutz
- Modellierung von Leitungstemperaturen mit Schutzabschaltung, Unterspannungsabschaltung und Überhitzungsschutz des Halbleiterschalters

Wird weiterhin eine Kammstruktur auf Basis einer zentralen Versorgungsschiene und intelligenten Stromverteilern mit einer sogenannten Digital Power Distribution (DPD) angestrebt, so erlauben die heute verfügbaren Rechenleistungen, Vernetzungstechnologien und Messgenauigkeiten einen Abgleich der im Gesamtbordnetz herrschenden Spannungen und fließenden Ströme auf Basis der Kirchhoff'schen Maschen- und Knotenregeln. Im Bedarfsfall ist es möglich derart einzugreifen, dass der als fehlerhaft detektierte Abschnitt separiert oder abgeschaltet wird.

Die Spannungen und Ströme im gesamten verteilten System werden gemessen, an die DPD gemeldet und dort plausibilisiert:

- Spannung an der Versorgungsschiene
- Spannung an jedem Stromverteiler
- Spannung an jedem Stromverteilerausgang
- Spannung an jedem Verbrauchereingang
- Gesamtstrom aus den Quellen in die Versorgungsschiene
- Strom durch jeden Schalter in jedem Stromverteiler
- Strom in jeden Verbraucher

Eine Diagnose mit zeitlichem Verlauf erlaubt die Prädiktion und damit eine rechtzeitige Einleitung von Maßnahmen, um einen Zusammenbruch des Energiebordnetzes zu verhindern. Eine nicht plausible Situation führt zu einer selektiven Abschaltung und einem Diagnosehinweis bzw. Eintrag in einem Fehlerspeicher. Um das System zeitlich zu entflechten und die Anforderungen an die Echtzeitfähigkeit des Systems zu begrenzen, verfügt jeder Schalter über ein Spannungs-Strom-Zeit-Modell, mittels dem der Stromverteiler sehr schnell abschalten kann, um dann mit ausreichend Zeit die gemessenen Werte zu prüfen. Je nach Ergebnis der Überprüfung kann dann das Wiedereinschalten des detektierten Pfads versucht werden. Tritt erneut eine Unplausibilität auf, kann wieder abgeschaltet werden. Dies kann bis zu einer beliebig sinnvollen Anzahl Versuche wiederholt werden. Es wird nur der fehlerhafte Pfad abgeschaltet, so dass der Rest des Systems funktionsfähig bleiben kann. Ergänzend kann eine Diagnoseinformation der Komponente die Plausibilisierung unterstützen.

Zur Beherrschung von seriellen und parallelen Lichtbögen bietet sich die digitale Umsetzung der Kirchhoff'schen Maschen- und Knotenregeln in der DPD an, die in der Lage ist, den Pfad, in dem ein Lichtbogen detektiert wird, selektiv und schnell abzuschalten. Einerseits kann dann weiterer Schaden vermieden und andererseits eine Beeinträchtigung nicht betroffener Pfade verhindert werden.

Von entscheidender Bedeutung für den Einsatz der intelligenten Stromverteilung ist die Verfügbarkeit von geeigneten intelligenten Leistungsschaltern, die die geforderten Funktionen erfüllen.

Eine genauere Analyse der Strombelastbarkeit von Leitungen ergibt, dass für die Berechnung der Verlustleistung das quadratische Mittel des Stroms herangezogen werden kann. Dieser Wert stellt das Gleichstromäquivalent von Wechselströmen dar und wird in der Literatur häufig als I_{RMS} bezeichnet. Der I_{RMS} kann umso höher sein, je kürzer die Dauer der Belastung ist. Der Zusammenhang ist nichtlinear und kann Bild 12.1 entnommen werden.

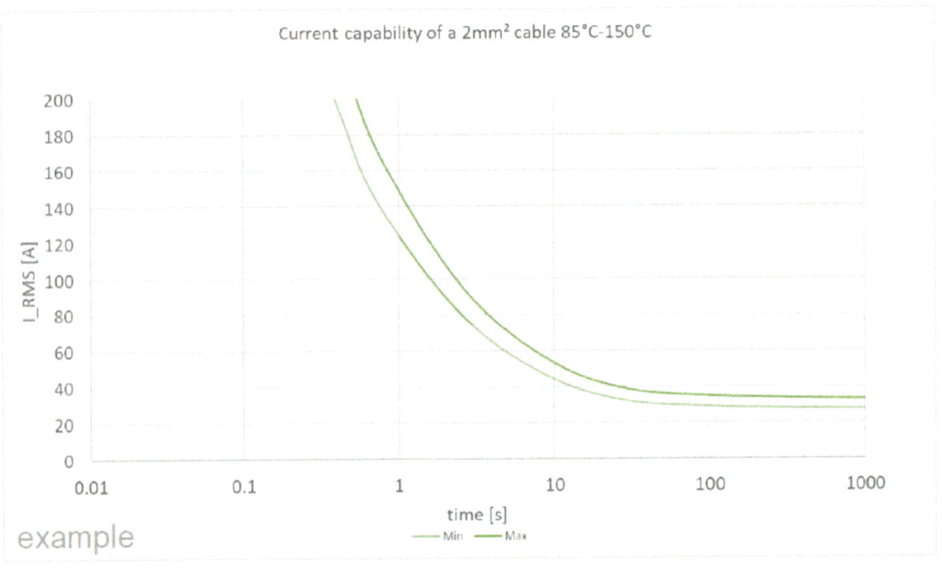

Bild 12.1: Abhängigkeit der Stromtragfähigkeit einer Leitung von der Dauer der Belastung [124]

Prinzipiell eignen sich handelsübliche High Side Treiber (siehe Kap. 2.3.3) für Anwendungen als elektronische Sicherungen. Es ist allerdings zu beachten, dass nur High Side Treiber mit ausreichend hohem Einschaltwiderstand den Schutz der Leitung gewährleisten. Ist der Einschaltwiderstand niedrig, was aus Sicht der Anwendung gewünscht ist, so muss ein Leitungsschutz explizit ergänzt werden, um den Querschnitt der Leitung auf die Last optimieren zu können. Aus diesem Grund empfiehlt es sich, für den Einsatz als SmartFuse eine konfigurierbare Schutzfunktion auf Basis I^2t gemäß Bild 12.2 in den High Side Treiber zu implementieren.

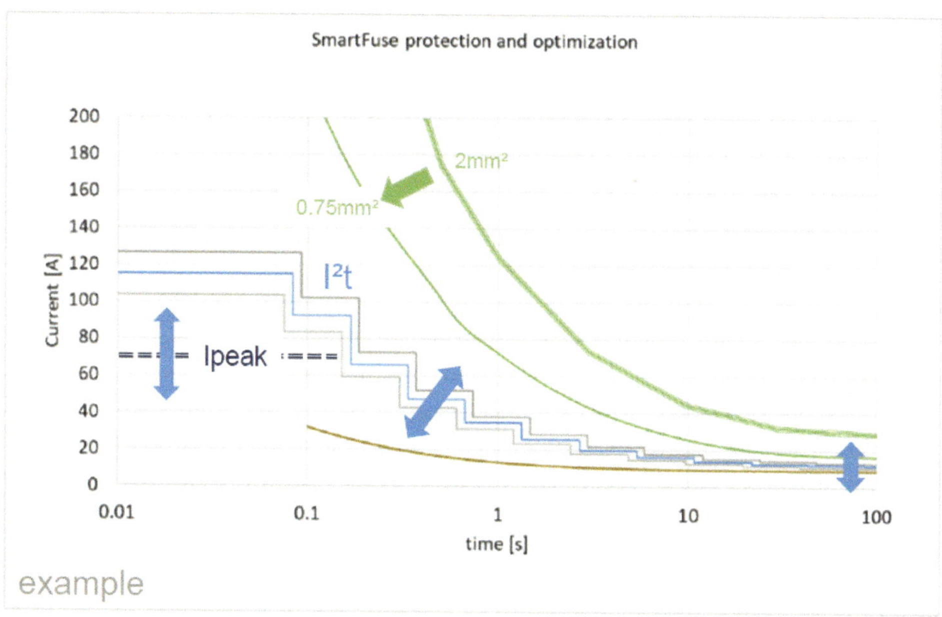

Bild 12.2: Konfigurierbare Schutzfunktion I^2t [124]

Einige Halbleiterhersteller haben Datenblätter und erste Muster für diese anwendungsspezifischen Produkte in verschiedenen Ausführungen auf den Markt gebracht. Der Schwerpunkt liegt derzeit auf Anwendungen in 12 V-Bordnetzen, aber es sind bereits auch Datenblätter und Muster für 48 V-Anwendungen verfügbar.

Zusammengefasst ist es die Aufgabe des Architekten die Art und Anzahl sowie die Verbauorte der Stromverteiler zu bestimmen.

12.2.2 Gleichspannungswandler als verteilte Wandler

In klassischen E/E-Architekturen hat sich eine zentrale Spannungswandlung etabliert. Diese wurde in der Vergangenheit aus Kostengründen und Integrationssicht als zielführend eingestuft. Die hohe Leistungsdichte gekoppelt mit entsprechender Verlustleistung und deren Abführung in Form einer aufwendigen Kühlung – meist in Form einer Flüssigkeitskühlung – wurde akzeptiert.

Neuere Erkenntnisse zeigen, dass eine Aufteilung in kleinere Einheiten zu einer erheblichen Entlastung hinsichtlich des Kühlbedarfs führt und damit einen Entfall einer aktiven Kühlung ermöglicht. Aufgrund neuester Technologien, v. a. Gallium-Nitrid-Halbleiter, kann das Volumen der einzelnen Einheiten sehr stark optimiert und die Verlustleistung stark minimiert werden [125].

Die Notwendigkeit von Gleichspannungswandlern ergibt sich aus der Verwendung unterschiedlicher Spannungslagen bzw. Spannungsebenen.

Zusammengefasst ist es die Aufgabe des Architekten die Art und Anzahl sowie die Verbauorte der Gleichspannungswandler zu bestimmen.

12.2.3 Verwendung unterschiedlicher Spannungsebenen

In zukünftigen Architekturen werden unterschiedliche Spannungsebenen erforderlich. Der Hauptgrund hierfür beruht auf der Tatsache, dass die effiziente Bereitstellung höherer elektrischer Leistungen ein Ausweichen auf eine höhere Spannungsebene sinnvollerweise erfordert. Die elektrische Kopplung zwischen den Spannungsebenen erfolgt durch die im vorigen Kapitel genannten Gleichspannungswandler.

Allgemein erstreckt sich der statische Spannungsbereich für das 12 V-Bordnetz von 11 V bis 16 V [78]. Darunter befinden sich weitere fein abgestufte statische Spannungsfenster bis auf 6 V, die der schrittweisen Einführung neuer elektrischer und elektronischer Funktionen geschuldet sind. In jedem der Spannungsfenster werden die Anforderungen an den Funktionszustand der in vier Funktionsklassen eingeteilten Funktionen stufenweise reduziert, um so die wichtigsten Funktionen versorgen zu können, siehe auch Tabelle 6.7 in Kapitel 6.7.

Für das 48 V-Bordnetz sind die Spannungsbereiche gemäß der ISO 21780 [85] strukturiert. Der Betriebsbereich ohne Funktionseinschränkungen erstreckt sich von 36 V bis 52 V. Darüber schließt der obere Betriebsbereich mit Funktionseinschränkungen von 52 V bis 54 V an, bevor der für dynamische Vorgänge reservierte Überspannungsbereich bis 58 V beginnt. Der untere Betriebsspannungsbereich mit Funktionseinschränkungen erstreckt sich von 36 V bis 24 V, bevor der für dynamische Vorgänge reservierte Unterspannungsbereich beginnt. Siehe auch Tabelle 6.8.

Mit der Einführung von 48 V entstand eine leistungsstarke zweite Spannungsebene im Niedervoltbereich [126], [127]. Sie wurde im Rahmen von Mild-Hybrid-Systemen zur Erreichung von CO_2-Emissionsgrenzwerten und zur Verbrauchsreduzierung eingeführt. Damit erhöhte sich die Anzahl der Spannungsebenen im verbrennungsmotorischen Fahrzeug von 1 auf 2 und in Plug-In-Hybrid- und Elektrofahrzeugen von 2 auf 3, wenn die neu entwickelten Hochleistungsfunktionen auf 48 V auch in diesen Fahrzeugen Anwendung finden sollen.

Eine Sicht auf eine mögliche Entwicklung der Spannungsebenen in den Fahrzeugen mit verschiedenen Antriebsarten zeigt Tabelle 12.1. Mit dem prognostizierten Ende für verbrennungsmotorische Fahrzeuge in der nächsten Dekade ist kein Bedarf mehr für 12 V-kompatible Systeme, die im Rahmen der Verbrennungsmotorenzeit entstanden sind, vorhanden. Mild- und Vollhybride sowie Plug-In-Hybride, die ebenfalls zumindest teilweise auf einem Verbrennungsmotor basieren, werden ebenfalls verschwinden, so dass aus heutiger Sicht letztendlich nur Batterie-elektrische und Brennstoffzellen-elektrische Fahrzeuge verbleiben. Die dafür notwendigen Spannungsebenen werden aufgrund höherer Leistungsfähigkeit und aus Kostengründen einer Konsolidierung zu unterziehen sein.

<table>
<tr><th>Antriebssystem</th><th>Vergangenheit (bis 2020)</th><th>Übergangsphase (Gegenwart)</th><th>Zukunft (ab 2030)</th></tr>
<tr><td>Verbrennungsmotor ohne/mit Stopp-Start-Funktion und geringer Rekuperation</td><td>nur 12 V</td><td>48 V / 12 V</td><td>-</td></tr>
<tr><td>Mild-Hybrid mit hoher Rekuperation und Segelfunktion sowie leichte Elektrofahrzeuge</td><td>-</td><td>48 V / 12 V</td><td>nur 48 V</td></tr>
<tr><td>Vollhybrid</td><td rowspan="4">HV / 12 V</td><td rowspan="4">HV / 48 V / 12 V</td><td rowspan="4">HV / 48 V</td></tr>
<tr><td>Plug-In-Hybrid</td></tr>
<tr><td>Elektrofahrzeug</td></tr>
<tr><td>Brennstoffzellenfahrzeug</td></tr>
<tr><td>Begründung</td><td>Leistungsgrenzen des 12 V-Energiebordnetzes sind erreicht bzw. überschritten</td><td>Zusätzliche Batterien, Wandler, Stromverteiler und Leitungen</td><td>Konsolidierung der Spannungsebenen und höhere Leistungsfähigkeit</td></tr>
</table>

Tabelle 12.1: Überblick zu einer möglichen Entwicklung von Spannungsebenen für eine Effizienzsteigerung in Fahrzeugbordnetzen

Für den Architekturentwurf lässt sich hieraus beispielhaft die nachfolgende Zielvorstellung ableiten. Das Niedervolt-Energiebordnetz wird aus einem gekapselten Hochvolt-System, das für den Elektroantrieb und das Laden vorbehalten ist, über redundante und unabhängige Pfade mit 48 V gespeist. Eine intelligente und kammartige Leistungsverteilung auf Niedervoltseite versorgt alle Verbraucher mit 48 V, eine 48 V-Batterie puffert bei Bedarf das Niedervolt-Bordnetz, ein 48 V-Starter/Generator kommt nur in Falle eines Fahrzeugs mit Verbrennungsmotor zum Einsatz, und für einige wenige Verbraucher kann lokal eine maßgeschneiderte Spannung bereitgestellt werden. In Bild 12.3 ist diese Energiebordnetz-Zielarchitektur schematisch dargestellt.

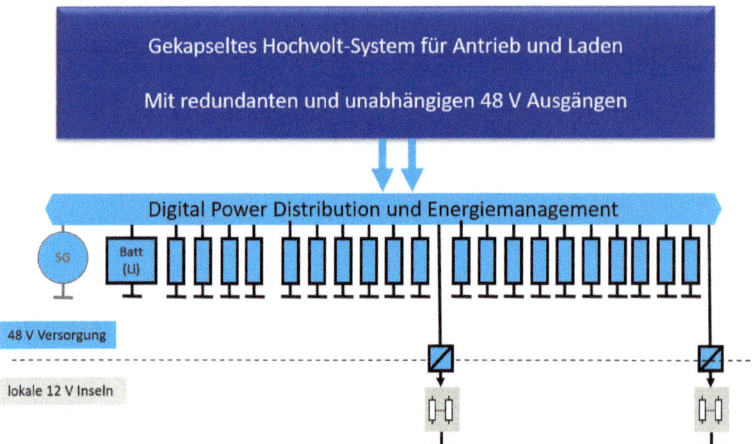

Bild 12.3: Zielvorstellung für ein Energiebordnetz in einem Fahrzeug

12.2.4 Zonen

Da moderne Fahrzeuge über eine Vielzahl an Komponenten verteilt auf das ganze Fahrzeug verfügen, sollte ein Bordnetz-Architekt den vorher genannten Ansatz in eine Zonenarchitektur transferieren. Somit würde der genannte Ansatz in jeder Zone Anwendung finden.

Darüber hinaus kann eine als Ringstruktur angelegte Energiebordnetzarchitektur die Anforderungen einer ausfallsicheren und fehlertoleranten Stromversorgung erfüllen, die z. B. für Fahrzeuge mit autonomem Fahren eine Grundvoraussetzung darstellen. In Bild 12.4 zeigt einen solchen Ansatz mit einer Ringstruktur als Versorgung auf 48 V und Zonenmodulen ISDD (Integrated Smart Distribution Device) und ISSU (Integrated Smart Switching Unit) [129].

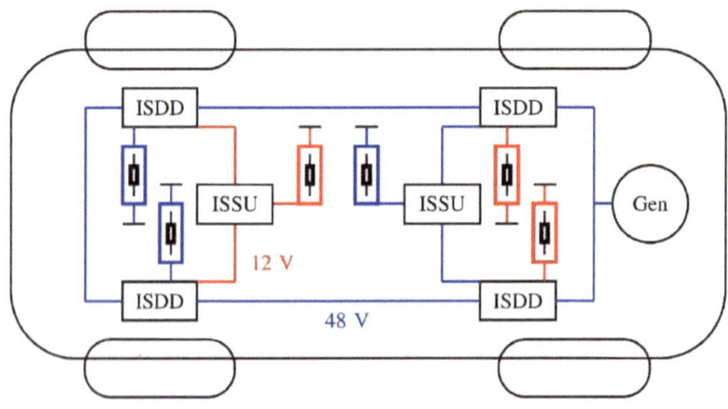

Bild 12.4: Zonenarchitektur mit Ringstruktur für ein Energiebordnetz in einem Fahrzeug nach [129]

Zusammengefasst ist damit der Architekt in der Lage die Vorteile einer Zonen-Architektur mit dem Funktionsgewinn einer DPD zu kombinieren.

12.2.5 Energieversorgung für Fail-operational Systeme

Wird das Fahrzeug mit Technologien wie dem automatisierten Fahren oder x-by-wire Systemen ausgerüstet, so muss zwangsläufig eine geeignete sichere Energieversorgung implementiert werden. Beispielsweise muss im Falle des automatisierten Fahrens bei Ausfall dieser Funktion das Fahrzeug in einem sicheren Zustand gefahren werden, so dass entweder ein Haltepunkt oder eine Übernahme durch den Fahrer erfolgen kann. Hierfür eignen sich u. a. folgende zwei Ansätze:

- ein ergänzendes Teilbordnetz für eine redundante Versorgung
- ein zweigeteiltes Bordnetz mit der Versorgungsmöglichkeit aus beiden Bordnetzsträngen

In beiden Fällen kann eine Komponente aus zwei unterschiedlichen Bordnetzbereichen bzw. Teilbordnetzen versorgt werden.

Es ist die Aufgabe des Architekten sich für die eine oder die andere Variante zu entscheiden. Tendenziell eignet sich die erstgenannte Variante eher für kleine, gering ausgestattete Fahrzeuge. Die zweitgenannte Variante kann ihre Fähigkeiten besser in einem großen Fahrzeug mit gehobener Ausstattung zur Geltung bringen.

12.2.6 Zukünftiges Energie- und Leistungs-Management

Ein zukünftiges Energie- und Leistungsmanagement gemäß Kapitel 9 muss wahlweise, d. h. abhängig von der Ausstattung des Fahrzeugs, mehrere Teilbordnetze, die zugehörigen Gleichspannungswandler und Stromverteiler koordinieren.

Das in [107] beschriebene kybernetische Energie- und Leistungsmanagement ist strukturell in der Lage hierfür einen geeigneten Managementansatz zu erzeugen. Der (SW-)Architekt muss die Struktur isomorph zur physikalischen Energieversorgung entwickeln. Weiterhin ist dieses System-Konzept fähig prädiktive Betriebsstrategien und die Vernetzung mit Servern im Backend strukturell zu unterstützen.

Dem Architekten ist es hiermit ermöglicht, das Energie- und Leistungsmanagement sukzessive in die Zukunft der automobilen Bordnetze zu migrieren.

12.2.7 Integrationsplattformen

Integrationsplattformen stellen ein sehr mächtiges Instrument für die Architekturentwicklung dar. Die hierin enthaltenen Rechenknoten bieten meist eine sehr hohe Rechenleistung auf Mehrprozessorsystemen an. Sie benötigen einerseits eine deutlich höhere Stromversorgung als herkömmliche Steuergeräte alleine für die Prozessoren. Andererseits ist es auch eine Herausforderung die entstehende Verlustleistung abzuführen. Ein Ausfall der Kühlung führt zu einer Degradation oder zu einem Ausfall von Funktionen auf der betroffenen Integrationsplattform. Ein weiteres Problem erzeugen bei der Integration von vielen Funktionen auf einer Plattform die notwendigen Anschlüsse für Sensoren und Aktuatoren dar. Ihre Vielzahl kann die Integrationsplattform rein konstruktiv überfordern. Die Anzahl der Steckkontakte und Stecker kann möglicherweise nicht mehr sinnvoll dargestellt werden. Der anschließende Kabelbaum muss die vielen Leitungen in verlegbarer Form zur Verfügung stellen können.

Wird ein Architekt die Integrationsplattformen nutzen, so ist es ratsam bei den Sensoren und Aktuatoren auf sog. smarte Systeme umzustellen.

12.2.8 Intelligente Satelliten - Smarte Systeme

Intelligente Aktuatoren (Smart Actuators) und Intelligente Sensoren (Smart Sensors) sind das mechatronische Frontend der Integrationsplattformen. Der Architekt muss sich beim Entwurf des Systems entscheiden. Zum einen ist die Verfügbarkeit bei den Entwicklungspartnern nicht in voller Breite gegeben. Zum anderen ist es auch nicht sinnvoll alle mechatronischen Systeme umzustellen. Als Beispiel sei hier die Notwendigkeit technologisch diversifizierter Frontendsysteme für x-by-Wire Anwendungen genannt. Die Diversifizierung liefert einen Beitrag zur Erhöhung der Robustheit und Verfügbarkeit der Sensor- und Aktuator-Funktionen.

12.2.9 Zustands- und Infrastruktursignale mittels Powerline Kommunikation

In heutigen E/E-Architekturen werden nahezu alle Signale in einem Kraftfahrzeug – sowohl funktionale als auch Zustands- und Infrastruktursignale – auf Datenbussen wie z. B. CAN übertragen. Damit konnten bei ständig steigender Anzahl von Steuergeräten die Kosten für dedizierte Signalleitungen eingespart werden. Klemmensignale, die ursprünglich als Hardware-Signale konzipiert worden sind, werden heute als Bus-Botschaften über Datenbusse verschickt, Nachrichten für Fahrzeugzustands- und elektrisches Energie-Management werden ebenfalls in Form von Bus-Botschaften gesendet. Fällt ein Datenbus aus, ist ein Notbetrieb der Steuergeräte nur mit geeigneten Annahmen für Zustandssignale oder deren letzten gültigen Werten möglich. Zusätzlich bedingt die Einführung von teil- und hochautonomen Fahrfunktionen eine hohe Verfügbarkeit der Energieversorgung, d. h. ein Ausfall der Energieversorgung ist unwahrscheinlicher als ein Busausfall.

Dies bringt erhebliche Nachteile mit sich. Die hohe Auslastung der Datenbusse durch die funktionalen Anforderungen erlaubt keine beliebig höhere Nutzung durch Zustandssignale, ohne die Datenraten der Busse weiter zu erhöhen oder einfache Bussysteme durch höherwertige zu ersetzen.

Im Falle eines Busausfalls z. B. durch einen Leitungs- oder Kontaktfehler werden außer den funktionalen Signalen auch die Zustands- und Klemmensignale nicht mehr übertragen. Ein belastbarer E/E-Gesamtbetriebszustand ist nicht mehr zentral vorhanden. Steuergeräte agieren autark mit Hilfe von Annahmen oder letzten gültigen Zuständen, die evtl. schon ihre Gültigkeit verloren haben. Dieser Notbetrieb orientiert sich hauptsächlich an den funktionalen Anforderungen, berücksichtigt aber nur mangelhaft die Betriebszustände der Infrastruktur wie z. B. Energiebordnetz und Physisches Bordnetz. Durch die sichere Energieversorgung (hohe Verfügbarkeit) erhöht sich die Wahrscheinlichkeit von Situationen, in denen die Steuergeräte autark agieren müssen. Der elektrische Schutz von Leitungen, Kontakten und Lasten beruht auf der vollständig autarken Reaktion von analogen Schmelzsicherungen, deren Auslösewerte häufig ein Vielfaches des Nutzstroms darstellen. Es können unkoordinierte hohe Summenströme fließen.

Es ist außerdem festzuhalten, dass das E/E-Gesamtsystem sich in einem unkoordinierten Zustand befindet, der nur mittels vorgefasster Definitionen für etwaig eintretende Notsituationen in einem begrenzten Umfang beherrschbar bleibt. Für alle weiteren nicht vorbetrachteten Notsituationen fällt das System in undefinierte Zustände.

Dieses ungenügende Verhalten kann vermieden werden, indem die Signale für Klemmen, Fahrzeugzustandsmanagement und elektrisches Energiemanagement sowie weitere Infrastruktursysteme von der bestehenden Bordnetzkommunikation entkoppelt werden, und diese Signale in digitaler Form mittels Power Line Communication (PLC) allen Steuergeräten direkt zur Verfügung gestellt werden. Das bedeutet, dass Steuergeräte, solange sie versorgt sind, auch die so notwendigen Zustands- und Infrastruktursignale erhalten.

Daraus ergeben sich erhebliche Vorteile. Es kommt zu einer Entlastung der Datenbusse von allen Zustands- und Infrastrukturbotschaften bei gleichzeitiger Erhöhung der E/E-Gesamtsystemsicherheit gegenüber partiellen oder gesamthaften Busausfällen. Komplexere und vielfältigere Versorgungszustände sind umsetzbar und leicht zu kontrollieren. Dies ist eine perfekte Ergänzung zur intelligenten Stromverteilung mittels elektronischer Stromverteiler. Jeder Teilnehmer im System weiß jederzeit, wann ein Verbraucher oder ein Pfad abgeschaltet wird. Neue Betriebsstrategien für ein effizienteres elektrisches Energiemanagement sind umsetzbar. Die Plausibilisierung von Stromflüssen (siehe auch Digital Power Distribution, Kapitel 12.2.1) ist vollständig und unabhängig vom funktionalen Kommunikationsnetzwerk und dessen Zustand darstellbar. Die Vermeidung von zeitlichen Verzögerungen bei der Kommunikation der Zustands- und Infrastruktursignale ist intrinsisch enthalten, da diese unabhängig von Prioritäten im funktionalen Kommunikationsnetzwerk erfolgt. Es resultiert eine Echtzeitfähigkeit für Zustands- und Infrastrukturmanagement.

12.2.10 Gesamthafte Bordnetzstabilität

Für den realen Betrieb des Fahrzeugs ist ein stabiles Bordnetz unabdingbar. In Kapitel 9.3 wurden die Kriterien zur Stabilität aus der Sicht des Energie- und Leistungsmanagements beschrieben. Die Kennzahlen zu diesen Kriterien werden hierin berechnet und überwacht.

Generatoren bei Fahrzeugen mit Verbrennungsmotor oder der Gleichspannungswandler bei Hybrid- oder Elektrofahrzeugen sind nicht immer in der Lage transiente Mehrleistungen unbegrenzt abzudecken. In diesen Fällen muss diese Mehrleistung von der Bordnetzbatterie bereitgestellt werden. Vor allem die folgenden Betriebsfälle stellen besondere Anforderungen an das Bordnetz:

- Fahrmanöver mit Lenken und Bremsen
- Fahrdynamische Regelfunktionen wie z. B. ABS, ESP
- Start-Stopp-Funktionen

Hier spielt die Spannungsstabilität des Bordnetzes eine wesentliche Rolle. Ein wichtiges Hilfsmittel für die Auslegung des Bordnetzes – Energiebordnetz und auch physisches Bordnetz – im Hinblick auf das dynamische Verhalten ist die Simulation [55]. Die physikalischen Effekte, die die Spannung beeinflussen, müssen identifiziert und in entsprechenden Simulationsmodellen abgebildet werden. Diese müssen die physikalischen Effekte im Zeitbereich von Millisekunden bis Sekunden nachbilden können [55].

Bild 12.5 zeigt eine schematische Darstellung des Simulationsmodells für das Energiebordnetz mit Batterie (B), Generator (G), Stromverteilern (SV_v, SV_h) und einigen Verbrauchern (V_1 ... V_4). Neben den Modellen der Komponenten sind auch die Modelle für Leitungen, Sicherungen, Relais und Masserückleitung für die Simulation der Bordnetzstabilität und weiterer transienter Analysen von großer Bedeutung, siehe auch [55].

Mit Hilfe der Simulation und der Überwachung durch das Energie- und Leistungsmanagementsystem ist es dem Architekten möglich, ein geeignetes Bordnetz zu entwickeln. Siehe hierzu nachfolgend Kapitel 12.3.

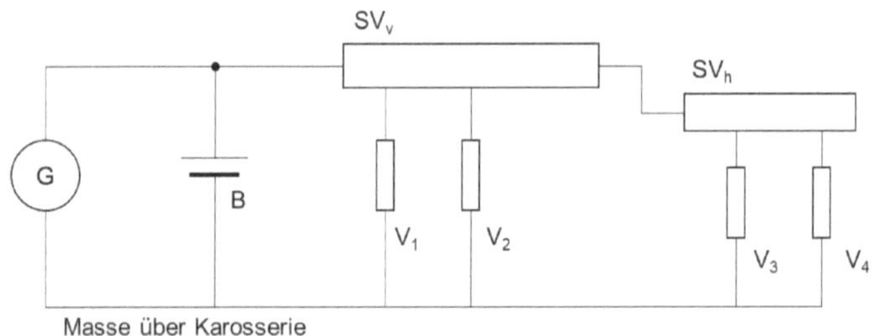

Bild 12.5: Schematische Darstellung des Simulationsmodells für das Energiebordnetzes

12.2.11 Sichere Energieversorgung

Verschiedene Funktionen im Fahrzeug sind hinsichtlich Funktionssicherheit als sicherheitsrelevant eingestuft. Wie in Kap. 6.1.6 erläutert, handelt es um Funktionen wie z. B. Licht, Sicht, Lenken, Bremsen und Insassenschutz. Die Komponenten, in denen diese Funktionen umgesetzt sind, haben erhöhte Anforderungen hinsichtlich ihrer Verfügbarkeit. Entsprechend muss auch deren elektrische Energieversorgung erhöhten Anforderungen mit ASIL-Leveln von A bis D genügen. Darüber hinaus müssen diese sicherheitsrelevanten Systeme (z. B. Bremse, Lenkung) eine erhöhte Robustheit gegenüber Abweichungen des Energiebordnetzes vom Sollzustand (z. B. erweiterter Betriebsspannungsbereich) aufweisen. Damit ist die Bordnetzspannung sowohl Bezugsgröße für Funktionszustände der Komponenten als auch Indikator für den Zustand des Energiebordnetzes.

Typische, kritische Fahrsituationen für eine sichere Energieversorgung sind beispielsweise:

- Schlagartiger Ausfall Lenkunterstützung bei geringen Geschwindigkeiten
- Unterschreitung der geforderten Mindestverzögerungswerte bei geringer Pedalkraft
- Ausfall der Fahrstabilitätsregelsysteme

Um eine Mindestversorgung der sicherheitsrelevanten Funktionen zu gewährleisten, ist ein Degradationskonzept zwingend erforderlich. Als sogenannte Hochleistungsverbraucher sind solche Verbraucher zu verstehen, die Peak-Stromaufnahmen von mehreren 10 A überschreiten. Dabei können nicht-sicherheitsrelevante Hochleistungsverbraucher deaktiviert werden, während möglichst viele sicherheitsrelevante Hochleistungsverbraucher im Falle eines Spannungseinbruchs im Energiebordnetz zur Stabilisierung ihre Stromaufnahme reduzieren müssen. In Bild 12.6 ist ein generisches Szenario für die Degradation eines Hochleistungsverbrauchers bei einsetzendem Spannungseinbruch dargestellt. In Phase (1) beginnt die Spannung einzubrechen, und in Phase (2) setzt die Strombegrenzung des Verbrauchers ein, um die Belastung des Energiebordnetzes zu verringern.

Die Parametrisierungen der Degradationskonzepte weichen oft zwischen den verschiedenen Fahrzeugmodellen ab und werden spezifisch appliziert.

Zusammengefasst muss der Architekt im Falle von sicherheitsrelevanten Funktionen entscheiden, welche Maßnahmen im Energiebordnetz erforderlich sind um den spezifischen Anforderungen dieser Systeme gerecht zu werden.

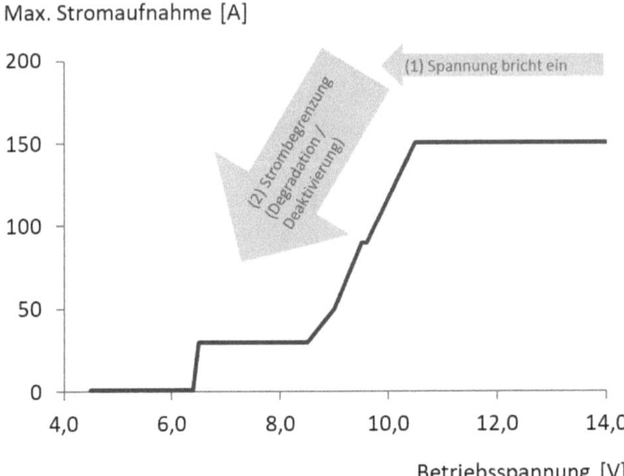

Bild 12.6: Generisches Szenario für die Degradation eines sicherheitsrelevanten Verbrauchers

12.3 Auslegung und Dimensionierung des Energiebordnetzes

Auf Basis der gewählten Energiebordnetzarchitektur sind die Energiebordnetzkomponenten und die Eigenschaften und Parameter des Energiebordnetzes festzulegen. Erzeuger, Speicher und Wandler müssen grob definiert sein, um in einem nächsten Schritt die Eigenschaften und Parameter zu erarbeiten.

Die Erzeugung und die Wandlung von elektrischer Leistung und die Speicherung von elektrischer Energie sowie die Verteilung der elektrischen Leistung müssen die geforderten Eigenschaften und Parameter erfüllen.

In einer ersten Näherung ist der Erzeuger der elektrischen Leistung so auszulegen, dass der stationäre Leistungsbedarf in den verschiedenen Betriebssituationen des Fahrzeugs abgedeckt werden kann. Daraus ergibt sich damit eine stationäre Mindestleistung für den Generator bzw. den DC/DC-Wandler. Für die Auslegung der Niedervolt-Bordnetzbatterie sind primär folgende Betriebssituationen zu beachten:

- Start bzw. Inbetriebnahme des Fahrzeugs
- Standbetrieb wie z. B. Nachlauf von Aggregaten, Infotainment oder Software-Update
- Parken mit Mindestabstellzeit für mehrere Wochen
- Transport
- Standlicht und Warnblinken

In der Vergangenheit mussten die Eigenschaften und Parameter durch Erfahrungswerte empirisch festgelegt und nachgelagert über aufwendige Versuche verifiziert werden. Eine lange Zeitspanne bis in die Serienproduktion der Fahrzeuge war notwendig, um die Eigenschaften und Parameter optimieren zu können und daraus die optimale Spezifikation der Energiebordnetzkomponenten ableiten zu können.

Heute kann diese Zeitspanne dank virtueller Entwicklungswerkzeuge und -methoden deutlich reduziert werden. Mit Hilfe stationärer Kennzahlen und dynamischer Simulation ist eine höhere Genauigkeit in der frühen Entwicklungsphase möglich. Es können einige Verifikationsschleifen eingespart werden, was eine zeitliche Verkürzung und Kosteneinsparungen zur Folge hat. Die Untersuchung einer größeren Zahl von verschiedenen Betriebssituationen mit unterschiedlichen Parametern führt zu stabileren Auslegungen zu früheren Entwicklungszeitpunkten. Typische Betriebssituationen sind:

- Fahrbetrieb
- Standbetrieb bei Anwesenheit von Fahrer und Insassen
- Parken des Fahrzeugs

Die Elektrifizierung von Fahrdynamik, v. a. Lenk- und Bremssystemen mit ihren sehr hohen elektrischen Leistungsbedarfen wirkt sich äußerst kritisch hinsichtlich der Bordnetzstabilität aus.

Die zeitliche Überlagerung der Leistungsspitzen von Systemen kann zur Beeinträchtigung der Bordnetzstabilität während der Fahrt führen und somit neben Funktionseinschränkungen von Komfort- und Informationssystemen, die vom Nutzer als unangenehm wahrgenommen werden, auch zu sicherheitskritischen Zuständen des Fahrzeugs im Straßenverkehr bewirken.

Zusammengefasst muss der Architekt bei der Auslegung und Dimensionierung der Komponenten sowohl den stationären Betrieb als auch den dynamischen Betrieb inkl. Überlagerung berücksichtigen. Bei einer richtigen Auslegung darf es zu keinen Störungen im Bordnetz bzw. bei den Komponenten innerhalb der angedachten Lebensdauer der betroffenen Komponenten kommen.

12.4 Zusammenfassung

Es steht ein Bündel von neuen Maßnahmen und Konzepten zur Verfügung, die für einen zielgerichteten und zukunftsfähigen Systementwurf des Energiebordnetzes herangezogen werden können. Entscheidend für die Auswahl sind die Anforderungen, die an das Energiebordnetz und seine Wechselwirkungen mit der gesamten E/E-Architektur gestellt werden. Zielkonflikte innerhalb der E/E-Architektur müssen im Sinne eines gesamthaften Ansatzes zwischen Daten-, Energie- und physischem Bordnetz gelöst werden. Bedingt durch die Umstellung der Fahrzeuge auf reinen Elektroantrieb ist weiterhin darauf zu achten, dass etablierte Anforderungen und vor allem Ableitungen aus alten Normen und Standards hinterfragt und gegebenenfalls geändert werden.

Besonderes Augenmerk ist hinsichtlich der Zukunftsfähigkeit der Bordnetze auf die Erfüllung der Anforderungen für Fahrzeuge mit elektrischen Antrieben, x-by-wire

Systemen und für autonomes Fahren zu legen. In diesem Zusammenhang, v. a. bei Kombination dieser Systeme, kann der Einsatz neuer Technologien für eine intelligente Stromverteilung, elektronische Sicherungen und eine deutliche Steigerung der Effizienz im Niedervolt-Bordnetz, siehe dazu Kapitel 13, beispielsweise durch den Einsatz eines höheren Spannungsniveaus zur Gesamtzielerreichung neuer E/E-Architekturen mit Integrationsplattformen und Zonensteuergeräten wesentlich beitragen.

Die Systemoptimierung muss im Spannungsfeld zwischen logischer und technischer Architektur („Logisches Bordnetz – Energiebordnetz – Physisches Bordnetz“) erfolgen. Ein großer Hub kann nur durch einen neuen Gesamtansatz der E/E-Architektur gelingen.

13 Effizienz im Energiebordnetz

Die Effizienz im Energiebordnetz, d. h. der elektrische Verbrauch der gesamten Elektrik und Elektronik im Fahrzeug, spielte im Gesamtenergieverbrauch von verbrennungsmotorischen Fahrzeugen eine immer größere Rolle, da der Einfluss auf den Kraftstoffverbrauch mit zunehmender Elektrifizierung der Systeme und mit der gleichzeitigen Entwicklung hin zu effizienteren Antrieben deutlich gestiegen ist. Für Fahrzeuge mit elektrischem Antrieb und auch mit Wasserstoff bzw. Brennstoffzellen ist die Bedeutung der Effizienz im Energiebordnetz noch deutlicher zu spüren, da der elektrische Verbrauch der gesamten Elektrik und Elektronik direkt auf die Reichweite dieser Fahrzeuge wirkt.

Eine hocheffiziente technische Architektur ist die zwingende Voraussetzung für einen neuen Gesamtansatz der logischen und technischen E/E-Architektur. Die von den mechatronischen und elektronischen Systemen benötigten elektrischen Leistungen müssen mit möglichst geringen Verlusten aus den Quellen entnommen und ohne weitere Verluste der jeweiligen Funktion zugeführt werden. Einige typische Vertreter der größten elektrischen Leistungsverbraucher sind in Bild 13.1 in Anlehnung an [8] dargestellt.

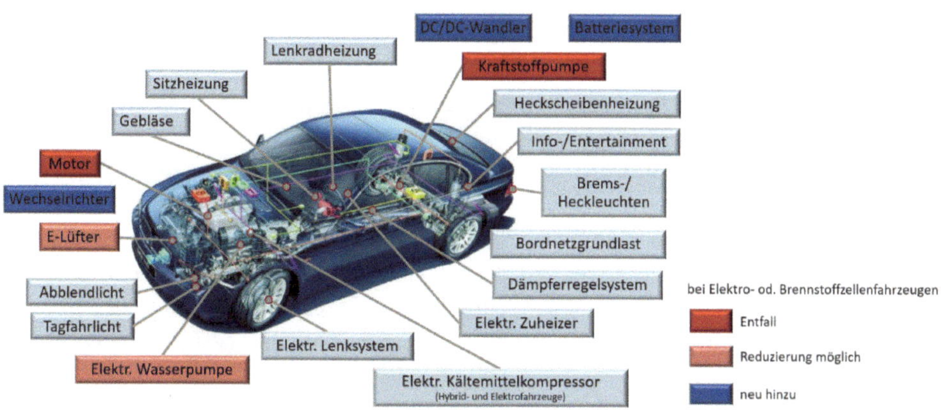

Bild 13.1: Beispiele der größten elektrischen Leistungsverbraucher im Fahrzeug

Die Leistungsverbraucher können nach verschiedenen Gesichtspunkten charakterisiert werden. Neben der Leistungsklasse sind aus energetischer Sicht die Einschaltdauer des Verbrauchers sowie seine Regelbarkeit von entscheidender Bedeutung.

Die Bordnetzgrundlast, die aus der Summe der Leistungsaufnahme aller für den Fahrzeugbetrieb notwendigen aktiven Steuergeräte, Sensoren und Aktuatoren besteht, ist als Dauerverbraucher anzusehen und wirkt somit zu 100 % auf den Energieverbrauch des Fahrzeugs. Weitere typische Dauerverbraucher sind Pumpen und einige Aggregate am Verbrennungsmotor sowie Tagfahrlicht und Beleuchtung.

Viele Verbraucher sind nur temporär oder sporadisch eingeschaltet, d. h. ihre Einschaltdauer liegt im Bereich von einigen Sekunden bis hin zu wenigen Minuten. Darunter fallen Heizsysteme, E-Lüfter, Gebläse und Front-/Heckleuchten, aber auch Wischer, Heck- und Frontscheibenheizungen. Viele dieser Verbraucher liegen in der Leistungsklasse von 50 W bis 1000 W. Durch die oft relativ kurze Einschaltdauer fallen diese Verbraucher aus energetischer Sicht zwar nicht ins Gewicht, aber indirekt belasten sie durch die für ihren Leistungsbedarf notwendigen Auslegungsvorhalte im Energiebordnetz und durch die Dimensionierung des physischen Bordnetzes in Form von Mehrgewicht den Energieverbrauch des Fahrzeugs.

Hochdynamische Verbraucher wie z. B. die Lenkung, Bremsregelsystem oder Wankstabilisierung, haben nur einen sehr geringen Einfluss auf den Energiebedarf, obwohl sie in der Leistungsklasse von 1 kW bis 3 kW Spitzenleistung liegen, da diese Spitzenleistungen nur für ganz kurze Zeiten im Bereich von wenigen 100 ms benötigt werden. Während der restlichen Dauer ihres Betriebs liegen die Leistungsaufnahmen solcher Systeme meist im Bereich von 5 W bis 20 W. Das Integral der Leistung über die Zeit ist daher relativ gering, und ein solcher Verbraucher ist energetisch betrachtet unauffällig.

Wird der Verbraucher jedoch nicht singulär betrachtet, sondern der gesamte Leistungsfluss von der Quelle bis zur Senke mit allen Details, ergibt sich ein völlig anderes Bild. Die Stromflüsse im Moment der hohen Leistungsbedarfe erzeugen hohe Verlustleistungen an allen Elementen der Strecke und zusätzlich Spannungsabfälle, die die Bordnetzstabilität erheblich beeinträchtigen. Im Falle von zeitlichen Überlagerungen von hohen Leistungsbedarfen kann das zu signifikanten Spannungseinbrüchen im Energiebordnetz führen, was funktionale Einschränkungen zur Folge haben kann.

In Bild 13.2 sind die elektrischen Leistungsflüsse über die Zuleitung, im Steuergerät, durch die Verbindungen zum Aktuator und im Aktuator schematisch dargestellt. An der elektrischen Quelle wird die Gesamtleitung P_{ges} abgegeben, über die Zuleitung fällt die Verlustleistung P_{VLtg} ab, die im Steuergerät abfallende Leistung P_{SG} besteht aus Betriebsanteilen und Verlusten für die Logik- und Leistungsschaltkreise, und die verbleibende elektrische Leistung wird im Aktuator in die gewünschte Nutzleistung umgewandelt, mit der Verlustleistung P_{Vmot} entsprechend des Wirkungsgrades am Betriebspunkt des Aktuators.

Eine grundlegende Betrachtung der Verlustleistungen zeigt gemäß Tabelle 13.1 eine starke Abhängigkeit der Verluste von der Stromstärke, die sich aus der geforderten Leistung bei momentan herrschender Versorgungsspannung im System ergibt.

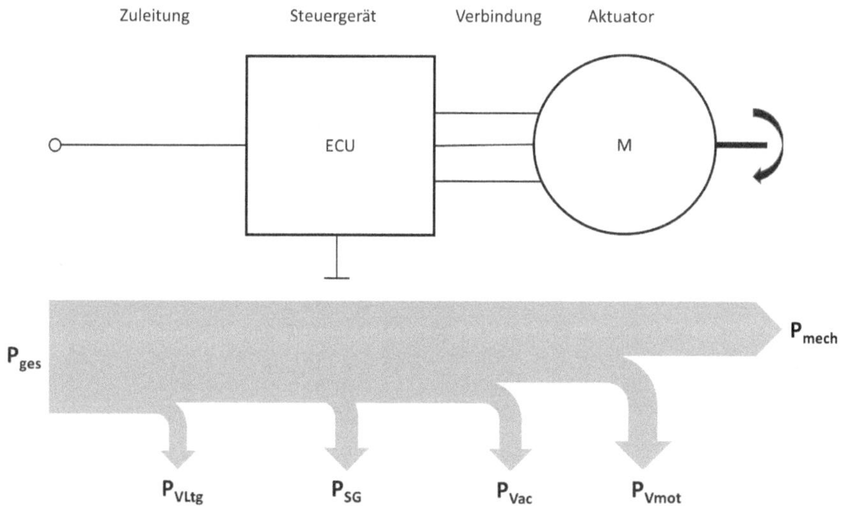

Bild 13.2: Schematische Darstellung elektrische Leistungsflüsse über die Zuleitung bis zum Aktuator

13.1 Effizienzmaßnahmen in Steuergeräten und Lasten

In langfristigen Programmen, die bereits vor mehr als 10 Jahren aufgesetzt worden sind, arbeiten Automobilhersteller und Lieferanten gemeinsam an Effizienzmaßnahmen in den einzelnen Steuergeräten und Aktuatoren. Es wurden qualitative Regeln für diese Komponenten aufgestellt, u. a. dass die Komponenten den je nach gewünschter Funktion günstigsten Zustand aus Sicht elektrischer Leistungsaufnahme einnehmen müssen und in den Komponenten die effizienteste Technologie genutzt wird.

Die Bordnetzgrundlast, die für den Bordnetzbedarf auch eine maßgebliche Rolle spielt, kann durch Maßnahmen in den einzelnen Komponenten nicht vollständig optimiert werden. Solange alle Steuergeräte aktiv an der Netzwerk-Kommunikation teilnehmen, brauchen auch die Steuergeräte, die situativ nicht zur Gesamtfunktion beitragen, ihren Logikstromanteil. Hier müssen neue Konzepte im Gesamtsystem eingeführt werden.

Element	**Beschreibung**	**Mechanismen der Verlustleistung**
Quelle	Strom- bzw. Spannungsquelle	Verluste über den Innenwiderstand der Quelle
Versorgungsleitungen	Zu- und Masseleitungen inkl. Stromverteiler von der Quelle bis zum Steuergerät	Verluste sind proportional zum Quadrat des Stroms in den Leitungen und direkt proportional zum Leitungs- und Kontaktierungswiderstand. Hohe Ströme in Zuleitungen erzeugen nicht nur Verluste, sondern auch Spannungsabfälle, die sich besonders im Moment transienter Spitzenleistungen stark bemerkbar machen oder in Zuständen mit niedriger Bordnetzspannung.
Steuergeräte	Bestehend aus Logik und Leistungselektronik	Prinzipiell teilt sich die Leistungsaufnahme eines Steuergeräts in Last- und Logikanteile. Primärer Stellhebel im Logikanteil bei gleicher Controller- und Kommunikationsperformance ist die Art der Stromversorgung, z. B. linearer Spannungsregler od. Schaltregler Die Effizienz des Lastanteils zeigt sich nur während des Betriebs am jeweiligen Betriebspunkt der gewünschten Nutzleistung. Individuelle Verpolschutzmassnahmen in den Steuergeräten tragen zur Erhöhung der Verlustleistung bei.
Verbindungen	Stromführende Elemente zwischen Steuergerät und Aktuator	In der elektrischen Verbindung zwischen Steuergerät und Aktuator entstehen Verluste primär durch die dort fließenden Ströme über die Kontakt- und Leitungswiderstände. Je weiter Steuergerät und Aktuator räumlich voneinander entfernt sind, desto mehr machen sich diese Effekte bemerkbar, und es stellen sich auch andere parasitäre Wechselwirkungen ein.
Aktuator	Elektrisch betriebenes Element	Wirkungsgrade hängen von der Art des Aktuators ab und variieren je nach Art. Die notwendige elektrische Nutzleistung kann z. B. durch effizientere physikalische Mechanismen reduziert werden.

Tabelle 13.1: Übersicht zu Verlustleistungen im Bordnetz

13.2 Verlagerung von ausgewählten Verbrauchern auf 48 V

Die Verlagerung von Hochleistungsverbrauchern unabhängig von ihrer Einschaltdauer wurde bereits in [86] gefordert. In Bild 13.3 ist eine beispielhafte Auswahl von Verbrauchern zur Verlagerung von 12 V auf 48 V dargestellt, wobei hier zu Grunde gelegt ist, dass es sich um ein Fahrzeug mit einem Mild-Hybrid-System handelt.

Durch eine Anhebung der Versorgungsspannung ausgewählter Verbraucher von 12 V auf 48 V können die Ströme für den elektrischen Leistungstransport zu den Steuergeräten und zu den Aktuatoren gegenüber heutigem Stand der Technik deutlich reduziert werden.

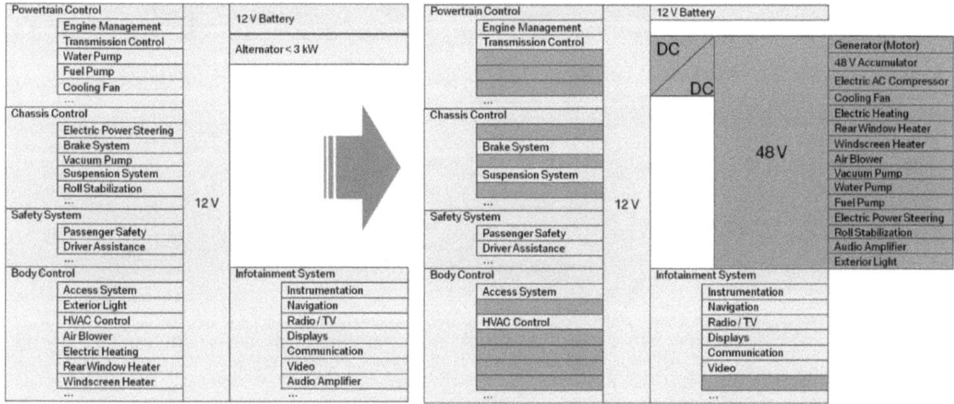

Bild 13.3: Schematische Darstellung der Verlagerung von Hochleistungsverbrauchern auf 48 V [117]

Die Berechnung der Verluste für verschiedene Leistungsklassen gemäß Bild 13.4 zeigt, dass die Verluste im Versorgungspfad zwischen Quelle und Senke bei 48 V geringer sind als bei 12 V, mit der Annahme von Leistungsgleichheit für die mit 48 V betriebenen Verbraucher. Bereits ab 200 W wird der Unterschied deutlich sichtbar.

Die Verlagerung ausgewählter Verbraucher auf 48 V bringt allerdings auch einige Nachteile in Form von zusätzlichen Komponenten und Kosten mit sich, wie das in Kapitel 13.4 ausführlich erläutert wird. Dies macht sich nicht nur bei verbrennungsmotorischen Fahrzeugen, sondern auch bei Hybrid- und Elektrofahrzeugen bemerkbar.

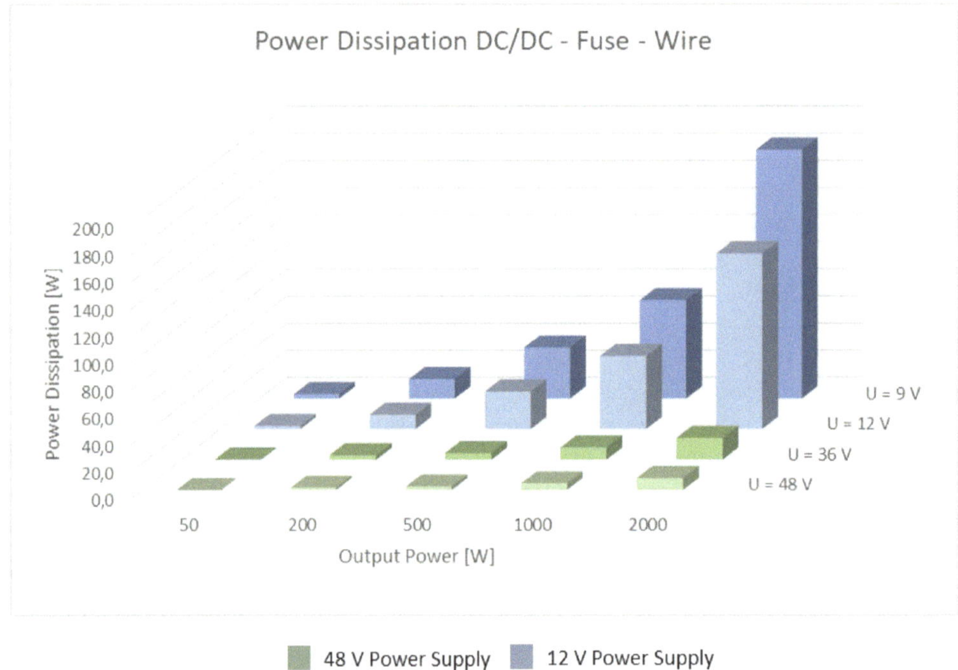

Bild 13.4: Vergleich der Verluste im Versorgungspfad bei Nominal- und Mindestspannung für 12 V und 48 V-Verbraucher [86]

13.3 Effizienzberechnungen zum Vergleich zwischen 12 V und 48 V

Eine detaillierte analytische Betrachtung der Leistungsflüsse von der Quelle bis zur Senke in elektronischen Systemen mit Aktuator bestätigt das Potential, das eine Anhebung der Versorgungsspannung von 12 V auf 48 V bringt.

Hierfür werden die Leistungsflüsse über die Zuleitung (Versorgungsleitung bis zum Steuergerät), das Steuergerät mit seiner Leistungsaufnahme, die Verbindung zum Aktuator und der Aktuator mit seinem Wirkungsgrad betrachtet:

- Zuleitung:
  - Verluste sind proportional zum Quadrat des Stroms in der Leitung
  - und direkt proportional zum Leitungs- und Kontaktierungswiderstand
  - Hohe Ströme in Zuleitungen und Quellen erzeugen nicht nur Verluste, sondern auch Spannungsabfälle, die sich besonders im Moment transienter Spitzenleistungen bemerkbar machen.
- Steuergerät:
  - Prinzipiell teilt sich die Leistungsaufnahme eines Steuergeräts in Last- und Logikanteile.

  - Primärer Stellhebel im Logikanteil bei gleicher Controller- und Kommunikationsperformance ist die Art der Stromversorgung, z. B. linearer Spannungsregler od. Schaltregler.
  - Die Effizienz des Lastanteils zeigt sich nur während des Betriebs am jeweiligen Betriebspunkt der gewünschten Nutzleistung.
  - Verpolschutzmaßnahmen in den Steuergeräten tragen zur Verlustleistung bei
- Verbindung:
  - In der elektrischen Verbindung zwischen Steuergerät und Aktuator entstehen Verluste primär durch die dort fließenden Ströme über die Kontakt- und Leitungswiderstände.
  - Je weiter Steuergerät und Aktuator räumlich voneinander entfernt sind, desto mehr machen sich diese Effekte bemerkbar, und es stellen sich auch andere parasitäre Wechselwirkungen ein.
- Aktuator:
  - Wirkungsgrade variieren je nach Art des Aktuators: z. B. bürstenlose Gleichstrommotoren sind ab Leistungen von 500 W deutlich effizienter als herkömmliche Gleichstrommotoren.
  - Die notwendige elektrische Nutzleistung kann nur durch effizientere physikalische Systeme – sofern möglich – reduziert werden.

Um die Effizienz einer Anwendung in Energiebordnetzsystemen mit 12 V und mit 48 V analytisch vergleichen zu können, werden die beiden Systeme mit folgenden Bedingungen und Annahmen gegenübergestellt und die jeweilige Gesamtwirkungsgradkette betrachtet:

- Die Quelle kann die notwendige elektrische Leistung ohne Überlastung bereitstellen.
- Das Steuergerät und der Aktuator inkl. der Verbindung werden als eine Komponente betrachtet.

Bild 13.5 zeigt den Leistungsfluss von einer geeigneten Quelle in einem Mildhybrid-Energiebordnetz über einen DC/DC-Wandler zu den Verbrauchern (Last).

Die an der Last ankommende elektrische Leistung ist die Differenz der Eingangsleistung und den einzelnen Verlustleistungen auf der gesamten Strecke.

$$P_{Last} = P_{IN} - (P_{V1} + P_{V2} + P_{V3} + P_{V4} + P_{V5} + P_{V6} + P_{V7} + P_{V\,STG})$$

Das zu Bild 13.5 korrespondierende Energiebordnetzsystem auf 48 V ist in Bild 13.6 dargestellt. Anstelle der DC/DC-Wandlers wird die Stromversorgung in diesem Fall auf 48 V weitergeführt und über gleich angeordnete Stromverteiler und Leitungen und einem geeigneten Steuergerät für 48 V auf einen angepassten Aktuator weitergegeben.

$$\begin{aligned} P_{IN} &= P_{Last} + I_{48}^2 R_{Ltg1} + P_{V2} + I_{12}^2 (R_{Ltg2} + R_{Fuse1} + R_{Ltg3} + R_{Fuse2} + R_{Ltg4}) + P_{V\,STG} = \\ &= P_{Last} + I_{48}^2 R_{Ltg1} + P_{V2} + I_{12}^2 R_{12\,ges} + P_{V\,STG} \end{aligned}$$

mit $P_{V\,STG} = P_{Logik} + (1 - \eta_{Endstufe12}) P_{Leistung}$

$$P_{IN12} = P_{Last} + P_{Logik} + (1 - \eta_{Endstufe12})\, P_{Leistung} + I_{48}^2\, R_{Ltg1L1} + P_{V2} + I_{12}^2\, R_{12\,ges}$$

mit der Annahme P_{Last} = const. und P_{Logik} = const. für die Verlagerung auf 48 V ergibt sich:

$$P_{IN48} = P_{Last} + P_{Logik} + (1 - \eta_{Endstufe48})\, P_{Leistung} + I_{48}^2\, R_{Ltg1L2} + I_{48}^2\, R_{48\,ges}$$

mit $I_{48} = \frac{1}{4}\, I_{12}$ und $R_{48\,ges} = 4\, R_{12\,ges}$:

$$P_{IN48} = P_{Last} + P_{Logik} + (1 - \eta_{Endstufe48})\, P_{Leistung} + I_{48}^2\, R_{Ltg1L2} + 1/16\, I_{12}^2\, 4\, R_{12\,ges}$$

$$= P_{Last} + P_{Logik} + (1 - \eta_{Endstufe48})\, P_{Leistung} + I_{48}^2\, R_{Ltg1L2} + \frac{1}{4}\, I_{12}^2\, R_{12\,ges}$$

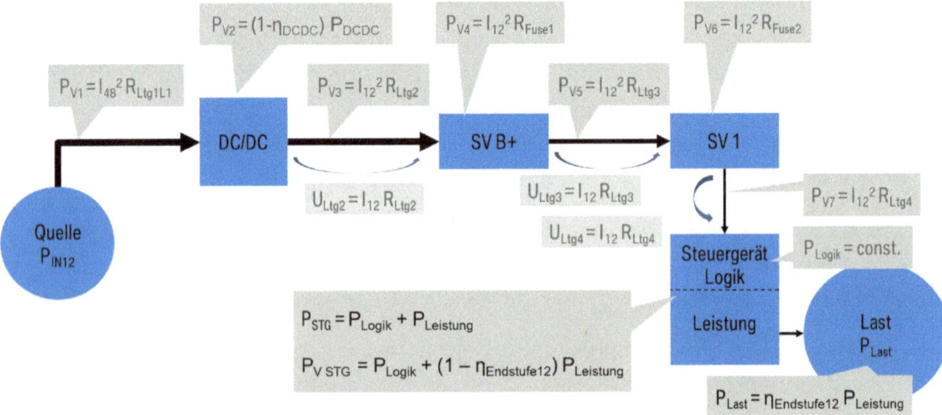

Bild 13.5: Leistungsfluss zu einer 12 V-Komponente in einem 2-Spannungs-Energiebordnetz

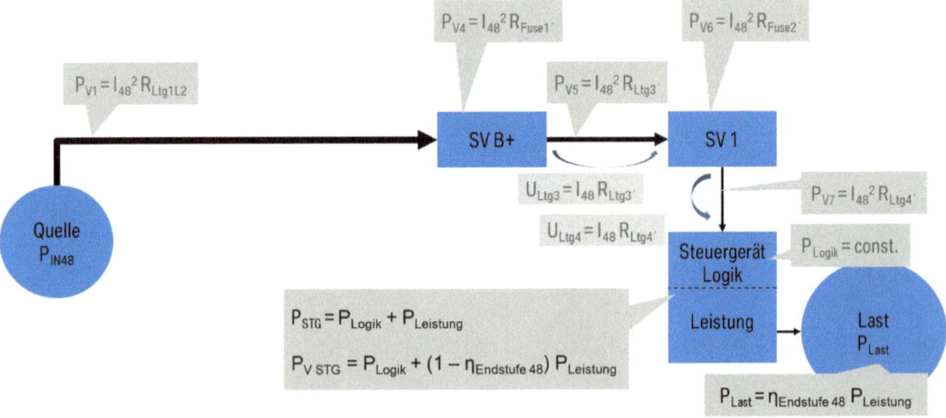

Bild 13.6: Leistungsfluss zu einer 48 V-Komponente in einem 1-Spannungs-Energiebordnetz mit 48 V

Die Differenz der notwendigen Eingangsleistung ergibt sich mit den folgenden Anpassungen

$R_{Ltg1L1} = R_{Ltg1L2}$ und $\Delta\eta_{Endstufe} = \eta_{Endstufe48} - \eta_{Endstufe12}$:

$$\Delta P_{IN} = P_{IN12} - P_{IN48} = \Delta\eta_{Endstufe}\, P_{Leistung} + \tfrac{3}{4}\, I_{12}^{2}\, R_{12\,ges}$$

Damit lässt sich die Differenz der aus der Quelle notwendigen Leistung zwischen einem 12 V- und einem 48 V-System über der Eingangsleistung der Komponente darstellen. Bild 13.7 zeigt die notwendige Mehrleistung, die ein 12 V-System verglichen mit einem 48 V-System benötigt, um die identische Nutzleistung zu erzielen.

Damit tragen bei einer Verlagerung von 12 V auf 48 V folgende Anteile zur Reduzierung der notwendigen Leistung aus der Quelle bei:

- Verringerung der Verluste auf dem Versorgungspfad um 75 %
- um weitere einstellige Prozentpunkte durch höheren Wirkungsgrad der Endstufen in den Steuergeräten (abhängig von der Verbraucherart und Auslegung der Endstufen)

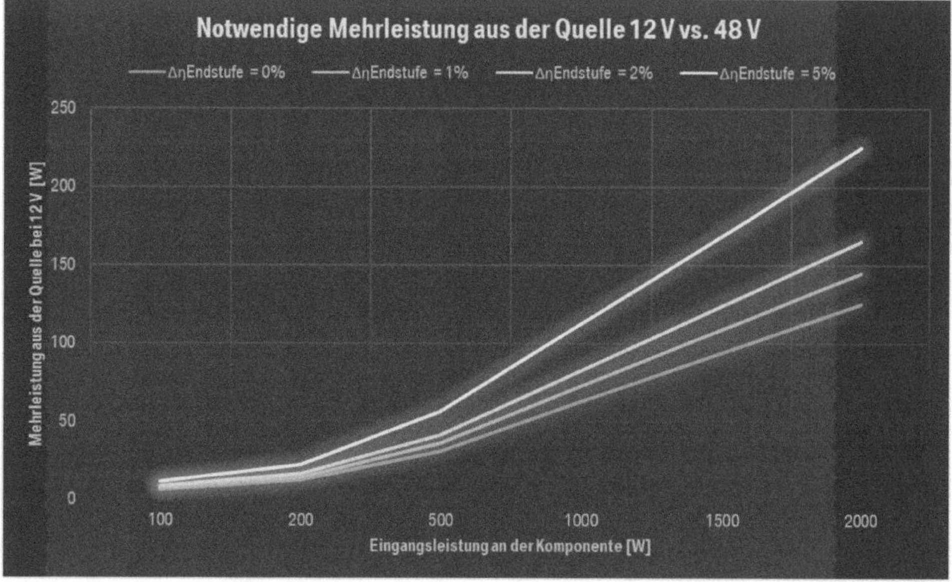

Bild 13.7: Grafische Auswertung der notwendigen Mehrleistung der Quelle bei 12 V im Vergleich mit 48 V

In einem praxisorientierten Beispiel wird die Verlagerung von Lenkung, Bremsregelsystem und elektrischen Parkbremse analytisch betrachtet. Die Ergebnisse sind in Tabelle 13.2 dargestellt.

System	Leistungsaufnahme @ 12 V			Leistungsaufnahme @ 48 V			Differenz
Verbraucher	Grundleistung	Typ. Betrieb	Peak-Leistung	Grundleistung	Typ. Betrieb	Peak-Leistung	
Lenkung Bremssystem Parkbremse	38 W	95 W	3856 W	38 W	89 W	3383 W	im Peak: -12 %
Gewicht der Leitungen	2 kg			0,6 kg			-1,4 kg

Tabelle 13.2: Vergleich der Leistungsaufnahmen und Leitungsgewichte für ein Teilsystem mit Lenkung, Bremsregelsystem und Parkbremse.

Darüber hinaus ergibt sich aus der Abschätzung der Kosten für die Leitungen ein Einsparpotential in der Größenordnung eines zweistelligen Eurobetrags.

13.3.1 Beispiel Lenkung

Am Beispiel einer elektrischen Lenkkraftunterstützung werden die Vor- und Nachteile der Verlagerung von Hochleistungsverbrauchern von 12 V auf 48 V detailliert ermittelt. Die Lenkkraftunterstützung, die Ende der 90er Jahre zur Verbesserung des Kraftstoffverbrauchs und der CO_2-Emissionen elektrifiziert wurde, hat während eines Großteils des Fahrzeugbetriebs eine sehr geringe elektrische Leistungsaufnahme von 10 W bis 20 W. Nur im Fall von abrupten Lenkbewegungen, starkem Lenken bei niedrigen Fahrzeuggeschwindigkeiten oder gar Lenken im Stand oder standnahen Bereich treten plötzlich kurze, jedoch sehr hohe Leistungsaufnahmen im Bereich von 1 kW bis 2 kW auf. Die daraus resultierenden sehr hohen Stromspitzen von 100 A bis 160 A müssen vom Energiebordnetz bereitgestellt werden und beeinträchtigen die Bordnetzstabilität erheblich. Neben den hohen Lenkwinkelgeschwindigkeiten bei hochdynamischem Lenken erhöhen die steigenden Fahrzeuggewichte und die konstruktiven Randbedingungen von Lenkungen und Rädern die elektrischen Leistungsanforderungen immer weiter. Um mehr elektrische Leistung für komfortables und hochdynamisches Lenken bereitzustellen, werden verschiedene Lösungen von der Befähigung der heutigen 12 V-Systeme bis zu einer Verlagerung auf 48 V gegenübergestellt:

- weitere Optimierung der 12 V-Lenkung durch Effizienzsteigerung im Motor
- lokale Spannungsanhebung für die Lenkung
- Integration einer 48 V-Lenkung

Zusätzliche Anforderungen kommen hinzu, da verschiedene Funktionen im Fahrzeug hinsichtlich Funktionssicherheit als sicherheitsrelevant eingestuft sind. Diese Funktionen bzw. Komponenten, zu denen u. a. Bremse, Lenkung, Licht, Wischer gehören, haben erhöhte Anforderungen bzgl. ihrer Verfügbarkeit. Entsprechend muss auch deren elektrische Energieversorgung (z. B. Versorgungsspannung, Ströme) erhöhten Anforderungen (ASIL A bis D) genügen, siehe auch Kapitel 11.2.

Auf konstruktiver bzw. mechanischer Seite ist nicht mit wesentlichen Veränderungen der Rahmenbedingungen zu rechnen. Achsen und Reifen bleiben aus heutiger Sicht wie bisher, und daher ist nicht mit sinkenden Anforderungen an die Fahrdynamik zu rechnen. Im Gegenteil werden im Zuge der Elektromobilität immer mehr Plug-In-Hybrid oder Elektrofahrzeuge mit höheren Fahrzeuggewichten auf den Markt kommen, die aufgrund höherer Achslasten auch höhere Lenkkraftunterstützungen benötigen.

Eine vereinfachte Betrachtung gemäß Bild 13.8 kann die wesentlichen Unterschiede zwischen 12 V und 48 V von der Quelle bis zum Eingang der Komponente zeigen.

Mit der Annahme von Leistungsgleichheit am Eingang der mechatronischen Einheit in beiden elektrischen Systemen ergibt sich die Situation gemäß Tabelle 13.3.

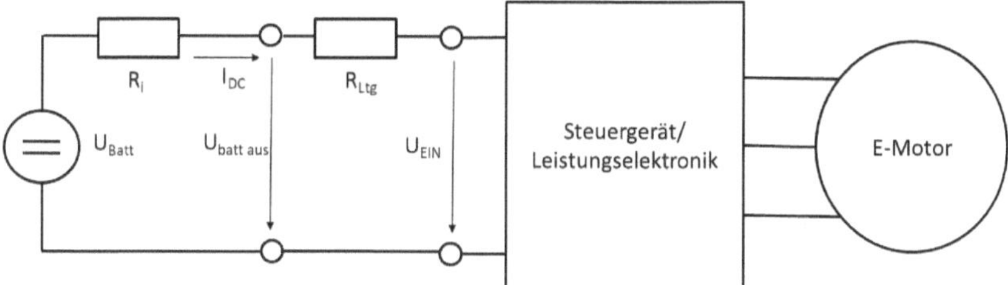

Bild 13.8: Schaltungstechnische Betrachtung von der Quelle bis zur Komponente

Bordnetzspannung	**Ausgangsspannung der Quelle** $R_i * I_{DC}$	**Spannungsabfall an der Leitung** $R_{Ltg} * I_{DC}$	**Eingangsspannung an der Komponente** U_{EIN}
12 V	- 0,4 V ... – 1 V	- 0,2 V ... – 0,3 V	U_{Batt} – 5 % ... – 11 %
48 V	- 0,2 V ... -0,5 V	- 0,3 V	U_{Batt} – 1 % ... – 2 %

Tabelle 13.3: Situation unter Annahme von Leistungsgleichheit am Eingang der mechatronischen Einheit

Deutlich komplexer sind die Zusammenhänge in der Komponente, die sich aus einem Steuergerät und einem Elektromotor zusammensetzt.

Basierend auf dem Blockschaltbild für eine Lenkungselektronik von Kap. 8.1.3.1 lässt sich eine Schaltung für einen möglichst praxisorientierten Vergleich entwerfen, wie sie in Bild 13.9 dargestellt ist. Diese Schaltung hat folgende Zielsetzungen:

- höchstmögliche Verwendbarkeit für 12 V und 48 V
- maximal möglicher Anteil an Gleichteilen (µController, Transceiver, Sensoren) und Skalierbarkeit zwischen 12 V und 48 V
- höchstes Maß an schaltungstechnisch kompatiblen Konzepten
- Minimierung schaltungstechnischer Unterschiede (Power Supply, Isolierung Transceiver)

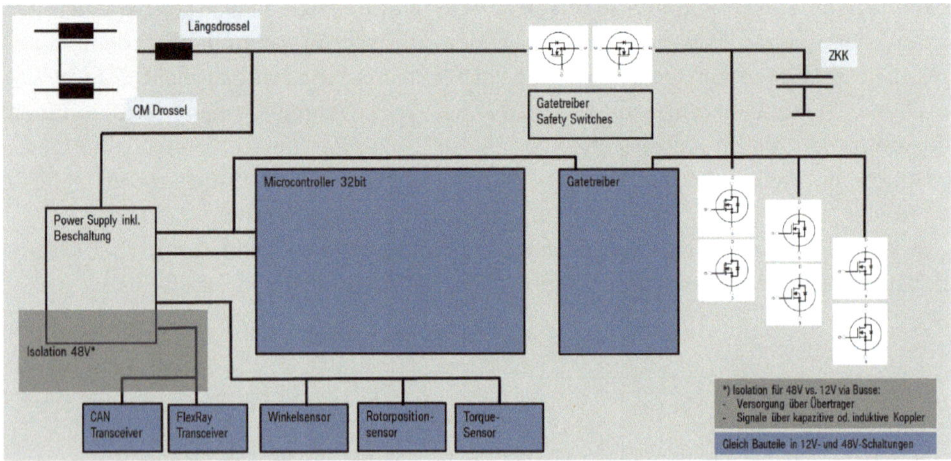

Bild 13.9: Generische Schaltung der Lenkungselektronik für den Vergleich zwischen 12 V und 48 V

Widerstände, Kondensatoren und weitere Kleinsignalbauteile werden in der generischen Schaltung vernachlässigt, da sie für den Vergleich zwischen 12 V und 48 V keinen signifikanten Unterschied beitragen – weder in der Leistungs- noch in der Kostenbetrachtung. Tabelle 13.4 zeigt eine Gegenüberstellung der A-Bauteile für 12 V und 48 V. Diese Bauteile sind nach dem aktuellsten Stand der Technik ausgewählt, wobei auf eine Vergleichbarkeit der Bauteile, die für 12 V und 48 V unterschiedlich sind, besonders hohes Augenmerk gelegt wird.

Für die weitere Betrachtung werden diese Schaltungen simuliert. Das generische Simulationsmodell der Elektronik ist in Matlab/Simulink so aufgebaut, dass es mittels Parametrierung für 12 V und 48 V angewendet werden kann.

	12V Generische Schaltung		48V Generische Schaltung	
Bauteil	**Anzahl**	**Typ**	**Anzahl**	**Typ**
Power Supply Logik	1	TLF35584QVVS2	1	TLE63698-G2
Microcontroller	1	SAK-TC275T-64F200	1	SAK-TC275T-64F200
CAN Transceiver	1	TJA1044	1	TJA1044
FlexRay Transceiver	1	TJA1083G	1	TJA1083G
Iso R/TxD inkl. PS	-	nicht vorhanden	1	ISOW7842
Iso f. stat. Signale	-	nicht vorhanden	1	ISO7762
Gate Treiber	1	L9907	1	L9907
MOSFET für Brücken	6	IAUA200N04S4N010	6	IAUT300N08S5N012
Safety Switch	2	IAUS300N04S4N008	2	FDBL86561-F085
Treiber f. Safety Switch	1	AUIR3241S	1	tbd
Winkelsensor	1	TLE5014D	1	TLE5014D
Rotorpositionssensor	1	TLE5309D	1	TLE5309D
Torque-Sensor	1	TLE4998D	1	TLE4998D
EMV-Filter	1	Gleichtakt-Drossel	1	Gleichtakt-Drossel
EMV-Filter	1	Längsdrossel	1	Längsdrossel
ZKK	2	B41794-S5338-Q1	2	B41692D8158Q001

Tabelle 13.4: A-Bauteile der Schaltungen für 12 V und 48 V

Zur Minimierung des Simulationsaufwands lassen sich einige Vereinfachungen anwenden:

- Folgende Bauteile werden explizit modelliert:
  - Gleichtakt-Drossel
  - Längsdrossel
  - Safety Switch
  - Zwischenkreiskondensator
  - B6-Brücke
- Für folgende Bauteile kann eine konstante Leistungsaufnahme angesetzt werden:
  - Power Supply
  - µController
  - Transceiver
  - Sensoren
  - Gate-Treiber

- Isolator-Bausteine

Der Vergleich der Simulationsergebnisse zwischen der 12 V- und der 48 V-Lenkungselektronik mit jeweils geeigneten Bedingungen für die Impedanz der Last und bei gleicher Schaltfrequenz ergibt, dass in der 48 V-Lenkungselektronik ca. 85 % weniger Verlustleistung als in der 12 V-Lenkungselektronik auftreten.

In einem zweiten Schritt werden die Simulationsmodelle der Elektromotoren für 12 V und 48 V ergänzt. Das Simulationsmodell für den 12 V-Elektromotor basiert auf einer realen Komponente, die in Fahrzeugen mit komfortablen und hochdynamischen Lenksystemen angewendet wird und ist dadurch verifiziert. Die Simulationsmodelle für 48 V sind daraus belastbar extrapoliert.

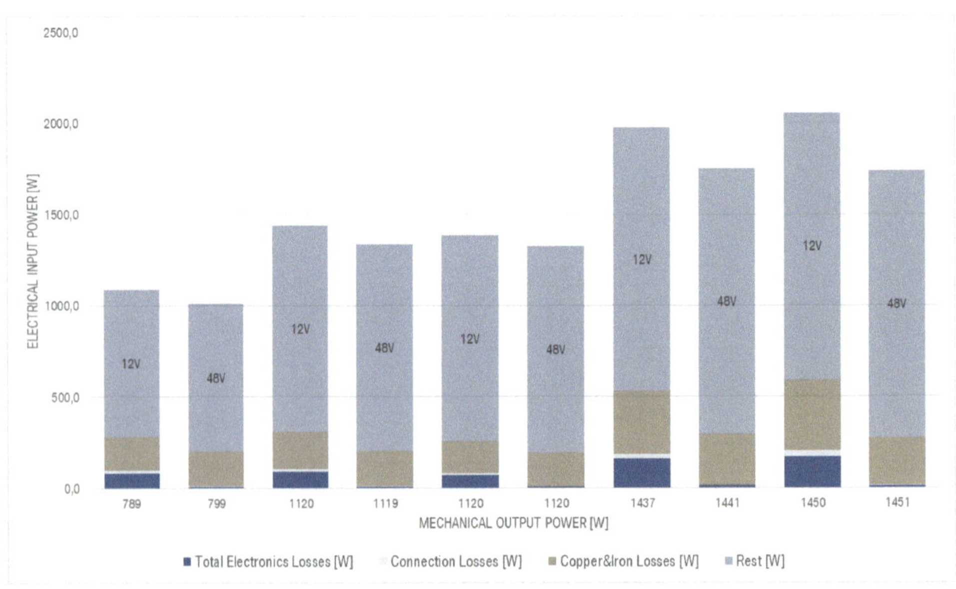

Bild 13.10: Auswertung der Simulationsergebnisse mit den Elektromotoren (in 2 Fahrzeugen)

In Bild 13.10 sind die Simulationsergebnisse mit den Elektromotoren so dargestellt, dass jeweils bei nahezu identischen mechanischen Ausgangsleistungen die Verluste in der Elektronik (Total Electronics Losses), in den Verbindungen (engl. Connection Losses) und in den Wicklungen der Elektromotoren (engl. Copper&Iron Losses) für einen 12 V- und einen 48 V-Lenkungsantrieb die erforderliche elektrische Eingangsleistung nebeneinander aufgetragen sind und direkt miteinander verglichen werden können. So ist zu sehen, dass die erforderliche elektrische Eingangsleistung bei 48 V in jedem Betriebsfall niedriger ist als bei 12 V. Im Durchschnitt steigt der Wirkungsgrad von 75 % bei 12 V auf über 80 % bei 48 V. Besonders deutlich sind die Verbesserungen in der Elektronik und in den Verbindungen. Dort sinken im Mittel die Leistungsanteile in der Elektronik von ca. 7 % bei 12 V auf 0,7 % bei 48 V und in den Verbindungen von ca. 1,3 % bei 12 V auf nur mehr 0,1 % bei 48 V und tragen damit erheblich zur Effizienzsteigerung bei. Die Verluste im Motor selbst ändern sich nur von

16,1 % bei 12 V auf 15,6 % bei 48 V und tragen damit nur geringfügig zur Effizienzsteigerung bei.

Die Untersuchungsergebnisse lassen sich wie folgt zusammenfassen:

- 12 V-Lenkantriebe sind bereits heute ausgereizt und werden nur mit zusätzlichen Maßnahmen einsetzbar bleiben. Eine Leistungssteigerung liegt im einstelligen Prozentbereich, deutlich unter 5 %.
- Eine lokale Spannungsanhebung am Lenkantrieb durch den Einsatz von z. B. Doppelschicht-Kondensatoren kann die Situation punktuell entschärfen, bedeutet aber erheblichen Mehraufwand durch zusätzliche Komponenten. Bei kleinen Fahrzeugstückzahlen wäre diese Lösung derivat-spezifisch einsetzbar.
- Der Umstieg auf einen 48 V-Lenkantrieb ermöglicht die Erfüllung der steigenden Anforderungen und kann auch gleichzeitig eine deutliche Entschärfung der aktuellen Situation im Energiebordnetz bedeuten.

13.4 Kompletter Umstieg auf 48 V

Eine Fortführung von 2 Spannungsebenen im Niedervoltbereich mit 12 V für Steuergeräte und kleine Lasten und 48 V ausschließlich für Hochleistungsverbraucher bringt zwar einerseits eine gewisse Entlastung für das Energiebordnetz, erfordert aber andererseits einigen Mehraufwand gegenüber über Systemen mit nur einer Niederspannungsebene. Als gewichtiges Argument für den Erhalt der 12-V-Spannungsebene wird ins Feld geführt, dass für 12 V eine Vielzahl von über viele Entwicklungszyklen optimierte Steuergeräte und Aktuatoren im Markt verfügbar sind, und deren Umentwicklung auf 48 V mit einem erheblichen Kostenanstieg verbunden sind. Dies kann leicht entkräftet werden, da ein Großteil der Steuergeräte mit jedem Fahrzeugentwicklungszyklus geändert wird und auch die Aktuatoren häufig durch neue Generationen ersetzt werden. Zusätzlich ist die Anzahl der Steuergeräte, die über mehrere Fahrzeuggenerationen funktional identisch bleiben, verschwindend gering. Bei gleicher Stückzahl ist anzunehmen, dass ein Steuergerät für 48 V nicht teurer ist als ein Steuergerät für 12 V unter der Voraussetzung von funktionaler Gleichheit und gleicher elektrischer Leistung. Im Falle von Steuergeräten mit hohem Anteil an Leistungselektronik ist sogar davon auszugehen, dass aufgrund der geringeren Ströme im Leistungsteil sich die Kosten gegenüber 12 V reduzieren, da alle stromführenden Teile wie z. B. Leiterplatte und Kontakte, aber auch aktive und passive Bauteile und auch die thermische Dimensionierung des Steuergeräts reduziert werden können. Am Beispiel der elektrischen Lenkung aus Kap. 12.3.3.1 wurde auch dies verifiziert und bestätigt.

Auf Systemebene betrachtet lässt sich feststellen, dass eine Fortführung von 2 Spannungsebenen im Niedervoltbereich einen dauerhaften Nachteil durch die Anzahl der notwendigen Komponenten im Energiebordnetz bedeutet, sowohl für Mild-Hybrid- als auch für Plug-In-Hybrid- und Elektrofahrzeug-Systeme.

Legt man Fahrzeuge mit Verbrennungsmotor zugrunde, so sind diese Fahrzeuge herkömmlicherweise mit einen Ein-Spannungs-Bordnetz mit 12 V ausgestattet. Ein 12 V-Generator, eine 12 V-Batterie, ein 12 V-Starter, in vielen Fällen eine Unterflurleitung von der Batterie im Heck zu Generator und Starter und eine Anzahl n von Stromverteilern bilden das Gerüst des Energiebordnetzes. Mit Einführung eines Mild-Hybrid-Systems für Rekuperation und Boost wie in Kap. 1.1.2.2 erläutert, kommt ein 2-Spannungs-Bordnetz mit 12 V und 48 V zum Einsatz. Hierfür müssen zusätzlich ein 48 V-Starter/Generator, eine 48 V-Batterie, eine 48 V-Stromverteiler und ein DC/DC-Wandler als Koppelelement zwischen 48 V und 12 V in das Bordnetz integriert werden, wohingegen der 12 V-Generator und gegebenenfalls der 12 V-Starter entfallen. Dies bedeutet, dass die Anzahl der Energiebordnetzkomponenten von 4+n auf 6+n ansteigt, wenn die Anzahl der 12 V-Stromverteiler gleichbleibt. Davon ist auszugehen, solange der Großteil der Steuergeräte und Lasten mit 12 V betrieben wird. Erst mit einem kompletten Umstieg auf 48 V, d. h. wenn alle Steuergeräte und Lasten mit 48 V betrieben werden, ist eine Reduzierung sogar auf 3+n möglich, da die Motorstartfunktion im 48 V-Starter/Generator integriert ist. Darüber hinaus ist im Hinblick auf das zu erwartende Bleiverbot für Fahrzeugbatterien bis spätestens 2030 in Europa anzunehmen, dass der Kostenvorteil für 12 V-Batterien auf Basis Blei nicht mehr anzusetzen ist, da eine z. B. Li-Ion-Batterie mit gleichem Energieinhalt, d. h. gleicher Zellanzahl, für 12 V und für 48 V in erster Näherung als kostengleich zu bewerten ist. Im oberen Abschnitt der Tabelle 13.5 der geschilderte Sachverhalt gut vergleichbar dargestellt.

Im Falle von Plug-In-Hybrid- oder Elektrofahrzeugen ist festzuhalten, dass auch dort mit einem kompletten Umstieg auf 48 V in der Niedervoltebene des Bordnetzes die Mehrungen durch 48 V zusätzlich zum existierenden 12 V-Bordnetz vollkommen kompensiert werden können und die zusätzlich notwendige Parallelität von 12 V und 48 V im DC/DC-Wandler von Hochvolt auf Niedervolt entfällt. Die notwendigen Energiebordnetzkomponenten dazu sind im unteren Abschnitt der Tabelle 13.5 aufgelistet.

	Vergangenheit (bis 2020)		Übergangsphase (Gegenwart)		Zukunft (ab 2030)	
	Anz.	**Komponente**	**Anz.**	**Komponente**	**Anz.**	**Komponente**
mit Verbrennungsmotor oder als Mild Hybrid	1	12 V Generator		--		--
	1	12 V Batterie	1	12 V Batterie		--
	1	12 V Starter	(1)	12 V Starter (optional)		--
	1	B+ Leitung	1	B+ Leitung		--
	n	12 V Stromverteiler	n	12 V Stromverteiler		--
			1	DC/DC-Wandler 48/12		--
			1	48 V Starter/ Generator	1	48 V Starter/ Generator
			1	48 V Batterie	1	48 V Batterie
			1	48 V Stromverteiler	n	48 V Stromverteiler
					1	48 V Busbar
Summe	**4+n**		**6+n**		**3+n**	
Plug-In-Hybrid oder Elektrofahrzeug	1	Hochvolt-Batterie	1	Hochvolt-Batterie	1	Hochvolt-Batterie
	1	E-Motor & Inverter	1	E-Motor & Inverter	1	E-Motor & Inverter
	1	Ladeeinheit	1	Ladeeinheit	1	Ladeeinheit
	1	DC/DC-Wandler HV/12 V	1	DC/DC-Wandler HV/48 V/12 V	1	DC/DC-Wandler HV/48 V
		--		--		--
	1	12 V Batterie	1	12 V Batterie		--
	(1)	12 V Starter (nur PHEV)		12 V Starter (nur PHEV)		--
	1	B+ Leitung	1	B+ Leitung		--
	n	12 V Stromverteiler	n	12 V Stromverteiler		--
			1	48 V Batterie	1	48 V Batterie
			1	48 V Stromverteiler*	n	48 V Stromverteiler**
					1	48 V Busbar
Summe	**6+n**		**8+n**		**6+n**	

Tabelle 13.5: Auflistung der Energiebordnetzkomponenten für verschiedene Szenarien und Fahrzeugarten

Aus diesen Gründen ist eine Konsolidierung des Niedervolt-Bordnetzes sowohl in Fahrzeugen mit Verbrennungsmotor als auch in Hybrid- und Elektrofahrzeugen bei gleichzeitiger Steigerung der Leistungsfähigkeit und Effizienz des Niedervolt-Bordnetzes zwingend erforderlich, um die E/E-Architektur der nächsten Fahrzeuggenerationen zukunftsfähig zu machen. Zusammenfassend ist festzuhalten:

- Mit 48 V sinken die Anforderungen an die Quelle der elektrischen Leistung im Niedervolt-Bordnetz. Die elektrischen Verluste auf den Strompfaden von der Quelle zur Senke werden um 75 % im Vergleich zu einem 12 V-Bordnetz reduziert.
- Die Energiebordnetz-Zielarchitektur ist ein 2-Spannungs-Bordnetz für Plug-In-Hybrid- oder Elektrofahrzeuge (HV und 48 V) und ein 1-Spannungsbordnetz (nur 48 V) für Fahrzeuge mit Verbrennungsmotor.
- Mit dem zu erwartenden Bleiverbot ab 2025 sind die Kostenvorteile der 12 V-Bleibatterie obsolet. Bei gleichem Energieinhalt und identischen kaufmännischen Randbedingungen kostet eine 48 V-Li-Ion-Batterie genauso viel wie die entsprechende 12 V-Li-Ion-Batterie.
- Die Bordnetzstabilität ist bei einem um dem Faktor 4 leistungsfähigeren System deutlich höher. Anforderungen für kritische Komponentenauslegung sind somit deutlich geringer.
- Veraltete Verbrauchertechnologien, z. B. Glühbirnen für Scheinwerfer und Rückleuchten und damit die Notwendigkeit für 12 V sind nicht mehr notwendig. Die LED als Leuchtmittel hat diese weltweit und in allen Anwendungsgebieten abgelöst.

13.4.1 Analytische Betrachtung

Nachfolgende analytische Betrachtung eines generischen Beispiels kann dies noch verdeutlichen. In Bild 13.11 ist ein typisches 2-Spannungs-Bordnetz dargestellt.

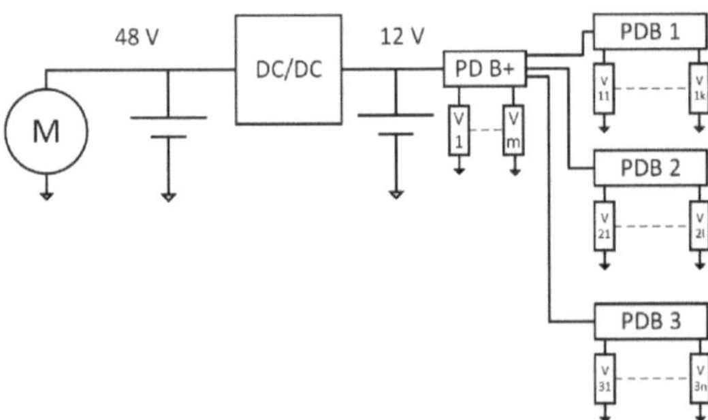

Bild 13.11: 2-Spannungs-Bordnetz mit Verbraucherkollektiv auf 12 V

Die Ströme der 12 V-Verbraucher verursachen folgende Verluste im Bordnetz:

- im DC/DC-Wandler in Abhängigkeit der gerade transferierten Gesamtleistung und dem korrespondierenden Wirkungsgrad
- auf der Leitung zwischen DC/DC-Wandler und Hauptstromverteiler proportional zum Quadrat des Gesamtstroms in den Stromverteiler
- auf Zu- und Masseleitungen aller angeschlossenen Verbraucher proportional zum Quadrat des Verbraucherstroms
- auf den Leitungen zwischen Hauptstromverteiler und den PDBs proportional zum Quadrat des Gesamtstroms in den jeweiligen PDB

Im Falle einer Migration aller Verbraucher von 12 V auf 48 V, wie in Bild 13.12 dargestellt, ergibt sich eine Reduzierung der Verluste um ca. 180 W und des Leitungsgewichts um ca. 5 kg sowie der Kosten. Zusätzlich bietet der Entfall der Wasserkühlung für den DC/DC-Wandler Potentiale bei Gewicht, Bauraum und Kosten.

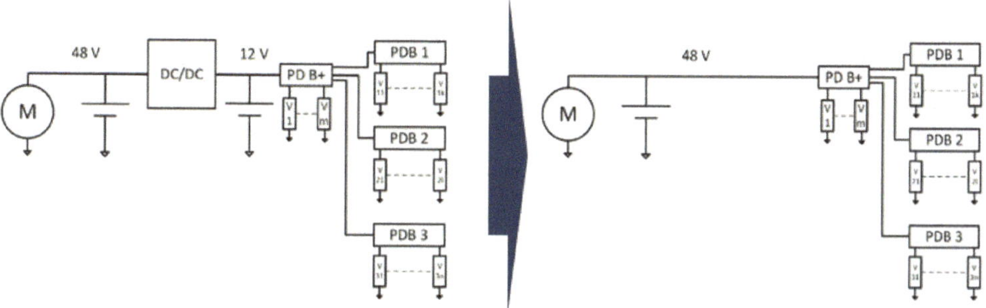

Bild 13.12: Migration aller Verbraucher von 12 V auf 48 V in einem Mild-Hybrid-Fahrzeug

Die äquivalente Betrachtung für Plug-In-Hybrid- oder Elektrofahrzeuge, wie in Bild 13.13 skizziert, ergibt eine Reduzierung der Verluste um ca. 160 W und des Leitungsgewichts um 6 kg sowie eine noch höhere Kostenreduktion unter der Voraussetzung, dass sowohl bei 12 V als auch bei 48 V eine Li-Ionen-Batterie einzusetzen ist.

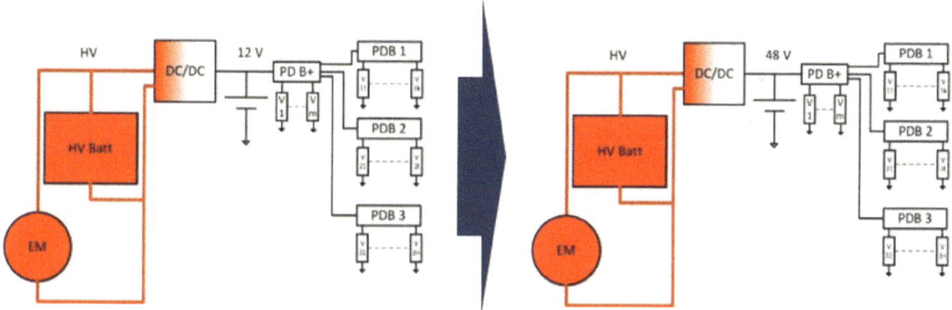

Bild 13.13: Migration aller Verbraucher von 12 V auf 48 V in einem Plug-In-Hybrid- oder Elektrofahrzeug

13.5 Zusammenfassung

Effizienz im Bordnetz hat eine sehr große Bedeutung in der E/E-Architektur erreicht. Neben den klassischen Kriterien, wie z. B. Funktion, Gewicht, Volumen, Qualität und Kosten, ist auch die Effizienz immer stärker zu berücksichtigen.

Eine signifikante Verbesserung der Effizienz im Bordnetz ist mit Effizienzsteigerungen an den einzelnen Komponenten alleine nicht machbar. Die Migration von 12 V auf 48 V, wie in diesem Kapitel beispielhaft erläutert, bietet das dafür notwendige Potential durch Verringerung der Leitungsverluste, durch Entfall oder Reduktion der Verluste im DC/DC-Wandler und erhebliche Gewichtseinsparungen im Kabelbaum.

Literatur- und Quellenverzeichnis

[1] K. Reif, K. E. Noreikat und K. Borgeest, Kraftfahrzeug-Hybridantriebe, ATZ/MTZ-Fachbuch; ISBN 978-3- 8348-0722-9.

[2] G. Fraidl, P. Kapus, H. Mitterecker und M. Weißbäck, Verbrennungsmotor 4.0, AVL List GmbH. MTZ 09/2018, 79. Jahrgang.

[3] K. Blumenöder, K. Bennewitz, M. Zillmer, A. Mann, T. Voelz und V. Dick, Das 48 V Mild-Hybrid Antriebssystem des Volkswagen Golf: Auslegung und Steuerung, 40. Internationales Wiener Motorensymposium. Wien, 2019.

[4] D. Benchetrite, M. Forissier und C. Rochette, Hybrid4All first step to answer the 12 – 48 V challenges, Bamberg: Tagungsbeitrag EEHE, 2014.

[5] Toyota, Homepage, www.toyota.com.

[6] R. B. G. Bosch, Homepage, https://www.bosch.com/de/produkte-und- services/branchenloesungen/loesungen-fuer-die-automobilindustrie/.

[7] R. Inderka, „Trends in the Development of E-Motors for Alternative Powertrains," Daimler AG, Sindelfin-gen, 2016.

[8] O. Sirch, G. Immel, H. Pröbstle, R. Neudecker und J. Fröschl, Zukunft Energiebordnetz – Von der energetischen Optimierung zum neuen Gesamtkonzept, VDI, 14. Internationaler Kongress Elektronik im Kraftfahrzeug. Baden-Baden, Oktober 2009.

[9] D. Gerling, Elektrische Maschinen und Antriebe, Vorlesungsmanuskript. Universität der Bundeswehr München.

[10] D. Schröder, Elektrische Antriebe – Grundlagen. 5.Auflage, Springer-Vieweg; ISBN 978-3-642- 30470-5.

[11] C. Fräger, Formelsammlung elektrische Antriebe, Hochschule Hannover, Version 2017-01-05a.

[12] D. Gerling, „Vorlesung Elektrische Maschinen und Antriebe," Universität der Bundeswehr München, Lehrstuhl für Elektrische Antriebstechnik und Aktorik, 2013.

[13] ebmpapst, Katalog Bürstenlose Innenläufer-motoren Baureihe ECI, Antriebslösungen / Industrielle Antriebstechnik 2017-05, ebm-papst.

[14] B. Basler, So funktioniert der BLDC-Motor mit feldorientierter Regelung, Dunkermotoren. Bonndorf. Elektronik Praxis, 19.04.2021.

[15] R. Fischer, Elektrische Maschinen. 14. Auflage, Carl Hanser-Verlag; ISBN 978-3-446-41754-0.

[16] J. A. Nossek, Vorlesung Schaltungstechnik 1, Technische Universität München, Oktober 2012.

[17] D. Naunin, Einführung in die Netzwerktheorie, Springer-Verlag; ISBN: 978-3-322-85531-2.

[18] U. Tietze, C. Schenk und E. Gamm, Halbleiter Schaltungstechnik. 16. Auflage, Springer-Vieweg; ISBN 978-3-622-48553-8.

[19] FlowCAD, „FlowCAD PCB Design Lösungen," [Online]. Available: www.FlowCAD.co m. [Zugriff am 10 Juni 2022].

[20] G. Eigelsreiter, H. Reischer, A. Wiemers und J. Wiesböck, Funktionssicheres Design von Highspeed-Baugruppen, Elektronik Praxis, 1.6.2021.

[21] L. Costa, „Enabling Technologies – Die attach and substrate technologies for power electronics," in EEHE, Bamberg, 2019.

[22] A. Miric und P. Dietrich, Inorganic Substrates for Power Electronics Applications, Heraeus Deutschland GmbH & Co. KG.

[23] TDK, Homepage, https://www.tdk-electronics.tdk.com/de.

[24] Infineon Technologies AG, Halbleiter – Technische Erläuterungen und Kenndaten, Infineon Technologies AG; ISBN 3-89578-067-7.

[25] ST, ST Multiple Silicon Technologies on a Chip, IEEE Milestone, 2021.

[26] A. Wintrich, U. Nicolai, W. Tursky und T. Reimann, Applikationshandbuch Leistungshalbleiter, SEMIKRON International GmbH; ISBN 978-3-938843-56-7.

[27] Infineon, Homepage, https://www.infineon.com/cms/de/.

[28] M. Schulz, „IGBT: Wie funktioniert ein Insulated Gate Bipolar Transistor?," Elektronikpraxis,
Leistungselektronik und Stromversorgung, März, 2019.

[29] TI, Homepage Texas Instruments, https://www.ti.com/.

[30] K. Reif, Automobilelektronik – Eine Einführung für Ingenieure. 3. Auflage, Vieweg und Teubner Verlag; ISBN 978-3-8348-0446-4, 2010.

[31] M. Muth, Bus Systems within 48 V Vehicle Networks – New Challenges for the Physical Layer, Bamberg: expert-Verlag, Tagungsband EEHE; ISBN 978-3-8169-3213-0 , 2013.

[32] Infineon Technologies AG, Datenblatt BTS 7710G, TrilithIC, Infineon Technologies AG, 2001-02- 01.

[33] Infineon Technologies AG, Infineon EiceDRIVER™ gate driver ICs Selection Guide 2022, Infineon Technologies AG, 2022.

[34] O. Zirn, Elektrifizierung in der Fahrzeugtechnik, Carl Hanser Verlag; ISBN 978-3-446-45094-3.

[35] Bosch, Kraftfahrtechnisches Taschenbuch. 29. Auflage, VDI-Verlag; ISBN 978-3-658-23583-3.

[36] Nexperia, The Power MOSFET Application Handbook Design Engineer´s Guide, Nexperia; ISBN 978-0-9934854-1-1.

[37] S. Raue, Systemorientierung in der modellbasierten modularen E/E-Architekturentwicklung, Dissertation. Universität Tübingen.

[38] H. El-Bouloumi, Die zentralisierte Architektur. Folgen und Herausforderungen für OEMs, Whitepaper, POLARIXPARTNER GmbH, Saarburg.

[39] Hanser, Homepage Hanser Automotive, https://www.hanser-automotive.de/.

[40] Continental, Homepage, https://www.continental.com/de/.

[41] J. Taube, L. Tippe, J. Fröschl und H.-G. Herzog, Concept for a 48V / 12V Power Rail with Integrated Power Converter and ECUs, Konferenzbeitrag. Elektrik/Elektronik in Hybrid- und Elektrofahrzeugen und elektrischen Energiemanagement (EEHE), 2019.

[42] L. Tippe, J. Taube, J. Fröschl und H.-G. Herzog, Ring Structures in Automotive Power Nets: Idea and Implementation, Konferenzbeitrag. Elektrik/Elektronik in Hybrid- und Elektrofahrzeugen und elektrisches Energiemanagement (EEHE), 2019.

[43] VDI-Berichte 2249, ELIV 2015. 17. Internationaler Kongress, VDI-Verlag GmbH. Düsseldorf 2015; ISBN 978-3-18-0922249-2.

[44] H. Willke, Einführung in das systemische Wissensmanagement. 2. Auflage, Carl Auer, 2007; ISBN: 978-3-89670-457-3.

[45] H. Vollmuth, Kennzahlen. 4. Auflage, Haufe Verlag; ISBN 978-3-448-07382-9.

[46] K. Mainzer, Die Berechnung der Welt – Von der Weltformel zu Big Data, Beck; ISBN 978-3-40666130-3.

[47] E. Schrüfer, L. Reindl und B. Zagar, Elektrische Messtechnik. 12. Auflage, Carl Hanser; ISBN 978- 3-446-456-45654-9.

[48] C. Roppel, Grundlagen der Nachrichtentechnik, Carl Hanser; ISBN 978-3-446-45324-1.

[49] U. Freyer, Nachrichtentechnik Übertragungstechnik. 7. Auflage, Carl Hanser; ISBN 978-3-446-44427-0.

[50] A. S. Tanenbaum und D. J. Wetherall, Computernetzwerke, Pearson; ISBN 978-3-86894-137-1.

[51] K. Reif, Bussysteme. 4. Auflage, Springer Vieweg; ISBN 978-3-6580-0081-3.

[52] W. Zimmermann und R. Schmidgall, Bussysteme in der Fahrzeugtechnik, Protokolle, Standards und Softwarearchitektur. 5. Auflage, Springer Vieweg; ISBN 978-3-658-02418-5.

[53] Infineon, Energy Saving in Automotive E/E Architectures, Infineon, Whitepaper, 2012.

[54] C. Ice und T. Kuther, „Power over Ethernet – wenn der Strom aus dem Netzwerk kommt," Elektronik Praxis, Nr. 21.8.2019, 2019.

[55] R. Gehring, Beitrag zur Untersuchung und Erhöhung der Spannungsstabilität des elektrischen Energiebordnetzes im Kraftfahrzeug, Dissertation. Technische Universität München, 2011.

[56] ISO 16750, International Standard, Road vehicles – Environmental conditions and testing for electrical and electronic equipment, ISO 16750.

[57] Verlag Carl Hanser, Mehr Leistung für sauberes Fahren, München: Carl Hanser Verlag, 2019.

[58] SEG, Homepage SEG Automotive, http://www.seg-automotive.com/.

[59] D. Gerling, O. Moros, B. Rubey, A. Baum-gardt und A. Greifelt, ISCAD – nachhaltige Traktionsantriebe hoher Leistung bei 48 V, Bd. heft 2. 2019, e&i elektrotechnik und informationstechnik, 2019, pp. 153 – 158.

[60] D. Gerling, A. Patzak, A. Baumgardt und F. Bachheibl, „48 V-Traktion Volle Leistung bei sicherer Spannung," ATZ extra, Bd. April, Nr. 48 Volt, pp. 38 – 41, 2017.

[61] D. Gerling, S. Runde, A. Baumgardt, O. Moros und B. Rubey, ISCAD – Design, Control and Car Integration of a 48 Volt High Performance Drive, Transactions on Electrical Machines and Systems, 2019.

[62] Robert Bosch GmbH, „Mobility Solutions," 2022. [Online]. Available: https://www.bosch-mobility-solutions.com/de/mobility-themen/antriebssysteme-und-elektrifizierte-mobilitaet/. [Zugriff am 23 08 2022].

[63] J. Albers, C. Antonius, I. Koch und M. Lehmann, „The Battery in the Vehicle Electrical System -A Comparison of Technologies," in EEHE, Bamberg, 2017.

[64] D. U. Sauer, Lead-acid, lithium-ion and hybrid battery systems for the 12 V power grid – Topologies and performance, Bad Boll: Tagungsbeitrag EEHE, 2015.

[65] Hella, Homepage Hella, https://www.hella.com/hella-com/index.html.

[66] M. Forouzesh, Y. P. Siwakoti, S. Gorji, F. Blaabjerg und B. Lehmann, Step-Up DC–DC Converters: A Comprehensive Review of Voltage-Boosting Techniques, Topologies, and Applications, IEEE Transactions on Power Electronics, vol. 32, no. 12, pp. 9143-9178, Dec. 2017; doi: 10.1109/TPEL.2017.2652318.

[67] C. Buhlheller, A. Körner, M. Nalbach und J. Tlatlik, Technical Realization and Implementation of an Automotive DC/DC Converter, Elektrik/Elektronik in Hybrid- und Elektrofahrzeugen und elektrisches Energiemangement IV, S. 102 – 117, Juni 2013; ISBN 978-8169-3213-0.

[68] T. Reiter, Reglerentwicklung und Optimierungsmethoden für DC/DC-Wandler im Kraftfahrzeug, Technischen Universität München: Dissertation, 2012.

[69] D. Polenov, DC/DC-Wandler zur Einbindung von Doppelschichtkondensatoren in das Fahrzeugenergiebordnetz, Technische Universität Chemnitz: Dissertation, 2010.

[70] J. Taube, H. Panandikar, L. Tippe und H.-G. Herzog, MINLP Optimized Synchronous Buck Converter Using GaN-Transistors in 48 V / 12 V Power Nets, IEEE. Vehicle Power and Propulsion Conference (VPPC), 2019.

[71] M. Gleissner und M. Bakran, Fault-Tolerant Non-Isolated and Isolated Automotive DC-DC Converters, Elektrik/Elektronik in Hybrid- und Elektrofahrzeugen und elektrisches Energiemangement IV, Seiten 86 – 100, April 2015; ISBN 978-3-8169-3311-3.

[72] M. Gleissner und M. Bakran, Design and Control of Fault-Tolerant Nonisolated Multiphase Multilevel DC–DC Converters for Automotive Power Systems, Design and Control of Fault-Tolerant NoIEEE Transactions on Industry Applications, vol. 52, no. 2, pp. 1785-1795, March-April 2016; doi: 10.1109/TIA.2015.2497218.

[73] M. Gleissner und M. Bakran, „Automotive DC/DC-Converters for Increased Availability," in EEHE, Bamberg, 2013.

[74] O. Sirch, G. Immel, J. Fröschl, A. Mai und H. Pröbstle, Die Herausforderungen für die Elektrik/Elektronik in der Automobilindustrie durch die Einführung einer 48 Volt Versorgungsspannung, VDI, 14. Internationaler Kongress Elektronik im Kraftfahrzeug. Baden-Baden, Oktober 2013.

[75] DIN-Norm, DIN 72552: Klemmenbezeichnungen in Kraftfahrzeugen, DIN 72552, Oktober 2013.

[76] O. Sirch, H. Pröbstle, J. Fröschl und H.-G. Herzog, „Considerations and approaches for a Dual Voltage Power Supply System with 48 Volt," in International Energy Efficient Vehicle Conference, Dresden, 2011.

[77] H. Pröbstle, R. Neudecker und O. Sirch, Power Supply in Future Start-Stop-Systems, München: Tagungsband Energiemanagement und Bordnetze IV, März 2011.

[78] BMW Group, Elektrische Anforderungen und Prüfungen, München, 2010.

[79] VDA Empfehlung, Elektrische und elektronische Komponenten im Kraftfahrzeug 48V-Bordnetz – Anforderungen und Prüfungen, Verband der Automobilindustrie e. V., Berlin, 2014.

[80] J. Fröschl, D. Ilsanker und H.-G. Herzog, Investigation of a State Triggered Energy Management System, Tagungsband EEHE 2013.

[81] J. Fröschl, T. Kohler, A. Thanheiser und H.-G. Herzog, Intelligente Bordnetzkopplung am Beispiel Zweispannungsbordnetze mit 12 V und 48 V, Miesbach: Tagungsband Elektrik/Elektronik in Hybrid- und Elektrofahrzeugen und Elektrisches Energiemanagement, April 2012.

[82] T. Kohler, J. Fröschl und H.-G. Herzog, Systemansatz für ein hierarchisches, umweltgekoppeltes Powermanagement, München: Tagungsband Elektrik/Elektronik in Hybrid und Elektrofahrzeugen, 2010.

[83] P. Meckler, Störlichtbögen in Automotive-Bordnetzen, Fahrzeugelektronik 6/2012.

[84] F. Briault, S. Benhassine, M. Klingler, M. Maher und N. Rezkalla, EMC Simulation Approach for 48 V Systems Integration, Tagungsband EEHE 2013.

[85] ISO 21780, International Standard, Road vehicles – Supply voltage of 48 V – Electrical requirements and tests, ISO 21780, First Edition 2020-08.

[86] T. Dörsam, D. Grohmann, S. Kehl, A. Klinkig, A. Mai, O. Sirch, A. Radon und J. Winkler, Die neue Spannungsebene 48 Volt, VDI, 15. Internationaler Kongress Elektronik im Kraftfahrzeug. Baden-Baden, Oktober 2011.

[87] M. Timmann, M. Renz und O. Vollrath, Herausforderungen und Potenziale von 48-V-Startsystemen, Automobiltechnische Zeitschrift ATZ, März 2013.

[88] J. Bast, M. Kilger, W. Galli, A. Eiser, H.-W. Vaßen und I. Kutschera, Die Chancen des Antriebsstrangs durch das 48 V-Bordnetz, 34. Internationales Wiener Motorensymposium 2013.

[89] P. Boucharel, A. Nuss, T. Knorr und T. Galli, Reduction of CO2 in a Low-Voltage Mild Hybrid Vehicle – Conditions, Challenges, and Realization, Tagungsband EEHE 2013.

[90] LEONI, Fahrzeugleitungen einadrig, LEONI. Ausgabe Oktober 2012.

[91] Leoni, Homepage, https://www.leoni.com/de/.

[92] M. Rupalla und D. Thauer, Wie der Schmelzleiter das Verhalten einer Geräteschutzsicherung in der Praxis beeinflusst, Elektronik Praxis Oktober 2019.

[93] M. Rupalla, „Kompetenzzentrum Draht," Elschukom GmbH, 2022. [Online]. Available: https://www.schmelzleiter.de/. [Zugriff am 20 08 2022].

[94] Schmelzleiter, Homepage Schmelzleiter, www.schmelzleiter.de.

[95] T. C. Müller, C. Junge, F. Kühnlenz und T. Form, Dezentrale elektronische Absicherung im 12V-Bordnetz, AmE. Dortmund, 2013.

[96] STMicroeletronics, Datasheet VNF7000AY, STMicroeletronics © 2018.

[97] STMicroeletronics, Datasheet VN14800AQ, STMicroeletronics © 2018.

[98] Leoni, „Hanser automotive," Hanser Verlag, 20 01 2021. [Online]. Available: https://www.hanser-automotive.de/a/produktmeldung/leistungsverteilung-im-bordnetz-der- zuku-245164. [Zugriff am 20 08 2022].

[99] Continental AG, „Continental Automotive," 2022. [Online]. Available: https://www.continental.com/de/produkte-und-innovationen/automotive/. [Zugriff am 20 08.2022].

[100] Vitesco Technologies, „Lösungen," 2022. [Online]. Available: https://www.vitesco-technologies.com/de-de/solutions. [Zugriff am 23 08.2022].

[101] ZF Friedrichhafen AG, „Elektromobilität," 2022. [Online]. Available: https://www.zf.com/mobile/de/technologies/domains/electric_mobility/electric_mobility.html. [Zugriff am 23 08 2022].

[102] Hella Gmbh & Co. KGaA, „Effizienz & Elektrifizierung," 2022. [Online]. Available: https://www.hella.com/hella-com/de/Leistungsstarke-Elektronik-680.html. [Zugriff am 23 08.2022].

[103] Infineon Technologies AG, „Automotive Applications," 2022. [Online]. Available: https://www.infineon.com/cms/de/applications/automotive/. [Zugriff am 24 08 2022].

[104] T. Wienecke, H. Selter, D. König und M. Helmis, „Electric Water Pump 48 Volt," in EEHE, Bamberg, 2017.

[105] STMicroelectronics, „Applicaiton Note AN2791: L9352B coil driver for ABS/ESP applications," STMicroelectronics, 2013.

[106] T. P. Kohler, Prädiktives Leistungsmanagement in Fahrzeugbordnetzen, Dissertation. Technische Universität München. 2014.

[107] J. Fröschl, Kybernetisches Energiemanagement elektrischer Energiewandlung in Kraftfahrzeugen, Dissertation. Technische Universität München, 2018; ISBN 978-3-8439-4526-4.

[108] A. A. Heimrath, An approach to a machine learning-based operating strategy in automotive electrical energy management, Dissertation. Technische Universität München. 2021.

[109] S. Beer, Brain of the Firm, John Wiley & Sons. ISBN 978-0-4719-4839-1, 1995.

[110] H. Laux, R. M. Gillenkirch und H. Y. Schenk-Mathes, Entscheidungstheorie. 8.Auflage, Springer Gabler; ISBN 978-3-642-23510-8, 2012.

[111] A. Heimrath, J. Fröschl und U. Baumgarten, Reflex Augmented Reinforcement Learning for Electrical Energy Management in Vehicles, Tagungsbeitrag ICAI 2018.

[112] C. Müller-Schloer, H. Schmeck und T. Ungerer, Organic Computing – A Paradigm Shift for Complex Systems, Springer; ISBN 978-3-0348-0130-0, 2011.

[113] E. Schrüfer, Zuverlässigkeit von Mess- und Automatisierungseinrichtungen, Carl Hanser; ISBN 3-446-14190-1, 1984.

[114] E. Schrüfer, Signalverarbeitung – Numerische Verarbeitung digitaler Signale. 2. Auflage, Carl Hanser; ISBN 3-446-16563-0, 1992.

[115] D. Adam, Konzept einer bionischen E/E-Architektur für Fahrzeuge nach dem Vorbild des menschlichen Körpers, Dissertation. Technische Universität München. 2016.

[116] ZVEI, Technischer Leitfaden Ausfallraten für Bordnetz-Komponenten im Automobil, 1. Ausgabe, ZVEI – Die Elektroindustrie, 2021.

[117] T. Dörsam, S. Kehl, A. Klinkig, O. Sirch und A. Radon, Die neue Spannungsebene 48 Volt im Kraftfahrzeug, ATZelektronik, 01/2012.

[118] D. Pacner, VDA, Standardization electromobility and alternative propulsion technologies, Bamberg: EEHE, 2022.

[119] ISO 21498-1, International Standard, Electrically propelled road vehicles – Electrical specifications and tests for voltage class B systems and components – Part 1: Voltage sub-classes and characteristics, ISO 21498-1, First edition 2021-01.

[120] ISO 21498-2, International Standard, Electrically pro-pelled road vehicles – Electrical specifications and tests for voltage class B systems and components – Part 2: Electrical tests for components, ISO 21498-2, First edition 2021-03.

[121] F. Schipperges, T. Tomanic, J. Ratsch, M. Thele und B. Bäker, Untersuchung fehlertolerante Energiebordnetze, Internationale Tagung Elektrik/Elektronik in Hybrid- und Elektrofahrzeugen und elektrischen Energiemanagement. Würzburg, 2017.

[122] O. Sirch, J. Fröschl und H. Pröbstle, Energiebordnetz und elektrisches Energiemanagement der Zukunft, 1. Braunschweiger Symposium zu Elektrische Leistungsbordnetze und Komponenten von Straßenfahrzeugen, Oktober 2008.

[123] C. Eckert, „Hardware Design Aspects for Semiconductor based Fuses in Automotive Applications," in EEHE, Bamberg, 2022.

[124] P. Dupuy, „How Smartfuses can boost the performance and reliability of automotive power distribution systems," in EEHE, Bamberg, 2022.

[125] J. Taube, L. Tippe, J. Fröschl und H.-G. Herzog, Concept for a 48 V / 12 V Power Rail with Integrated Power Converters and ECUs, Bad Nauheim: EEHE, 2019.

[126] O. Sirch, J. Fröschl und H. Pröbstle, Dual Voltage Power Supply System with 48 Volt, SIA – Societé des Ingénieurs d´Automobiles Magazine 03/2013.

[127] O. Sirch, J. Fröschl und H. Pröbstle, Dual Voltage Power Supply System with 48 Volt, 2nd International Conference Energy Efficient Vehicle, EEVC. Dresden, Juni 2012.

[128] O. Sirch und J. Fröschl, 48 Volt as a singular Low Voltage Vehicle Power Supply, 7th International Conference Automotive 48V Power Supply Systems. Berlin, November 2019.

[129] L. Tippe, J. Taube, J. Fröschl und H.-G. Herzog, Introduction of Ring Structures in Future Car Generations´ Electrical Systems, Nottingham: IEEE: ESARS, 2018.

Abkürzungsverzeichnis

ABS	Anti-Blockier-System
AEC	Automotive Electronics Council
AGM	Absorbent-Glass-Matt
ASIC	kundenspezifische integrierte Schaltung (Application Specific Intergrated Circuit)
ASIL	Automotive Safety Integrity Level
BCD	Bipolar-CMOS-DMOS Halbleiter-Mischtechnologie
BEV	Batterie-elektrisches Fahrzeug (Battery Electric Vehicle)
BiCMOS	Mischtechnologie aus Bipolar und CMOS
CAN	Controller Area Network
CAN-FD	CAN Flexible Data Rate
CMOS	Complementary Metal Oxide Semiconductor Technology
CO2	Kohlendioxid
CPU	Control Processing Unit (Rechenkern eines Prozessors oder Microcontrollers)
CSM	Chlorsulfoniertes Polyethylen
DCB	Direct Copper Bonding (oder DBC)
DC/DC	Gleichspannungswandler
DI	Direkteinspritzung (Direct Injection)
DPAK	TO-252 Transistor-Outline-Gehäuse
D^{2}PAK	TO-263 Transistor-Outline-Gehäuse
DRAM	Dynamic Random Access Memory
DSP	Digital Signal Processor
ECL	Emitter Coupled Logic
ECU	Electronic Control Unit, Steuergerät
EMV	Elektromagnetische Verträglichkeit
EPROM	Electrically Programmable Relad-Only Memory
EEPROM	Electrically Erasable Programmable Relad-Only Memory
ELSI	Extra Large Scale Integration
EMV	Elektromagnetische Verträglichkeit

ESD	Electro-Static Discharge, elektrostatische Entladung
ESP	Elektronisches Stabilitätsprogramm
ETFE	Ethylen-Tetrafluorethylen-Copolymer
FEP	Perfluorethylenpropylen
FPGA	Field Programmable Gate Array
FuSi	Funktionale Sicherheit (Functional Safety)
GaN	Galliumnitrid
GLSI	Giant Large Scale Integration
HEMT	High Electron Mobility Transistor
HEV	Hybridfahrzeug (Hybrid Electric Vehicle)
IBS	Intelligenter Batterie-Sensor
IC	Integrated Circuit, Integrierte Schaltung
ICE	Verbrennungsmotor (Integrated Combustion Engine)
IGBT	Insulated Gate Bipolar Transistor
IGFET	Insulated Gate Field Effect Transistor
I^2L	Integrated Injection Logic
JFET	Junction Field Effect Transistor (Sperrschicht-Feldeffekttransistor)
LFP	Lithium-Eisen(Fe)-Phosphat-Batterietechnologie
LIN	Local Interconnect Network
LLC	Resonanz-Wandler
LSI	Large Scale Integration
LTO	Lithium-Titanat-Batterietechnologie
MHEV	Mild-Hybrid-Fahrzeug (Mild Hybrid Electric Vehicle)
MISFET	Metal Insulator Semiconductor Field Effect Transistor
MOS	Metal Oxide Semiconductor Technology
MOSFET	Metal Oxide Semiconductor Field Effect Transistor
MOST	Media Oriented Systems Transport
MSI	Medium Scale Integration
NEDC	Neuer Europäischer Fahrzyklus (New European Driving Cycle)
NiMH	Nickel-Metall-Hydrid-Batterietechnologie
NMC	Nickel-Mangan-Cobalt-Batterietechnologie auf Basis Lithium

NMOS	n-Kanal-MOS-Technologie
NVM	Non-Volatile Memory (nichtflüchtiger Speicher)
NTC	Negative Thermal Coefficient
PA	Polyamid
PE	Polyethylen
PFC	Power Factor Control
PHEV	Plug-In-Hybrid-Fahrzeug (Plug-in Hybrid Electric Vehicle)
PVC	Polyvinylchlorid
PTC	Positive Thermal Coefficient
RDE	Emissionen im realen Fahrbetrieb (Real-Driving-Emissions)
ROM	Read-Only Memory (fest programmierter Speicher)
RXD	Receive eXchange Data
SBC	System Basis Chip
SiC	Silicon-Carbide, Siliziumkarbid
SIR	Silikonkautschuk und Silikonelastomere
SoC	State-of-Charge
SoF	State-of-Function
SoH	State-of-Health
SSI	Small Scale Integration
TTL	Transistor-Transistor-Logic
TXD	Transmit eXchange Data
ULSI	Ultra Large Scale Integration
VLSI	Very Large Scale Integration
WLTP	Worldwide harmonized Light vehicles Test Procedure

Symbole und Konstanten in der Elektrotechnik

Gebräuchliche Symbole und wichtige Kontanten in der Elektrotechnik sind hier alphabetisch aufgelistet:

Symbol	Bezeichnung	Einheit	Symbol Einheit
B	magnetische Flussdichte	Tesla	T (Vs/m^2)
C	Kapazität	Farad	F (C/V)
D	elektrische Flussdichte	$Coulomb/m^2$	C/m^2
E	elektrische Feldstärke	Volt/Meter	V/m
f	Frequenz	Hertz	Hz
G	Leitwert	Siemens	S (1/Ω)
H	magnetische Feldstärke	Ampere/Meter	A/m
I, i	Strom	Ampere	A
I_{RMS}	quadratischer Mittelwert	Ampere	A
	(Root Mean Square)		
L	Induktivität	Henry	H
P	elektrische Leistung	Watt	W
Q,q	elektrische Ladung	Coulomb	C (As)
R	Widerstand	Ohm	Ω
ρ	spezifischer Widerstand	Ohm-Meter	Ωm
U, u	Spannung	Volt	V
Ψ	verketteter magnetischer Fluss	Vs (Weber)	Vs (Wb)
	gesamter magnetischer Fluss einer Induktivität		
Φ	magnetischer Fluss	Vs (Weber)	Vs (Wb)
Φ	Phasenwinkel	Grad	°
W	Arbeit, Energie	Joule	J (Ws)
Ω	Kreisfrequenz	2π·f	Hz
Z	Impedanz, komplex	Ohm	Ω
	Wechselstromwiderstand	$\lvert\underline{Z}\rvert \cdot e^{j}r$	

Konstante	Bezeichnung	Wert	Einheit
e	Elementarladung (Elektron)	$1{,}6021\ 10^{-19}$	C
ε_0	dielektrische Feldkonstante	$8{,}8542\ 10^{-12}$	C/V m
ε_r	relative Dielektrizitätskonstante		(benennungslos)
μ_0	Permeabilitätskonstante	$1{,}257\ 10^{-6}$	H/m
μ_r	relative Permeabilitätskonstante		(benennungslos)

Register

Abbildungsverzeichnis

Tabellenverzeichnis